大数据创新人才
培养系列

U0691985

大数据

技术原理与应用

概念、存储、处理、分析与应用|第4版

林子雨◎编著

[PRINCIPLES AND APPLICATIONS
OF BIG DATA TECHNOLOGY
(4TH)]

人民邮电出版社
北 京

图书在版编目（CIP）数据

大数据技术原理与应用：概念、存储、处理、分析与应用 / 林子雨编著. -- 4版. -- 北京：人民邮电出版社，2024.8
（大数据创新人才培养系列）
ISBN 978-7-115-64181-6

Ⅰ. ①大… Ⅱ. ①林… Ⅲ. ①数据处理 Ⅳ. ①TP274

中国国家版本馆CIP数据核字(2024)第070275号

内 容 提 要

本书系统介绍大数据的相关知识，分为大数据基础篇、大数据存储与管理篇、大数据处理与分析篇、大数据应用篇。本书共 14 章，内容包括大数据概述、大数据处理架构 Hadoop、分布式文件系统 HDFS、分布式数据库 HBase、NoSQL 数据库、云数据库、MapReduce、Hadoop 再探讨、数据仓库 Hive、Spark、流计算、Flink、图计算、大数据应用等。本书在与 HDFS、HBase、MapReduce、Hive、Spark 和 Flink 等相关的章中安排了入门级的实验，以帮助读者更好地学习和掌握大数据的关键技术。

本书可以作为高等院校大数据、计算机、信息管理等相关专业的大数据课程教材，也可供相关技术人员参考。

- ◆ 编　著　林子雨
　　责任编辑　孙　澍
　　责任印制　陈　犇
- ◆ 人民邮电出版社出版发行　　北京市丰台区成寿寺路 11 号
　　邮编　100164　　电子邮件　315@ptpress.com.cn
　　网址　https://www.ptpress.com.cn
　　三河市君旺印务有限公司印刷
- ◆ 开本：787×1092　1/16
　　印张：19.25　　　　　　　　　2024 年 8 月第 4 版
　　字数：504 千字　　　　　　　2025 年 6 月河北第 6 次印刷

定价：65.00 元

读者服务热线：(010)81055256　印装质量热线：(010)81055316
反盗版热线：(010)81055315

前　言

党的二十大报告明确指出"加快发展数字经济，促进数字经济和实体经济深度融合"。"十四五"时期是我国工业经济向数字经济迈进的关键时期，对大数据产业发展提出了新的要求，我们必须加快推进大数据技术的研究与应用创新，同时进一步加快大数据人才的培养。

本书第 3 版于 2020 年 3 月完稿，并于 2021 年 1 月出版。从第 3 版书稿完成至今已经过去 4 年多。在这 4 年多的时间里，大数据技术处于快速更新和迭代的进程中，一些技术（如 MapReduce 和 Storm）逐步没落，MapReduce 几乎被 Spark 全面取代，Storm 也由于 Flink 的崛起而逐渐沉寂。同时，各大数据软件也在不断升级。为了让本书紧跟技术发展的步伐，编者对原有内容进行优化升级。

与第 3 版相比，本书第 4 版内容变化主要包括：（1）对所有涉及的大数据软件的版本进行升级，升级到当前最新的稳定版本；（2）由于流计算框架 Storm 已经逐渐被 Flink 取代，因此删除对 Storm 的详细介绍；（3）数据可视化技术应该在《大数据导论》等其他教材中介绍，其详细内容不需要列入本书，而且从严格意义上讲，数据可视化并非大数据核心技术，它通常不涉及分布式特性，不需要借助集群进行处理，因此，删除数据可视化的详细内容；（4）对大数据应用篇的内容进行整合，将原来 3 章的内容合并成 1 章，并精简部分内容；（5）数据仓库和数据湖的概念对于大数据从业人员来说十分重要，因此，增加 1 章内容用于介绍数据仓库和数据湖；（6）在"Hadoop 再探讨"的章节中，删除对 Pig、Tez 和 Kafka 的介绍。

在结构上，本书依然分为 4 篇，包括大数据基础篇、大数据存储与管理篇、大数据处理与分析篇和大数据应用篇。

在大数据基础篇中，第 1 章介绍大数据的基本概念和应用领域，并阐述大数据与云计算、物联网的关系，第 2 章介绍大数据处理架构 Hadoop。

在大数据存储与管理篇中，第 3 章介绍分布式文件系统 HDFS，第 4 章介绍分布式数据库 HBase，第 5 章介绍 NoSQL 数据库，第 6 章介绍云数据库。

在大数据处理与分析篇中，第 7 章介绍分布式并行编程模型 MapReduce，第 8 章对 Hadoop 进行再探讨，第 9 章介绍数据仓库 Hive，第 10 章介绍基于内存的分布式计算框架 Spark，第 11 章介绍流计算，第 12 章介绍开源流计算框架 Flink，第 13 章介绍典型的大数据分析技术——图计算。

在大数据应用篇中，用 1 章内容（即第 14 章）介绍大数据在各领域的应用。

本书是厦门大学计算机科学系大数据课程的配套教材，根据近几年的教学实践经验，建议安排 32 学时理论课，16 个教学周，每周 2 学时。每章的具体学时分配如下：第 1、3、4、5、6、7、8、11、12、13 章每章安排 2 学时；第 2、9、10 章每章安排 4 学时；第 14 章由学生自学。已经建设大数据教学实验室的高校，可以增加 16 学时的上机实践课。

为了帮助教师更好地使用本书开展大数据教学，编者为本书编写了配套的实验手册《大数据基础编程、实验和案例教程（第 3 版）》（注意，不是第 4 版）。该实验手册侧重于介绍大数据软件的安装、使用和基础编程方法，并提供了大量实验和案例。

在学习大数据课程的过程中，欢迎各位读者访问厦门大学数据库实验室建设的国内首个高校大数据课程公共服务平台，该平台提供教学大纲、PPT、学习指南、备课指南、实验指南、上机习题、授课视频、技术资料等，为教师和学生提供全方位、一站式免费服务。

本书由林子雨编写。在本书的编写过程中，厦门大学计算机科学系夏小云老师和硕士研究生周凤林、吉晓函、刘浩然、周宗涛、黄万嘉、曹基民等做了大量辅助性工作，在此向他们表示衷心的感谢。

大数据技术处于快速发展和变革时期，厦门大学数据库实验室团队会持续跟随大数据技术发展的趋势，努力保持本书内容的新颖性，并把一些较新的教学内容及时发布到高校大数据课程公共服务平台。编者水平有限，书中难免存在不足之处，望广大读者不吝赐教。

林子雨

2024 年 7 月于厦门大学大数据课程虚拟教研室

目　录

第1篇　大数据基础

第2篇 大数据存储与管理

第 3 篇　大数据处理与分析

第4篇　大数据应用

第1篇
大数据基础

本篇内容

本篇包括 2 章。第 1 章介绍大数据的概念、影响和应用，分析大数据与云计算、物联网的关系等；第 2 章介绍大数据处理架构 Hadoop。由于 Hadoop 已经成为应用极广泛的大数据处理架构之一，因此本书对大数据相关技术的介绍主要围绕 Hadoop 展开，包括 Hadoop、MapReduce、HDFS 和 HBase 等。本篇内容是学习后续内容的基础。

知识地图

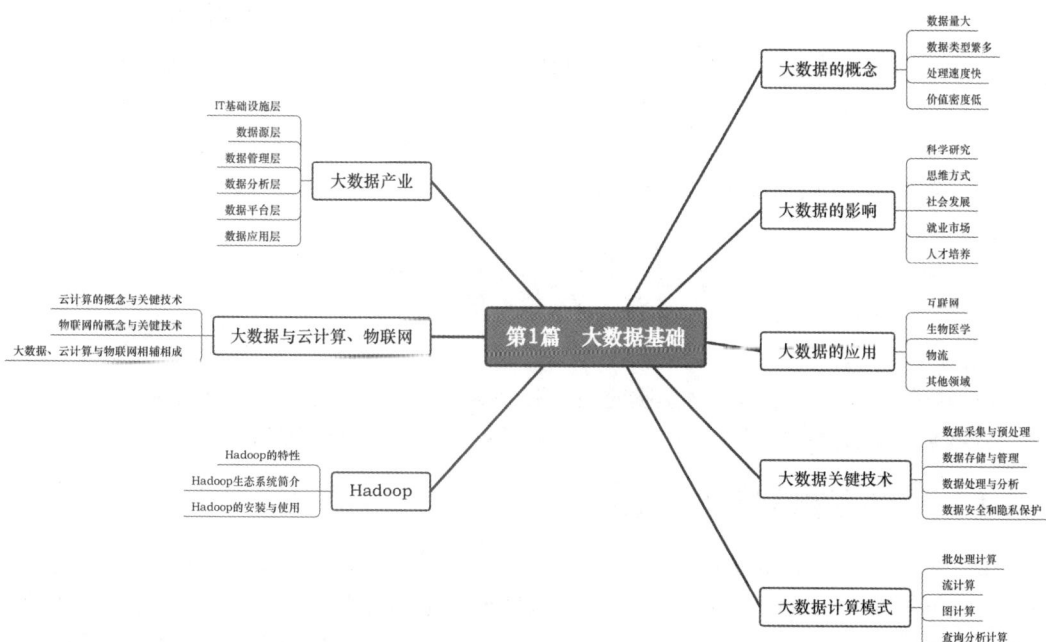

重点与难点

本篇的重点为理解大数据的概念，以及大数据对科学研究、思维方式和社会发展的影响，了解大数据处理架构 Hadoop；难点为掌握 Hadoop 的安装与使用方法。

第1章 大数据概述

　　大数据时代的到来，使信息技术发生了巨大变革，并深刻影响社会生产和人民生活的方方面面。世界各国政府均高度重视大数据技术的研究和相关产业的发展，把大数据上升为国家战略以重点推进。企业和学术机构纷纷加大在大数据方面的技术、资金和人员的投入力度，加强对大数据关键技术的研发与应用，以期在"第三次信息化浪潮"中占得先机、引领市场。大数据已经不是"镜中花、水中月"，它的影响力和作用力正迅速触及社会的每个角落，所到之处，或颠覆，或提升，都让人们深切感受到了大数据实实在在的"威力"。

　　各国能否紧紧抓住大数据发展机遇，快速形成核心技术和应用以参与新一轮的全球化竞争，将直接决定未来若干年世界各国科技力量博弈的格局。大数据专业人才的培养是新一轮科技较量的基础，高等院校承担着大数据人才培养的重任，因此，各高等院校非常重视大数据课程的开设，大数据课程已经成为计算机相关专业的重要核心课程。

　　本章主要介绍大数据的发展历程、基本概念、主要影响、应用领域、关键技术、计算模式和产业发展，并介绍云计算、物联网的相关内容及云计算、物联网与大数据之间的关系。

1.1 大数据时代

　　"第三次信息化浪潮"涌动，大数据时代到来。人类社会的信息科技为大数据时代提供了技术支撑，而数据产生方式的变革是促成大数据时代到来的至关重要的因素。

1.1.1 第三次信息化浪潮

　　根据 IBM（International Business Machine，国际商用机器）公司前首席执行官郭士纳的观点，IT（Information Technology，信息技术）领域每隔 15 年就会迎来一次重大变革（三次信息化浪潮如表 1-1 所示）。1980 年前后，个人计算机（Personal Computer，PC）开始普及，使得计算机逐渐走入企业和千家万户，这大大提高了社会生产力，也使人类迎来了第一次信息化浪潮，英特尔、AMD、IBM、苹果、微软、联想等企业是这个时期的标志。随后，在 1995 年前后，人类开始全面进入互联网时代，互联网的普及把世界变成"地球村"，人们可以自由遨游于信息的海洋，由此，人类迎来了第二次信息化浪潮。在这个时期中涌现出了雅虎、谷歌、阿里巴巴、百度等互联网"巨头"。时隔近 15 年，在 2010 年前后，大数据、云计算、物联网的快速发展，拉开了第三次信息化浪潮的大幕，大数据时代到来，涌现出了亚马逊、字节跳动等一批新的市场标杆企业。

表 1-1　　　　　　　　　　　　　　　三次信息化浪潮

信息化浪潮	发生时间	标志	解决的问题	代表企业
第一次信息化浪潮	1980 年前后	个人计算机	信息处理	英特尔、AMD、IBM、苹果、微软、联想、戴尔、惠普等
第二次信息化浪潮	1995 年前后	互联网	信息传输	雅虎、谷歌、阿里巴巴、百度、腾讯等
第三次信息化浪潮	2010 年前后	大数据、云计算和物联网	信息爆炸	亚马逊、谷歌、IBM、VMware、Palantir、Cloudera、字节跳动、阿里云等

1.1.2　信息科技为大数据时代提供技术支撑

大数据会带来一场技术革命。毫无疑问，如果没有强大的数据存储、传输和计算等技术能力，缺乏必要的设施、设备，大数据的应用就无从谈起。从这个角度来看，信息科技是大数据时代的物质基础。信息科技需要解决信息存储、信息处理和信息传输 3 个方面的核心问题。人类社会的信息科技不断进步，为大数据时代提供了技术支撑。

1. 存储设备容量不断增加

数据被存储在磁盘、磁带、光盘、闪存等各种类型的存储介质中。随着科学技术的不断进步，存储设备的制造工艺不断升级、容量大幅增加、读写速度不断提升，价格却不断降低。早期的存储设备容量小、价格高、体积大，例如，IBM 公司在 1956 年生产的一个商业硬盘的容量只有 5MB，该硬盘不仅价格昂贵，而且其体积有一个冰箱那么大。而今天容量为 1TB 的硬盘，典型外观尺寸为 147mm（长）×102mm（宽）×26mm（高），读写速度达到 200MB/s，而且价格低廉。现在，高性能的存储设备，不仅提供了海量的存储空间，还大大降低了数据的存储成本。

与此同时，以闪存为代表的新型存储介质也开始得到大规模的普及和应用。闪存是一种非易失性存储器，即使断电也不会丢失数据，可以作为永久性存储设备。闪存具有体积小、质量轻、能耗低、抗震性好等优良特性。闪存芯片可以被封装并制作成 SD（Secure Digital，安全数字）卡、U 盘和固态盘等各种存储产品（SD 卡和 U 盘主要用于个人数据存储，固态盘则越来越多地应用于企业级数据存储）。

数据量和存储设备容量是相辅相成、互相促进的。一方面，随着数据不断产生，需要存储的数据量不断增长，人们对存储设备的容量提出了更高的要求，促使存储设备生产商制造更大容量的产品来满足市场需求；另一方面，更大容量的存储设备，进一步加快了数据量增长的速度。在存储设备价格高昂的年代，由于成本问题，一些不必要或当前不能明显体现出价值的数据往往会被丢弃，但是，随着单位存储空间价格的不断降低，人们开始倾向于把更多的数据保存起来，以期在未来某个时刻可以用更先进的数据分析工具从中挖掘价值。

2. CPU 处理性能不断提升

CPU（Central Processing Unit，中央处理器）处理性能的不断提升也是促使数据量不断增长的重要因素。CPU 处理性能不断提升，大大提高了处理数据的能力，使我们可以更快地处理不断累积的海量数据。从 20 世纪 80 年代至今，CPU 的制造工艺不断提升，晶体管数目不断增加，工作频率不断提高，核心（Core）数量逐渐增多，而用同等价格所能获得的 CPU 处理性能也呈几何级数上升。在过去的 40 多年里，CPU 的工作频率已经从 10MHz 提高到 4.6GHz。在 2013 年之前的很长一段时间里，CPU 处理性能的提高一直遵循"摩尔定律"，即芯片上集成的元件数量大约每隔 18 个月翻一番，性能大约每隔 18 个月提高一倍。

3. 网络带宽不断增加

20 世纪 70 年代，世界上第一个光纤通信系统在美国芝加哥市投入商用，数据传输速率达到

45Mbit/s，从此，人类社会的数据传输速率不断被刷新。进入21世纪，世界各国更是纷纷加大宽带网络建设力度，不断扩大网络覆盖范围，提高数据传输速率。以我国为例，截至2023年6月，我国互联网宽带接入端口数量达11.1亿个，光缆线路总长度已达6196万千米。我国的移动通信4G基站数量已超过600万个，4G网络的规模全球第一，并且4G网络的覆盖广度和深度还在快速增加。与此同时，我国正全面加速5G网络建设，截至2023年11月底，我国累计建成开通5G基站328.2万个，5G移动电话用户达7.71亿户，5G网络建设基础不断夯实。由此可以看出，在大数据时代，数据传输不再受网络发展初期的"瓶颈"的制约。

1.1.3 数据产生方式的变革促成大数据时代的到来

通常，数据是我们通过观察、实验或计算得出的结果。数据和信息是两个不同的概念。信息是较为宏观的，它由数据有序排列组合而成，传达给人们某个概念、方法等；数据则是构成信息的基本单位，离散的数据几乎没有任何实用价值。

数据有很多种，比如数字、文字、图像、声音等。随着人类社会信息化进程的加快，我们在日常生产和生活中每天都会产生大量的数据，商业网站、政务系统、零售系统、办公系统、自动化生产系统等每时每刻都在产生数据。数据已经渗透到当今每一个行业和业务职能领域，成为重要的生产因素。从创新到所有决策，数据推动着企业的发展，并使各级组织的运营更为高效，可以这样说，数据将成为每个企业获取核心竞争力的关键因素。数据资源已经和物质资源、人力资源一样，成为国家的重要战略资源，影响国家和社会的安全、稳定与发展，因此，数据也被称为"未来的石油"。

数据产生方式的变革是促成大数据时代到来的至关重要的因素。总体而言，人类社会的数据产生方式大致经历了3个阶段：运营式系统阶段、用户原创内容阶段和感知式系统阶段（见图1-1）。

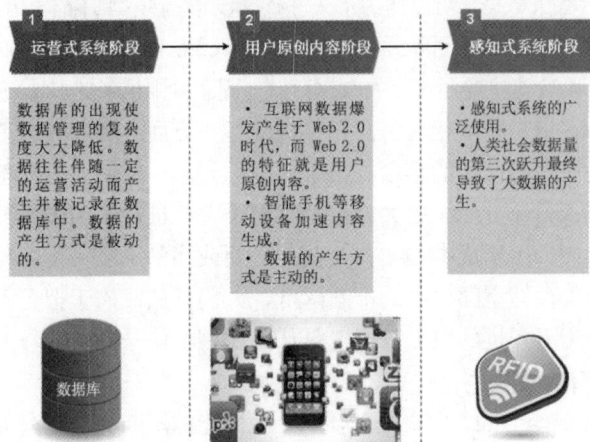

图1-1 数据产生方式的变革

1. 运营式系统阶段

人类社会大规模管理和使用数据，是从数据库的诞生开始的。大型零售超市的销售系统、银行交易系统、股市交易系统、医院医疗系统、企业客户管理系统等大量运营式系统，都是建立在数据库基础之上的。数据库中保存了大量结构化的企业关键信息，可以满足企业的各种业务需求。在这个阶段，数据的产生方式是被动的，只有当实际的企业业务发生时，才会产生新的记录并将其存入数据库。比如，对股市交易系统而言，只有当发生一笔股票交易时，才会有相关记录生成。

2．用户原创内容阶段

互联网的出现，使数据传播更加快捷，在互联网中进行数据传播不需要借助磁盘、磁带等物理存储介质。网页的出现进一步加速了大量网络内容的产生，从而使人类社会数据量开始呈现"井喷式"增长。但是，真正的互联网数据爆发产生于以"用户原创内容"为特征的"Web 2.0时代"。"Web 1.0时代"主要以门户网站为代表，强调内容的组织与提供，大量上网用户本身并不参与内容的生成。而 Web 2.0 技术以维基百科、新浪微博、微信、抖音等应用所采用的自服务模式为主，强调自服务，大量上网用户本身就是内容的生成者。尤其是随着移动互联网和智能手机的普及，人们可以随时随地使用手机发微博、传照片等，这使数据量开始急剧增长。

3．感知式系统阶段

物联网的发展最终导致了人类社会数据量的第三次跃升。物联网中包含大量传感器，如温度传感器、湿度传感器、压力传感器、位移传感器、光电传感器等。此外，视频监控摄像头也是物联网的重要组成部分。物联网中的这些设备，每时每刻都会自动产生大量数据（见图1-2），与Web 2.0 时代的人工数据产生方式相比，物联网的自动数据产生方式，可在短时间内生成更密集、更大量的数据，使人类社会迅速步入大数据时代。

图 1-2　物联网中的设备每时每刻都会自动产生大量数据

1.1.4　大数据的发展历程

大数据的发展历程总体上可以划分为 3 个重要阶段：萌芽期、成熟期和大规模应用期（见表1-2）。

表 1-2　　　　　　　　　　　　　大数据发展历程的 3 个重要阶段

阶段	时间	内容
第一阶段：萌芽期	20 世纪 90 年代	随着数据挖掘理论和数据库技术的逐步成熟，一批商业智能工具和知识管理技术开始被应用，如数据仓库、专家系统、知识管理系统等
第二阶段：成熟期	21 世纪前 10 年	Web 2.0 应用迅猛发展，非结构化数据大量产生，传统处理方法难以应对，使大数据技术快速突破，大数据解决方案逐渐走向成熟，形成了并行计算与分布式系统两大核心技术，谷歌的 GFS 和 MapReduce 等大数据技术受到追捧，Hadoop 平台开始盛行
第三阶段：大规模应用期	2010 年以后	大数据应用渗透各行各业，数据驱动决策，信息社会智能化程度大幅提高

这里简要回顾一下大数据的发展历程。

- 1980 年，著名未来学家阿尔文·托夫勒在《第三次浪潮》一书中，热情地赞颂大数据为"第三次浪潮的华彩乐章"。

- 1997 年 10 月，迈克尔·考克斯和大卫·埃尔斯沃思在第八届美国电气电子工程师学会（Institute of Electrical and Electronics Engineers，IEEE）关于可视化的会议论文集中，发表了文章《为外存模型可视化而应用控制程序请求页面调度》，这是在美国计算机学会的数字图书馆中第一篇使用"大数据"这一术语的文章。

- 1999 年 10 月，IEEE 在关于可视化的年会上，设置了名为"自动化或交互：什么更适合大数据？"的专题讨论小组，探讨大数据问题。

- 2001 年 2 月，梅塔集团分析师道格·莱尼发布研究报告《3D 数据管理：控制数据容量、处理速度及数据种类》。多年后，"3V"（Volume、Variety 和 Velocity）作为定义大数据的 3 个维度而被广泛接受。

- 2005 年 9 月，蒂姆·奥莱利发表了《什么是 Web 2.0》一文，并在文中指出"数据将是下一项技术核心"。

- 2008 年，《自然》杂志出版了一期有关大数据的专刊；计算社区联盟（Computing Community Consortium，CCC）发表了报告《大数据计算：在商业、科学和社会领域的革命性突破》，阐述了大数据技术及其面临的一些挑战。

- 2010 年 2 月，肯尼斯·库克尔在《经济学人》上发表了一份关于管理信息的特别报告《数据，无所不在的数据》。

- 2011 年 2 月，《科学》杂志出版专刊《处理数据》，讨论了科学研究中的大数据问题。

- 2011 年，维克托·迈尔-舍恩伯格出版著作《大数据时代：生活、工作与思维的大变革》，引起轰动。

- 2011 年 5 月，麦肯锡全球研究院发布《大数据：下一个具有创新力、竞争力与生产力的前沿领域》，提出大数据时代到来。

- 2012 年 3 月，美国政府发布《大数据研究和发展倡议》，正式启动"大数据发展计划"，大数据上升为美国国家发展战略，被视为美国政府继信息高速公路计划之后在信息科学领域的又一重大举措。

- 2013 年 12 月，中国计算机学会发布《中国大数据技术与产业发展白皮书（2013 年）》，系统总结了大数据的核心科学与技术问题，推动了我国大数据学科的建设与发展，并为政府部门提供了战略性的意见与建议。

- 2014 年 5 月，美国政府发布 2014 年全球"大数据"白皮书《大数据：抓住机遇、守护价值》，报告鼓励使用数据来推动社会进步。

- 2015 年 8 月，国务院印发《促进大数据发展行动纲要》，提出"全面推进我国大数据发展和应用，加快建设数据强国"。

- 2017 年 1 月，为加快实施国家大数据战略，推动大数据产业健康快速发展，工业和信息化部印发了《大数据产业发展规划（2016—2020 年）》。

- 2017 年 4 月，《大数据安全标准化白皮书（2017）》正式发布，其从法规、政策、标准和应用等角度，勾画了我国大数据安全的整体轮廓。

- 2018 年 4 月，首届数字中国建设峰会在福建省福州市举行。

- 2020 年 3 月，国务院发布《关于构建更加完善的要素市场化配置体制机制的意见》，明确数据成为继土地、劳动力、资本、技术之后第五种市场化配置的关键生产要素。

- 2021 年 9 月,《中华人民共和国数据安全法》正式实施。
- 2021 年 11 月,工业和信息化部印发《"十四五"大数据发展产业规划》,该规划旨在充分释放数据要素价值,夯实产业发展基础,构建稳定高效产业链,统筹发展和安全,培育自主可控和开放合作的产业生态,打造数字经济发展新优势,为建设制造强国、网络强国、数字中国提供有力支撑。
- 2022 年 2 月,国家发展改革委、中央网信办、工业和信息化部、国家能源局联合印发文件,同意在京津冀、长三角、粤港澳大湾区、成渝,以及内蒙古、贵州、甘肃、宁夏等地启动建设国家算力枢纽节点,并规划了 10 个国家数据中心集群。至此,全国一体化大数据中心体系完成总体布局设计,"东数西算"工程正式全面启动。
- 2022 年 10 月,二十大报告再次提出加快建设"数字中国"。
- 2022 年 12 月 19 日,《中共中央 国务院关于构建数据基础制度更好发挥数据要素作用的意见》发布,该文件明确从数据产权、流通交易、收益分配、安全治理等方面构建数据基础制度,并提出 20 条政策举措。
- 2023 年 3 月 10 日,第十四届全国人民代表大会第一次会议表决通过了关于国务院机构改革方案的决定,其中包括组建国家数据局。国家数据局主要负责协调推进数据基础制度建设,统筹数据资源整合共享和开发利用,统筹推进数字中国、数字经济、数字社会规划和建设等。

1.2 什么是大数据

随着大数据时代的到来,"大数据"已经成为互联网信息技术行业的流行词汇。关于"什么是大数据"这个问题,大家比较认可关于大数据的"4V"说法。大数据的 4 个"V",也可以说是大数据的 4 个特点,共包含 4 个层面:数据量(Volume)大、数据类型(Variety)繁多、处理速度(Velocity)快和价值(Value)密度低。

1.2.1 数据量大

从数据量的角度而言,大数据泛指无法在可容忍的时间内用传统信息技术和软、硬件工具对其进行获取、管理和处理的海量数据的集合,需要使用可伸缩的计算体系结构来支持其存储、处理和分析。按照这个标准来衡量,很显然,目前的很多应用场景中所涉及的数据量已经具备了大数据的特征,比如,新浪微博、微信、抖音等应用平台每天由网民发布的海量信息属于大数据;再如,遍布我们工作和生活的各个角落的各种传感器和摄像头每时每刻自动产生的大量数据也属于大数据。

根据国际数据中心(International Data Corporation,IDC)的估测,人类社会产生的数据量一直都在以每年 50% 的速度增长,也就是说,大约每两年就增加一倍,这被称为"大数据摩尔定律"。这意味着,人类在最近两年产生的数据量相当于之前产生的全部数据量之和。据 IDC 预测,2025 年全球数据量将高达 175ZB,2030 年全球数据量将达到 2500ZB。其中,我国数据量增速最为迅猛,预计 2025 年将增至 48.6ZB,约占全球数据量的 27.8%,平均每年的增长速度比全球约快 3%,我国将成为全球最大的数据国。(表 1-3 给出了数据存储单位之间的换算关系,据此大家对于数据量大小会有更直观的感受。)

表 1-3   数据存储单位之间的换算关系

数据存储单位	换算关系
Byte（B，字节）	1B=8 bit
KB（Kilobyte，千字节）	1KB=1024B
MB（Megabyte，兆字节）	1MB=1024KB
GB（Gigabyte，吉字节）	1GB=1024MB
TB（Terabyte，太字节）	1TB=1024GB
PB（Petabyte，拍字节）	1PB=1024TB
EB（Exabyte，艾字节）	1EB=1024PB
ZB（Zettabyte，泽字节）	1ZB=1024EB

随着数据量的不断增长，数据所蕴含的价值会从量变发展到质变。举例来说，受到照相技术的制约，早期我们只能每分钟拍 1 张照片；随着照相设备的不断改进，设备处理速度越来越快，发展到后期，我们可以每秒拍 1 张照片；而当有一天发展到每秒可以拍 10 张照片时，就产生了电影，即当照片数量的增长带来质变时，照片就发展成了电影。同样，由量变到质变也会发生在数据量的增长过程之中。

1.2.2　数据类型繁多

大数据的数据来源众多，科学研究、企业应用和 Web 应用等都在源源不断地生成新的类型繁多的数据。生物大数据、交通大数据、医疗大数据、电信大数据、电力大数据、金融大数据等，都呈现出"井喷式"增长，所涉及的数据量巨大，已经从 TB 级别跃升到 PB 级别。每时每刻，各行各业都在生成各种不同类型的数据，示例如下。

（1）消费者大数据。中国移动拥有超过 8 亿的用户，每日新增数据量达到 14TB，累计存储量超过 300PB；阿里巴巴月活跃用户超过 5 亿，单日新增数据量超过 50TB，累计数百 PB；百度月活跃用户近 7 亿，每日处理数据量达到 100PB；腾讯月活跃用户超过 9 亿，数据量每日新增数百 TB，总存储量达到数百 PB；京东每日新增数据量达到 1.5PB；今日头条每日处理数据量达到 7.8PB；美团用户近 6 亿，其每日处理数据量超过 4.2PB；我国共享单车市场，拥有近 2 亿用户，超过 700 万辆单车，每日产生约 30TB 数据；携程旅行每日线上访问量上亿，每日新增数据量达到 400TB，存储量超过 50PB；小米公司的联网激活用户超过 3 亿，小米云服务数据量达到 200PB。

（2）金融大数据。中国平安有约 8.8 亿客户的脸谱和信用信息，以及近 5000 万个声纹库；中国工商银行拥有约 5.5 亿个人客户，全行数据量超过 60PB；中国建设银行用户超过 5 亿，手机银行用户达到 1.8 亿，网银用户超过 2 亿，数据存储量达到 100PB；中国农业银行拥有约 5.5 亿个人客户，日处理数据量达到 1.5TB，数据存储量超过 15PB；中国银行拥有约 5 亿个人客户，手机银行客户达到 1.15 亿，电子渠道业务替代率达到 94%。

（3）医疗大数据。一个人拥有约 10^{14} 个细胞、3×10^9 个碱基对，一次全面的基因测序产生的个人数据量可以达到 100GB～600GB。在医学影像中，一次 3D 核磁共振检查可以产生约 150MB 数据（一幅 CT 图像约 150MB）。

（4）城市大数据。一个 8Mbit/s 摄像头 1h 产生的数据量是 3.6GB，1 个月产生的数据量约为 2.59TB。很多城市的摄像头多达几十万个，1 个月的数据量达到数百 PB，若需保存 3 个月，则存储的数据量会达到 EB 级别。全国政府大数据加起来可以达到数百个甚至上千个阿里巴巴大数据的体量。

（5）工业大数据。Rolls-Royce 公司对飞机引擎做一次仿真，会产生数十 TB 数据。一个汽轮机的扇叶在加工中可以产生约 0.5TB 数据，扇叶生产每年会收集约 3PB 数据。扇叶运行每日产生约 588GB 数据。美国通用电气公司在出厂飞机的每个引擎上装 20 个传感器，每个引擎每飞行 1h 能产生约 20TB 数据并通过卫星传回数据。清华大学与金风科技共建风电大数据平台，2 万台风机年运维数据量约为 120PB。

综上所述，大数据的数据类型非常丰富，但是，总体而言可以分成三大类，即结构化数据、半结构化数据和非结构化数据。其中，结构化数据占 10%左右，主要是指存储在关系数据库中的数据；后二者共占 90%左右，类型繁多，主要包括邮件、音频、视频、位置信息、链接信息、手机呼叫信息、网络日志等。

如此类型繁多的异构数据，给数据处理和分析技术带来了新的挑战，也带来了新的机遇。传统数据主要存储在关系数据库中，但是，在类似 Web 2.0 等的应用领域中，越来越多的数据开始被存储在 NoSQL 数据库中，这必然要求在集成的过程中进行数据转换，而这种转换的过程是非常复杂和难以管理的。传统的联机分析处理（Online Analytical Processing，OLAP）和商务智能（Business Intelligence，BI）工具大都面向结构化数据，而在大数据时代，用户友好的、支持非结构化数据分析的商业软件将迎来广阔的市场空间。

1.2.3　处理速度快

大数据时代的数据产生速度非常快。在 Web 2.0 应用领域，在 1min 内，新浪微博可以产生约 2 万条微博，推特可以产生约 10 万条推文，苹果可以产生下载约 4.7 万次应用的数据，淘宝可以卖出约 6 万件商品，百度可以产生约 90 万次搜索、查询的数据。大名鼎鼎的大型强子对撞机（Large Hadron Collider，LHC），大约每秒产生 6 亿次的碰撞，每秒生成约 700MB 数据，同时有成千上万台计算机在分析这些碰撞。

大数据时代的很多应用都需要基于快速生成的数据给出实时分析结果，这些结果用于指导人们的生产和生活实践。因此，数据处理和分析的速度通常要达到秒级响应，这一点和传统的数据挖掘技术有本质的区别，后者通常不要求给出实时分析结果。

1.2.4　价值密度低

大数据虽然看起来很"美"，但是其数据价值密度远远低于传统关系数据库中的数据价值密度。在大数据时代，很多有价值的信息都是分散在海量数据中的。以小区监控视频为例，如果没有意外事件发生，连续不断产生的监控数据都是没有任何价值的，而当发生偷盗等意外情况时，也只有记录了事件过程的那一小段视频有价值。但是，为了能够获得发生偷盗等意外情况时的那一小段宝贵的视频，我们不得不投入大量资金购买监控设备、网络设备、存储设备等，并耗费大量的电能和存储空间，来保存摄像头连续不断传来的监控数据。

如果这个实例还不够典型，那么我们可以想象另一个更大的场景。假设一个电子商务网站希望通过微博数据进行有针对性的营销，为了达到这个目的，必须构建一个能存储和分析微博数据的大数据平台，使之能够根据用户微博内容进行有针对性的商品需求趋势预测。这个愿景很美好，但是现实代价很大，可能需要耗费几百万元组建整个大数据团队和平台，而最终带来的企业销售利润增加额可能会比投入低许多，从这一点来说，大数据的价值密度是较低的。

1.3　大数据的影响

大数据对科学研究、思维方式、社会发展、就业市场和人才培养等方面都具有重要而深远的影响。在科学研究方面，大数据使人类科学研究在经历实验科学、理论科学、计算科学 3 种范式之后，迎来了第 4 种范式——数据密集型科学；在思维方式方面，大数据具有"全样而非抽样、效率而非精确、相关而非因果"三大显著特征，完全颠覆了传统的思维方式；在社会发展方面，大数据决策逐渐成为一种新的决策方式，大数据应用有力促进了信息技术与各行业的深度融合，大数据开发大大推动了新技术和新应用的不断涌现；在就业市场方面，大数据的兴起使数据科学家成为热门人才；在人才培养方面，大数据的兴起将在很大程度上改变我国高校信息技术相关专业的现有教学和科研体制。

1.3.1　大数据对科学研究的影响

图灵奖获得者、著名数据库专家吉姆·格雷（Jim Gray）博士观察并总结出：人类自古以来在科学研究上先后经历了实验科学、理论科学、计算科学和数据密集型科学 4 种范式（见图 1-3）。具体介绍如下。

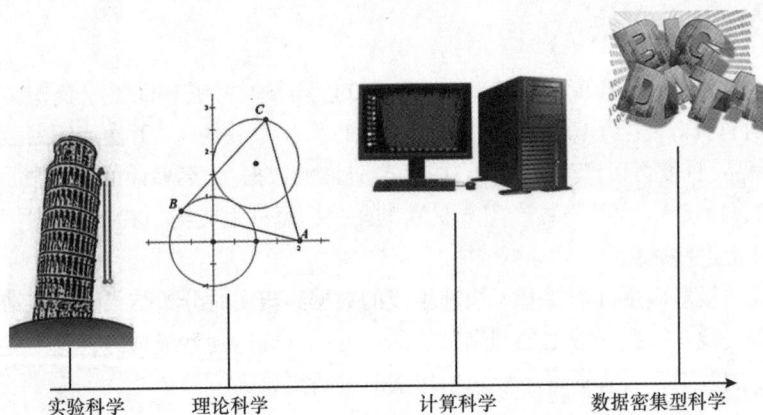

实验科学　　　理论科学　　　　　计算科学　　　数据密集型科学

图 1-3　科学研究的 4 种范式

1.　第 1 种范式：实验科学

在最初的科学研究阶段，人类采用实验来解决一些科学问题，著名的比萨斜塔实验就是一个典型实例。1589 年，伽利略在比萨斜塔上做了"两个铁球同时落地"的实验，得出了重量不同的两个铁球同时落地的结论，从此推翻了亚里士多德"物体下落速度和重量成比例"的学说，纠正了这个持续了 1900 年之久的错误结论。

2.　第 2 种范式：理论科学

实验科学的研究会受到当时实验条件的限制，难以对自然现象有更精确的理解。随着科学的进步，人类开始采用数学、几何、物理等理论，来构建问题模型和寻找解决方案。比如，牛顿第一定律、牛顿第二定律、牛顿第三定律构成了牛顿经典力学的完整体系，奠定了经典力学的概念基础，它的广泛传播和运用对人们的生活和思想产生了重大影响，在很大程度上推动了人类社会的发展。

3. 第 3 种范式：计算科学

1946 年，随着人类历史上第一台通用电子计算机——电子数字积分计算机（Electronic Numerical Integrator and Computer，ENIAC）的诞生，人类社会开始步入计算机时代，科学研究也进入以"计算"为中心的全新时期。在实际应用中，计算科学主要用于对各个科学问题进行计算机模拟和其他形式的计算。通过设计算法、编写相应程序并将其输入计算机运行，人类可以借助计算机的高速运算能力来解决各种问题。计算机具有存储容量大、运算速度快、精度高、可重复执行等特点，是科学研究的利器，推动了人类社会的飞速发展。

4. 第 4 种范式：数据密集型科学

随着数据的不断累积，其宝贵价值日益得到体现，物联网和云计算的出现，更是促成了事物发展从量到质的转变，使人类社会进入全新的大数据时代。如今，计算机不仅能进行模拟、仿真，还能进行分析、总结，得到理论。在大数据环境下，一切都以数据为中心，从数据中发现问题、解决问题，让数据的价值得到真正的体现。大数据成为科学工作者的宝藏，从数据中可以挖掘未知模式和有价值的信息，服务于生产和生活，推动科技创新和社会进步。虽然第 3 种范式和第 4 种范式都利用计算机来进行计算，但二者是有本质区别的。在第 3 种范式中，一般先提出可能的理论，再搜集数据，然后通过计算来验证理论的可行性。而在第 4 种范式中，先有了大量已知的数据，然后通过计算得出之前未知的理论。

1.3.2 大数据对思维方式的影响

维克托·迈尔-舍恩伯格在《大数据时代：生活、工作与思维的大变革》一书中明确指出，大数据时代最大的转变就是思维方式的 3 种转变：全样而非抽样、效率而非精确、相关而非因果。

1. 全样而非抽样

过去，由于受到数据存储和处理能力的限制，在科学分析中，通常采用抽样分析方法，即从全集数据中抽取一部分样本数据，通过对样本数据的分析来推断全集数据的总体特征。通常，样本数据的规模要比全集数据的小很多，因此，我们可以在可控的代价内实现数据分析的目的。现在，我们已经迎来大数据时代，大数据技术的核心是海量数据的存储和处理，分布式文件系统和分布式数据库技术提供了理论上近乎无限的数据存储能力，分布式并行编程框架 MapReduce 提供了强大的海量数据并行处理能力。因此，有了大数据技术的支持，科学分析完全可以直接针对全集数据而不是样本数据，并且可以在短时间内得到分析结果，速度之快，超乎我们的想象。

2. 效率而非精确

过去，我们在科学分析中采用抽样分析方法，就必须追求分析方法的精确性，因为抽样分析只是针对部分样本的分析，其分析结果被应用到全集数据上，误差会被放大。这意味着，抽样分析的微小误差在全集数据上被放大以后，可能会变成一个很大的误差。因此，为了保证误差被放到全集数据上时仍然处于可以接受的范围，就必须确保抽样分析结果的精确性。正是由于这个原因，传统的数据分析方法往往更加注重提高算法的精确性，其次注重提高算法效率。现在，大数据时代采用全样分析而不是抽样分析，全样分析结果不存在误差被放大的问题。因此，追求高精确性已经不是科学分析的首要目标。大数据时代数据分析具有"秒级响应"的特征，要求在几秒内就给出针对海量数据的实时分析结果，否则数据的价值就会丧失，因此，数据分析的效率成为人们关注的核心。

3. 相关而非因果

过去，数据分析的目的有两个：一个是解释事物背后的发展机理，比如，一家大型商超公司在某个地区的连锁店在某个时期内净利润下降很多，就需要 IT 部门对相关销售数据进行详细分析，从而找出产生该问题的原因；另一个是预测未来可能发生的事件，比如，通过实时分析微博数据，当发现人们对雾霾的讨论明显增加时，就可以建议销售部门增加口罩的进货量，因为人们关注雾霾的一个直接结果是，可能想要购买一个口罩来保护自己的身体。不管是哪个目的，其实都反映了一种"因果关系"。但是，在大数据时代，这种"因果关系"不再那么重要，人们转而追求"相关性"而非"因果性"。比如，我们在淘宝购物时，当我们购买了一个汽车防盗锁以后，淘宝会自动提示与我们购买相同物品的其他用户还购买了汽车坐垫等，也就是说，淘宝只会告诉我们"购买汽车防盗锁"和"购买汽车坐垫"之间存在相关性，并不会告诉我们为什么其他用户购买了汽车防盗锁以后还会购买汽车坐垫。

1.3.3 大数据对社会发展的影响

大数据正在对社会发展产生深远的影响，具体表现在以下几个方面：大数据决策成为一种新的决策方式；大数据成为促进国家发展的新工具；大数据应用促进信息技术与各行业深度融合；大数据开发推动新技术和新应用不断涌现。

1. 大数据决策成为一种新的决策方式

根据数据制定决策，并非大数据时代所特有的。从 20 世纪 90 年代开始，大量数据仓库和 BI 工具就开始被用于企业决策。发展到今天，数据仓库已经是一个集成的信息存储仓库，既具备批量和周期性的数据加载能力，也具备对数据变化进行实时探测和传播的能力，并能结合历史数据和实时数据实现查询分析和自动规则触发，从而提供对战略决策（如宏观决策和长远规划等）和战术决策（如实时营销和个性化服务等）的双重支持。但是，数据仓库以关系数据库为基础，无论是在数据类型方面还是在数据量方面都存在较大的限制。现在，大数据决策可以面向类型繁多的、非结构化的海量数据进行决策分析，已经成为受到追捧的全新决策方式。比如，政府有关部门可以把大数据技术融入"舆情分析"中，通过对论坛、博客、社区等多种来源的数据进行综合分析，厘清或测验信息中本质性的事实和趋势，揭示信息中含有的隐性情报内容，对事物发展做出情报预测，协助政府决策，有效应对各种突发事件。

2. 大数据成为促进国家发展的新工具

大数据是提升国家治理能力的新手段，政府可以透过大数据揭示政治、经济、社会事务中传统技术难以展现的关联关系，并对事物的发展趋势做出准确预判，从而在复杂情况下做出合理、准确的决策；大数据是促进经济转型增长的新引擎，大数据与实体经济深度融合，将大幅度推动传统产业提质增效，促进经济转型、催生新业态，同时，大数据的采集、管理、交易、分析等也正在成为拥有巨大的新兴市场的业务；大数据是提升社会公共服务能力的新手段，通过打通各政府公共服务部门的数据，促进数据流转与共享，将有效促进行政审批事务的简化，提高公共服务的效率，更好地服务人民，提升人民群众的获得感和幸福感。

3. 大数据应用促进信息技术与各行业深度融合

有专家指出，大数据将会在未来 10 年改变几乎每一个行业的业务功能。对于互联网、银行、保险、交通、材料、能源、服务等行业，不断累积的大数据将加速推进这些行业与信息技术深度融合，开拓行业发展的新方向。比如，大数据可以帮助快递公司选择运输成本最低的运输路线，协助投资者选择收益最大的股票投资组合，辅助零售商有效定位目标消费者群体，帮助互联网公司实现广告精准投放，甚至帮助电力公司制订配送电计划以确保供电科学等。总之，大数据所触及的社会生产和生活的每个角落都会因之发生巨大而深刻的变化。

4. 大数据开发推动新技术和新应用不断涌现

大数据的应用需求，是大数据新技术开发的源泉。在各种应用需求的强烈驱动下，各种突破性的大数据技术被不断提出并得到广泛应用，数据的能量也将不断得到释放。在不远的将来，原来那些依靠人类自身判断力的应用，将逐渐被各种基于大数据的应用所取代。比如，今天的汽车保险公司，只能凭借少量的车主信息，对客户进行简单的类别划分，并根据客户的汽车出险次数给予相应的保费优惠方案，客户选择哪家汽车保险公司都没有太大差别。随着车联网的出现，"汽车大数据"将会深刻改变汽车保险业的商业模式。如果某家商业保险公司能够获取客户车辆的相关细节信息，并利用事先构建的数学模型对客户等级进行更加细致的判定，给予更加个性化的"一对一"优惠方案，那么，毫无疑问，这家汽车保险公司将具备明显的市场竞争优势，获得更多客户的青睐。

1.3.4　大数据对就业市场的影响

大数据的兴起使数据科学家成为热门职业。2010 年，在高科技劳动力市场上还很难见到数据科学家的职位，但此后，数据科学家逐渐发展为市场上热门的职位之一。互联网企业和零售、金融类企业都在积极争夺大数据人才，数据科学家成为大数据时代最紧缺的人才。国内有大数据专家估算过，目前国内的大数据人才缺口达到 130 万人。

目前，我国数据分析工作还主要局限在结构化数据分析方面，尚未进入通过对半结构化和非结构化数据进行分析以开拓新的市场空间的阶段。但是，大数据中包含大量的非结构化数据，未来将会产生大量针对非结构化数据进行分析的市场需求，因此，未来我国市场对掌握大数据分析专业技能的数据科学家的需求会逐年递增。并且，随着数据科学家给企业所带来的商业价值的日益体现，市场对数据科学家的需求会日益增加。

大数据产业是战略新兴产业和知识密集型产业，大数据企业对大数据高端人才和复合型人才需求旺盛。各企业除了追求大数据人才数量之外，为提高自身技术壁垒和竞争实力，还对大数据人才的质量具有很高的期待，拥有数据架构、数据挖掘与分析、产品设计等专业技能的大数据人才备受企业关注，高层次大数据人才市场供不应求。有调研结果显示，大数据人才需求岗位 TOP 10 的需求度为 31.1%～68.9%，其中，大数据架构师是大数据相关企业需求量最大的岗位，约 68.9% 的企业需要这类人才；大数据工程师、数据产品经理、系统研发人员的需求企业数均超过一半。大数据人才需求岗位 TOP 10 中的其他岗位分别为数据分析师、应用开发人员、数据科学家、机器学习工程师、数据挖掘分析师、数据建模师。

1.3.5　大数据对人才培养的影响

大数据的兴起，将在很大程度上改变我国高校信息技术相关专业的现有教学和科研体制。一方面，数据科学家是需要掌握统计学、数学、机器学习、可视化、编程等多方面知识的复合型人才。在中国高校现有的学科和专业设置中，上述知识分布在数学、统计学和计算机等多个学科中，通常任何一个学科都只能培养某个方向的专业人才，无法培养全面掌握数据科学相关知识的复合型人才。另一方面，数据科学家需要大数据环境，在真正的大数据环境中不断学习、实践并将知识融会贯通，将自身专业背景与所在行业业务需求进行深度融合，从数据中发现有价值的信息，但是，目前大多数高校还不具备这种培养环境，不仅缺乏大量基础数据，对领域业务需求的理解也存在不足。鉴于上述两个方面的原因，目前国内的数据科学人才并不是由高校培养的，而主要是在企业实际应用环境中通过边工作边学习的方式不断成长起来的，其中，互联网领域集中了大多数的数据科学人才。

在未来5～10年，市场对数据科学人才的需求会日益增加，不仅互联网行业需要数据科学人才，类似金融、电信这样的传统行业的大数据项目也需要数据科学人才参与。由于高校目前尚不具备培养大量数据科学人才的基础和能力，传统行业的企业很可能会从互联网行业的企业"挖墙脚"，来满足该行业的企业对数据分析人才的需求，继而造成用人成本高，制约企业的成长和壮大。因此，高校应该秉承"培养人才、服务社会"的理念，充分发挥科研和教学综合优势，培养一大批具备数据分析基础能力的数据科学人才，有效填补数据科学家的市场缺口，为促进经济社会发展做出更大贡献。目前，国内很多高校开始设立大数据专业或者开设大数据课程，加快推进大数据人才培养体系的建立。2014年，中国科学院大学开设首个"大数据技术与应用"专业方向，面向科研发展及产业实践培养信息技术与行业需求相结合的复合型大数据人才。2014年，清华大学成立数据科学研究院，推出多学科交叉培养的大数据硕士项目。2015年10月，复旦大学大数据学院成立，在数学、统计学、计算机、生命科学、医学、经济学、社会学、传播学等多学科交叉融合的基础上，聚焦大数据学科建设、研究应用和复合型人才培养。2016年9月，华东师范大学数据科学与工程学院成立，新设置的本科专业"数据科学与工程"，是华东师范大学除"计算机科学与技术"和"软件工程"以外，第三个与计算机相关的本科专业。2013年，厦门大学开始在研究生层面开设大数据课程，并建设了国内首个高校大数据课程公共服务平台，为全国高校开展大数据教学提供一站式免费服务。2016年，北京大学、对外经济贸易大学、中南大学成为国内首批设立"数据科学与大数据技术"专业的高校。2017—2020年，大数据相关专业新增数量在新增专业数量排行榜中均位居前列，数据科学、智能化应用等专业受到高校普遍重视。2023年，全国累计有1000余所高校设立了大数据相关专业。

高校培养数据科学人才需要采取"两条腿"走路的策略，即"引进来"和"走出去"。所谓"引进来"，是指高校要加强与企业的紧密合作，从企业引进相关数据，为学生搭建起接近企业实际应用的、仿真的大数据实战环境，让学生有机会理解企业业务需求和数据形式，为开展数据分析奠定基础，同时，从企业引进具有丰富实战经验的高级人才，承担起数据科学人才相关课程的教学任务，切实提高教学质量、水平和实用性。所谓"走出去"，是指积极鼓励和引导学生走出校园，进入互联网、金融、电信等行业中具备大数据环境的企业开展实践活动，同时，努力加强产、学、研合作，创造条件让高校教师参与到企业大数据项目中，实现理论知识与实际应用的深层次融合，锻炼高校教师的大数据实战能力，为更好地培养数据科学人才奠定基础。

在课程体系的设计上，高校应该打破学科界限，设置跨院系、跨学科的"组合课程"，由来自计算机、数学、统计学等不同院系的教师构建联合教学师资力量，多方合作，共同培养具备大数据分析基础能力的数据科学人才，使其全面掌握包括数学、统计学、数据分析、商业分析和自然语言处理等在内的系统知识，具有独立获取知识的能力，以及较强的实践能力和创新意识。

1.4　大数据的应用

大数据价值创造的关键在于大数据的应用。随着大数据技术的飞速发展，大数据应用已经融入各行各业，大数据应用的层次在不断深化中。

1.4.1　大数据在各个领域的应用

"数据，正在改变甚至颠覆我们所处的整个时代"，《大数据时代：生活、工作与思维的大变革》一书作者维克托·迈尔-舍恩伯格教授发出如此感慨。发展到今天，大数据已经无处不在，包括制造、金融、汽车、互联网、餐饮、电信、能源、物流、城市管理、生物医学、体育和娱乐、安全、个人生活等在内的各个领域都已经融入大数据的印迹。表1-4所示的是大数据在各个领域的应用情况。

表 1-4　　　　　　　　　　　　　　大数据在各个领域的应用情况

领域	大数据的应用
制造	利用工业大数据提升制造水平，包括产品故障诊断与预测、工艺流程分析、生产工艺改进、生产过程能耗优化、工业供应链分析与优化、生产计划与排程优化等
金融	大数据在高频交易、社交情绪分析和信贷风险分析三大金融创新领域发挥重要作用
汽车	利用大数据和物联网技术实现的无人驾驶汽车，在不远的未来将走进我们的日常生活
互联网	借助于大数据技术，可以分析客户行为，进行商品推荐和有针对性的广告投放
餐饮	利用大数据实现餐饮O2O（Online to Offline，线上线下）模式，彻底改变传统餐饮经营方式
电信	利用大数据技术实现客户离网分析，及时掌握客户离网倾向，制订客户挽留措施
能源	随着智能电网的发展，电力公司可以掌握海量的用户用电信息；利用大数据技术分析用户用电模式，可以改进电网运行方式，合理地设计电力需求响应系统，确保电网运行安全
物流	利用大数据优化物流网络，提高物流效率，降低物流成本
城市管理	利用大数据实现智能交通、环保监测、城市规划和智能安防
生物医学	大数据可以帮助我们实现流行病预测、智慧医疗、健康管理，还可以帮助我们解读DNA，了解更多的生命奥秘
体育和娱乐	大数据可以帮助人们训练球队，预测比赛结果，以及决定投拍哪种题材的影视作品等
安全	政府可以利用大数据技术构建起强大的国家安全保障体系，企业可以利用大数据抵御网络攻击
个人生活	利用与每个人相关联的"个人大数据"，分析个人生活行为习惯，为其提供更加周到的个性化服务

就企业而言，其掌握的大数据是经济价值的源泉。最为常见的是，一些公司已经把商业活动的每一个环节都建立在数据收集、分析之上，尤其是在营销活动中。eBay公司通过数据分析计算出广告中每一个关键字为公司带来的回报，以进行精准的定位营销，优化广告投放。从2007年以来，eBay产品的广告费缩减了99%，而顶级卖家的销售额在总销售额中上升至32%。淘宝通过挖掘、处理用户浏览页面和购买记录的数据，为用户提供个性化建议并推荐新的产品，以达到提高销售额的目的。还有企业利用大数据分析研判市场形势，部署经营战略，开发新的技术和产品，以期迅速占领市场制高点。大数据宛如一股"洪流"注入世界经济，成为全球各个经济领域的重要组成部分。

就政府而言，大数据的发展将会提高政府科学决策水平，将政府传统的决策方式，转变为用数据"说话"。政府可以利用大数据分析社会、经济、人文生活等规律，为国家进行宏观调控、产业布局和做出战略决策等提供决策依据；通过大数据分析社会公众和企业的行为，可以增强政府的公共服务水平；采用大数据技术，还可实现城市管理由粗放式向精细式的转变，提高政府社会管理水平。在政治活动领域，大数据也发挥了作用。美国大选期间，奥巴马团队创新性地将大数据应用到总统大选中，在锁定目标选民、筹集竞选经费、督促选民投票等各个环节，大数据都发挥了至关重要的作用，数据驱动的竞选决策曾帮助奥巴马成功当选美国总统。

在医疗领域，大数据也有不俗表现。医院通过分析采用监测器采集的数百万个新生儿重症监护病房的数据，可以从诸如体温升高、心率加快等因素中，研判新生儿是否存在感染潜在致命性或传染性疾病的可能性，以便为做好预防和应对措施奠定基础，而这些可能性，并不是经验丰富的医生通过巡视、查房就可以发现的。华盛顿中心医院为减少患者感染率和再入院率，对患者多年来的匿名医疗记录，如检查、诊断、治疗资料以及人口统计资料等进行统计分析，发现对患者出院后进行心理治疗方面的医学干预，会更有利于其身体健康。

此外，大数据也悄然地影响着绿茵场上强弱的较量。2014年巴西"世界杯"比赛中，大数据成为德国队夺冠的秘密武器。美国媒体评论称，"大数据"堪称德国队的"第十二人"。德国队不仅通过大数据来分析自己球员的特色和优势，优化团队配置，提升球队作战能力，还通过分析对手的技术数据，确定相应的战略战术，寻找在世界杯比赛中的制胜方式。

总而言之，大数据的身影无处不在，时时刻刻在影响和改变我们的生活和我们理解世界的方式。

1.4.2　大数据应用的 3 个层次

按照数据开发应用深入程度的不同，我们可将众多的大数据应用分为 3 个层次。

第一个层次，描述性分析应用，是指从大数据中总结、抽取相关的信息和知识，帮助人们分析发生了什么，并呈现事物的发展历程。如美国的 DOMO 公司从其企业客户的各个信息系统中抽取数据并将其整合，再以统计图表等可视化形式，将数据蕴含的信息推送给不同岗位的业务人员和管理者，帮助其更好地了解企业现状，进而做出判断和决策。

第二个层次，预测性分析应用，是指从大数据中分析事物之间的关联关系、发展模式等，并据此对事物发展的趋势进行预测。例如，微软公司纽约研究院研究员戴维·罗思柴尔德（David Rothschild）通过收集和分析证券交易所、社交媒体等的大量公开数据，建立预测模型，对多届奥斯卡奖项的归属进行预测，在 2014 年和 2015 年，均准确预测了奥斯卡共 24 个奖项中的 21 个。

第三个层次，指导性分析应用，是指在前两个层次的基础上，分析不同决策将导致的后果，并对决策进行指导和优化。如自动驾驶汽车会分析高精度地图数据和海量的激光雷达、摄像头等的实时感知数据，对车辆不同驾驶行为的后果进行预判，并据此指导车辆的自动驾驶。

当前，在大数据应用的实践中，描述性、预测性分析应用多，决策指导性等更深层次分析应用偏少。

一般而言，人们做出决策的流程包括认知现状、预测未来和选择策略这 3 个基本步骤。这些步骤也对应了上述大数据应用的 3 个不同层次。不同层次的应用意味着人类和计算机在决策流程中不同的分工和协作方式，例如，第一个层次的描述性分析应用中，计算机仅负责将与现状相关的信息和知识展现给人类专家，而对未来态势的判断及对最优策略的选择仍然由人类专家完成。应用层次越深，计算机承担的任务越多、越复杂，效率提升也越高，价值也越大。然而，随着研究应用的不断深入，人们逐渐意识到前期在大数据应用中大放异彩的深度神经网络尚存在基础理论不完善、模型不具可解释性、健壮性较差等问题。因此，虽然应用层次最深的指导性分析应用，当前已在人机博弈等非关键性领域中取得较好的应用效果，但是，在自动驾驶、政府决策、军事指挥、医疗健康等应用价值更高，且在与人类生命、财产、发展和安全紧密关联的领域中，要真正获得有效应用，仍面临一系列待解决的重大基础理论和核心技术挑战，大数据应用仍处于初级阶段。

　　未来，随着应用领域的拓展、技术的提升、数据共享开放机制的完善，以及产业生态的成熟，具有更大潜在价值的预测性和指导性分析应用将成为发展的重点。

1.5　大数据关键技术

　　人们谈到的大数据，往往并非大数据本身，而是大数据和大数据技术这二者的结合体。所谓大数据技术，是指伴随着大数据的采集、存储、分析和结果呈现的相关技术，是使用非传统的工具来对大量的结构化、半结构化和非结构化数据进行处理，从而获得分析和预测结果的一系列数据处理和分析技术。

　　在讨论大数据技术时，首先需要了解大数据的基本处理流程，主要包括数据采集、存储、分析和结果呈现等环节。数据无处不在，互联网网站、政务系统、零售系统、办公系统、自动化生产系统、监控摄像头、传感器等，每时每刻都在产生数据。这些分散在各处的数据，需要采用相应的设备或软件进行采集。采集到的数据通常无法直接用于后续的数据分析，因为对来源众多、类型多样的数据而言，数据缺失和语义模糊等问题是不可避免的，因而必须采取相应措施有效解决这些问题，这就需要通过一个被称为"数据预处理"的过程，来将数据变成可用的。数据经过预处理以后，首先会在文件系统或数据库系统中进行存储与管理，然后可以采用数据挖掘工具对数据进行处理与分析，最后可以采用可视化工具为用户呈现结果。在整个数据处理过程中，必须注意数据安全和隐私保护问题。

　　因此，从数据分析全流程的角度来看，大数据技术主要包括数据采集与预处理、数据存储与管理、数据处理与分析、数据安全与隐私保护等几个层面的内容，具体如表 1-5 所示。

表 1-5　　　　　　　　　　　　　　　大数据技术的不同层面及其功能

大数据技术层面	功能
数据采集与预处理	利用抽取-转换-加载（Extract-Transformation-Load，ETL）工具将分布在异构数据源中的数据，如关系数据、平面数据等，抽取到临时中间层后进行清洗、转换、集成，最后加载到数据仓库或数据集市中，成为 OLAP、数据挖掘的基础；也可以利用日志采集工具（如 Flume、Kafka 等）把实时采集的数据作为流计算系统的输入，进行实时处理与分析
数据存储与管理	利用分布式文件系统、数据仓库、关系数据库、NoSQL 数据库、云数据库等，实现对海量结构化、半结构化和非结构化数据的存储和管理
数据处理与分析	利用分布式并行编程模型和计算框架，结合机器学习和数据挖掘算法，实现对海量数据的处理和分析；对分析结果进行可视化呈现，帮助人们更好地理解数据、分析数据
数据安全和隐私保护	在从大数据中挖掘潜在的巨大商业价值和学术价值的同时，构建数据安全体系和隐私数据保护体系，有效保护数据安全和个人隐私

　　需要指出的是，大数据技术是许多技术的集合体，这些技术并非全部都是新生事物，诸如关系数据库、数据仓库、数据采集、ETL、OLAP、数据挖掘、数据隐私和安全、数据可视化等技术已经发展多年，它们在大数据时代得到不断补充、完善、提高后有了质的改变，可以视为大数据技术的组成部分。对于这些技术，除了数据仓库以外，本书将不进行详细介绍，本书重点阐述近些年新发展起来的大数据核心技术，包括分布式并行编程、分布式文件系统、分布式数据库、

NoSQL 数据库、云数据库、流计算、图计算等。

1.6 大数据计算模式

MapReduce 是大家熟悉的大数据处理技术，人们在提到大数据时会很自然地想到 MapReduce，可见其影响力之广。实际上，大数据处理的问题复杂多样，单一的计算模式是无法满足不同类型的计算需求的。MapReduce 其实只是大数据计算模式中的一种，它代表了针对大规模数据的批量处理技术，除此以外，还有批处理计算、流计算、图计算、查询分析计算等多种大数据计算模式（见表 1-6）。

表 1-6　　　　　　　　　　　　大数据计算模式及其典型代表

大数据计算模式	解决问题	典型代表
批处理计算	大规模数据的批量处理	MapReduce、Spark 等
流计算	流数据的实时计算	Flink、Storm、Yahoo!S4、Flume、Streams、Puma、DStream、Super Mario、银河流数据处理平台等
图计算	大规模图结构数据的处理	Pregel、GraphX、Giraph、PowerGraph、Hama、GoldenOrb 等
查询分析计算	超大规模数据的存储管理和查询分析	Dremel、Hive、Cassandra、Impala 等

1.6.1 批处理计算

批处理计算主要解决大规模数据的批量处理问题，这个问题也是我们日常数据分析工作中非常常见的问题。MapReduce 是非常具有代表性和影响力的大数据批处理技术之一，可以并行执行大规模数据处理任务，用于大规模数据集（数据量大于 1TB）的并行运算。MapReduce 极大地方便了分布式编程工作，编程人员在不会分布式并行编程的情况下，也可以很容易地将自己的程序运行在分布式系统上，完成对海量数据的计算。

Spark 是一个针对超大数据集合的低延迟的集群分布式计算系统，其运算速度比 MapReduce 快许多。Spark 启用了内存分布数据集，除了能够提供交互式查询，还可以优化迭代工作负载。在 MapReduce 中，数据流从一个稳定的来源进行一系列加工处理后，流出到一个稳定的文件系统（如 HDFS）。而 Spark 使用内存替代 HDFS 或本地磁盘来存储中间结果，因此，Spark 的运算速度比 MapReduce 快许多。

1.6.2 流计算

流数据是大数据分析中的重要数据类型。流数据（或数据流）是指在时间分布和数量上无限的一系列动态数据集合体，数据的价值会随着时间的流逝而降低，因此必须采用实时计算的方式给出秒级响应。流计算可以实时分析与处理来自不同数据源的、连续到达的流数据，并给出有价值的分析结果。目前业内已涌现出许多流计算平台与框架：第一类是商业级的流计算平台，包括 IBM InfoSphere Streams 和 IBM StreamBase 等；第二类是开源流计算框架，包括 Twitter Storm、Yahoo! S4（Simple Scalable Streaming System）、Spark Streaming、Structured Streaming、Flink 等；第三类是公司为支持自身业务开发的流计算框架，如百度开发了通用流数据实时计算系统 DStream，淘宝开发了通用流数据实时计算系统——银河流数据处理平台。

1.6.3　图计算

在大数据时代，许多大数据，如社交网络、传染病传播途径、交通事故对路网的影响等，都是以大规模图或网络的形式呈现的。此外，许多非图结构的大数据也常常会被转换为图模型再进行处理分析。MapReduce 作为单输入、两阶段、粗粒度数据并行的分布式计算框架，在表达多迭代、稀疏结构和细粒度数据时，往往显得力不从心。因此，针对大型图的计算，需要采用图计算模式。目前已经出现了不少相关图计算产品，比如谷歌的 Pregel 就是一个用于分布式图计算的计算框架，它主要用于 PageRank 计算、最短路径和图遍历等。其他的图计算代表产品包括 Spark 生态系统中的 GraphX、Flink 生态系统中的 Gelly、图数据处理系统 PowerGraph 等。

1.6.4　查询分析计算

针对超大规模数据的存储管理和查询分析，需要提供实时或准实时的响应，才能很好地满足企业经营管理需求。谷歌开发的 Dremel 是一种可扩展的、交互式的实时查询系统，适用于只读嵌套数据的分析。通过结合多级树状执行过程和列式数据结构，它能做到在几秒内完成对上万亿个表的聚合查询。Dremel 系统可以扩展到成千上万的 CPU 上，支持谷歌上万用户同时操作 PB 级别的数据，并且可以在 2～3s 内完成 PB 级别的数据的查询。此外，Cloudera 公司参考 Dremel 系统开发了实时查询引擎 Impala，它提供结构查询语言（Structure Query Language，SQL）语义，能快速查询存储在 Hadoop 的 HDFS 和 HBase 中的 PB 级别的数据。

1.7　大数据产业

大数据产业是指一切与支撑大数据组织管理和价值发现相关的企业经济活动的集合。大数据产业层次包括 IT 基础设施层、数据源层、数据管理层、数据分析层、数据平台层和数据应用层，具体如表 1-7 所示。

表 1-7　　　　　　　　　　　大数据产业的各个层次及其包含内容

产业层次	包含内容
IT 基础设施层	包括提供硬件、软件、网络等基础设施以及提供咨询、规划和系统集成服务的企业，比如，提供数据中心解决方案的 IBM、惠普和戴尔等，提供存储解决方案的 EMC，提供虚拟化管理软件的微软、Citrix、Sun、红帽等
数据源层	大数据生态圈里的数据提供者，是生物（生物信息学领域的各类研究机构）大数据、交通（交通主管部门）大数据、医疗（各大医院、体检机构）大数据、政务（政府部门）大数据、电商（淘宝、天猫、苏宁易购、京东等）大数据、社交网络（新浪微博、微信、人人网等）大数据、搜索引擎（百度、谷歌等）大数据等各种大数据的来源
数据管理层	包括提供数据抽取、转换、存储和管理等服务的各类企业或产品，如分布式文件系统（如 Hadoop 的 HDFS 和谷歌的 GFS）、ETL 工具（Informatica、DataStage、Kettle 等）、数据库和数据仓库（Oracle、MySQL、SQL Server、HBase、GreenPlum 等）等
数据分析层	包括提供分布式计算、数据挖掘、统计分析等服务的各类企业或产品，如分布式计算框架 MapReduce、统计分析软件 SPSS 和 SAS、数据挖掘工具 Weka、数据可视化工具 Tableau、BI 工具（MicroStrategy、Cognos、BO）等

续表

产业层次	包含内容
数据平台层	包括提供数据分享平台、数据分析平台、数据租售平台等服务的企业或产品，如阿里巴巴、谷歌、中国电信、百度等
数据应用层	提供智能交通、智慧医疗、智能物流、智能电网等行业应用的企业、机构或政府部门，如交通主管部门、各大医疗机构、菜鸟网络、国家电网等

  目前，我国已形成中西部地区、环渤海地区、珠三角地区、长三角地区、东北地区 5 个大数据产业区。在政府管理、工业升级转型、金融创新、医疗保健等领域，大数据行业应用已逐步深入。一些地方政府也在积极尝试以"大数据产业园"为依托，加快发展本地的大数据产业。大数据产业园是大数据产业的聚集区或大数据技术的产业化项目孵化区，是大数据企业的孵化平台以及大数据企业走向产业化道路的集中区域。2015 年，国家将大数据产业提升至重点战略地位，经过几年的迅猛发展，各地积极建设了一批大数据产业园，这些大数据产业园是重要的大数据产业集聚区和区域创新中心，能够为新经济、新动能的培养提供优质土壤，支撑本地大数据产业高质量发展。从园区分布区域来看，我国大数据产业园发展水平与所在地区信息技术产业发展水平直接相关。华东、中南地区大数据产业园数量多、种类丰富，特别是湖南、河南，两地均拥有 10 多个大数据产业园。华北、西南地区大数据产业园数量相对较少，内蒙古、重庆和贵州作为国家大数据综合实验区，积极布局大数据产业园。西北、东北地区在大数据产业园建设方面发力不足，仍有较大的进步空间，其中，西北地区的甘肃与宁夏作为"东数西算"工程的国家算力枢纽节点，有望以数据流引领物资流、人才流、技术流、资金流集聚，带动该区域大数据产业园的建设和发展。从园区种类来看，一些地区立足错位发展，建设了一批特色突出的大数据产业园，健康医疗大数据产业园、地理空间大数据产业园、先进制造业大数据产业园等开始涌现，引领大数据产业园特色化创新发展，其中，江苏、山东、安徽、福建等省份均建设了健康医疗大数据产业园。

  经过多年的建设与发展，国内涌现出了一批具有代表性的大数据产业园。陕西西咸新区沣西新城在信息产业园中规划了国内首家以大数据处理与服务为特色的产业园。贵州贵安新区是南方数据中心核心区和全国大数据产业集聚区。贵安新区电子信息产业园是贵安新区发展大数据的重要载体，优先发展以大数据为重点的新一代电子信息产业技术。为解决人才难题，园区开设了华为大数据学院，实现企业化运营管理，为贵安新区培训、输送大批大数据产业技能人才。中关村大数据产业园已经成为大数据产业的集聚区，构建了完善的大数据产业链，覆盖大数据产业的各个环节，在数据源、数据采集、数据处理、数据存储、数据分析、数据可视化、数据应用和数据安全等产业链的不同环节，均有相关企业在从事数据研究与市场开发。位于重庆市的仙桃数据谷，主要布局大数据、人工智能、物联网等前沿产业，致力于打造具有国际影响力的中国大数据产业生态谷。盐城大数据产业园是江苏省唯一一个省市合作建设的国家级大数据产业基地，已被纳入江苏省互联网经济、云计算和大数据产业发展的总体规划，是中韩产业园的重要组成部分。佛山市南海区大数据产业园，以"互联网+大数据+特色园区"为发展模式，积极引入大数据产业项目，承接北上广深大数据产业转移，培育大数据孵化项目。位于福建省泉州市安溪县龙门镇的中国国际信息技术（福建）产业园（见图 1-4），是福建省第一个大数据产业园，致力于构建以国际最高等级第三方数据中心为核心，以信息技术服务外包为主的绿色生态产业链，打造集数据中心、安全管理、云服务、电子商务、数字金融、信息技术教育、国际交流、投融资环境等功能为一体、覆盖福建、辐射海西的国际一流高科技信息技术产业园。

图 1-4　中国国际信息技术（福建）产业园

1.8　大数据与云计算、物联网

大数据、云计算和物联网代表了 IT 领域最新的技术发展趋势，三者相辅相成，既有联系又有区别。为了更好地理解三者之间的紧密关系，下面将先对云计算和物联网进行简要介绍，再分析大数据、云计算和物联网的关系。

1.8.1　云计算

1. 云计算概述

云计算实现了通过网络提供可伸缩的、廉价的分布式计算能力，用户只需要处于具备网络接入条件的地方，就可以随时随地获得所需的各种 IT 资源。云计算代表了以虚拟化技术为核心、以低成本为目标、动态可扩展的网络应用基础设施，是近年来最有代表性的网络计算技术与模式。

云计算包括 3 种典型的服务模式（见图 1-5），即基础设施即服务（Infrastructure as a Service，IaaS）、平台即服务（Platform as a Service，PaaS）和软件即服务（Software as a Service，SaaS）。IaaS 将基础设施（计算资源和存储）作为服务出租，PaaS 将平台作为服务出租，SaaS 将软件作为服务出租。

云计算的服务模式和类型如图 1-5 所示，其包括公有云、私有云和混合云 3 种类型。公有云面向所有用户提供服务，注册付费的用户都可以使用，比如阿里云和 AWS（Amazon Web Services，亚马逊云科技）；私有云只为特定用户提供服务，比如大型企业出于安全考虑自建的云环境，只为企业内部提供服务；混合云综合了公有云和私有云的特点，对一些企业而言，一方面出于安全考虑需要把数据放在私有云中，另一方面又希望可以获得公有云的计

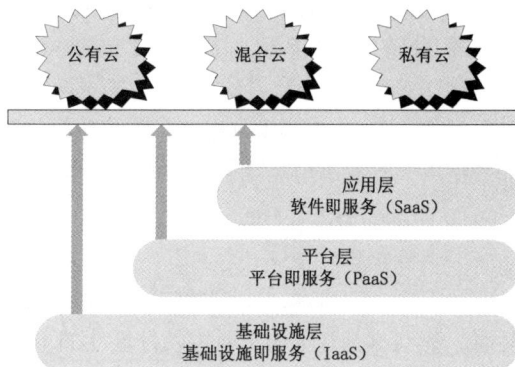

图 1-5　云计算的服务模式和类型

算资源，为了获得最佳的效果，就可以将公有云和私有云混合搭配使用。

可以采用云计算管理软件来构建云环境（公有云或私有云），OpenStack 就是一种非常流行的构建云环境的开源软件。OpenStack 管理的资源不是单机而是一个分布的系统，它把分布的计算、存储、网络、设备、资源组织起来，形成一个完整的云计算系统，帮助服务商和企业内部实现类似于 Amazon EC2 和 S3 的云基础架构服务。

2. 云计算的关键技术

云计算的关键技术包括虚拟化、分布式存储、分布式计算、多租户等。

（1）虚拟化

虚拟化技术是云计算基础架构的基石，是指将一台计算机虚拟为多台逻辑计算机，在一台计算机上同时运行多台逻辑计算机，每台逻辑计算机可运行不同的操作系统，并且应用程序都可以在相互独立的空间内运行而互不影响，从而显著提高计算机的工作效率。

虚拟化的资源可以是硬件（如服务器、磁盘和网络设备），也可以是软件。以服务器虚拟化为例，它将服务器物理资源抽象成逻辑资源，让一台服务器变成几台甚至上百台相互隔离的虚拟服务器，服务器将不再受限于物理上的界限，而是让 CPU、内存、磁盘、输入/输出（Input/Output，I/O）设备等硬件变成可以动态管理的"资源池"，从而提高资源的利用率，简化系统管理，实现服务器整合，让 IT 对业务的变化更具适应力。

Hyper-V、VMware、KVM、VirtualBox、Xen、QEMU 等都是非常典型的虚拟化平台。Hyper-V 是微软公司的一款虚拟化产品，旨在为用户提供性能更高的虚拟化基础设施软件，为用户降低运作成本，提高硬件利用率，优化基础设施，提高服务器的可用性。VMware 是全球桌面到数据中心虚拟化解决方案的领导厂商。

近年发展起来的容器技术（如 Docker），是不同于 VMware 等传统虚拟化技术的一种新型轻量级虚拟化技术（也被称为"容器型虚拟化技术"）。与 VMware 等传统虚拟化技术相比，Docker 具有启动速度快、资源利用率高、性能开销小等优点，受到了业界青睐，并得到了越来越广泛的应用。

（2）分布式存储

面对"数据爆炸"的时代，集中式存储已经无法满足海量数据的存储需求，分布式存储应运而生。Google 文件系统（Google File System，GFS）是谷歌推出的一款分布式文件系统，可以满足大型、分布式、对大量数据进行访问的需求。GFS 具有很好的硬件容错性，可以把数据存储到成百上千台服务器中，并在硬件出错的情况下尽量保证数据的完整性。GFS 还支持 GB 或者 TB 级别超大文件的存储，一个超大文件会被分成许多块，分散存储在由数百台机器组成的集群里。Hadoop 分布式文件系统（Hadoop Distributed File System，HDFS）是对 GFS 的开源实现，同时，它是基于 Java 实现的，具有强大的跨平台兼容性，只要是 JDK 支持的平台都可以兼容。

谷歌后来又以 GFS 为基础开发了分布式数据管理系统 BigTable，它适用于非结构化数据存储的数据库，具有高可靠性、高性能、可伸缩等特点，可在廉价 PC 服务器上搭建起大规模存储集群。而 HBase 是针对 BigTable 的开源实现。

（3）分布式计算

面对海量的数据，传统的单指令单数据流顺序执行的方式已经无法满足快速处理数据的要求；同时，我们不能寄希望于通过硬件性能的不断提升来满足这种需求，因为晶体管电路已经逐渐接近其物理上的性能极限，"摩尔定律"已经开始慢慢失效，CPU 性能很难每隔 18 个月翻一番。在这样的大背景下，谷歌提出了并行编程模型 MapReduce，让任何人都可以在短时间内迅速获得对海量数据的计算能力，它允许开发者在不具备并行开发经验的前提下也能够开发出分布式的并行程序，并让其同时运行在数百台机器上，在短时间内完成对海量数据的计算。MapReduce 将复杂的、运行于大规模集群上的并行计算过程高度地抽象为两个函数——Map 和 Reduce，并把一个大数据集切分成多个小的数据集，分布到不同的机器上进行并行处理，极大提高数据处理速度，可以有效满足许多应用对海量数据的批量处理需求。Hadoop 开源实现了 MapReduce 编程框架，被广泛应用于分布式计算。

（4）多租户

多租户技术的作用在于使大量用户能够共享同一堆栈的软硬件资源，每个用户按需使用资源，能够对软件服务进行个性化配置，而不影响其他用户的使用。多租户技术的核心包括数据隔离、个性化配置、架构扩展和性能定制。

3. 云计算数据中心

云计算数据中心的机房（见图 1-6）有一整套复杂的设施，包括刀片服务器、宽带网络连接、环境控制设备、监控设备以及各种安全装置等。数据中心是云计算的重要载体，为云计算提供计算、存储、带宽等各种硬件资源，为各种平台和应用提供运行支撑环境。

图 1-6　云计算数据中心的机房

谷歌、微软、IBM、惠普、戴尔等国际 IT "巨头"，纷纷投入巨资在全球范围内大量修建数据中心，旨在掌握云计算发展的主导权。我国政府和企业也在加大力度建设云计算数据中心。内蒙古提出了"西数东输"发展战略，即把本地的数据中心通过网络提供给其他省份用户使用。福建省泉州市安溪县龙门镇的中国国际信息技术（福建）产业园的数据中心，是福建省重点建设的两大数据中心之一，按照国际上最高的 T4 等级标准设计和施工，可提供 T2～T4 等级服务，总建筑面积约 6.7 万平方米，可安装约 4500 个标准机柜，可容纳 5 万台以上的服务器。阿里巴巴在甘肃玉门建设的数据中心，是我国第一个绿色环保的数据中心，电力全部来自风力，用祁连山融化的雪水平衡数据中心产生的热量。贵州被公认为我国南方最适合建设数据中心的地方，作为中国首个国家大数据综合试验区，贵州省大数据产业得到了快速发展，全球前十互联网企业有 8 家在中国发展，其中 7 家将数据中心落户贵州。

4. 云计算的应用

云计算在电子政务、教育、企业、医疗等领域的应用不断深化，对提高政府服务水平、促进产业转型升级和培育发展新兴产业等都起到了关键的作用。政务云上可以部署公共安全管理、容灾备份、城市管理、应急管理、智能交通、社会保障等应用，通过集约化建设、管理和运行，可以实现信息资源整合和政务资源共享，推动政务管理创新，加快政府向服务型政府转型的速度。

教育云可以有效整合幼儿教育、中小学教育、高等教育，以及继续教育等优质教育资源，逐步实现教育信息共享、教育资源共享及教育资源深度挖掘等目标。中小企业云能够让企业以低廉的成本建立财务、供应链、客户关系等管理应用系统，大大降低企业信息化门槛，迅速提升企业信息化水平，提高企业市场竞争力。医疗云可以推动医院与医院、医院与社区、医院与急救中心、医院与家庭之间的服务共享，并形成一套全新的医疗健康服务系统，从而有效地提高医疗保健的质量。

5. 云计算产业

云计算产业作为战略性新兴产业，近年来得到了迅速发展，形成了成熟的产业链结构（见图 1-7），产业涵盖硬件与设备制造、基础设施运营、软件与解决方案供应商、IaaS、PaaS、SaaS、终端设备、云计算交付/咨询/认证、云安全等环节。

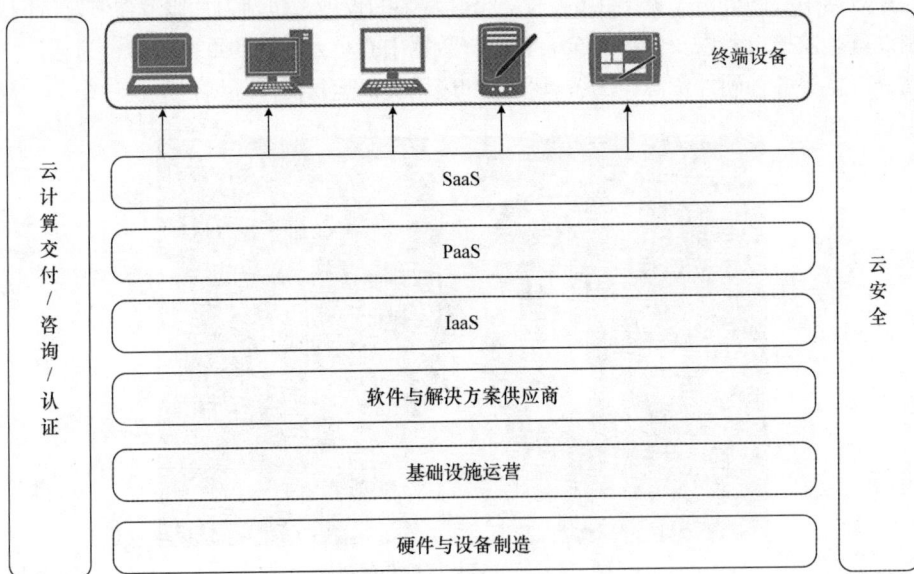

图 1-7　云计算产业链结构

硬件与设备制造环节包括绝大部分传统硬件制造商，这些制造商都已经在某种形式上支持虚拟化和云计算，主要包括英特尔、AMD、思科、Sun 等。基础设施运营环节包括数据中心运营商、网络运营商、移动通信运营商等。软件与解决方案供应商主要以虚拟化管理软件供应商为主，包括 IBM、微软、思杰、Sun、红帽等。IaaS 将基础设施作为服务出租，向客户出售服务器、存储和网络设备、带宽等基础设施资源，厂商主要包括亚马逊、Rackspace、GoGrid、Grid Player 等。PaaS 将平台（包括应用设计、应用开发、应用测试、应用托管等）作为服务出租，厂商主要包括谷歌、微软、新浪、阿里巴巴等。SaaS 则将软件作为服务出租，向用户提供各种应用，厂商主要包括 Salesforce、谷歌等。云计算交付/咨询/认证环节包括三大交付及咨询认证服务商，这些服务商已经支持绝大多数形式的云计算咨询及认证服务，主要包括 IBM、微软、Oracle、思杰等。云安全旨在为各类云用户提供高可信的安全保障，厂商主要包括 IBM、OpenStack 等。

1.8.2　物联网

物联网是新一代信息技术的重要组成部分，具有广泛的用途，同时和云计算、大数据有千丝万缕的联系。

1.物联网的概念

物联网是物物相连的互联网，是互联网的延伸，它利用局部网络或互联网等通信技术把传感器、控制器、计算机、人员和物等通过新的方式连接在一起，形成人与物、物与物相连，实现信息化和远程管理控制。

从技术架构上来看，物联网可分为 4 层（见图 1-8）：感知层、网络层、处理层和应用层。每层的具体功能如表 1-8 所示。

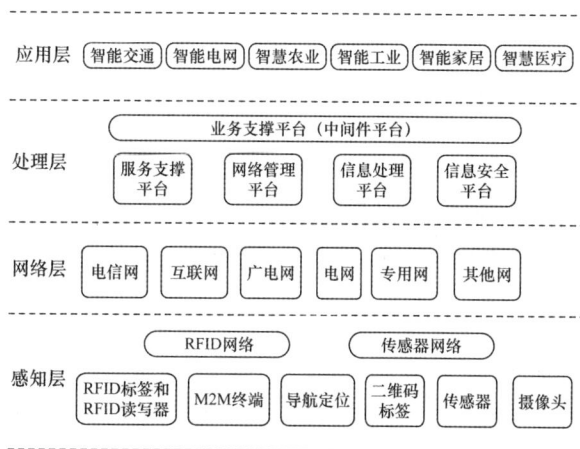

图 1-8　物联网技术架构

表 1-8　　　　　　　　　　　　　　　物联网各层的具体功能

物联网层	具体功能
感知层	如果把物联网系统比作人体，那么感知层好比人体的神经末梢，它可以感知物理世界，采集来自物理世界的各种信息
网络层	相当于人体的神经中枢，起到信息传输的作用
处理层	相当于人体的大脑，起到存储和处理的作用
应用层	直接面向用户，满足各种应用需求

下面给出一个简单的智能公交实例来加深读者对物联网概念的理解。目前，很多城市居民的智能手机中都安装了"掌上公交"App，居民可以用手机随时随地查询每辆公交车的当前到达位置信息，"掌上公交"App 就是一种非常典型的物联网应用。在智能公交应用中，每辆公交车都安装了 GPS（或北斗卫星导航系统）设备和 4G/5G 网络传输模块，在车辆行驶过程中，GPS（或北斗卫星导航系统）设备会实时采集公交车的当前到达位置信息，并通过车上的 4G/5G 网络传输模块发送给车辆附近的移动通信基站，经由电信运营商的 4G/5G 移动通信网络传送到智能公交指挥调度中心的数据处理平台，平台再把公交车位置数据发送给智能手机用户，用户的"掌上公交"App 就会显示出公交车的当前到达位置信息。这个应用实际上也实现了"物和人的连接"。在这个应用中，安装在公交车上的 GPS（或北斗卫星导航系统）设备属于物联网的感知层；安装在公交车上的 4G/5G 网络传输模块以及电信运营商的 4G/5G 移动通信网络属于物联网的网络层；智能公交指挥调度中心的数据处理平台属于物联网的处理层；智能手机上安装的"掌上公交"App 属于物联网的应用层。

2. 物联网的关键技术

物联网是物物相连的互联网，通过为物体加装二维码、RFID 标签、传感器等，可以实现物体身份唯一标识和各种信息的采集，再结合各种类型网络连接，就可以实现人与物、物与物之间的信息交换。因此，物联网的关键技术包括识别和感知技术（二维码、RFID、传感器等）、网络与通信技术、数据挖掘与融合技术等。

（1）识别和感知技术

二维码是物联网中一种很重要的自动识别技术，是在一维码基础上扩展出来的条码技术。二维码包括层排式二维码和矩阵式二维码，后者较为常见。图 1-9 所示的矩阵式二维码在一个矩形空间中通过黑、白像素在矩阵中的不同分布进行编码。在矩阵相应元素位置上，用点（方点、圆点或其他形状）出现表示二进制"1"，点不出现表示二进制"0"，点的排列组合确定了矩阵式二维码所代表的意义。二维码具有信息容量大、编码范围广、容错能力强、译码可靠性高、成本低、易制作等良好特性，已经得到了广泛的应用。

图 1-9　矩阵式二维码

RFID 技术用于静止或移动物体的无接触自动识别，具有全天候、无接触、可同时实现多个物体的自动识别等特点。RFID 技术在生产和生活中得到了广泛的应用，大大推动了物联网的发展，我们平时使用的公交卡、门禁卡、校园卡等都嵌入了 RFID 芯片，可以实现迅速、便捷的数据交换。从结构上讲，RFID 可看作一种简单的无线通信系统，由 RFID 标签和 RFID 读写器两个部分组成。RFID 标签是由天线、耦合元件、芯片组成的，是一个能够传输信息、回复信息的电子模块；RFID 读写器也是由天线、耦合元件、芯片组成的，用来读取（有时也可以写入）RFID 标签中的信息。RFID 技术使用 RFID 读写器及可附着于目标物的 RFID 标签，利用频率信号将信息由 RFID 标签传送至 RFID 读写器。以公交卡为例，我们持有的公交卡就是一个 RFID 标签（见图 1-10），公交车上安装的刷卡设备就是 RFID 读写器，当我们执行刷卡动作时，就完成了一次 RFID 标签和 RFID 读写器之间的非接触式通信和数据交换。

传感器是一种能感受规定的被测量件并按照一定的规律（数学函数法则）将从被测量件上获取的信息转换成可用信号的器件或装置，具有微型化、数字化、智能化、网络化等特点。人类需要借助于耳朵、鼻子、眼睛等感觉器官感受外部物理世界，类似地，物联网需要借助于传感器实现对物理世界的感知。物联网中常见的传感器类型有光敏传感器、声敏传感器、气敏传感器、化学传感器、压敏传感器、温敏传感器、流体传感器等（见图 1-11），这些传感器可以用来模仿人类的视觉、听觉、嗅觉、味觉和触觉。图 1-11 展示了几种具体的传感器。

图 1-10　采用 RFID 芯片的公交卡

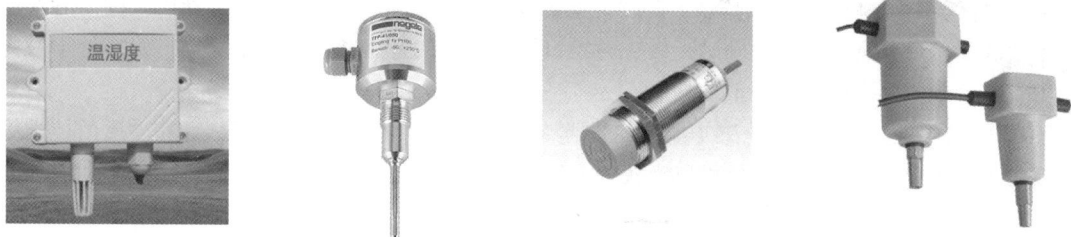

图 1-11 传感器实例

（2）网络与通信技术

物联网中的网络与通信技术包括短距离无线通信技术和远程通信技术。短距离无线通信技术包括 Zigbee、NFC（Near Field Communication，近场通信）、蓝牙、Wi-Fi、RFID 等。远程通信技术包括互联网、2G/3G/4G/5G 移动通信网络、卫星通信网络等。

（3）数据挖掘与融合技术

物联网中存在大量数据来源、各种异构网络和不同类型系统，它们会产生大量的不同类型数据，如何实现数据的有效整合、处理和挖掘，是物联网的处理层需要解决的关键技术问题。今天，云计算和大数据技术的出现，为物联网数据存储、处理和分析提供了强大的技术支撑，海量物联网数据可以借助庞大的云计算基础设施实现廉价存储，利用大数据技术实现快速处理和分析，满足各种实际应用需求。

3. 物联网的应用

物联网已经广泛应用于智能交通、智慧医疗、智能家居、环保监测、智能安防、智能物流、智能电网、智慧农业、智能工业等领域，对国民经济与社会发展起到了重要的推动作用，具体如下。

- 智能交通。利用 RFID、摄像头、线圈、导航设备等物联网技术构建的智能交通系统，可以让人们随时随地通过智能手机、电子站牌等方式，了解城市各条道路的交通状况、停车场的车位情况、每辆公交车的当前到达位置等信息，合理安排行程，提高出行效率。

- 智慧医疗。医生利用平板电脑、智能手机等手持设备，通过无线网络，可以随时连接并访问各种诊疗仪器，实时掌握每个患者的各项生理指标，科学、合理地制订诊疗方案，甚至可以实现远程诊疗。

- 智能家居。利用物联网技术可以提升家居安全性、便利性、舒适性、艺术性，并创建环保节能的居住环境。比如可以在工作单位通过智能手机远程开启家里的电饭煲、空调、门锁、监控、窗帘和电灯（窗帘和电灯也可以根据时间和光线变化自动开启和关闭）等。

- 环保监测。在重点区域放置监控摄像头或水质、土壤成分检测仪器，相关数据可以实时传输到监控中心，出现问题时实时发出警报。

- 智能安防。采用红外线、监控摄像头、RFID 等物联网技术和设备，可以实现小区出入口智能识别和控制、意外情况自动识别和报警、安保巡逻智能化管理等功能。

- 智能物流。利用集成智能化技术，可以使物流系统模仿人的智能，具有思维、感知、学习、推理判断和自行解决物流中某些问题的能力（如选择最佳行车路线、最佳包裹装车方案等），从而实现物流资源优化调度和有效配置，提升物流系统工作效率。

- 智能电网。通过智能电表，不仅可以免去抄表工的大量工作，还可以实时获得用户用电信息，提前预测用电高峰期和低谷期，为合理设计电力需求响应系统提供依据。

- 智慧农业。利用温度传感器、湿度传感器和光线传感器，可以实时获得种植大棚内的农作物生长环境信息，远程控制大棚遮光板、通风口、喷水口的开启和关闭，让农作物始终处于最优的生长环境中，提高农作物产量和品质。
- 智能工业。将具有环境感知能力的各类终端、基于泛在技术的计算模式、移动通信技术等不断融入工业生产的各个环节，可以大幅提高制造效率，改善产品质量，降低产品成本和资源消耗，将传统工业提升到智能化的新阶段。

4. 物联网产业链

物联网产业链示意如图 1-12 所示。完整的物联网产业链主要包括核心感应器件提供商、感知层末端设备提供商、网络运营商、软件与行业解决方案提供商、系统集成商、运营及服务提供商等，具体介绍如下。

- 核心感应器件提供商：提供二维码、RFID 标签及读写器、传感器、智能仪器仪表等物联网核心感应器件。
- 感知层末端设备提供商：提供射频识别设备、传感系统及设备、智能控制系统及设备、GPS 设备、末端网络产品等。
- 网络运营商：包括电信网络运营商、广电网络运营商、互联网运营商、卫星网络运营商以及其他网络运营商。
- 软件与行业解决方案提供商：提供微操作系统、中间件、解决方案等。
- 系统集成商：提供行业应用集成服务。
- 运营及服务提供商：提供行业物联网运营及服务。

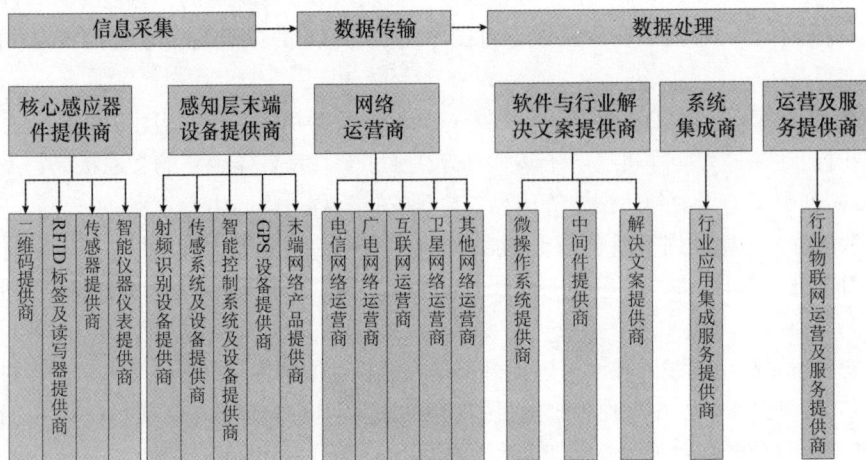

图 1-12 物联网产业链示意

1.8.3 大数据与云计算、物联网的关系

大数据、云计算和物联网代表了 IT 领域最新的技术发展趋势，三者既有区别又有联系。云计算最初主要包含两类内容：一类是以谷歌的 GFS 和 MapReduce 为代表的大规模分布式并行计算技术；另一类是以亚马逊公司的虚拟机和对象存储为代表的"按需租用"的商业模式。但是，随着大数据概念的提出，云计算中的分布式并行计算技术开始更多地被列入大数据技术，而人们提到云计算时，更多指的是底层基础 IT 资源的整合与优化，以及以服务的方式提供 IT 资源的商业模式（如 IaaS、PaaS、SaaS）。从云计算和大数据概念的诞生到现在，二者之间的关系非常微妙，

既密不可分，又千差万别。因此，我们不能把云计算和大数据割裂开来作为截然不同的两类技术来看待。此外，物联网也是和云计算、大数据相伴相生的技术。下面简要总结三者之间的区别与联系（见图 1-13）。

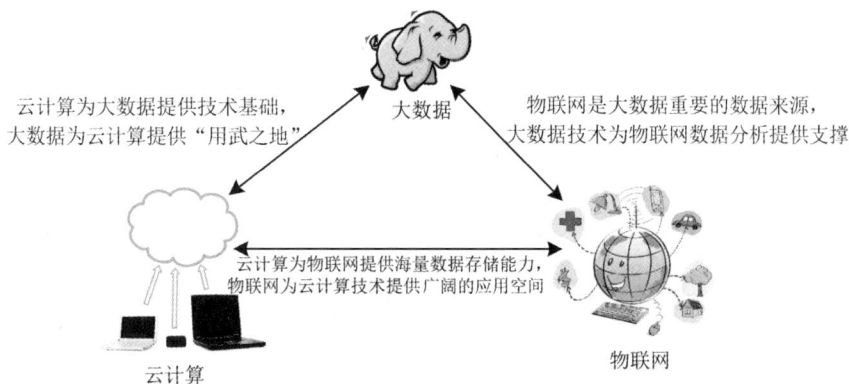

图 1-13　大数据、云计算和物联网三者之间的联系

（1）大数据、云计算和物联网的区别。大数据侧重于对海量数据的存储、处理与分析，从海量数据中发现价值，服务于生产和生活；云计算旨在整合和优化各种 IT 资源，并通过网络以服务的方式廉价地提供给用户；物联网的发展目标是实现"物物相连"，应用创新是物联网发展的核心。

（2）大数据、云计算和物联网的联系。从整体上看，大数据、云计算和物联网这三者是相辅相成的。大数据根植于云计算，大数据分析的很多技术都来自云计算，云计算的分布式数据存储与管理系统（包括分布式文件系统和分布式数据库系统）提供了海量数据的存储和管理能力，分布式并行处理框架 MapReduce 提供了海量数据分析能力。没有云计算技术作为支撑，大数据分析就无从谈起。反之，大数据为云计算提供了"用武之地"，没有大数据这个"练兵场"，云计算技术再先进，也不能发挥它的应用价值。物联网的传感器源源不断产生大量的数据，物联网是大数据重要的数据来源，没有物联网的飞速发展，就没有数据产生方式的变革，即由人工产生阶段转向自动产生阶段，大数据时代也不会这么快就到来。同时，物联网需要借助云计算和大数据技术来实现物联网大数据的存储、分析和处理。

可以说，云计算、大数据和物联网三者彼此渗透、相互融合，在很多应用场合都可以同时看到这三者的身影。在未来，这三者会继续相互促进、相互影响，更好地应用于社会生产和生活的各个领域。

1.9　本章小结

本章介绍了大数据的发展历程，并指出人类社会的信息科技为大数据时代提供了技术支撑，数据产生方式的变革促成了大数据时代的到来。

大数据具有数据量大、数据类型繁多、处理速度快、价值密度低等特点，即"4V"。

大数据对科学研究、思维方式、社会发展、就业市场和人才培养等方面都具有重要而深远的影响，深刻理解大数据的这些影响，有助于我们更好地把握学习和应用大数据的方向。

大数据在制造、金融、汽车、互联网、餐饮、电信、能源、物流、城市管理、生物医学、体育和娱乐等社会各个领域中都得到了广泛的应用，深刻地改变着我们的社会生产和日常生活。

人们谈到的大数据往往并非大数据本身，而是大数据和大数据技术的结合体。大数据技术主要包括数据采集与预处理、数据存储与管理、数据处理与分析、数据安全和隐私保护等几个层面的内容。

大数据产业包括 IT 基础设施层、数据源层、数据管理层、数据分析层、数据平台层和数据应用层，在不同层次都已经形成了一批引领市场的技术和企业。

本章最后介绍了云计算和物联网的概念及关键技术等，并阐述了大数据、云计算和物联网三者之间的区别与联系。

1.10 习题

1. 试述信息技术发展史上的 3 次信息化浪潮及其具体内容。
2. 试述数据产生方式经历的几个阶段。
3. 试述大数据的 4 个基本特征。
4. 人类在科学研究上经历了哪 4 种范式？
5. 试述大数据对思维方式的重要影响。
6. 大数据决策与传统的基于数据仓库的决策有什么区别？
7. 举例说明大数据的具体应用。
8. 举例说明大数据的关键技术。
9. 大数据产业包含哪些层次？
10. 详细阐述大数据、云计算和物联网三者之间的区别与联系。

第2章
大数据处理架构 Hadoop

Hadoop 是一个开源的、可运行于大规模集群上的分布式计算平台，它实现了 MapReduce 计算模型和分布式文件系统 HDFS 等，在业内得到了广泛的应用。借助于 Hadoop，程序员可以轻松地编写分布式并行程序，并将其运行于廉价计算机集群上，完成海量数据的存储、处理与分析。

本章首先将介绍 Hadoop 的发展简史、特性、应用现状和版本，然后详细介绍 Hadoop 生态系统及其各个组件，最后演示如何在 Linux 操作系统下安装和使用 Hadoop。

2.1　Hadoop 概述

本节简要介绍 Hadoop 的发展简史、特性、应用现状和版本等。

2.1.1　Hadoop 简介

Hadoop 是 Apache 软件基金会旗下的一个开源的分布式计算平台，为用户提供系统底层细节透明的分布式基础架构。Hadoop 是基于 Java 语言开发的，具有很好的跨平台特性，并且可以部署在廉价计算机集群中。Hadoop 的核心是 HDFS 和 MapReduce。HDFS 是针对 GFS 的开源实现，是面向普通硬件环境的分布式文件系统，具有较高的读写速度、很好的容错性和可伸缩性，支持大规模数据的分布式存储，其冗余数据存储的方式很好地保证了数据的安全性。Hadoop MapReduce 是针对谷歌 MapReduce 的开源实现，采用 MapReduce 来整合分布式文件系统上的数据，可保证分析和处理数据的高效性。

Hadoop 被公认为行业大数据标准开源软件，在分布式环境下具备海量数据的处理能力。几乎所有主流厂商都围绕 Hadoop 提供开发工具、开源软件、商业化工具和技术服务，如谷歌、雅虎、微软、思科、淘宝等都支持 Hadoop。

2.1.2　Hadoop 的发展简史

Hadoop 这个名字朗朗上口，至于为什么要取这样一个名字，其实并没有深奥的道理，只是因为这个名字简短、容易发音和记忆而已。很显然，小孩子是这方面的高手，Hadoop 是小孩子给"一头吃饱了的棕黄色大象"取的名字，

图 2-1　Hadoop 的标识

这头大象也成了 Hadoop 的标识（见图 2-1）。Hadoop 后来的很多子项目和模块的命名方式都沿用了这种风格，如 Pig 和 Hive 等。

Hadoop 最初是由 Apache Lucene 项目的创始人道格·卡廷（Doug Cutting）开发的文本搜索库。Hadoop 源自 2002 年的 Apache Nutch 项目——一个开源的网络搜索引擎，是 Apache Lucene 项目的一部分。在 2002 年的时候，Apache Nutch 项目遇到了棘手的难题，该网络搜索引擎框架无法扩展到拥有数十亿网页的网络。而就在一年以后，也就是 2003 年，谷歌发表了分布式文件系统 GFS 方面的论文，GFS 可以解决大规模数据存储的问题。于是，在 2004 年，Apache Nutch 项目模仿 GFS 开发了自己的 Nutch 分布式文件系统（Nutch Distributed File System，NDFS），NDFS 就是 HDFS 的前身。

2004 年，谷歌又发表了另一篇具有深远影响的论文，阐述了 MapReduce 分布式编程思想。2005 年，Apache Nutch 开源实现了谷歌的 MapReduce。到了 2006 年 2 月，Apache Nutch 中的 NDFS 和 MapReduce 开始独立出来，成为 Apache Lucene 项目的一个子项目，称为 Hadoop，同时道格·卡廷加盟雅虎公司。2008 年 1 月，Hadoop 正式成为 Apache 软件基金会的顶级项目，Hadoop 也开始逐渐被雅虎之外的其他公司使用。2008 年 4 月，Hadoop 打破世界纪录，成为最快排序 1TB 数据的系统，它采用一个由 910 个节点构成的集群进行运算，排序时间只有 209s。在 2009 年 5 月，Hadoop 更是把 1TB 数据的排序时间缩短到 62s。Hadoop 从此声名大噪，迅速发展成为大数据时代颇具影响力的开源分布式开发平台。

2.1.3　Hadoop 的特性

Hadoop 是一个能够对大量数据进行分布式处理的软件框架，并且是以一种可靠、高效、可伸缩的方式进行处理的，它具有以下几个方面的特性。

- 高可靠性。Hadoop 采用冗余数据存储方式，即使一个副本发生故障，其他副本也可以保证正常对外提供服务。
- 高效性。作为并行分布式计算平台，Hadoop 采用分布式存储和分布式处理两大核心技术，能够高效地处理 PB 级别的数据。
- 高可扩展性。Hadoop 的设计目标是可以高效稳定地运行在廉价计算机集群上，并可以扩展到数以千计的计算机节点上。
- 高容错性。Hadoop 采用冗余数据存储方式，自动保存数据的多个副本，并且能够自动将失败的任务重新进行分配。
- 成本低。Hadoop 采用廉价计算机集群，成本比较低，普通用户也很容易用自己的 PC 搭建 Hadoop 运行环境。
- 支持运行在 Linux 操作系统上。Hadoop 是基于 Java 开发的，可以较好地运行在 Linux 操作系统上。
- 支持多种编程语言。Hadoop 上的应用程序可以使用其他语言（如 C++等）进行编写。

2.1.4　Hadoop 的应用现状

Hadoop 凭借其突出的特性，已经在各个领域得到了广泛的应用，而互联网领域是其应用的"主阵地"。

2007 年，雅虎在森尼韦尔总部建立了 M45——一个包含 4000 个处理器和 1.5PB 容量的 Hadoop 集群系统。此后，卡内基梅隆大学、加利福尼亚大学伯克利分校、康奈尔大学、马萨诸塞大学阿默斯特分校、斯坦福大学、华盛顿大学、密歇根大学、普渡大学等 12 所大学加入该集群系统的研究，共同推动了开放平台下的开放源码发布。

国内采用 Hadoop 的公司主要有百度、淘宝、网易、华为、中国移动等，其中，淘宝的 Hadoop 集群比较大。据悉，淘宝 Hadoop 集群拥有 2860 个节点，全部基于英特尔处理器的 x86 服务器，其总存储容量达到 50PB，实际使用容量超过 40PB，日均作业数高达 15 万，服务于阿里巴巴集团各部门，数据源于各部门产品的线上数据库（Oracle、MySQL）备份、系统日志以及爬虫数据等，在 Hadoop 集群中每天都运行着各种 MapReduce 任务，如数据魔方、量子统计、推荐系统、排行榜等。

作为全球最大的中文搜索引擎，百度对海量数据的存储和处理要求是非常高的。因此，百度选择了 Hadoop，主要将 Hadoop 用于日志的存储和统计、网页数据的分析和挖掘、商业分析、在线数据反馈、网页聚类等。百度公司目前拥有 3 个 Hadoop 集群，计算机节点数量在 700 个左右，并且规模还在不断增加中，每天运行的 MapReduce 任务在 3000 个左右，处理数据约 120 TB/天。

华为是 Hadoop 的使用者，也是 Hadoop 技术的重要推动者。由雅虎成立的 Hadoop 公司 Hortonworks 曾经发布一份报告，该报告中说明了各个公司对 Hadoop 发展的贡献。其中，华为公司在 Hadoop 重要贡献公司名单内，排在谷歌和思科公司的前面，这说明华为公司在积极参与开源社区的建设。

2.1.5　Hadoop 的版本

到目前为止，Hadoop 的版本分为 3 代，分别是 Hadoop 1.0、Hadoop 2.0 和 Hadoop 3.0。Hadoop 1.0 包含 0.20.x、0.21.x 和 0.22.x 三大版本，其中，0.20.x 最后演化成 1.0.x，变成了稳定版，而 0.21.x 和 0.22.x 增加了 HDFS HA（High Availability，高可用）等重要的新特性。Hadoop 2.0 包含 0.23.x 和 2.x 两大版本，它们完全不同于 Hadoop 1.0，是一套全新的架构，均包含 HDFS Federation 和 YARN（Yet Another Resource Negotiator，另一种资源协调者）两个系统。Hadoop 2.0 是基于 JDK 1.7 开发的，而 JDK 1.7 在 2015 年 4 月已停止更新，于是 Hadoop 社区基于 JDK 1.8 重新发布了一个新的 Hadoop 版本，也就是 Hadoop 3.0。因此，Hadoop 3.0 以后，JDK 版本的最低依赖从 1.7 版本变成了 1.8 版本。Hadoop 3.0 中引入了一些重要的功能（包括 HDFS 可擦除编码、多名称节点支持、基于 cgroup 的内存和磁盘 I/O 隔离等），并进行了一些优化（包括任务级别的 MapReduce 本地优化等）。目前，Hadoop 的最新版本是 3.3.5 版本。

除了免费、开源的 Hadoop，还有一些商业公司推出了 Hadoop 的发行版。2008 年，Cloudera 成为第一个 Hadoop 商业化公司，并在 2009 年推出第一个 Hadoop 发行版。此后，很多大公司也加入了使 Hadoop 产品化的行列，比如 MapR、Hortonworks、星环科技。2018 年 10 月，Cloudera 和 Hortonworks 宣布合并。一般而言，商业化公司推出的 Hadoop 发行版也是以 Hadoop 为基础的，但是前者比后者具有更好的易用性、更多的功能以及更高的性能。

2.2　Hadoop 生态系统

经过多年的发展，Hadoop 生态系统（见图 2-2）不断完善和成熟，目前已经包含多个子项目。除了核心的 HDFS 和 MapReduce 以外，Hadoop 生态系统还包括 HBase、Hive、Pig、Mahout、ZooKeeper、Flume、Kafka、Ambari 等功能组件。需要说明的是，从 Hadoop 2.0 开始新增了一些重要的组件，如 YARN 等，但是为了让读者循序渐进地理解 Hadoop，这里暂时不讨论这些新组件，在系统学习完 MapReduce 相关内容后，在第 8 章中我们将会详细讨论从 Hadoop 1.0 到 Hadoop 2.0 的特性变化。

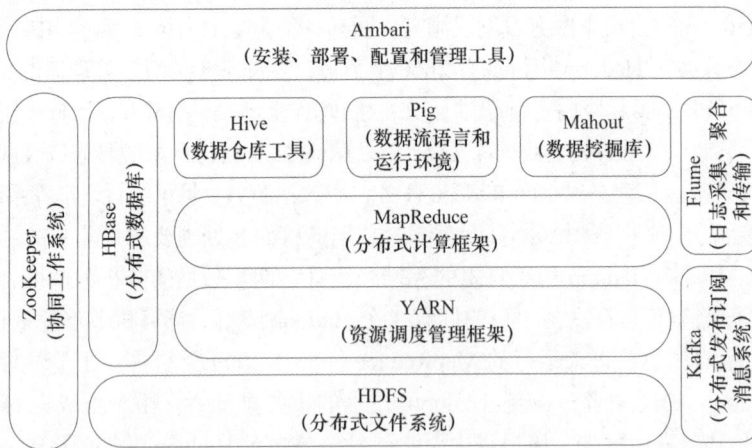

图 2-2　Hadoop 生态系统

2.2.1　HDFS

HDFS 是 Hadoop 的两大核心之一，是针对 GFS 的开源实现。HDFS 具有处理超大数据集、支持流式处理、可以运行在廉价商用服务器上等优点。HDFS 在设计之初就希望能够运行在廉价的大型服务器集群上，因此在设计上就把硬件故障作为一种常态来考虑，实现在部分硬件发生故障的情况下仍然能够保证文件系统的整体可用性和可靠性。HDFS 放宽了一部分可移植操作系统接口（Portable Operating System Interface，POSIX）的约束，从而实现以流的形式访问文件系统中的数据。HDFS 在访问应用程序数据时，具有很高的吞吐率，因此，对超大数据集的应用程序而言，将 HDFS 作为底层数据存储系统是较好的选择。

2.2.2　HBase

HBase 是一个具备高可靠性、高性能、可伸缩、实时读写等特性的分布式数据库，一般采用 HDFS 作为其底层数据存储系统。HBase 是针对 BigTable 的开源实现，二者都采用了相同的数据模型，具有强大的非结构化数据存储能力。HBase 与传统关系数据库的一个重要区别是，前者采用基于列的存储，后者采用基于行的存储。HBase 具有良好的横向扩展能力，可以通过不断增加廉价的商用服务器来提高存储能力。

2.2.3　MapReduce

Hadoop MapReduce 是针对谷歌 MapReduce 的开源实现，它允许用户在不了解分布式系统底层细节的情况下开发并行应用程序，并将其运行于廉价计算机集群上，完成海量数据的处理。通俗地说，MapReduce 的核心思想是"分而治之"，它把输入的数据集切分为若干独立的数据块，分发给一个主节点管理下的各个分节点来并行完成，并通过整合各个节点的中间结果得到最终结果。

2.2.4　Hive

Hive 是一个基于 Hadoop 的数据仓库工具，可以用于对 Hadoop 文件中的数据集进行数据整理、特殊查询和分析存储。Hive 的学习门槛较低，因为它提供了类似于关系数据库的 SQL 查询语言——HiveQL，可以通过 HiveQL 语句快速实现简单的 MapReduce 任务。Hive 自身可以将 HiveQL 语句转换为 MapReduce 任务运行，而不必开发专门的 MapReduce 应用，因而十分适合数据仓库的统计分析。

2.2.5　Pig

Pig 是一种数据流语言和运行环境，适用于在 Hadoop 和 MapReduce 平台上查询大型半结构化数据集。虽然编写 MapReduce 应用程序不是十分复杂，但毕竟需要一定的开发经验。Pig 的出现大大简化了 Hadoop 常见的工作任务，它在 MapReduce 的基础上创建了更简单、抽象的过程语言，为 Hadoop 应用程序提供了一种更加接近 SQL 的接口。Pig 是一种相对简单的语言，当我们需要从大型数据集中搜索满足某个给定搜索条件的记录时，Pig 具有的优势要比 MapReduce 具有的明显，对于前者，我们只需要编写一个简单的脚本在集群中自动并行处理与分发，对于后者，我们需要编写一个单独的 MapReduce 应用程序。

2.2.6　Mahout

Mahout 是 Apache 软件基金会旗下的一个开源项目，提供一些可扩展的机器学习领域经典算法的实现，旨在帮助开发人员更加方便、快捷地创建智能应用程序。Mahout 包含许多实现，如聚类、分类、推荐过滤、频繁子项挖掘等。此外，通过使用 Hadoop 库，Mahout 可以有效地扩展到云中。

2.2.7　ZooKeeper

ZooKeeper 是针对 Google Chubby 的一个开源实现，是高效和可靠的协同工作系统，提供分布式锁之类的基本服务（如统一命名服务、状态同步服务、集群管理、分布式应用配置项的管理等），用于构建分布式应用，能够减轻分布式应用程序所承担的协调任务。ZooKeeper 使用 Java 编写，很容易进行编程接入（它使用了一个和文件树结构相似的数据模型，可以使用 Java 或者 C 来进行编程接入）。

2.2.8　Flume

Flume 是 Cloudera 提供的一个高可用、高可靠、分布式的支持海量日志采集、聚合和传输的系统。Flume 支持在日志系统中定制各类数据发送方（用于收集数据）；同时，Flume 提供对数据进行简单处理并写到各种数据接收方的能力。

2.2.9　Kafka

Kafka 是由 LinkedIn 公司开发的一种高吞吐量的分布式发布订阅消息系统，用户通过 Kafka 系统可以发布大量的消息，同时也能实时订阅消息。在公司的大数据生态系统中，可以把 Kafka 作为数据交换枢纽，不同类型的分布式系统（如关系数据库、NoSQL 数据库、流处理系统、批处理系统等）可以统一接入 Kafka，从而实现和 Hadoop 各个组件之间的不同类型数据的实时、高效交换，较好地满足各种企业的应用需求。

2.2.10　Ambari

Ambari 是一种基于 Web 的工具，支持 Hadoop 集群的安装、部署、配置和管理。Ambari 目前已支持大多数 Hadoop 组件，包括 HDFS、MapReduce、Hive、Pig、HBase、ZooKeeper、Sqoop 等。

2.3 Hadoop 的安装与使用

在开始具体操作之前，需要选择一个合适的操作系统。尽管 Hadoop 本身可以运行在 Linux、Windows 以及其他一些类 UNIX 操作系统（如 FreeBSD、OpenBSD、Solaris 等）上，但是 Hadoop 官方真正支持的操作系统只有 Linux。这就导致在其他平台上运行 Hadoop 时，往往需要安装很多其他的包来提供一些 Linux 操作系统的功能，以配合 Hadoop 的执行。例如，在 Windows 操作系统上运行 Hadoop 时，需要安装 Cygwin 等软件。我们这里选择 Linux 作为平台来演示在计算机上如何安装 Hadoop、运行程序并得到最终结果。当然，其他平台仍然可以作为开发平台使用。对于正在使用 Windows 操作系统的用户，可以通过在 Windows 操作系统中安装 Linux 虚拟机的方式来完成实验。在 Linux 发行版本的选择上，我们倾向于使用企业级的、稳定的操作系统作为实验的系统环境，同时，考虑到易用性以及是否免费等方面的问题，我们排除了 openSUSE 和红帽等发行版，最终选择免费的 Ubuntu 桌面版作为推荐的操作系统，读者可以从网络上下载 Ubuntu 操作系统镜像文件进行安装。关于 Hadoop 上机实践的更多细节内容，可以参见本书官网的"教材配套大数据软件安装和编程实践指南"栏目的相关内容。

Hadoop 基本安装配置主要包括以下 6 个步骤。

（1）创建 hadoop 用户。

（2）更新 apt 和安装 Vim 编辑器。

（3）安装 SSH（Secure Shell，安全外壳）和配置 SSH 无密码登录。

（4）安装 Java 环境。

（5）安装单机 Hadoop。

（6）Hadoop 伪分布式安装。

下面将分别介绍每个步骤的具体实现方法，这里使用的 Ubuntu 操作系统是 16.04 版本的（也可以使用 18.04/20.04/22.04 版本的），Hadoop 为 3.3.5 版本。

2.3.1 创建 hadoop 用户

为了方便操作，这里需要在 Ubuntu 操作系统中创建一个名为"hadoop"的用户来运行程序。这样可以使不同用户之间有明确的权限区别，同时，也可以使针对 hadoop 用户的配置操作不影响其他用户的使用。实际上，对于一些大的软件（如 MySQL），我们也常为其单独创建一个用户。

创建 hadoop 用户的命令如下：

```
$sudo useradd -m hadoop -s /bin/bash
```

执行如下命令以设置密码。为了方便记忆，可以把密码简单设置为"hadoop"，过程中需要按提示输入两次密码：

```
$sudo passwd hadoop
```

然后为 hadoop 用户增加管理员权限，这样可以方便部署，避免一些比较棘手的权限问题：

```
$sudo adduser hadoop sudo
```

2.3.2　更新 apt 和安装 Vim 编辑器

用 hadoop 用户登录 Ubuntu 操作系统后，需要更新 apt，从而确保后续可以顺利安装一些软件。更新 apt 的命令如下：

```
$sudo apt-get update
```

在 Ubuntu 操作系统中，可以使用 Vim 编辑器来创建文件和修改文件。执行以下命令安装 Vim 编辑器：

```
$sudo apt-get install vim
```

安装软件时若需要确认，在提示处输入"y"并按"Enter"键即可。

2.3.3　安装 SSH 和配置 SSH 无密码登录

对 Hadoop 的伪分布式和完全分布式模式而言，Hadoop 名称节点（NameNode）需要启动集群中所有机器的 Hadoop 守护进程，这个过程可以通过 SSH 登录来实现。Hadoop 并没有提供 SSH 输入密码登录的形式，因此，为了能够顺利登录每台机器，需要将所有机器配置为名称节点以实现 SSH 无密码登录。

为了实现 SSH 无密码登录，需要在 Ubuntu 操作系统上安装 SSH 服务器端和客户端。Ubuntu 操作系统默认安装了 SSH 客户端，因此，这里只需要安装 SSH 服务器端，命令如下：

```
$sudo apt-get install openssh-server
```

安装以后，可以执行以下命令以登录本机：

```
$ssh localhost
```

出现提示后，输入"yes"并按"Enter"键，再输入密码并按"Enter"键，就可以登录到本机了。但是，这样登录需要每次都输入密码，因此，我们需要配置成 SSH 无密码登录。

退出刚才的 SSH 登录，然后利用 ssh-keygen 生成密钥，并将密钥加入授权，具体命令如下：

```
$exit
$cd  ~/.ssh/
$ssh-keygen -t rsa
$cat ./id_rsa.pub >> ./authorized_keys
```

此时再执行 ssh localhost 命令，无须输入密码就可以直接登录了。对 Ubuntu 操作系统而言，到这里，SSH 无密码登录就配置好了。

2.3.4　安装 Java 环境

由于 Hadoop 本身是使用 Java 编写的，因此 Hadoop 的开发和运行都需要 Java 的支持。对 Hadoop 3.3.5 而言，其要求使用 JDK 1.8 或者更新的版本。

访问 Oracle 官网下载 JDK 1.8 安装包。这里假设下载得到的 JDK 安装文件为 jdk-8u371-linux-x64.tar.gz，并且该文件保存在 Ubuntu 操作系统的"/home/hadoop/Downloads/"目录下。

执行以下命令创建"/usr/lib/jvm"目录来存放 JDK 文件：

```
$cd /usr/lib
$sudo mkdir jvm #创建"/usr/lib/jvm"目录来存放 JDK 文件
```

执行以下命令对安装文件进行解压缩：

```
$cd ~        #进入 hadoop 用户的主目录
$cd Downloads
$sudo tar -zxvf ./jdk-8u371-linux-x64.tar.gz -C /usr/lib/jvm
```

执行以下命令以设置环境变量：

```
$vim ~/.bashrc
```

上面的命令使用 Vim 编辑器打开了 hadoop 用户的环境变量配置文件，请在这个文件的开头位置，添加以下几行内容：

```
export JAVA_HOME=/usr/lib/jvm/jdk1.8.0_371
export JRE_HOME=${JAVA_HOME}/jre
export CLASSPATH=.:${JAVA_HOME}/lib:${JRE_HOME}/lib
export PATH=${JAVA_HOME}/bin:$PATH
```

保存.bashrc 文件并退出 Vim 编辑器。然后，执行以下命令让.bashrc 文件的配置立即生效：

```
$source  ~/.bashrc
```

这时，可以执行以下命令查看是否安装成功：

```
$java -version
```

如果屏幕上能显示以下返回信息，则说明安装成功：

```
java version "1.8.0_371"
Java(TM) SE Runtime Environment (build 1.8.0_371-b11)
Java HotSpot(TM) 64-Bit Server VM (build 25.371-b11, mixed mode)
```

2.3.5 安装单机 Hadoop

在采用单机模式时，Hadoop 只在一台机器上运行，数据的存储采用本地文件系统，没有采用分布式文件系统 HDFS。这里使用的 Hadoop 版本为 3.3.5 版本，读者可以从网上下载该版本的安装文件。这里假设安装文件被保存到了 Ubuntu 操作系统的 "~/Downloads" 目录下，可以执行以下命令进行安装：

```
$sudo tar -zxf  ~/Downloads/hadoop-3.3.5.tar.gz -C /usr/local
$cd /usr/local/
$sudo mv ./hadoop-3.3.5/ ./hadoop        #将目录名称修改为 hadoop
$sudo chown -R hadoop ./hadoop           #修改目录权限
```

然后，可以执行以下命令查看 Hadoop 的版本信息：

```
$./bin/hadoop version
```

此时，屏幕上会显示以下提示信息：

```
Hadoop 3.3.5
......
This command was run using /usr/local/hadoop/share/hadoop/common/hadoop-common-
3.3.5.jar
```

Hadoop 文档中还附带了一些例子供我们进行测试，现在可以运行 Grep 实例来检测 Hadoop 是否安装成功。

首先，在 Hadoop 安装目录下新建 input 目录，用来存放输入数据，命令如下：

```
$cd /usr/local/hadoop
$mkdir input
```

然后，将"/usr/local/hadoop/etc/hadoop"目录下的配置文件复制到 input 目录，命令如下：

```
$cp ./etc/hadoop/*.xml ./input
```

接下来，执行以下命令运行 Grep 实例：

```
$./bin/hadoop jar /usr/local/hadoop/share/hadoop/mapreduce/hadoop-mapreduce-examples-
3.3.5.jar grep ./input ./output 'dfs[a-z.]+'
```

最后，可以执行以下命令查看输出数据：

```
$cat ./output/*
```

执行上面的命令后，可以得到以下结果：

```
1    dfsadmin
1    dfs.replication
1    dfs.namenode.name.dir
1    dfs.datanode.data.dir
```

2.3.6　Hadoop 伪分布式安装

在采用完全分布式模式时，Hadoop 的存储采用分布式文件系统 HDFS，而且，HDFS 的名称节点和数据节点位于集群的不同机器上。伪分布式安装是指在一台机器上模拟一个小的集群，但是集群中只有一个节点。在采用伪分布式模式时，Hadoop 的存储采用分布式文件系统 HDFS，但是，HDFS 的名称节点和数据节点都在同一台机器上。需要说明的是，在一台机器上也是可以实现完全分布式（而不是伪分布式）安装的。只要在一台机器上安装多个 Linux 虚拟机，使每个 Linux 虚拟机成为一个节点，就可以实现 Hadoop 的完全分布式安装。这里只介绍伪分布式安装，完全分布式安装方法可以参考本书官网的"教材配套大数据软件安装和编程实践指南"栏目的相关内容。

当 Hadoop 应用于集群时，不论是伪分布式还是完全分布式运行，都需要通过配置文件对各组件的协同工作进行设置。对于伪分布式配置，我们需要修改 core-site.xml 和 hdfs-site.xml 这两个文件。

修改后的 core-site.xml 文件的内容如下：

```
<configuration>
    <property>
        <name>hadoop.tmp.dir</name>
        <value>file:/usr/local/hadoop/tmp</value>
        <description>Abase for other temporary directories.</description>
    </property>
    <property>
        <name>fs.defaultFS</name>
        <value>hdfs://localhost:9000</value>
    </property>
</configuration>
```

可以看出，core-site.xml 配置文件的格式十分简单，<name>标签代表了配置项的名字，<value>标签设置的是配置的值。对于 core-site.xml 文件，我们只需要在其中指定 HDFS 的地址和端口号，且端口号按照官方文档设置为 9000 即可。

修改后的 hdfs-site.xml 文件的内容如下：

```
<configuration>
    <property>
        <name>dfs.replication</name>
        <value>1</value>
    </property>
    <property>
        <name>dfs.namenode.name.dir</name>
        <value>file:/usr/local/hadoop/tmp/dfs/name</value>
    </property>
    <property>
        <name>dfs.datanode.data.dir</name>
        <value>file:/usr/local/hadoop/tmp/dfs/data</value>
    </property>
</configuration>
```

对于 hdfs-site.xml 文件，这里设置 replication 的值为 1，这也是 Hadoop 运行的默认最小值，它限制了 HDFS 中同一份数据的副本数量。由于这里采用伪分布式模式，集群中只有一个节点，因此副本数量 replication 的值只能设置为 1。

在配置完成后，首先需要初始化文件系统，由于 Hadoop 的很多工作是在自带的 HDFS 上完成的，因此，需要将文件系统初始化才能进一步执行计算任务。执行初始化文件系统的命令如下：

```
$cd /usr/local/hadoop
$./bin/hdfs namenode -format
```

如果初始化成功，会看到"successfully formatted"的提示信息（见图 2-3）。

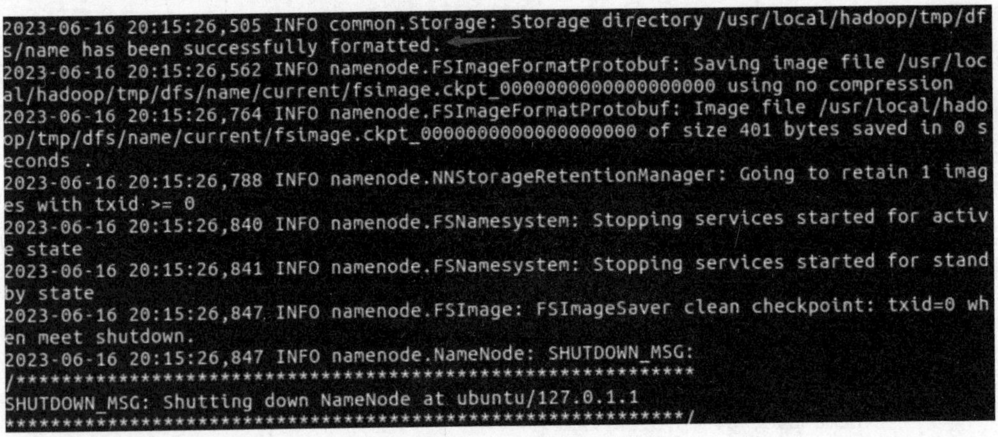

```
2023-06-16 20:15:26,505 INFO common.Storage: Storage directory /usr/local/hadoop/tmp/df
s/name has been successfully formatted.
2023-06-16 20:15:26,562 INFO namenode.FSImageFormatProtobuf: Saving image file /usr/loc
al/hadoop/tmp/dfs/name/current/fsimage.ckpt_0000000000000000000 using no compression
2023-06-16 20:15:26,764 INFO namenode.FSImageFormatProtobuf: Image file /usr/local/hado
op/tmp/dfs/name/current/fsimage.ckpt_0000000000000000000 of size 401 bytes saved in 0 s
econds .
2023-06-16 20:15:26,788 INFO namenode.NNStorageRetentionManager: Going to retain 1 imag
es with txid >= 0
2023-06-16 20:15:26,840 INFO namenode.FSNamesystem: Stopping services started for activ
e state
2023-06-16 20:15:26,841 INFO namenode.FSNamesystem: Stopping services started for stand
by state
2023-06-16 20:15:26,847 INFO namenode.FSImage: FSImageSaver clean checkpoint: txid=0 wh
en meet shutdown.
2023-06-16 20:15:26,847 INFO namenode.NameNode: SHUTDOWN_MSG:
/************************************************************
SHUTDOWN_MSG: Shutting down NameNode at ubuntu/127.0.1.1
************************************************************/
```

图 2-3　初始化成功后的提示信息

文件系统初始化成功以后，可以用以下命令启动 HDFS：

```
$cd /usr/local/hadoop
$./sbin/start-dfs.sh
```

根据启动过程中屏幕上出现的提示信息可以知道，启动过程的所有启动信息都写入了对应的日志文件。如果出现启动错误，则可以在日志文件中查看错误原因。

启动之后，可以执行 jps 命令查看所有的 Java 进程。如果 HDFS 启动成功，可以得到以下类似结果：

```
$jps
4011 jps
3516 NameNode
3852 SecondaryNameNode
3638 DataNode
```

此时，可以访问 Web 页面（http://localhost:9870）来查看 Hadoop 的信息。

接下来，执行以下命令，在 HDFS 中创建 hadoop 用户的用户目录：

```
$cd /usr/local/hadoop
$./bin/hdfs dfs -mkdir -p /user/hadoop
```

然后，在 HDFS 的"/user/hadoop"目录下创建 input 目录，命令如下：

```
$./bin/hdfs dfs -mkdir input
```

现在，需要将"/usr/local/hadoop/etc/hadoop"目录下的本地文本文件（配置文件）"上传"到分布式文件系统 HDFS 中的"/user/hadoop/input"目录下。当然，这里的"上传"并不意味着数据通过网络传输。实际上，在伪分布式 Hadoop 环境下，本地的"/usr/local/hadoop/etc/hadoop"目录和 HDFS 中的"/user/hadoop/input"目录在同一台机器上，并不需要通过网络传输数据。可以执行以下命令实现文件"上传"：

```
$./bin/hdfs dfs -put ./etc/hadoop/*.xml input
```

接着，执行以下命令来运行 Grep 实例：

```
$./bin/hadoop jar /usr/local/hadoop/share/hadoop/mapreduce/hadoop-mapreduce-examples-
3.3.5.jar grep input output 'dfs[a-z.]+'
```

在计算完成后，系统会自动在 HDFS 中生成"/user/hadoop/output"目录来存储计算结果，可以执行以下命令查看最终结果：

```
$./bin/hdfs dfs -cat output/*
```

执行上面的命令后，可以得到以下结果：

```
1    dfsadmin
1    dfs.replication
1    dfs.namenode.name.dir
1    dfs.datanode.data.dir
```

需要指出的是，当需要重新运行程序时，首先应将 HDFS 中的"output"目录删除，然后运行程序。删除"output"目录的命令如下：

```
$./bin/hdfs dfs -rm -r output
```

需要停止运行 HDFS 时，可以执行以下命令：

```
$cd /usr/local/hadoop
$./sbin/stop-dfs.sh
```

2.4　本章小结

Hadoop 被视为事实上的大数据处理标准，本章介绍了 Hadoop 的发展简史，并阐述了 Hadoop 的高可靠性、高效性、高可扩展性、高容错性、成本低、支持运行在 Linux 操作系统上、支持多种编程语言等特性。

Hadoop 目前已经在各个领域得到了广泛的应用，如雅虎、百度、淘宝、网易等公司都建立了自己的 Hadoop 集群。

经过多年发展，Hadoop 生态系统已经变得非常成熟和完善，包括 ZooKeeper、HDFS、HBase、MapReduce、Hive、Pig 等子项目，其中 HDFS 和 MapReduce 是 Hadoop 的两大核心。

本章最后介绍了如何在 Linux 操作系统下完成 Hadoop 的安装与使用，该部分是后续实践环节的基础。

2.5　习题

1. 试述 Hadoop 和谷歌的 MapReduce、GFS 等技术之间的关系。
2. 试述 Hadoop 具有的特性。
3. 试述 Hadoop 在各个领域的应用现状。
4. 试述 Hadoop 生态系统以及每个子项目的具体功能。
5. 试列举单机模式和伪分布式模式的异同点。
6. Hadoop 伪分布式运行启动后所具有的进程都有哪些?
7. 如果具备集群实验条件，请尝试按照 Hadoop 官方文档搭建完全分布式的 Hadoop 集群环境。

实验 1　熟悉常用的 Linux 操作和 Hadoop 操作

一、实验目的

（1）掌握 Linux 虚拟机的安装方法。Hadoop 在 Linux 操作系统上运行可以发挥最佳性能。鉴于目前很多读者正在使用 Windows 操作系统，为了完成本书的后续实验，这里有必要通过实验让读者掌握在 Windows 操作系统上安装 Linux 虚拟机的方法。

（2）掌握一些常用的 Linux 命令。本书中的所有实验都在 Linux 操作系统中完成，因此，读者需要掌握一些常用的 Linux 命令。

（3）掌握 Hadoop 的伪分布式安装方法。很多读者的计算机并不具备集群环境，而 Hadoop 操作需要在一台机器上模拟一个小的集群，因此，需要通过本实验让读者掌握在单机上进行 Hadoop 伪分布式安装的方法。

（4）掌握 Hadoop 的常用操作。读者要学会使用一些基本的 Shell 命令对 Hadoop 进行操作，包括创建目录、复制文件、查看文件等。

二、实验平台

- 操作系统：Windows 操作系统或者 Ubuntu 操作系统（推荐）。
- 虚拟机软件：推荐使用的开源虚拟机软件为 VMware。读者可以在 Windows 操作系统上安装 VMware 软件，然后在 VMware 上安装并运行 Linux 操作系统。本实验默认使用的 Linux

发行版为 Ubuntu Kylin 16.04 LTS。Ubuntu Kylin 较新的版本是 22.04 LTS，但是，在实际使用过程中发现，该版本对计算机的资源消耗较多，在使用虚拟机方式安装时，系统运行起来速度较慢。因此，本书选择较低的版本 Ubuntu Kylin 16.04 LTS，这个版本不仅降低了对计算机配置的要求，也可以保证大数据各种软件的顺利安装和运行，能够帮助读者很好地完成本书的各个实验。

- Hadoop 版本：3.3.5。

三、实验内容和要求

1. 安装 Linux 虚拟机

如果读者正在使用 Linux 操作系统，可以跳过本步，不需要下载相关软件，也不需要安装 Linux 虚拟机；如果读者正在使用 Windows 操作系统，则需要在 Windows 操作系统上安装 Linux 虚拟机，这里就需要下载 VMware 软件和 Ubuntu Kylin 16.04 LTS 镜像文件（可以从网上下载）。

首先，在 Windows 操作系统上安装虚拟机软件 VMware；其次，在虚拟机软件 VMware 上安装 Ubuntu Kylin 16.04 LTS 操作系统。对于具体安装方法，读者可以参考网络资料，也可以参考本书官网的"教材配套大数据软件安装和编程实践指南"栏目的相关内容。

2. 常用的 Linux 命令

（1）cd 命令：切换目录。

① 切换到目录"/usr/local"。

② 切换到当前目录的上一级目录。

③ 切换到当前登录 Linux 操作系统的用户的主文件夹。

（2）ls 命令：查看文件与目录。

查看目录"/usr"下的所有文件和目录。

（3）mkdir 命令：新建目录。

① 进入"/tmp"目录，创建一个名为"a"的目录，并查看"/tmp"目录下已经存在哪些目录。

② 进入"/tmp"目录，创建目录"a1/a2/a3/a4"。

（4）rmdir 命令：删除空目录。

① 将上面创建的目录 a（在"/tmp"目录下）删除。

② 删除上面创建的目录"a1/a2/a3/a4"（在"/tmp"目录下），然后查看"/tmp"目录下存在哪些目录。

（5）cp 命令：复制文件或目录。

① 将当前用户的主文件夹下的文件.bashrc 复制到目录"/usr"下，并重命名为 bashrc1。

② 先在目录"/tmp"下新建目录 test，再把这个目录复制到"/usr"目录下。

（6）mv 命令：移动文件与目录，或重命名。

① 将"/usr"目录下的文件 bashrc1 移动到"/usr/test"目录下。

② 将"/usr"目录下的 test 目录重命名为 test2。

（7）rm 命令：移除文件或目录。

① 将"/usr/test2"目录下的 bashrc1 文件删除。

② 将"/usr"目录下的 test2 目录删除。

（8）cat 命令：查看文件内容。

查看当前用户主文件夹下的.bashrc 文件的内容。

（9）tac 命令：反向查看文件内容。

反向查看当前用户主文件夹下的.bashrc 文件的内容。

（10）more 命令：翻页查看。

翻页查看当前用户主文件夹下的.bashrc 文件的内容。

（11）head 命令：取出文件内容的前几行。

① 查看当前用户主文件夹下.bashrc 文件内容的前 20 行。

② 查看当前用户主文件夹下.bashrc 文件的内容，后面 50 行不显示，只显示前面几行。

（12）tail 命令：取出文件内容的后几行。

① 查看当前用户主文件夹下.bashrc 文件内容的最后 20 行。

② 查看当前用户主文件夹下.bashrc 文件的内容，并且只列出 50 行以后的数据。

（13）touch 命令：创建新文件或修改文件时间。

① 在 "/tmp" 目录下创建一个空文件 hello，并查看文件时间。

② 修改 hello 文件，将文件时间修改为 5 天前。

（14）chown 命令：修改文件所有者权限。

将 hello 文件所有者修改为 root，并查看属性。

（15）find 命令：文件查找。

找出主文件夹下文件名为.bashrc 的文件。

（16）tar 命令：压缩命令。

① 在根目录 "/" 下新建文件夹 test，然后在根目录 "/" 下将 test 文件夹打包成 test.tar.gz。

② 把上面的 test.tar.gz 压缩包解压缩到 "/tmp" 目录。

（17）grep 命令：查找字符串。

从 "~/.bashrc" 文件中查找字符串'examples'。

（18）配置环境变量。

① 请在 "~/.bashrc" 中设置，配置 Java 环境变量。

② 查看 JAVA_HOME 变量的值。

3. 进行 Hadoop 伪分布式安装

访问 Hadoop 官网，下载 Hadoop 安装文件 hadoop-3.3.5.tar.gz。在 Linux 虚拟机环境下完成 Hadoop 伪分布式环境的搭建，并运行 Hadoop 自带的 WordCount 实例检测是否运行正常。对于具体安装方法，读者可以参考网络资料，也可以参考本书官网的 "教材配套大数据软件安装和编程实践指南" 栏目的相关内容。

4. 常用的 Hadoop 操作

（1）使用 hadoop 用户登录 Linux 操作系统，启动 Hadoop（Hadoop 的安装目录为 "/usr/local/hadoop"），为 hadoop 用户在 HDFS 中创建用户目录 "/user/hadoop"。

（2）接着在 HDFS 的目录 "/user/hadoop" 下，创建 test 文件夹，并查看文件列表。

（3）将 Linux 操作系统本地的 "~/.bashrc" 文件上传到 HDFS 的 test 文件夹中，并查看 test 文件夹中的内容。

（4）将 HDFS 的 test 文件夹复制到 Linux 操作系统本地文件系统的 "/usr/local/hadoop" 目录下。

四、实验报告

"大数据技术原理与应用"课程实验报告

题目：	姓名：	日期：

实验环境：

实验内容与完成情况：

出现的问题：

解决方案（列出遇到并解决的问题和解决方案，以及没有解决的问题）：

第2篇
大数据存储与管理

本篇内容

本篇介绍大数据存储与管理相关技术（包括分布式文件系统 HDFS、分布式数据库 HBase、NoSQL 数据库和云数据库）的概念与原理。HDFS 具有在廉价服务器集群中进行大规模分布式文件存储的能力。HBase 是一个高可靠、高性能、面向列、可伸缩的分布式数据库，主要用来存储非结构化和半结构化的松散数据。NoSQL 数据库可以支持超大规模数据存储，灵活的数据模型可以很好地支持 Web 2.0 应用，具有强大的横向扩展能力，可以有效弥补传统关系数据库的不足。云数据库是部署在云计算环境中的虚拟化数据库，可以将用户从烦琐的数据库硬件定制中解放出来，同时让用户拥有强大的数据库扩展能力，满足不同类型用户的数据存储需求。需要特别指出的是，虽然云数据库在概念上更偏向于云计算的范畴，但是云计算和大数据是密不可分的两种技术，不能割裂看待，而且了解云数据库有助于拓展对大数据存储与管理方式的认识，因此，本篇将介绍云数据库的概念和相关产品。

本篇包括 4 章。第 3 章介绍分布式文件系统 HDFS，第 4 章介绍分布式数据库 HBase，第 5 章介绍 NoSQL 数据库，第 6 章介绍云数据库。

知识地图

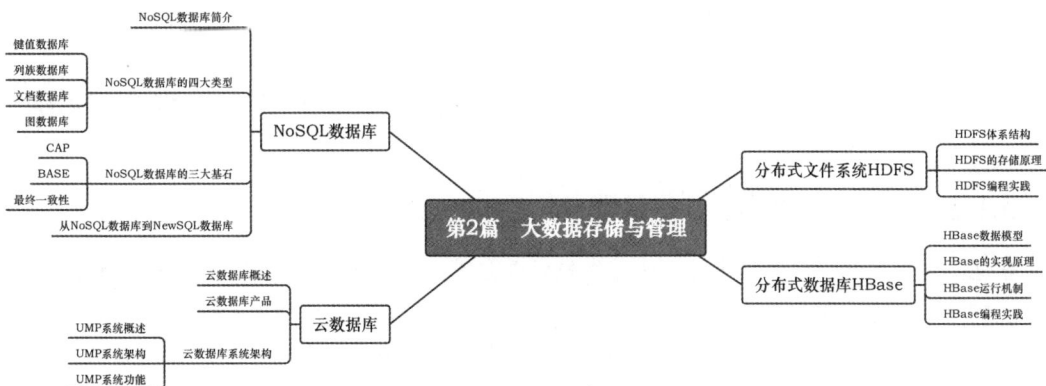

重点与难点

本篇的重点为掌握分布式文件系统 HDFS 的存储原理和分布式数据库 HBase 的实现原理，以及二者的应用方法；难点为理解 HDFS 的存储原理以及 HBase 的实现原理与运行机制。

第 3 章
分布式文件系统 HDFS

大数据时代必须解决海量数据的高效存储问题，为此，谷歌开发了 GFS，通过网络实现文件在多台机器上的分布式存储，较好地满足了大规模数据存储的需求。HDFS 是针对 GFS 的开源实现，它是 Hadoop 两大核心之一，具有在廉价服务器集群中进行大规模分布式文件存储的能力。HDFS 具有很好的容错能力，并且兼容廉价的硬件设备，因此可以以较低的成本利用现有机器实现大流量和大数据量的读写。

本章首先介绍计算机集群的基本架构以及分布式文件系统的结构和设计需求；然后介绍 HDFS，详细阐述它的相关概念、体系结构、存储原理和数据读写过程；最后介绍一些 HDFS 编程实践方面的知识。

3.1　分布式文件系统

相对于传统的本地文件系统而言，分布式文件系统（Distributed File System）是一种通过网络实现将文件在多台主机上进行分布式存储的文件系统。分布式文件系统的设计一般采用"客户端/服务器"（Client/Server）模式，客户端以特定的通信协议通过网络与服务器建立连接，提出文件访问请求，客户端和服务器可以通过设置访问权限来限制请求方对底层数据存储块的访问。

目前，已得到广泛应用的分布式文件系统主要包括 GFS 和 HDFS 等，后者是针对前者的开源实现。

3.1.1　计算机集群的基本架构

普通的文件系统只需要单个计算机节点就可以完成文件的存储和处理，单个计算机节点由处理器、内存、高速缓存和本地磁盘构成。

分布式文件系统把文件分布存储到多个计算机节点上，成千上万的计算机节点构成计算机集群。与之前使用多个处理器和专用高级硬件的并行化处理装置不同的是，目前的分布式文件系统所采用的计算机集群都是由普通硬件构成的，大大降低了硬件上的开销。

计算机集群的基本架构如图 3-1 所示。集群中的计算机节点存放在机架（Rack）上，每个机架可以存放 8~64 个节点，同一机架上的不同节点之间通过网络互连（常采用吉比特以太网），多个不同机架之间采用另一级网络或交换机互连。

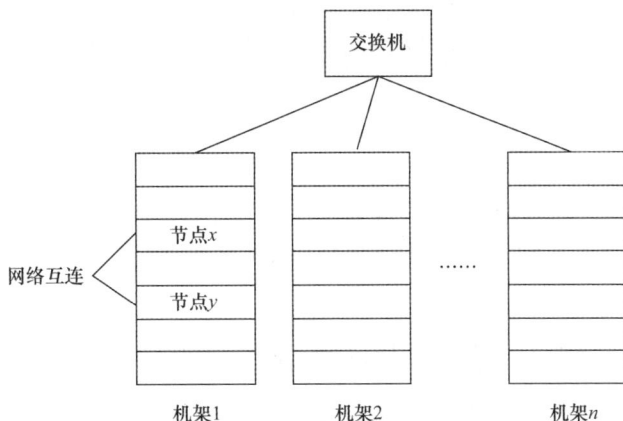

图 3-1　计算机集群的基本架构

3.1.2　分布式文件系统的结构

在我们所熟悉的 Windows、Linux 等操作系统中，文件系统一般会把磁盘空间划分为每 512B 一组，这组磁盘空间被称为"磁盘块"，它是文件系统进行读写操作的最小单位。文件系统的数据块通常是磁盘块的整数倍，即每次读写的数据量必须是磁盘块大小的整数倍。

与普通文件系统类似，分布式文件系统采用了数据块的概念，文件被分成若干个数据块进行存储，数据块是数据读写的基本单元，只不过分布式文件系统的数据块要比普通文件系统中的数据块大很多，比如 HDFS 默认的一个数据块的大小是 128MB。与普通文件系统不同的是，在分布式文件系统中，如果一个文件的大小小于一个数据块的大小，那么该文件并不占用整个数据块的存储空间。

分布式文件系统在物理结构上是由计算机集群中的多个节点构成的，如图 3-2 所示。这些节点分为两类：一类叫"主节点"（Master Node），或者被称为"名称节点"（NameNode）；另一类叫"从节点"（Slave Node），或者被称为"数据节点"（DataNode）。名称节点负责文件和目录的创建、删除和重命名等，同时管理数据节点和数据块的映射关系，因此，客户端只有访问名称节点才能找到请求的数据块所在的位置，进而到相应位置读取所需数据块。数据节点负责数据的存储和读取，在存储时，由名称节点为数据分配存储位置，然后由客户端把数据直接写入相应数据节点；在读取时，客户端从名称节点获得数据节点和数据块的映射关系，然后就可以到相应位置访问数据块。数据节点也要根据名称节点的命令创建、删除和复制数据块。

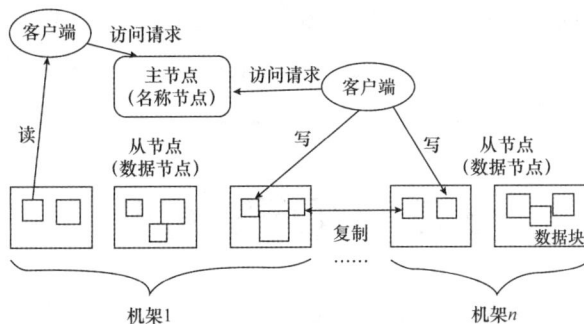

图 3-2　分布式文件系统的物理结构

计算机集群中的文件节点可能发生故障，因此，为了保证数据的完整性，分布式文件系统通常采用多副本存储。数据块会被复制为多个副本，存储在不同的数据节点上，而且存储同一数据块的不同副本的各个文件节点会分布在不同的机架上。这样，在单个文件节点出现故障时，可以快速调用副本重启单个文件节点上的计算过程，而不用重启整个计算过程，在整个机架出现故障时也不会丢失所有数据块。数据块的大小和副本个数通常可以由用户指定。

分布式文件系统是针对大规模数据存储而设计的，主要用于处理大规模文件，如 TB 级别的文件。处理规模过小的文件不仅无法充分发挥分布式文件系统的优势，而且会严重影响系统的扩展和性能。

3.1.3　分布式文件系统的设计需求

分布式文件系统的设计需求主要包括透明性、并发控制、文件复制、硬件和操作系统的异构性、可伸缩性、容错及安全等。但是，在具体实现中，不同产品实现的级别和方式都有所不同。表 3-1 给出了分布式文件系统的设计需求、具体含义及 HDFS 对这些指标的实现情况。

表 3-1　　　分布式文件系统的设计需求、具体含义及 HDFS 对这些指标的实现情况

设计需求	具体含义	HDFS 的实现情况
透明性	包含访问透明性、位置透明性、性能和伸缩透明性。访问透明性是指用户不需要专门区分哪些是本地文件，哪些是远程文件，能够通过相同的操作来访问本地文件和远程文件。位置透明性是指在不改变路径名的前提下，不管文件副本数量和实际存储位置发生何种变化，对用户而言都是透明的，用户不会感受到这种变化，始终可以使用相同的路径名访问同一个文件。性能和伸缩透明性是指系统中节点的增加或减少以及性能的变化对用户而言是透明的，用户感受不到一个节点的加入或退出	只能提供一定程度的访问透明性、完全支持位置透明性、性能和伸缩透明性
并发控制	客户端对文件的读写不应该影响其他客户端对同一个文件的读写	机制非常简单，任何时间都只允许有一个程序写入某个文件
文件复制	一个文件可以拥有在不同位置的多个副本	HDFS 采用了多副本机制
硬件和操作系统的异构性	可以在不同的操作系统和计算机上实现同样的客户端和服务器端程序	采用 Java 语言开发，具有很好的跨平台能力
可伸缩性	支持节点的动态加入或退出	建立在大规模廉价计算机上的分布式文件系统集群，具有很好的可伸缩性
容错	保证文件服务在客户端或者服务器端出现问题的时候能正常使用	具有多副本机制和故障自动检测、恢复机制
安全	保障系统的安全性	安全性较弱

3.2　HDFS 简介

HDFS 开源实现了 GFS 的基本思想。HDFS 原来是 Apache Nutch 搜索引擎的一部分，后来独立出来作为一个 Apache 子项目，并和 MapReduce 一起成为 Hadoop 的核心组件。HDFS 支持流数

据读取和处理超大规模文件，并能够运行在由廉价的普通计算机组成的集群上，这主要得益于 HDFS 在设计之初就充分考虑了实际应用环境的特点，即硬件出错在普通服务器集群中是常态，而不是异常。因此，HDFS 在设计上采取了多种机制保证在硬件出错的环境中实现数据的完整性。总体而言，HDFS 主要具有以下特性。

- 兼容廉价的硬件设备。在成百上千台廉价服务器中存储数据，常会出现节点失效的情况，因此，HDFS 设计了快速检测硬件故障和进行自动恢复的机制，可以实现持续监视、错误检查、容错处理和自动恢复，从而在硬件出错的情况下也能实现数据的完整性。

- 支持流数据读写。普通文件系统主要用于随机读写以及与用户进行交互，HDFS 则是为了满足批量数据处理的要求而设计的，因此，为了提高数据吞吐率，HDFS 放松了一些 POSIX 的要求，从而能够以流式方式来访问文件系统数据。

- 支持大数据集。HDFS 中的文件通常可以达到 GB 甚至 TB 级别，一个由数百台机器组成的集群可以支持千万级别这样的文件。

- 采用简单的文件模型。HDFS 采用"一次写入、多次读取"的简单文件模型，一旦文件被创建、写入并关闭，之后就无法再次写入，只能被读取。

- 强大的跨平台兼容性。HDFS 是采用 Java 语言开发的，具有很好的跨平台兼容性，支持 Java 虚拟机（Java Virtual Machine，JVM）的机器都可以运行 HDFS。

HDFS 特殊的设计，在实现上述优良特性的同时，也使 HDFS 自身具有一些应用局限性，主要包括以下几个方面。

- 不适合低延迟数据访问。HDFS 主要是面向大规模数据批量处理而设计的，采用流式数据读取方式，具有很高的数据吞吐率，但是，这意味着较高的延时。因此，HDFS 不适用于需要较低延迟（如数十毫秒）的应用场景。对低延时要求的应用程序而言，HBase 是一个更好的选择。

- 无法高效存储和处理大量小文件。小文件是指大小小于一个数据块大小的文件。HDFS 无法高效存储和处理大量小文件，过多小文件会给系统的扩展和性能带来诸多问题。首先，HDFS 采用名称节点来管理文件系统的元数据，这些元数据被保存在内存中，从而使客户端可以快速获取文件实际存储位置。通常，每个文件、目录和数据块大约占 150B，如果有 1000 万个文件，每个文件对应一个数据块，那么，名称节点至少需要 3 GB 的内存来保存这些元数据信息。很显然，这时元数据检索的效率就比较低了，需要花费较多的时间找到一个文件的实际存储位置。而且，如果继续扩展到数十亿个文件，名称节点保存元数据所需要的内存空间就会大大增加，以现有的硬件水平，是无法在内存中保存如此大量的元数据的。其次，用 MapReduce 处理大量小文件时，会产生过多的 Map 任务，进程管理开销会大大增加，因此，处理大量小文件的速度远远低于处理同等规模的大文件的速度。最后，HDFS 访问大量小文件的速度远远低于访问几个大文件的速度，因为访问大量小文件，需要不断从一个数据节点跳到另一个数据节点，这会严重影响性能。

- 不支持多用户写入及任意修改文件。HDFS 只允许一个文件有一个写入者，不允许多个用户对同一个文件执行写操作，而且只允许对文件执行追加操作，不能执行随机写操作。

3.3　HDFS 的相关概念

本节介绍 HDFS 的相关概念，包括数据块、名称节点和数据节点、第二名称节点。

3.3.1　数据块

在传统的文件系统中，为了提高磁盘读写效率，一般以数据块为单位，而不是以字节为单位，比如机械式硬盘（磁盘的一种）包含磁头和转动部件，在读取数据时有一个寻道的过程，通过转动盘片和移动磁头的位置，找到数据在机械式硬盘中的存储位置，才能进行读写。在 I/O 开销中，机械式硬盘的寻址是最耗时的部分，一旦找到第一条记录，剩下的顺序读取效率是非常高的。因此，以数据块为单位读写数据，可以把磁盘寻道时间分摊到大量数据中。

HDFS 同样采用了数据块的概念，默认一个数据块的大小是 128MB。HDFS 中的文件会被拆分成多个数据块，每个数据块作为独立的单元进行存储。我们所熟悉的普通文件系统的块一般只有几千字节，可以看出，HDFS 的数据块大小明显要大于普通文件系统的。HDFS 这么做，是为了最小化寻址开销。HDFS 寻址开销不仅包括磁盘寻道开销，还包括数据块的定位开销。当客户端需要访问一个文件时，首先从名称节点获得组成这个文件的数据块的位置列表，然后根据位置列表获取实际存储各个数据块的数据节点的位置，最后数据节点根据数据块信息在本地 Linux 文件系统中找到对应的文件，并把数据返回给客户端。设计一个比较大的数据块，可以把上述寻址开销分摊到大量数据中，降低了单位数据的寻址开销。因此，HDFS 对文件数据块大小的设置要远远大于普通文件系统的，以期在处理大规模文件时能够获得更好的性能。当然，数据块也不宜设置过大，因为通常 MapReduce 中的 Map 任务一次只能处理一个数据块中的数据，如果该数据块中启动的任务太少，则会降低作业并行处理速度。

HDFS 采用抽象的数据块概念有以下几个明显的优点。

- 支持大规模文件存储。文件以数据块为单位进行存储，一个大规模文件可以被拆分成若干个数据块，不同的数据块可以被分发到不同的节点上，因此，一个文件的大小不会受到单个节点的存储容量的限制，可以远远大于网络中任意节点的存储容量。

- 简化系统设计。首先，HDFS 采用数据块概念大大简化了存储管理，因为数据块大小是固定的，这样可以很容易计算出一个节点可以存储多少数据块；其次，这方便了元数据的管理，因为元数据不需要和数据块一起存储，可以由其他系统负责管理元数据。

- 适合数据备份。每个数据块都可以冗余存储到多个节点上，大大提高了系统的容错性和可用性。

3.3.2　名称节点和数据节点

在 HDFS 中，名称节点负责管理分布式文件系统的命名空间（Namespace）及客户端对文件的访问，保存了两个核心的文件（见图 3-3），即 FsImage 和 EditLog 文件。FsImage 文件用于维护文件系统树以及文件系统树中所有的文件和文件夹的元数据，EditLog 文件中记录了所有针对文件的创建、删除、重命名等操作。名称节点记录了每个文件中各个数据块所在的数据节点的位置信息，但是并不持久化地存储这些信息，而是在系统每次启动时扫描所有数据节点并重构，以得到这些信息。

名称节点在启动时，会将 FsImage 文件的内容加载到内存中，然后执行 EditLog 文件中的各项操作，使内存中的元数据保持最新。这个操作完成以后，名称节点就会创建一个新的 FsImage 文件和一个空的 EditLog 文件。名称节点启动成功并进入正常运行状态以后，HDFS 中的更新操作都会被写入 EditLog 文件，而不会直接被写入 FsImage 文件。这是因为对分布式文件系统而言，FsImage 文件通常很庞大（一般在 GB 级别以上），如果所有的更新操作都直接在 FsImage 文件中进行，那么系统的运行速度会变得非常缓慢。相对而言，EditLog 文件的大小通常要远远小于 FsImage 文件的，更新操作写入 EditLog 文件是非常高效的。名称节点在启动的过程中处于"安全模式"，只能对外提供读操作，无法提供写操作。启动过程结束后，系统就会退出安全模式，进入正常运行状态，对外提供读写操作。

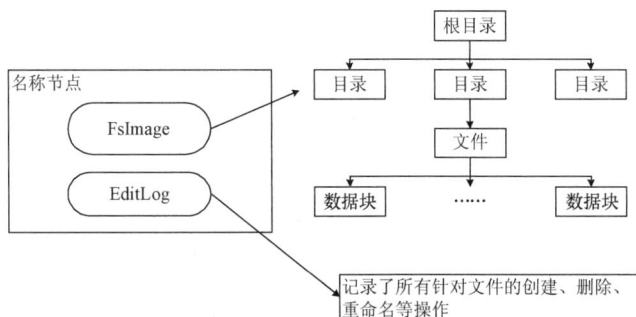

图 3-3　名称节点的数据结构

数据节点是分布式文件系统 HDFS 的工作节点，负责数据的存储和读取，会根据客户端或者名称节点的调度来进行数据的存储和检索，并且向名称节点定期发送自己所存储的数据块的列表信息。每个数据节点中的数据会被保存在各自节点的本地 Linux 文件系统中。

3.3.3　第二名称节点

在名称节点运行期间，HDFS 会不断产生更新操作，这些更新操作直接被写入 EditLog 文件，因此，EditLog 文件会不断变大。在名称节点运行期间，不断变大的 EditLog 文件通常对于系统性能不会产生显著影响，但是当名称节点重启时，需要将 FsImage 文件加载到内存中，然后逐条执行 EditLog 文件中的记录，使 FsImage 文件保持最新。可想而知，如果 EditLog 文件很大，就会导致整个过程变得非常缓慢，使名称节点在启动过程中长期处于"安全模式"，无法正常对外提供写操作，影响用户的使用。

为了有效解决 EditLog 文件不断变大带来的问题，IIDFS 在设计中采用了第二名称节点（Secondary NameNode）。第二名称节点是 HDFS 架构的一个重要组成部分，具有两方面的功能：一方面，它可以完成 EditLog 文件与 FsImage 文件的合并操作，减小 EditLog 文件的大小，缩短名称节点重启时间；另一方面，它可以作为名称节点的"检查点"，保存名称节点中的元数据信息。功能说明具体如下。

（1）EditLog 文件与 FsImage 文件的合并操作。第二名称节点工作过程示意如图 3-4 所示。每隔一段时间，第二名称节点会和名称节点通信，请求其停止使用 EditLog 文件（这里假设这个时刻为 t_1），暂时将新到达的写操作添加到文件 EditLog.new 中。然后，第二名称节点把名称节点中的 FsImage 文件和 EditLog 文件拉回本地，再加载到内存中；对二者执行合并操作，即在内存中逐条执行 EditLog 文件中的操作，使 FsImage 文件保持最新。合并结束后，第二名称节点会把合并后得到的最新的 FsImage.ckpt 文件发送到名称节点。名称节点接收到后，会用最新的 FsImage.ckpt 文件去替换旧的 FsImage 文件，同时用 EditLog.new 文件去替换 EditLog 文件（这里假设这个时刻为 t_2），从而减小 EditLog 文件的大小。

（2）作为名称节点的"检查点"。从上面的合并过程可以看出，第二名称节点会定期和名称节点通信，从名称节点获取 FsImage 文件和 EditLog 文件，执行合并操作得到新的 FsImage.ckpt 文件。从这个角度来讲，第二名称节点相当于为名称节点设置的一个"检查点"，周期性地备份名称节点中的元数据信息，当名称节点发生故障时，就可以用第二名称节点中记录的元数据信息进行系统恢复。但是，在第二名称节点上合并操作得到的新的FsImage文件，其内容是合并操作发生时（即t_1时刻）HDFS记录的元数据信息，并没有包含t_1时刻和t_2时刻之间发生的更新操作。如果名称节点在t_1时刻和t_2时刻之间发生故障，系统就会丢失部分元数据信息，在HDFS的设计中，也并不支持把系统直接切换到第二名称节点。因此，从这个角度来讲，第二名称节点只是起到了名称节点的"检查点"作用，并不能起到"热备份"作用。即使有第二名称节点的存在，当名称节点发生故障时，系统还是有可能丢失部分元数据信息。

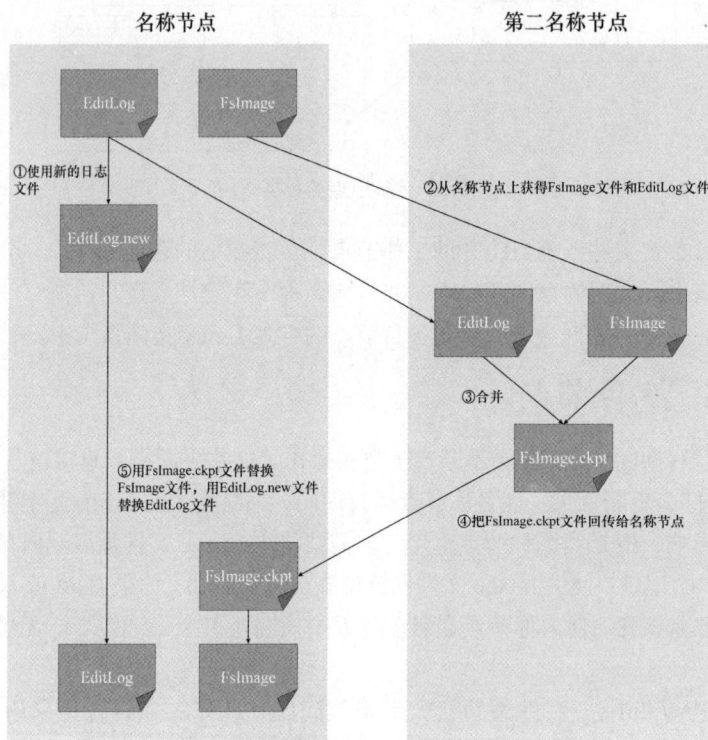

图 3-4 第二名称节点工作过程示意

3.4 HDFS 体系结构

本节首先概述HDFS体系结构，然后介绍HDFS的命名空间管理、通信协议、客户端，最后指出HDFS体系结构的局限性。

3.4.1 HDFS 概述

HDFS采用了主从（Master-Slave）结构模型，一个HDFS集群包括一个名称节点和若干个数据节点（见图3-5）。名称节点作为中心服务器，负责管理分布式文件系统的命名空间及客户端对文件的访问。一般一个集群中的数据节点运行一个数据节点进程，负责处理文件系统客户端的读/

写请求，在名称节点的统一调度下进行数据块的创建、删除和复制等操作。每个数据节点的数据实际上是保存在本地 Linux 文件系统中的。每个数据节点会周期性地向名称节点发送"心跳"信息，报告自己的状态，没有按时发送"心跳"信息的数据节点会被标记为"死机"，名称节点不会再给它们发送任何 I/O 请求。

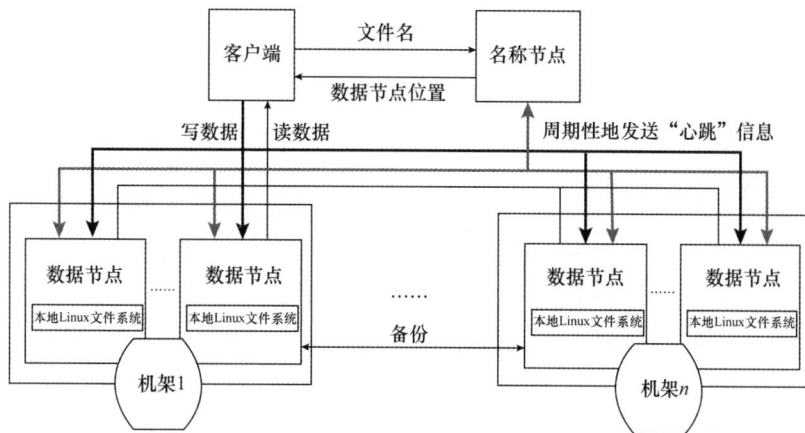

图 3-5　HDFS 体系结构

用户在使用 HDFS 时，仍然可以像使用普通文件系统那样，使用文件名去存储和访问文件。实际上，在系统内部，一个文件会被切分成若干个数据块，这些数据块被分布存储到若干个数据节点上。当客户端需要访问一个文件时，首先把文件名发送给名称节点，名称节点根据文件名找到对应的数据块（一个文件可能包括多个数据块），再根据每个数据块信息找到实际存储各个数据块的数据节点的位置，并把数据节点位置发送给客户端，最后客户端直接访问这些数据节点以获取数据。在整个访问过程中，名称节点并不参与数据的传输。这种设计使一个文件的数据能够在不同的数据节点上实现并发访问，大大提高数据访问速度。

HDFS 采用 Java 语言开发，因此，任何支持 JVM 的机器都可以部署名称节点和数据节点。在实际部署时，通常在集群中选择一台性能较好的机器作为名称节点，其他机器作为数据节点。当然，一台机器可以运行任意多个数据节点，甚至名称节点和数据节点也可以放在一台机器上运行，不过，在正式部署中很少采用这种模式。HDFS 集群中只有唯一一个名称节点，该名称节点负责所有元数据的管理。这种设计大大简化了分布式文件系统的结构，可以保证数据不会脱离名称节点的控制，同时，用户数据也永远不会经过名称节点，这大大减轻了中心服务器的负担，方便了数据管理。

3.4.2　HDFS 命名空间管理

HDFS 的命名空间包含目录、文件和块。命名空间管理是指命名空间支持对 HDFS 中的目录、文件和数据块进行类似文件系统的创建、修改、删除等基本操作。在当前的 HDFS 体系结构中，整个 HDFS 集群只有一个命名空间，并且只有唯一一个名称节点，该名称节点负责对这个命名空间进行管理。

HDFS 使用的是传统的分级文件体系，因此，用户可以像使用普通文件系统一样，创建、删除目录和文件，在目录间转移文件、重命名文件等。但是，HDFS 还没有实现磁盘配额和文件访问权限等功能，也不支持文件的硬链接和软链接（快捷方式）。

3.4.3　通信协议

HDFS 是一个部署在集群上的分布式文件系统，因此，很多数据需要通过网络进行传输。所有的 HDFS 通信协议都是构建在传输控制协议/互联网协议（Transmission Control Protocol/Internet Protocol，TCP/IP）基础之上的。客户端通过一个可配置的端口向名称节点主动发起 TCP 连接，并使用客户端协议与名称节点进行交互。名称节点和数据节点之间则使用数据节点协议进行交互。客户端与数据节点的交互通过远程过程调用（Remote Procedure Call，RPC）来实现。在设计上，名称节点不会主动发起 RPC，而会响应来自客户端和数据节点的 RPC 请求。

3.4.4　客户端

客户端是用户操作 HDFS 最常用的方式，HDFS 在部署时都提供了客户端。不过需要说明的是，严格来说，客户端并不算是 HDFS 的一部分。客户端可以支持打开、读取、写入等常见的操作，并且提供了类似 Shell 的命令行方式来访问 HDFS 中的数据（见 3.7.1 小节）。此外，HDFS 提供了 Java API（Application Program Interface，应用程序接口），作为应用程序访问文件系统的客户端编程接口（见 3.7.3 小节）。

3.4.5　HDFS 体系结构的局限性

HDFS 只设置唯一一个名称节点，这样做虽然大大简化了系统设计，但也带来了一些明显的局限性，具体如下。

（1）命名空间的限制。名称节点是保存在内存中的，因此，名称节点能够容纳对象（文件、数据块）的个数会受到内存空间大小的限制。

（2）性能的"瓶颈"。整个分布式文件系统的吞吐量受限于单个名称节点的吞吐量。

（3）隔离的问题。由于集群中只有一个名称节点、一个命名空间，因此无法对不同应用程序进行隔离。

（4）集群的可用性。一旦集群中唯一的名称节点发生故障，整个集群就会变得不可用。

3.5　HDFS 的存储原理

本节介绍 HDFS 的存储原理，包括数据的冗余存储、数据存取策略、数据错误与恢复。

3.5.1　数据的冗余存储

作为一个分布式文件系统，为了保证系统的容错性和可用性，HDFS 采用了多副本方式对数据进行冗余存储，通常一个数据块的多个副本会被分布到不同的数据节点上。如图 3-6 所示，数据块 1 被存放在数据节点 A 和 C 上，数据块 2 被存放在数据节点 A 和 B 上等。这种多副本方式具有以下 3 个优点。

（1）加快数据传输速度。当多个客户端需要同时访问同一个文件时，可以让各个客户端分别从不同的数据块副本中读取数据，这就大大加快了数据传输速度。

（2）容易检查数据错误。HDFS 的数据节点之间通过网络传输数据，采用多个副本可以很容易判断数据传输是否出错。

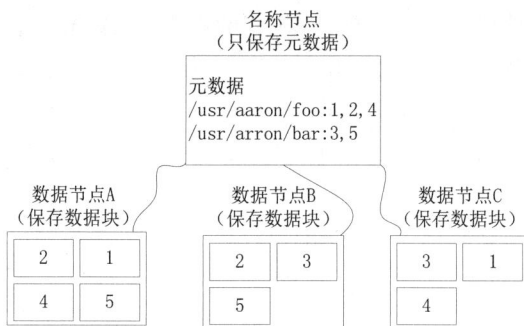

图 3-6　HDFS 数据块多副本存储

（3）保证数据的可靠性。即使某个数据节点因出现故障而失效了，也不会导致数据丢失。

3.5.2　数据存取策略

数据存取策略包括数据存放、数据读取和数据复制等方面，它在很大程度上会影响到整个分布式文件系统的读写性能，是分布式文件系统的核心内容。

1. 数据存放

为了提高数据的可靠性与系统的可用性，以及充分利用网络带宽，HDFS 采用了以机架为基础的数据存放策略。一个 HDFS 集群通常包含多个机架，不同机架中机器之间的数据通信需要经过交换机或路由器，同一机架中不同机器之间的数据通信则不需要经过交换机和路由器，这意味着同一机架中不同机器之间的数据通信带宽要比不同机架中机器之间的数据通信带宽大。

HDFS 默认每个数据节点都在不同的机架上，这种方法会存在一个缺点，那就是写入数据的时候不能充分利用同一机架内部机器之间的带宽。但是，与这个缺点相比，这种方法带来了更多很显著的优点：首先，可以获得很高的数据可靠性，即使一个机架发生故障，位于其他机架上的数据副本仍然是可用的；其次，可以在多个机架上并行读取数据，大大提高数据读取速度；最后，可以更容易地实现系统内部负载均衡和错误处理。

HDFS 默认的冗余复制因子是 3，即每一个数据块会被同时保存到 3 个地方，其中，第 1 个和第 2 个副本放在同一个机架的不同机器上面，第 3 个副本放在不同机架的机器上面，这样既可以保证机架发生异常时的数据恢复，也可以提高数据读写性能。一般而言，HDFS 副本的放置策略如图 3-7 所示。

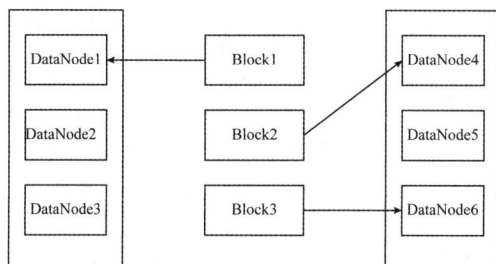

图 3-7　HDFS 副本的放置策略

（1）如果是在集群内发起写操作请求的，则把第 1 个副本放置在发起写操作请求的数据节点上，实现就近写入数据。如果是在集群外发起写操作请求的，则从集群内部挑选一个磁盘空间较为充足、CPU 不太忙的数据节点，作为第 1 个副本的存放地。

（2）第2个副本会被放置在与第1个副本不同的机架的数据节点上。

（3）第3个副本会被放置在与第2个副本相同的机架的其他数据节点上。

（4）如果还有更多的副本，则继续从集群中随机选择数据节点进行存放，限制每个数据节点不存放超过一个副本，同时保持每个机架的副本数量低于上限 $\lceil$(副本数量−1)/机架数量 + 2$\rceil$。

从以下方面可以看出这种放置策略比较合理。

（1）可靠性：数据块被存储在两个机架上，若其中一个机架网络出现异常，可以保证在其他机架的数据节点上找到数据。

（2）写操作：写操作仅仅穿过一台网络交换机，减少了机架间的数据传输，提高了写操作的效率。

（3）读操作：在读取数据时，为了减少整体的带宽消耗和降低整体的带宽延时，HDFS 会尽量让读取操作读取离客户端最近的副本。如果在读取操作的同一个机架上有一个副本，就读取该副本。如果本地数据损坏，数据节点可以从同一个机架内的相邻节点上获取数据，速度一定会比跨机架获取数据的速度快。

（4）块被分布在整个集群中。

2. 数据读取

HDFS 提供了一个 API 以确定一个数据节点所属的机架 ID，客户端可以调用 API 获取自己所属的机架 ID。当客户端读取数据时，从名称节点获得数据块不同副本的存放位置列表，列表中包含副本所在的数据节点，可以调用 API 来确定客户端和这些数据节点所属的机架 ID。当发现某个数据块副本对应的机架 ID 和客户端对应的机架 ID 相同时，就优先选择该副本读取数据，如果没有发现，就随机选择一个副本读取数据。

3. 数据复制

HDFS 的数据复制采用了流水线复制策略，大大提高了数据复制的效率。当客户端要往 HDFS 中写入一个文件时，首先，这个文件会被写入本地，并被切分成若干个数据块，每个数据块的大小由 HDFS 的设定值决定。每个数据块都向 HDFS 集群中的名称节点发起写请求，名称节点会根据系统中各个数据节点的使用情况，选择一个数据节点列表返回给客户端。然后，客户端把数据写入列表中的第 1 个数据节点，同时把列表传给第 1 个数据节点。当第 1 个数据节点接收到 4KB 数据的时候，其将数据写入本地，并且向列表中的第 2 个数据节点发起连接请求，把自己已经接收到的 4KB 数据和列表传给第 2 个数据节点。当第 2 个数据节点接收到 4KB 数据的时候，其将数据写入本地，并且向列表中的第 3 个数据节点发起连接请求。以此类推，列表中的多个数据节点形成一条数据复制的流水线。最后，当文件写完的时候，数据复制也完成了。

3.5.3 数据错误与恢复

HDFS 具有较高的容错性，可以兼容廉价的硬件设备，它把硬件出错看成常态，而不是异常，并设计了相应的机制检测数据错误和进行自动恢复。硬件出错主要包括以下 3 种情形。

1. 名称节点出错

名称节点保存了所有的元数据信息，其中最核心的两大文件是 FsImage 文件和 EditLog 文件，如果这两个文件损坏，那么整个 HDFS 实例将失效。Hadoop 采用两种机制来确保名称节点的安全：一是把名称节点上的元数据信息同步存储到其他文件系统，比如远程挂载的网络文件系统（Network File System，NFS）；二是运行一个第二名称节点，当名称节点死机以后，可以把运行第二名称节点作为一种弥补措施，利用第二名称节点中的元数据信息进行系统恢复，但是从 3.3.3

小节对第二名称节点的介绍中可以看出，这样做仍然会丢失部分数据。因此，一般会把上述两种方式结合起来使用。当名称节点发生死机时，到远程挂载的 NFS 中获取备份的元数据信息，将元数据信息放到第二名称节点上进行恢复，并把第二名称节点作为名称节点使用。

2. 数据节点出错

每个数据节点会定期向名称节点发送"心跳"信息，向名称节点报告自己的状态。当数据节点发生故障，或者发生断网时，名称节点就无法收到来自一些数据节点的"心跳"信息，这时这些数据节点就会被标记为"死机"，节点上面的所有数据都会被标记为"不可读"，名称节点也不会再给它们发送任何 I/O 请求。这时，有可能出现一种情况，即由于一些数据节点的不可用，导致一些数据块的副本数量小于冗余复制因子。名称节点会定期检查这种情况是否出现，一旦发现某个数据块的副本数量小于冗余复制因子，就会启动数据冗余复制，为该数据块生成新的副本。HDFS 与其他分布式文件系统的最大区别就是可以调整冗余数据的位置。

3. 数据出错

网络传输和磁盘错误等因素都会造成数据错误。客户端在读取数据后，会采用 MD5 和 SHA-1 对数据块进行校验，以确定读取正确的数据。在文件被创建时，客户端会对每一个数据块进行信息摘录，并把这些信息写入同一个路径的隐藏文件里。客户端在读取文件的时候，会先读取该隐藏文件，然后利用该文件对每个读取的数据块进行校验。如果校验出错，客户端就会请求到另外一个数据节点读取该数据块，并且向名称节点报告这个数据块有错误，名称节点会定期检查并重新复制这个数据块。

3.6　HDFS 的数据读写过程

在介绍 HDFS 的数据读写过程之前，需要简单介绍一下相关的类。FileSystem 是一个通用文件系统的抽象基类，可以被分布式文件系统继承，所有可能使用 Hadoop 文件系统的代码都会使用到这个类。Hadoop 为 FileSystem 这个抽象基类提供了多种具体的实现，DistributedFileSystem 就是 FileSystem 在 HDFS 中的实现。FileSystem 的 open()方法返回的是一个输入流对象 FSDataInputStream，在 HDFS 中具体的输入流就是 DFSInputStream；FileSystem 中的 create()方法返回的是一个输出流对象 FSDataOutputStream，在 HDFS 中具体的输出流就是 DFSOutputStream。

3.6.1　读数据的过程

当客户端连续调用 open()、read()、close()读取数据时，HDFS 内部执行的读数据的过程如下。

（1）客户端通过 FileSystem.open()打开文件，相应地，在 HDFS 中 DistributedFileSystem 具体实现了 FileSystem。因此，调用 open()方法后，DistributedFileSystem 会创建输入流 FSDataInputStream，对 HDFS 而言，具体的输入流就是 DFSInputStream。

（2）在 DFSInputStream 的构造函数中，输入流通过 ClientProtocal.getBlockLocations()远程调用名称节点，获取文件开始部分数据块的保存位置。对于该数据块，首先名称节点会返回保存该数据块的所有数据节点的地址，同时根据距离客户端的远近对数据节点进行排序；然后，DistributedFileSystem 会利用 DFSInputStream 来实例化 FSDataInputStream，并将 FSDataInputStream 返回给客户端，同时返回数据块的数据节点地址。

（3）获得输入流 FSDataInputStream 后，客户端调用 read() 方法读取数据。输入流根据前面的数据节点排序结果，选择距离客户端最近的数据节点建立连接并读取数据。

（4）数据从该数据节点读到客户端；当该数据块读取完毕时，FSDataInputStream 会关闭和该数据节点的连接。

（5）输入流通过 getBlockLocations() 方法查找下一个数据块（如果客户端缓存中已经包含该数据块的位置信息，就不需要调用该方法）。

（6）找到该数据块的最佳数据节点，读取数据。

（7）当客户端读取完数据的时候，调用 FSDataInputStream 的 close() 方法，关闭输入流。

需要注意的是，在读取数据的过程中，如果客户端与数据节点通信时出现错误，就会尝试连接包含此数据块的下一个数据节点。

图 3-8 对 HDFS 内部执行的读数据的过程进行了直观展示。

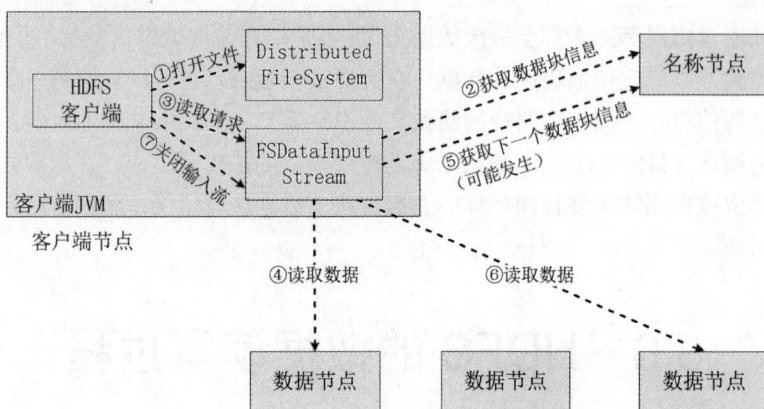

图 3-8　直观展示 HDFS 内部执行的读数据的过程

3.6.2　写数据的过程

HDFS 内部执行的写数据的过程如图 3-9 所示。

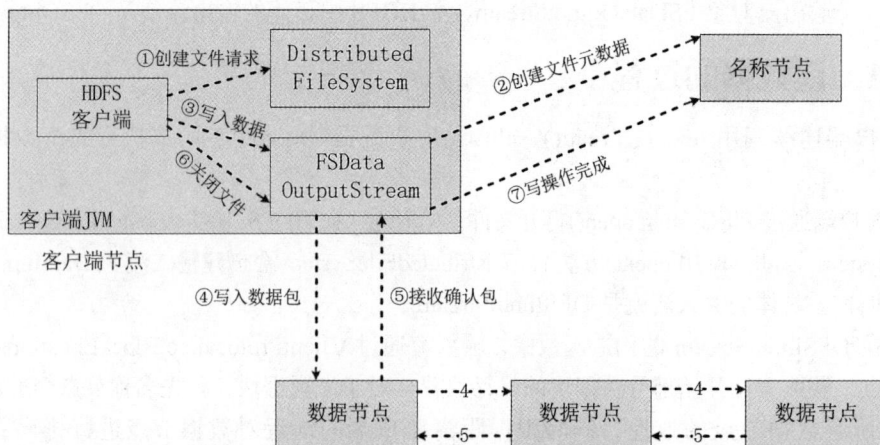

图 3-9　HDFS 内部执行的写数据的过程

客户端向 HDFS 写数据是一个复杂的过程，这里介绍一下在不发生任何异常的情况下，客户端连续调用 create()、write()和 close()时，HDFS 内部执行的写数据的过程。

（1）客户端通过 FileSystem.create()创建文件，相应地，在 HDFS 中 DistributedFileSystem 具体实现了 FileSystem。因此，调用 create ()方法后，DistributedFileSystem 会创建输出流 FSDataOutputStream，对 HDFS 而言，具体的输出流就是 DFSOutputStream。

（2）DistributedFileSystem 通过 RPC 远程调用名称节点，在文件系统的命名空间中创建一个新的文件。名称节点会执行一些检查，比如文件是否已经存在，客户端是否有权限创建文件等。检查通过之后，名称节点会构造一个新文件，并添加文件信息。远程方法调用结束后，DistributedFileSystem 会利用 DFSOutputStream 来实例化 FSDataOutputStream，并将 FSDataOutputStream 返回给客户端，客户端使用这个输出流写入数据。

（3）获得输出流 FSDataOutputStream 以后，客户端调用输出流的 write()方法向 HDFS 中对应的文件写入数据。

（4）客户端向输出流 FSDataOutputStream 中写入的数据首先会被分成一个个的分包，这些分包被放入 DFSOutputStream 对象的内部队列。输出流 FSDataOutputStream 会向名称节点申请保存文件和副本数据块的若干个数据节点，这些数据节点形成一个数据流管道。队列中的分包最后被打包成数据包，发往数据流管道中的第 1 个数据节点，第 1 个数据节点将数据包发送给第 2 个数据节点，第 2 个数据节点将数据包发送给第 3 个数据节点，这样，数据包会流经管道上的各个数据节点（即 3.5.2 小节介绍的流水线复制策略）。

（5）由于各个数据节点位于不同的机器上，数据需要通过网络发送，因此，为了保证所有数据节点的数据都是准确的，接收到数据的数据节点要向发送者发送"确认包"（ACK Packet）。确认包沿着数据流管道逆流而上，从数据流管道依次经过各个数据节点并最终发往客户端，当客户端收到应答时，它将对应的分包从内部队列移除。不断执行（3）～（5）步，直到数据全部写完。

（6）客户端调用 close()方法关闭输出流，此时开始，客户端不会再向输出流中写入数据，所以，当 DFSOutputStream 对象内部队列中的分包都收到应答以后，就可以使用 ClientProtocol.complete()方法通知名称节点关闭文件，完成一次正常的写文件过程。

3.7　HDFS 编程实践

本节介绍 Linux 操作系统中关于 HDFS 文件操作的常用 Shell 命令，利用 Web 页面查看和管理 Hadoop 文件系统，以及利用 Hadoop 提供的 Java API 进行基本的文件操作。更多上机操作实践细节内容可以参见本书官网的"教材配套大数据软件安装和编程实践指南"栏目中的相关内容。这里采用的 Hadoop 为 3.3.5 版本。

3.7.1　HDFS 常用命令

在 Linux 终端窗口，我们可以利用 Shell 命令对 Hadoop 进行操作，并完成 HDFS 中文档的上传、下载、复制，查看文件信息，格式化名称节点等操作。关于 HDFS 的 Shell 命令有一个统一的格式：

```
hadoop command [genericOptions] [commandOptions]
```

HDFS 有很多命令，其中 fs 命令可以说是 HDFS 最常用的命令，利用 fs 命令可以查看 HDFS 的目录结构、上传和下载数据、创建文件等。该命令的用法如下：

```
hadoop fs [genericOptions] [commandOptions]
```

具体如下。

- hadoop fs -ls <path>：显示<path>指定的文件的详细信息。

- hadoop fs -ls -R <path>：ls 命令的递归版本。

- hadoop fs -cat <path>：将<path>指定的文件的内容输出到标准输出（stdout）。

- hadoop fs -chgrp [-R] group <path>：将<path>指定的文件所属的组改为 group，使用-R 对<path>指定的文件夹内的文件进行递归操作。这个命令只适用于超级用户。

- hadoop fs -chown [-R] [owner] [: [group]] <path>：改变<path>指定的文件所有者，-R 用于递归改变文件夹内的文件所有者。这个命令只适用于超级用户。

- hadoop fs -chmod [-R] <mode> <path>：将<path>指定的文件的权限更改为<mode>。这个命令只适用于超级用户和文件所有者。

- hadoop fs -tail [-f] <path>：将<path>指定的文件最后 1KB 的内容输出到标准输出，-f 选项用于持续检测新添加到文件中的内容。

- hadoop fs -stat [format] <path>：以指定的格式返回<path>指定的文件的相关信息。当不指定 format 的时候，返回文件<path>的创建日期。

- hadoop fs -touchz <path>：创建一个<path>指定的空文件。

- hadoop fs -mkdir [-p] <paths>：创建<paths>指定的一个或多个文件夹，-p 选项用于递归创建子文件夹。

- hadoop fs -copyFromLocal <localsrc> <dst>：将本地源文件<localsrc>复制到路径<dst>指定的文件或文件夹中。

- hadoop fs -copyToLocal [-ignorecrc] [-crc] <target> <localdst>：将目标文件<target>复制到本地文件或文件夹<localdst>中，可用-ignorecrc 选项复制 CRC（Cyclic Redundancy Check，循环冗余校验）校验失败的文件，使用-crc 选项复制文件以及 CRC 信息。

- hadoop fs -cp <src> <dst>：将文件从源路径<src>复制到目标路径<dst>。

- hadoop fs -du <path>：显示<path>指定的文件或文件夹中所有文件的大小。

- hadoop fs -expunge：清空回收站，请参考 HDFS 官方文档以获取更多关于回收站特性的信息。

- hadoop fs -get [-ignorecrc] [-crc] <src> <localdst>：复制<src>指定的文件到本地文件系统<localdst>指定的文件或文件夹，可用-ignorecrc 选项复制 CRC 校验失败的文件，使用-crc 选项复制文件以及 CRC 信息。

- hadoop fs -getmerge [-nl] <src> <localdst>：对<src>指定的源目录中的所有文件进行合并，写入<localdst>指定的本地文件。-nl 是可选的，用于指定在每个文件结尾添加一个换行符。

- hadoop fs -put <localsrc> <dst>：从本地文件系统中复制<localsrc>指定的单个或多个源文件到<dst>指定的目标文件系统中，也支持从标准输入（stdin）中读取输入并写入目标文件系统。

- hadoop fs -moveFromLocal <localsrc> <dst>：与 put 命令功能相同，但是文件上传结束后

会从本地文件系统中删除<localsrc>指定的文件。

- hadoop fs -mv <src>　<dest>：将文件从源路径<src>移动到目标路径<dst>。
- hadoop fs -rm <path>：删除<path>指定的文件，只删除非空目录和文件。
- hadoop fs -rm -r <path>：删除<path>指定的文件夹及其下的所有文件，-r 选项表示递归删除子目录。
- hadoop fs -setrep [-R] <path>：改变<path>指定的文件的副本系数，-R 选项用于递归改变目录下所有文件的副本系数。
- hadoop fs -test -[ezd] <path>：检查<path>指定的文件或文件夹的相关信息。不同选项的作用如下。
  - –e 表示检查文件是否存在，如果存在则返回 0，否则返回 1。
  - -z 表示检查文件是否是 0 字节，如果是则返回 0，否则返回 1。
  - -d 表示如果路径是目录，则返回 1，否则返回 0。
- hadoop fs -text <path>：将<path>指定的文件输出为文本格式，文件的格式允许是 ZIP 和 TextRecordInputStream 等。

3.7.2　HDFS 的 Web 页面

在配置好 Hadoop 集群之后，可以通过浏览器登录 "http://[NameNodeIP]:9870" 访问 HDFS，其中，[NameNodeIP]表示名称节点的 IP 地址，例如，我们在本地机器上完成 Hadoop 伪分布式安装后，可以登录 "http://localhost:9870" 来查看文件系统信息（见图 3-10）。

图 3-10　查看文件系统信息

通过该 Web 页面，我们可以查看当前文件系统中各个节点的分布信息，浏览名称节点上的存储、登录等日志，以及下载某个数据节点上的某个文件。该 Web 页面的所有功能都能通过 Hadoop 提供的 Shell 命令或 Java API 来等价实现。例如，通过该 Web 页面中的 "Utilities→Browse the filesystem" 查看目录，结果如图 3-11 所示。我们可以通过以下命令实现同样的功能：

```
$hadoop fs -ls /
```

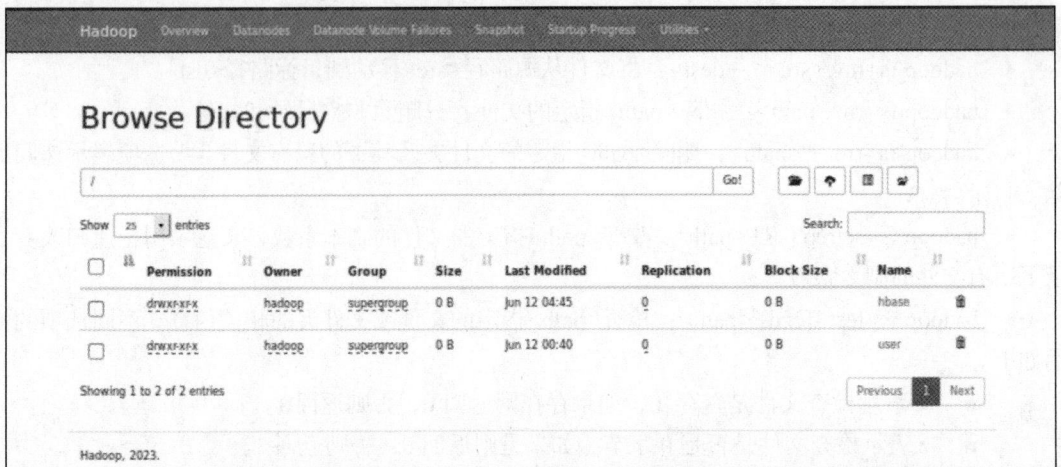

图 3-11　通过 Web 页面中的"Utilities→Browse the filesystem"查看目录的结果

3.7.3　HDFS 常用 Java API 及应用实例

Hadoop 主要是基于 Java 语言开发的，Hadoop 不同的文件系统之间通过调用 Java API 进行交互。上面介绍的 Shell 命令，本质上就是对 Java API 的应用。这里将介绍在 HDFS 中进行文件上传、复制、下载等操作的常用 Java API 及应用实例。

1. 常用 Java API

HDFS 编程的主要 Java API 如下。

- org.apache.hadoop.fs.FileSystem：一个通用文件系统的抽象基类，可以被分布式文件系统继承。所有可能使用 Hadoop 文件系统的代码都要使用到这个类。Hadoop 为这个抽象基类提供了多种具体的实现，如 LocalFileSystem、DistributedFileSystem、HftpFileSystem、HsftpFileSystem、HarFileSystem、KosmosFileSystem、FtpFileSystem 和 NativeS3FileSystem 等（可参见《Hadoop 权威指南：大数据的存储与分析》了解更多的信息）。

- org.apache.hadoop.fs.FileStatus：一个接口，用于向客户端展示系统中文件和目录的元数据，具体包括文件大小、数据块大小、副本信息、所有者、修改时间等，可通过 FileSystem.listStatus()方法获得具体的实例对象。

- org.apache.hadoop.fs.FSDataInputStream：文件输入流，用于读 Hadoop 文件。

- org.apache.hadoop.fs.FSDataOutputStream：文件输出流，用于写 Hadoop 文件。

- org.apache.hadoop.conf.Configuration：访问配置项。所有的配置项的值，如果在 core-site.xml 中有对应的配置，则以 core-site.xml 中的为准。

- org.apache.hadoop.fs.Path：用于表示 Hadoop 文件系统中的一个文件或一个目录的路径。

- org.apache.hadoop.fs.PathFilter：一个接口，通过实现方法 PathFilter.accept(Path path)来判定是否接收 path 表示的文件或目录。

2. 应用实例

接下来通过一个简单的实例介绍上述 Java API 的使用方法。图 3-12 显示了 HDFS 中路径为"http://localhost:9870/explorer.html#/user/hadoop"的目录中所有的文件信息。

对于该目录下的所有文件，我们将执行以下操作。

首先，从该目录中过滤出所有扩展名不为".abc"的文件。

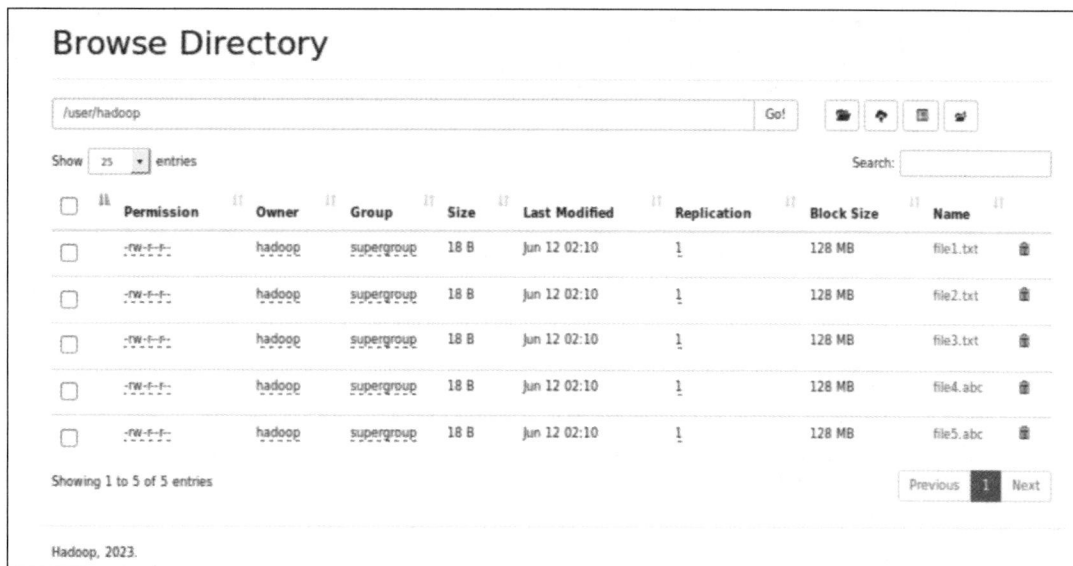

图 3-12　目录中所有的文件信息

然后，对过滤之后的文件进行读取。

最后，将这些文件的内容合并到文件"hdfs://localhost:9000/user/hadoop/merge.txt"中。

上述操作的具体实现过程如下。

（1）定义过滤器，过滤掉扩展名为".abc"的文件，这里通过实现接口 org.apache.hadoop. fs.PathFilter 中的方法 accept(Path path)对 path 表示的文件进行过滤。

（2）利用 FileSystem.listStatus(Path path, PathFilter filter)方法获得 path 表示的目录中所有文件经过 filter 表示的过滤器后的状态对象数组。

（3）利用 FileSystem.open(Path path)方法获得与 path 相关的 FSDataInputStream 对象，并利用该对象读取文件的内容。

（4）利用 FileSystem.create(Path path)方法获得与 path 相关的 FSDataOutputStream 对象，并利用该对象将字节数组输出到文件。

（5）利用 FileSystem.get(URI uri, Configuration conf)方法，根据 uri（资源表示符）和 conf（文件系统配置信息）获得对应的文件系统。

上述操作的具体代码如下：

```
import java.io.IOException;
import java.io.PrintStream;
import java.net.URI;

import org.apache.hadoop.conf.Configuration;
import org.apache.hadoop.fs.*;
/**
 *过滤掉文件名满足特定条件的文件
*/
class MyPathFilter implements PathFilter {
    String reg = null;
    MyPathFilter(String reg) {
        this.reg = reg;
    }
```

```java
        public boolean accept(Path path) {
            if (!(path.toString().matches(reg)))
                return true;
            return false;
        }
    }
    /**
     *利用 FSDataOutputStream 和 FSDataInputStream 合并 HDFS 中的文件
    */
    public class MergeFile {
        Path inputPath = null;      //待合并的文件所在的目录的路径
        Path outputPath = null;     //输出文件的路径
        public MergeFile(String input, String output) {
            this.inputPath = new Path(input);
            this.outputPath = new Path(output);
        }
        public void doMerge() throws IOException {
            Configuration conf = new Configuration();
            conf.set("fs.defaultFS","hdfs://localhost:9000");
            conf.set("fs.hdfs.impl","org.apache.hadoop.hdfs.DistributedFileSystem");
            FileSystem fsSource = FileSystem.get(URI.create(inputPath.toString()), conf);
            FileSystem fsDst = FileSystem.get(URI.create(outputPath.toString()), conf);
            //下面过滤掉输入目录中扩展名为".abc"的文件
            FileStatus[] sourceStatus = fsSource.listStatus(inputPath,
                    new MyPathFilter(".*\\.abc"));
            FSDataOutputStream fsdos = fsDst.create(outputPath);
            PrintStream ps = new PrintStream(System.out);
            //下面分别读取过滤之后的每个文件的内容，并输出到同一个文件中
            for (FileStatus sta : sourceStatus) {
                //下面输出扩展名不为".abc"的文件的路径、大小、权限和内容
                System.out.print("路径：" + sta.getPath() + "    大小：" + sta.getLen()
                                + "  权限：" + sta.getPermission() + "   内容：");
                FSDataInputStream fsdis = fsSource.open(sta.getPath());
                byte[] data = new byte[1024];
                int read = -1;
                while ((read = fsdis.read(data)) > 0) {
                    ps.write(data, 0, read);
                    fsdos.write(data, 0, read);
                }
                fsdis.close();
            }
            ps.close();
            fsdos.close();
        }
        public static void main(String[] args) throws IOException {
            MergeFile merge = new MergeFile(
                    "hdfs://localhost:9000/user/hadoop/",
                    "hdfs://localhost:9000/user/hadoop/merge.txt");
            merge.doMerge();
        }
    }
```

上述代码的具体调试和运行过程，可以参考本书官网的"教材配套大数据软件安装和编程实践指南"栏目的相关内容。

运行上述代码后，可以在 Web 页面中登录"http://localhost:9870/"查看文件系统信息，可以发现，目录"/user/hadoop"中存在一个文件"merge.txt"；在 Linux 终端窗口输入并执行命令"hadoop fs -ls /user/hadoop"，也可以发现 merge.txt 这个文件。

3.8　本章小结

分布式文件系统是大数据时代解决大规模数据存储问题的有效解决方案，HDFS 是 GFS 的开源实现，可以利用由廉价硬件设备构成的计算机集群实现海量数据的分布式存储。

HDFS 具有兼容廉价的硬件设备、支持流数据读写、支持大数据集、采用简单的文件模型、跨平台兼容性强大等特性。但是也要注意到，HDFS 有自身的局限性，比如不适合低延迟数据访问、无法高效存储和处理大量小文件、不支持多用户写入及任意修改文件等。

数据块是 HDFS 的核心概念，一个大的文件会被拆分成很多个数据块。HDFS 采用抽象的数据块概念，具有支持大规模文件存储、简化系统设计、适合数据备份等优点。

HDFS 采用了主从结构模型，一个 HDFS 集群包括一个名称节点和若干个数据节点。名称节点负责管理分布式文件系统的命名空间及客户端对文件的访问；数据节点是分布式文件系统 HDFS 的工作节点，负责数据的存储和读取。

HDFS 采用了冗余数据存储，增强了数据可靠性，加快了数据传输速度。HDFS 还采用了相应的数据存放、数据读取和数据复制策略，来提升系统整体读写响应性能。HDFS 把硬件出错看成常态，设计了相应的机制检测数据错误和进行自动恢复。

本章最后介绍了 HDFS 的数据读写过程，以及 HDFS 编程实践方面的相关知识。

3.9　习题

1. 试述分布式文件系统设计的需求。

2. 分布式文件系统是如何实现较高水平扩展的？

3. 试述 HDFS 中的数据块和普通文件系统中的数据块的区别。

4. 试述 HDFS 中的名称节点和数据节点的具体功能。

5. 在分布式文件系统中，中心节点的设计至关重要，请阐述 HDFS 是如何减轻中心节点的负担的。

6. HDFS 只设置唯一一个名称节点，在简化系统设计的同时也带来了一些明显的局限性，请阐述局限性具体表现在哪些方面。

7. 试述 HDFS 的冗余数据保存策略。

8. 数据复制主要在数据写入和数据恢复的时候发生，HDFS 数据复制使用流水线复制策略，请阐述该策略的细节。

9. 试述 HDFS 是如何检测错误发生以及如何进行自动恢复的。

10. 请阐述 HDFS 在不发生故障的情况下读文件的过程。

11. 请阐述 HDFS 在不发生故障的情况下写文件的过程。

实验 2　熟悉常用的 HDFS 操作

一、实验目的

（1）理解 HDFS 在 Hadoop 体系结构中的角色。

（2）熟练使用 HDFS 常用的 Shell 命令。

（3）熟悉 HDFS 常用的 Java API。

二、实验平台

- Ubuntu 操作系统版本：16.04。
- Hadoop 版本：3.3.5。
- JDK 版本：1.8。
- Java IDE：Eclipse。

三、实验内容和要求

（1）编程实现以下指定功能，并利用 Hadoop 提供的 Shell 命令完成相同的任务。

① 向 HDFS 中上传任意文本文件，如果指定的文件在 HDFS 中已经存在，由用户指定该文件是追加到原有文件末尾还是覆盖原有的文件。

② 从 HDFS 中下载指定文件，如果本地文件的文件名与要下载的文件的文件名相同，则自动对下载的文件进行重命名。

③ 将 HDFS 中指定文件的内容输出到终端。

④ 显示 HDFS 中指定文件的读写权限、大小、创建时间、路径等信息。

⑤ 给定 HDFS 中某一个目录，输出该目录下的所有文件的读写权限、大小、创建时间、路径等信息，如果某个文件是目录，则递归输出该目录下所有文件的相关信息。

⑥ 提供一个 HDFS 中的文件的路径，对该文件进行创建和删除操作。如果文件所在目录不存在，则自动创建相应目录。

⑦ 提供一个 HDFS 的目录的路径，对该目录进行创建和删除操作。创建目录时，如果其所在目录不存在则自动创建相应目录；删除目录时，由用户指定当该目录不为空时是否删除该目录。

⑧ 向 HDFS 中指定的文件追加内容，由用户指定将内容追加到指定的文件的开头或结尾。

⑨ 删除 HDFS 中的指定文件。

⑩ 在 HDFS 中将文件从源路径移动到目标路径。

（2）编程实现一个类 MyFSDataInputStream，其继承 org.apache.hadoop.fs.FSDataInput Stream，具体要求如下。

① 实现按行读取 HDFS 中指定文件的方法 readLine()，如果读到文件末尾，则返回空，否则返回文件的一行文本。

② 实现缓存功能，即利用 MyFSDataInputStream 读取若干字节数据时，首先查找缓存，如果缓存中有所需数据，则直接由缓存提供数据，否则从 HDFS 中读取数据。

（3）查看 Java 帮助手册或其他资料，用 java.net.URL 和 org.apache.hadoop.fs.FsURLStream HandlerFactory 编程输出 HDFS 中指定文件的文本到终端。

四、实验报告

<table>
<tr><td colspan="3" align="center">"大数据技术原理与应用"课程实验报告</td></tr>
<tr><td>题目：</td><td>姓名：</td><td>日期：</td></tr>
<tr><td colspan="3">实验环境：</td></tr>
<tr><td colspan="3">实验内容与完成情况：</td></tr>
<tr><td colspan="3">出现的问题：</td></tr>
<tr><td colspan="3">解决方案（列出遇到并解决的问题和解决方案，以及没有解决的问题）：</td></tr>
</table>

第4章
分布式数据库 HBase

HBase 是针对谷歌 BigTable 的开源实现，是一个高可靠、高性能、面向列、可伸缩的分布式数据库，主要用来存储非结构化和半结构化的松散数据。HBase 可以支持超大规模数据存储，它可以通过水平扩展的方式，利用廉价计算机集群处理由超过 10 亿行和数百万列元素组成的数据表。

本章首先介绍 HBase 的由来及其与传统关系数据库的区别，其次介绍 HBase 的访问接口、数据模型、实现原理和运行机制，最后介绍 HBase 编程实践方面的知识。

4.1 HBase 概述

HBase 是针对谷歌 BigTable 的开源实现，因此，本节首先对 BigTable 进行简要介绍，然后介绍 HBase 及其和 BigTable 的关系，最后对 HBase 与传统关系数据库进行对比分析。

4.1.1 从 BigTable 说起

BigTable 是一个分布式存储系统，利用谷歌提出的 MapReduce 分布式并行计算模型来处理海量数据，使用分布式文件系统 GFS 作为底层数据存储方式，并采用 Chubby 提供协同管理服务，可以扩展到 PB 级别的数据量和上千台机器，具备广泛应用性、可扩展性、高性能和高可用性等特点。从 2005 年 4 月开始，BigTable 已经在谷歌的实际生产系统中使用，谷歌的许多项目都存储在 BigTable 中，包括搜索、地图、财经等。这些项目无论是在数据量方面［从 URL（Uniform Resource Locator，统一资源定位符）到网页再到卫星图像］，还是在延迟需求方面（从后端批量处理到实时数据服务），都对 BigTable 提出了截然不同的需求。尽管这些项目的需求大不相同，但是 BigTable 依然能够为所有谷歌项目提供一个灵活的、高性能的解决方案。当用户的资源需求随着时间变化时，只需要简单地往系统中添加机器，就可以实现服务器集群的扩展。

总的来说，BigTable 具备以下特性：支持大规模海量数据，分布式并发数据处理效率极高，易于扩展且支持动态伸缩，适用于廉价设备，适合读操作不适合写操作。

4.1.2 HBase 简介

图 4-1 展示了 Hadoop 生态系统中 HBase 与其他组件的关系。HBase 利用 Hadoop MapReduce 来处理 HBase 中的海量数据，实现高性能计算；利用 ZooKeeper 作为协同服务，实现稳定服务和失败恢复；使用 HDFS 作为高可靠的底层数据存储系统，利用廉价集群提供海量数据存储能力。

当然，HBase 也可以直接使用本地文件系统而不使用 HDFS 作为底层数据存储系统。不过，为了提高数据可靠性和系统的健壮性，发挥 HBase 处理海量数据的功能，一般使用 HDFS 作为 HBase 的底层数据存储系统。此外，为了方便在 HBase 上进行数据处理，Sqoop 为 HBase 提供了高效、便捷的关系数据库管理系统（Relational Database Management System，RDBMS）数据导入功能，Pig 和 Hive 为 HBase 提供了高层语言支持。HBase 是 BigTable 的开源实现，HBase 和 BigTable 的底层技术的对应关系如表 4-1 所示。

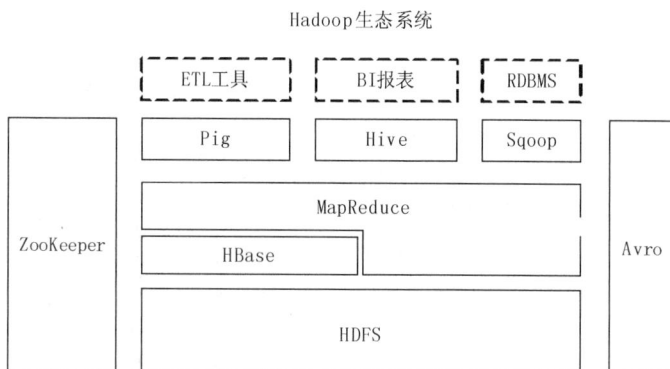

图 4-1 Hadoop 生态系统中 HBase 与其他组件的关系

表 4-1 HBase 和 BigTable 的底层技术的对应关系

项目	文件存储系统	海量数据处理	协同服务管理
BigTable	GFS	MapReduce	Chubby
HBase	HDFS	Hadoop MapReduce	ZooKeeper

4.1.3 HBase 与传统关系数据库的对比分析

关系数据库从 20 世纪 70 年代发展到今天，其技术已经非常成熟、稳定。关系数据库具备的功能包括面向磁盘的存储和索引结构、多线程访问、基于锁的同步访问机制、基于日志记录的恢复机制和事务机制等。

但是，随着 Web 2.0 应用的不断发展，传统关系数据库已经无法满足 Web 2.0 应用的需求，无论在数据高并发方面，还是在高可扩展性和高可用性方面，传统关系数据库都显得力不从心，关系数据库的关键特性——完善的事务机制和高效的查询机制，在 Web 2.0 时代也成为"鸡肋"。包括 HBase 在内的非关系数据库的出现，有效弥补了传统关系数据库的缺陷，在 Web 2.0 应用中被大量使用（本书第 5 章将会详细介绍非关系数据库和传统关系数据库的区别）。

HBase 与传统关系数据库的区别主要体现在以下几个方面。

- 数据类型。关系数据库采用关系数据模型，具有丰富的数据类型和存储方式。HBase 则采用了更加简单的数据模型，它把数据存储为未经解释的字符串，用户可以把不同格式的结构化数据和非结构化数据都序列化成字符串并保存到 HBase 中，用户需要自己编写程序把字符串解析成不同的数据类型。

- 数据操作。关系数据库中提供了丰富的操作，如插入、删除、更新、查询等，其中会涉及复杂的多表连接，通常需要借助于多个表之间的主外键关联来实现。HBase 提供的操作则不存在复杂的表与表之间的关系，只有简单的插入、查询、删除、清空等操作。因为 HBase 在设计上避免了复杂的表与表之间的关系，通常只采用单表的主键查询，所以它无法实现像关系数据库中那样的表与表之间的连接操作。

- 存储模式。关系数据库是基于行存储的，元组或行会被连续地存储在磁盘页中。在读取数据时，需要顺序扫描每个元组，然后从中筛选出查询所需要的属性。如果每个元组只有少量属性的值对查询是有用的，那么基于行存储就会浪费许多磁盘空间和内存带宽。HBase 是基于列存储的，每个列族都由几个文件保存，不同列族的文件是分离的，它的优点是可以降低 I/O 开销，支持大量并发用户查询（因为仅需要处理可以回答这些查询的列，而不需要处理与查询无关的大量数据行）；同一个列族中的数据会被一起压缩（由于同一列族内的数据相似度较高，因此可以获得较高的数据压缩比）。

- 数据索引。关系数据库通常可以针对不同列构建复杂的多个索引，以提高数据访问性能。与关系数据库不同的是，HBase 只有一个索引——行键，通过巧妙的设计，HBase 中的所有访问方法，或通过行键访问，或通过行键扫描，从而使整个系统的运行速度不会慢下来。由于 HBase 位于 Hadoop 框架之上，因此可以使用 Hadoop MapReduce 来快速、高效地生成索引表。

- 数据维护。在关系数据库中，更新操作会用最新的当前值去替换记录中原来的"旧"值，旧值被覆盖后就不会存在。而在 HBase 中执行更新操作时，并不会删除数据的旧的版本，而是生成一个新的版本，旧的版本仍然保留。

- 可伸缩性。关系数据库很难实现横向扩展，纵向扩展的空间也比较有限。相反，HBase 和 BigTable 这些分布式数据库就是为了实现灵活的横向扩展而开发的，因此能够轻易地通过在集群中增加或减少硬件数量来实现性能的伸缩。

但是，相对于关系数据库，HBase 也有自身的局限性，如 HBase 不支持事务，因此无法实现跨行的原子性。

4.2　HBase 访问接口

HBase 提供了 Native Java API、HBase Shell、Thrift Gateway、REST Gateway、Pig、Hive 等多种访问接口，表 4-2 给出了 HBase 访问接口的类型、特点和使用场合。

表 4-2　　　　　　　　　　HBase 访问接口的类型、特点和使用场合

类型	特点	使用场合
Native Java API	常规和高效的访问方式	Hadoop MapReduce 作业并行批处理 HBase 表数据
HBase Shell	HBase 的命令行工具，最简单的接口	HBase 管理
Thrift Gateway	利用 Thrift 序列化技术，支持 C++、PHP、Python 等多种语言	其他异构系统在线访问 HBase 表数据
REST Gateway	解除语言限制	REST 风格的 HTTP API 访问 HBase
Pig	使用 Pig Latin 流式编程语言来处理 HBase 中的数据	做数据统计
Hive	简单	以类似 SQL 的方式来访问 HBase

4.3　HBase 数据模型

数据模型是一个数据库产品的核心，本节主要介绍 HBase 列族数据模型以及表、行键、列族、列限定符、单元格、时间戳等概念，并阐述 HBase 数据库的概念视图和物理视图的差别等。

4.3.1　数据模型概述

HBase 是一个稀疏、多维度、有序的映射表，这个表的索引包括行键、列族、列限定符和时间戳。用户在这个表中存储数据，每一行都有一个可排序的行键和任意多的列。这个表在水平方向由一个或者多个列族组成，一个列族中可以包含任意多个列，同一个列族里面的数据存储在一起。列族支持动态扩展，可以很轻松地添加一个列族或列，无须预先定义列的数量以及类型，所有列均以字符串形式存储，用户需要自行进行数据类型转换。由于同一个表里面的每一行数据都可以有截然不同的列，因此对整个映射表的每行数据而言，有些列的值是空的，所以 HBase 是稀疏的。

HBase 可以对允许保留的数据版本的数量进行设置。客户端可以选择获取距离某个时间最近的版本，或者一次获取所有版本。如果在查询的时候不提供时间戳，那么会返回距离现在最近的那一个版本的数据，因为在存储的时候，数据会按照时间戳排序。HBase 提供了两种数据版本回收方式：一种方式是保存数据的最后 n 个版本；另一种方式是保存最近一段时间（如最近 7 天）内的版本。

4.3.2　数据模型的相关概念

HBase 采用行键（Row Key）、列族（Column Family）、列限定符（Column Qualifier）和时间戳（Timestamp）进行索引，每个值都是未经解释的字符串。下面具体介绍 HBase 数据模型的相关概念。

1. 表
HBase 采用表来组织数据，表由行和列组成，列被划分为若干个列族。

2. 行键
每个 HBase 表都由若干行组成，每个行由行键来标识。访问表中的行只有 3 种方式：通过单个行键访问；通过一个行键的区间来访问；全表扫描。行键可以是任意字符串（字符串的最大长度是 64KB，实际应用中长度一般为 10～100B）。在 HBase 内部，行键保存为字节数组。存储时，数据按照行键的字典序存储。在设计行键时，要充分考虑这个特性，将经常一起读取的行存储在一起。

3. 列族
一个 HBase 表被分组成许多"列族"的集合，列族是基本的访问控制单元。列族需要在表创建时就定义好，数量不能太多（HBase 的一些缺陷使列族只能有几十个），而且不能频繁修改。存储在一个列族中的所有数据，通常属于同一种数据类型，这通常意味着数据具有较高的压缩率。表中的每个列都归属于某个列族，数据可以被存放到列族的某个列下面，但是在把数据存放到这个列族的某个列下面之前，必须创建这个列族。在创建完列族以后，就可以使用该列族当中的列。列名都以列族作为前缀，例如，courses:history 和 courses:math 这两个列都属于 courses 这个列族。

在 HBase 中，访问控制、磁盘和内存的使用统计都是在列族层面进行的。在实际应用中，我们可以借助列族上的控制权限实现特定的目的，比如，我们可以允许一些应用向表中添加新的数据，而另一些应用只被允许浏览表中的数据。HBase 列族还可以被设置成支持不同类型的访问模式，比如，一个列族也可以被设置成放入内存，以消耗内存为代价，换取更好的响应性能。

4. 列限定符

列族里的数据通过列限定符（或列）来定位。列限定符不用事先定义，也不需要在不同行之间保持一致。列限定符没有数据类型，总被视为字节数组 byte[]。

5. 单元格

在 HBase 表中，通过行键、列族和列限定符确定一个"单元格"（Cell）。单元格中存储的数据没有数据类型，总被视为字节数组 byte[]。每个单元格中可以保存同一个数据的多个版本，每个版本对应一个不同的时间戳。

6. 时间戳

每个单元格中都保存着同一个数据的多个版本，这些版本采用时间戳进行索引。每次对一个单元格执行操作（新建、修改、删除）时，HBase 都会隐式地自动生成并存储一个时间戳。时间戳一般是 64 位整型数据，可以由用户自己赋值（自己生成唯一时间戳可以避免应用程序中出现数据版本冲突），也可以由 HBase 在数据写入时自动赋值。一个单元格的不同版本根据时间戳降序存储，这样，最新的版本可以被最先读取。

下面以一个实例来阐释 HBase 数据模型。图 4-2 所示的是一个用来存储学生信息的 HBase 数据模型，学号作为行键来唯一标识每个学生，表中设计了列族 Info 来保存学生相关信息，列族 Info 中包含 3 个列限定符——name、major 和 email，分别用来保存学生的姓名、专业和电子邮件信息。学号为"201505003"的学生存在两个版本的电子邮件地址，时间戳分别为 ts1=1174184619081 和 ts2=1174184620720，时间戳较大的版本的数据是最新的数据。

图 4-2　HBase 数据模型的一个实例

4.3.3　数据坐标

HBase 使用坐标来定位表中的数据，也就是说，表中的每个数据都通过坐标来访问。对于我们熟悉的关系数据库而言，数据定位可以理解为采用"二维坐标"，即根据行和列就可以确定表中一个具体的值。但是，HBase 中需要根据行键、列族、列限定符和时间戳来确定一个单元格，因此可以视为一个"四维坐标"，即［"行键","列族","列限定符","时间戳"］。

例如，在图 4-2 中，由行键"201505003"、列族"Info"、列限定符"email"和时间戳

"1174184619081"（ts1）这 4 个坐标值确定的单元格["201505003", "Info", "email", "1174184619081"]
里面存储的值是"xie@**.com"；由行键"201505003"、列族"Info"、列限定符"email"和时间戳
"1174184620720"（ts2）这 4 个坐标值确定的单元格["201505003", "Info", "email", "1174184620720"]
里面存储的值是"you@***.com"。

如果把所有坐标看成一个整体，并视为"键"，把四维坐标对应的单元格中的数据看成"值"，
那么，HBase 可以看成一个键值数据库（见表 4-3）。

表 4-3   HBase 可以看成一个键值数据库

键	值
["201505003", "Info", "email", "1174184619081"]	xie@**.com
["201505003", "Info", "email", "1174184620720"]	you@***.com

4.3.4 概念视图

在 HBase 的概念视图中，一个表可以视为一个稀疏、多维度的映射关系。表 4-4 所示的就是
HBase 存储数据的概念视图，它是一个存储网页的 HBase 表的片段。行键是一个反向 URL（如
"com.*****.www"），之所以这样存放，是因为 HBase 是按照行键的字典序来存储数据的，采用反
向 URL 的方式，可以让来自同一个网站的数据内容都保存在相邻的位置，在按照行键的值进行水
平分区时，就可以尽量把来自同一个网站的数据划分到同一个分区（Region）中。列族 contents
用来存储网页内容；列族 anchor 包含任何引用这个页面的锚链接文本。假设 M 网站的主页
（设其 URL 为 www.m.com）被 A 大学和 B 大学的主页同时引用，那么这里的行包含名称为
"anchor:a.edu.cn"（对应 A 大学主页）和"anchor:b.edu.cn"（对应 B 大学主页）的列。可以采用"四
维坐标"来定位单元格中的数据，比如在这个实例表中，四维坐标["com.m.www","anchor","anchor:
a.edu.cn",t5]对应的单元格里存储的数据是"m"，四维坐标["com.m.www","anchor","anchor:
b.edu.cn",t4]对应的单元格里存储的数据是"m.com"，四维坐标["com.m.www","contents","html",t3]
对应的单元格里存储的数据是网页内容。可以看出，在一个 HBase 表的概念视图中，每个行都包
含相同的列族，尽管行不需要在每个列族里存储数据。比如表 4-4 的前 2 行数据中，列族 contents
的内容为空，后 3 行数据中，列族 anchor 的内容为空。从这个角度来说，一个 HBase 表是一个稀
疏的映射关系，即表中存在很多空的单元格。

表 4-4   HBase 存储数据的概念视图

行键	时间戳	列族 contents	列族 anchor
"com.m.www"	t5		anchor:a.edu.cn="m"
	t4		anchor:b.edu.cn="m.com"
"com.m.www"	t3	contents:html="\<html\>..."	
	t2	contents:html="\<html\>..."	
	t1	contents:html="\<html\>..."	

4.3.5 物理视图

从概念视图层面，HBase 中的每个表是由许多行组成的，但是在物理存储层面，它采用基

于列的存储方式，而不是像传统关系数据库那样采用基于行的存储方式，这也是 HBase 和传统关系数据库的重要区别。表 4-4 所示的概念视图在进行物理存储的时候，会存储成表 4-5 和表 4-6 所示的两个小片段，也就是说，表 4-4 所示的 HBase 表会按照 contents 和 anchor 这两个列族分别存放，属于同一个列族的数据会保存在一起，同时，和每个列族一起存放的还包括行键和时间戳。

表 4-5　　　　　　　　　　　HBase 存储数据的物理视图——按列族 contents 存放

行键	时间戳	列族 contents
	t3	contents:html="<html>..."
"com.m.www"	t2	contents:html="<html>..."
	t1	contents:html="<html>..."

表 4-6　　　　　　　　　　　HBase 存储数据的物理视图——按列族 anchor 存放

行键	时间戳	列族 anchor
	t5	anchor:a.edu.cn="m"
"com.m.www"	t4	anchor:b.edu.cn="m.com"

在表 4-4 所示的概念视图中，我们可以看到，有些单元格是空的，即这些单元格中不存在值。在物理视图中，这些空的单元格不会被存储成 null，它们根本就不会被存储，当请求这些空的单元格的时候，会返回 null。

4.3.6　面向列的存储

通过前面的介绍，我们已经知道 HBase 采用的是面向列的存储，也就是说，HBase 是一个"列式数据库"。而传统的关系数据库采用的是面向行的存储，被称为"行式数据库"。为了加深对这个问题的认识，下面我们对面向行的存储（行式数据库）和面向列的存储（列式数据库）进行简单介绍。

简单地说，行式数据库使用行存储模型（N-ary Storage Model，NSM），一个元组（或行）会被连续地存储在磁盘页中，如图 4-3 所示。也就是说，数据是一行一行被存储的，第一行写入磁盘页后，再写入第二行，以此类推。在从磁盘中读取数据时，需要从磁盘中顺序扫描每个元组的完整内容，然后从每个元组中筛选出查询所需要的属性。如果每个元组只有少量属性的值对查询是有用的，那么 NSM 就会浪费许多磁盘空间和内存带宽。

列式数据库采用列存储模型（Decomposition Storage Model，DSM），它是在 1985 年被提出来的，目的是最小化无用的 I/O。DSM 采用了不同于 NSM 的思路，对于采用 DSM 的关系数据库，DSM 会对关系进行垂直分解，并为每个属性分配一个子关系。因此，一个具有 n 个属性的关系会被分解成 n 个子关系，每个子关系单独存储，只有当其相应的属性被请求时才会被访问。也就是说，DSM 以关系数据库中的属性或列为单位进行存储，关系中多个元组的同一属性值（或同一列值）会被存储在一起，而一个元组的不同属性值通常会被分别存放于不同的磁盘页中。

图 4-4 所示的是一个关于行式存储结构和列式存储结构的实例，从中可以看出两种存储方式的具体差别。

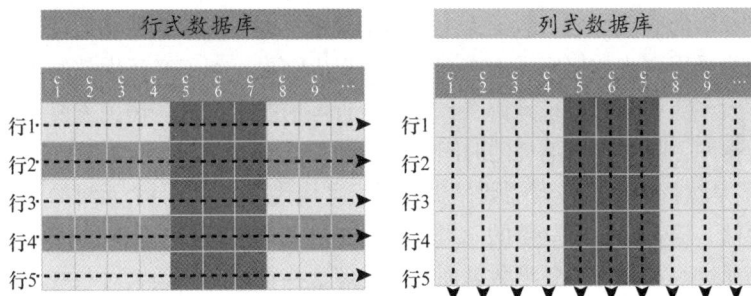

图 4-3　行式数据库和列式数据库的示意

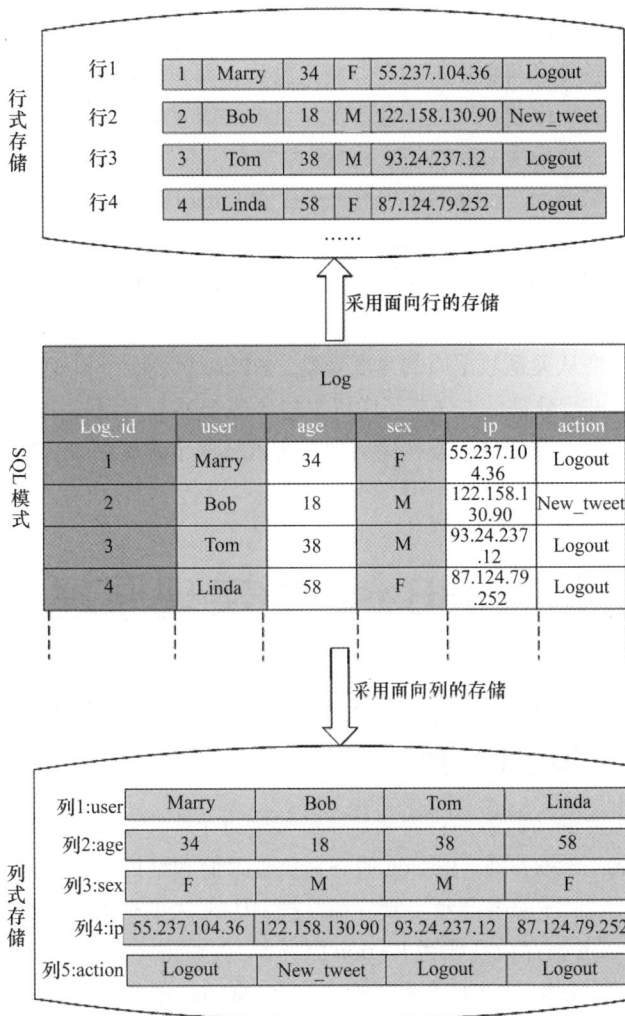

图 4-4　行式存储结构和列式存储结构的实例

　　行式数据库主要适用于小批量的数据处理（如联机事务型数据处理），我们平时熟悉的 Oracle 和 MySQL 等关系数据库都属于行式数据库。列式数据库主要适用于批量数据处理和即席查询（Ad-Hoc Query）。列式数据库的优点是：可以降低 I/O 开销，支持大量并发用户查询，其数据处理速度比传统方法的快约 100 倍，因为仅需要处理可以回答这些查询的列，而不需要分类整理与特定查询无关的数据行；具有较高的数据压缩比，较传统的行式数据库更加有效，甚至能达到比其数据压缩比高 5 倍的效果。列式数据库主要用于数据挖掘、决策支持和地理信息系统等查询密集型系统中。因为采用列式数据库一次查询就可以得出结果，而不必每次都遍历所有的数据库，所以列式数据库大多应用在人口统计调查、医疗分析等情况中，这些情况需要处理大量的数据，假如采用行式数据库，势必导致消耗的时间被无限延长。

DSM 的缺陷是执行连接操作时需要昂贵的元组重构代价。因为一个元组的不同属性被分散到不同磁盘页中存储，当需要一个完整的元组时，就要从多个磁盘页中读取相应字段的值来重新组合成原来的一个元组。对联机事务型数据而言，处理这些数据需要频繁对一些元组进行修改（如百货商场售出一件衣服后要立即修改库存数据），如果采用 DSM，就会带来高昂的开销。在过去的很多年里，数据库主要应用于联机事务型数据处理。因此，在很长一段时间里，主流商业数据库大都采用了 NSM 而不是 DSM。但是，随着市场需求的变化，分析型应用开始发挥越来越重要的作用，企业需要分析各种经营数据帮助企业制定决策，而对分析型应用（如数据仓库）而言，一般数据被存储后不会发生修改，因此不会涉及昂贵的元组重构代价。所以，近些年 DSM 开始受到青睐，并且出现了一些采用 DSM 的商业产品和学术研究原型系统，如 Sybase IQ、ParAccel、SAND/DNA Analytics、Vertica、InfiniDB、MonetDB 和 LucidDB 等。类似 Sybase IQ 和 Vertica 等商业化的列式数据库，已经可以很好地满足数据仓库等分析型应用的需求，并且可以获得较高的性能。鉴于 DSM 的许多优良特性，HBase 等非关系数据库（或称为 NoSQL 数据库）也借鉴了这种面向列的存储格式。

可以看出，如果严格从关系数据库的角度来看，HBase 并不是一个列式存储的数据库，毕竟 HBase 是以列族为单位进行分解的（列族当中可以包含多个列），而不是每个列都单独存储，但是 HBase 借鉴和利用了磁盘上的这种列式存储结构，所以从这个角度来说，HBase 可以被视为列式数据库。

4.4　HBase 的实现原理

本节介绍 HBase 的实现原理，包括 HBase 的功能组件、表和 Region，以及 Region 的定位。

4.4.1　HBase 的功能组件

HBase 包含 3 个主要的功能组件：库函数（链接到每个客户端）；一个 Master 服务器（也称为 Master）；许多个 Region 服务器。Region 服务器负责存储和维护分配给自己的 Region，处理来自客户端的读写请求。Master 服务器负责管理和维护 HBase 表的分区信息，比如一个表被分成了哪些 Region，每个 Region 被存放在哪台 Region 服务器上，同时也负责维护 Region 服务器列表。因此，如果 Master 服务器死机，那么整个系统都会失效。Master 服务器会实时监测集群中的 Region 服务器，把特定的 Region 分配到可用的 Region 服务器上，并确保整个集群内部不同 Region 服务器之间的负载均衡。当某个 Region 服务器因出现故障而失效时，Master 服务器会把该故障服务器上存储的 Region 重新分配给其他可用的 Region 服务器。除此以外，Master 服务器还需要处理模式变化，如表和列族的创建。

客户端并不直接从 Master 服务器上读取数据，而是在获得 Region 的存储位置信息后，直接从 Region 服务器上读取数据。尤其需要指出的是，HBase 客户端并不依赖于 Master 服务器而是借助于 ZooKeeper 来获得 Region 的位置信息，所以大多数客户端从来不和 Master 服务器通信，这种设计方式使 Master 服务器的负载很小。

4.4.2　表和 Region

在一个 HBase 中，存储了许多表。对每个 HBase 表而言，表中的行是根据行键值的字典序进行维护的，表中包含的行的数量可能非常庞大，无法存储在一台机器上，需要分布存储到多台机器上。因此，需要根据行键的值对表中的行进行分区（见图 4-5）。每个行区间构成一个分区，这个分区被称为"Region"。Region 包含位于某个值域区间内的所有数据，是 HBase 中负载均衡和数据分发的基本单位。这些 Region 会被分发到不同的 Region 服务器上。

初始时，每个表只包含一个 Region，随着数据的不断插入，Region 会持续增大。当一个 Region 中包含的行数量达到一个阈值时，其就会被自动等分成两个新的 Region（见图 4-6），随着表中行的数量继续增加，就会分裂出越来越多的 Region。

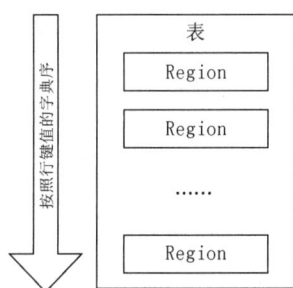

图 4-5　一个 HBase 表被划分成多个 Region

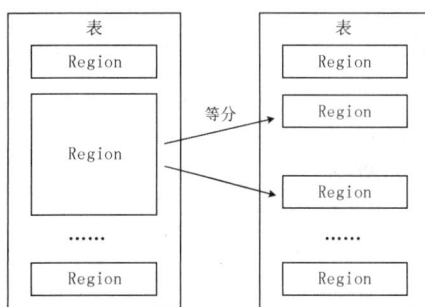

图 4-6　一个 Region 被自动等分成两个新的 Region

每个 Region 的默认大小是 100～200MB。Master 服务器会把不同的 Region 分配到不同的 Region 服务器上（见图 4-7），但是同一个 Region 不会被拆分到多个 Region 服务器上。每个 Region 服务器负责管理一个 Region 集合，通常在每个 Region 服务器上会有 10～1000 个 Region。

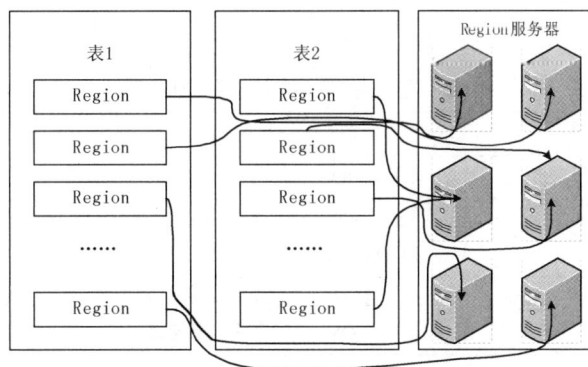

图 4-7　不同的 Region 被分配到不同的 Region 服务器上

4.4.3　Region 的定位

1. HBase 早期定位方法

一个 HBase 表可能非常庞大，会被分裂成很多个 Region，这些 Region 可被分发到不同的 Region 服务器上。因此，人们必须设计相应的 Region 定位机制，保证客户端知道可以在哪里找到自己所需要的数据。

每个 Region 都有一个 RegionID 来标识它的唯一性，这样，一个 Region 标识符就可以表示成"表名 + 开始主键 + RegionID"。

有了 Region 标识符，就可以唯一地标识每个 Region。为了定位每个 Region 所在的位置，可以构建一个映射表。映射表的每个条目（或每行）包含两项内容，一项是 Region 标识符，另一项是 Region 服务器标识符。这个条目表示 Region 和 Region 服务器之间的对应关系，从对应关系可以知道某个 Region 被保存在哪个 Region 服务器中。这个映射表包含关于 Region 的元数据（即 Region 和 Region 服务器之间的对应关系），因此也被称为"元数据表"，又名".META.表"。

当一个 HBase 表中的 Region 数量非常庞大的时候，.META.表的条目就会非常多，一个服务器保存不下，需要分区存储到不同的服务器上，因此，.META.表会被分裂成多个 Region。这时，为了定位这些 Region，就需要构建一个新的映射表，记录所有元数据的具体位置，这个新的映射表就是"根数据表"，又名"-ROOT-表"。-ROOT-表是不能被分割的，永远只存在一个 Region 用于存放-ROOT-表。因此，这个用来存放-ROOT-表的唯一一个 Region，它的名字在程序中是固定的，Master 服务器永远知道它的位置。

综上所述，在 0.96.0 版本之前，HBase 使用类似 B+树的三层结构来保存 Region 位置信息（见图 4-8）。表 4-7 给出了 HBase 三层结构中各层次的名称和作用。

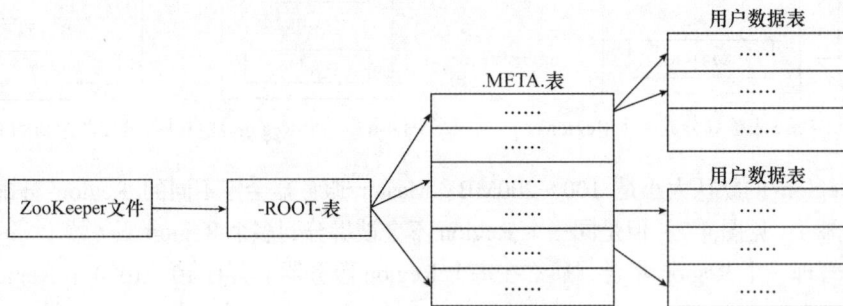

图 4-8　HBase 的三层结构

表 4-7　　　　　　　　　　　　　HBase 三层结构中各层次的名称和作用

层次	名称	作用
第一层	ZooKeeper 文件	记录了-ROOT-表的位置信息
第二层	-ROOT-表	记录了.META.表的 Region 位置信息，-ROOT-表只能有一个 Region。通过-ROOT-表就可以访问.META.表中的数据
第三层	.META.表	记录了用户数据表的 Region 位置信息，.META.表可以有多个 Region，保存了 HBase 中所有用户数据表的 Region 位置信息

为了加快访问速度，.META.表的全部 Region 都会被保存在内存中。假设.META.表的每行（一个映射条目）在内存中大约占用 1KB，并且每个 Region 限制为 128MB，那么，上面的三层结构可以保存的用户数据表的 Region 数目的计算方法是：-ROOT-表能够寻址的.META.表的 Region 个数×每个.META.表的 Region 可以寻址的用户数据表的 Region 个数。一个-ROOT-表最多只能有一个 Region，也就是最多只能有 128MB，按照每行（一个映射条目）占用 1KB 内存计算，128MB 空间可以容纳 $128MB/1KB=2^{17}$ 行，也就是说，一个-ROOT-表可以寻址 2^{17} 个.META.表的 Region。同理，每个.META.表的 Region 可以寻址的用户数据表的 Region 个数是 $128MB/1KB=2^{17}$。最终，

三层结构可以保存的 Region 数目是(128MB/1KB)×(128MB/1KB) = 2^{34}。可以看出，这种数量已经足够满足实际应用中的用户数据存储需求。

2. HBase 定位新方法

通过三层结构虽然极大地扩展了可以容纳的 Region 数量（一直扩展到了 2^{34} 个 Region），可是实际上用不了这么多，虽然设计上是允许多个.META.表存在的，但是实际上在 HBase 的发展历史中，.META.表一直只有一个，所以，-ROOT-表中的记录一直都只有一行，-ROOT-表形同虚设。三层结构增加了代码的复杂度，容易产生 bug。因此，从 0.96.0 版本之后，HBase 舍弃了三层结构，转而采用两层结构。-ROOT-表被去掉了，.MEAT.表被修改成 hbase:meta 表。HBase 采用两层结构后的 Region 定位方法如下。

（1）客户端先通过 ZooKeeper 查询哪台 Region 服务器上有 hbase:meta 表。

（2）客户端连接含有 hbase:meta 表的 Region 服务器。hbase:meta 表存储了所有 Region 的行键范围信息，通过这个表就可以查询出要存取的行键属于哪个 Region 的范围，以及这个 Region 又属于哪个 Region 服务器。

（3）获取这些信息后，客户端就可以直连其中一台拥有要存取的行键的 Region 服务器，并直接对其操作。

注意，客户端会把定位信息缓存起来，下次操作就不需要进行以上加载 hbase:meta 表的步骤了。

图 4-9 对 HBase 采用两层结构后的 Region 定位方法进行了直观展示。

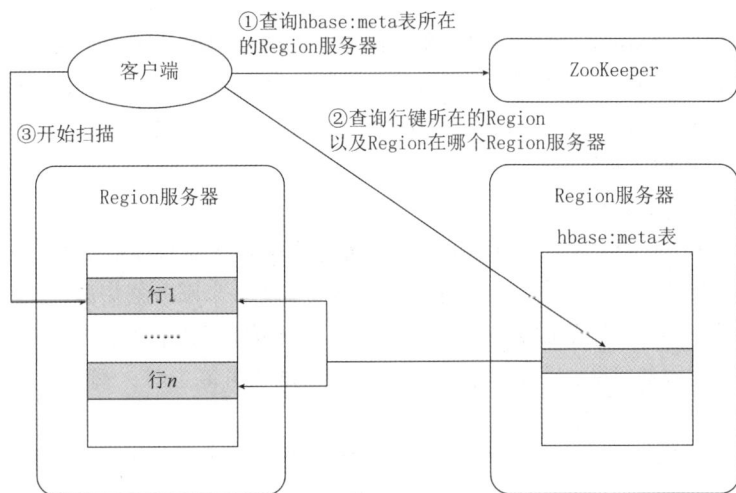

图 4-9　直观展示 HBase 采用两层结构后的 Region 定位方法

4.5　HBase 运行机制

本节介绍 HBase 运行机制，包括 HBase 的系统架构以及 Region 服务器、Store 和 HLog 文件的工作原理。

4.5.1　HBase 的系统架构

HBase 的系统架构如图 4-10 所示，包括客户端、ZooKeeper 服务器、Master 服务器、Region

服务器。需要说明的是，HBase 一般采用 HDFS 作为底层文件存储系统，因此，图 4-10 中加入了 HDFS 和 Hadoop。

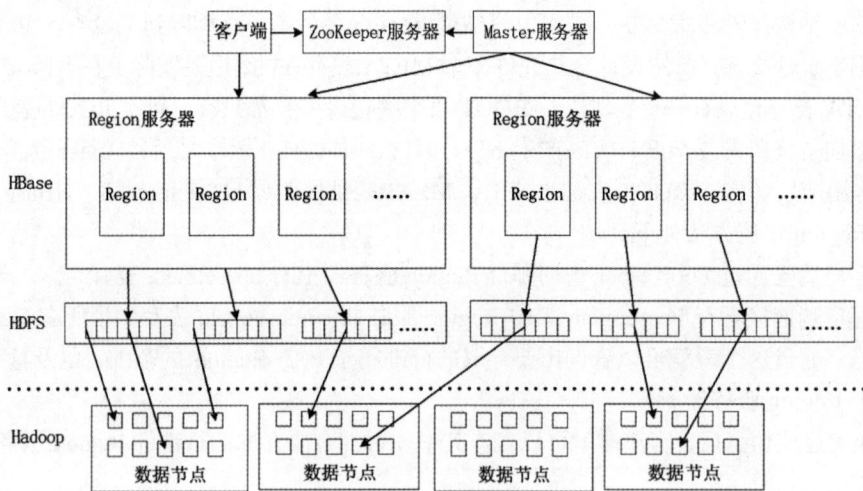

图 4-10　HBase 的系统架构

1. 客户端

客户端包含访问 HBase 的接口，同时在缓存中维护已经访问过的 Region 位置信息，以加快后续数据访问过程。HBase 客户端使用 HBase 的 RPC 机制与 Master 和 Region 服务器进行通信。其中，对于管理类操作，客户端与 Master 服务器进行 RPC；而对于数据读写类操作，客户端会与 Region 服务器进行 RPC。

2. ZooKeeper 服务器

ZooKeeper 服务器可能并非一台单一的机器，而是由多台机器构成的集群。ZooKeeper 服务器能够很容易地实现集群管理的功能，如果有多台服务器组成一个服务器集群，那么必须有一个"总管"知道当前集群中每台机器的服务状态，一旦某台机器不能提供服务，"总管"必须知道，从而做出调整，重新分配服务策略。同样，当需要提高集群的服务能力时，就会增加一台或多台服务器，此时也必须让"总管"知道。

在 HBase 服务器集群中，包含一个 Master 服务器和多个 Region 服务器。Master 服务器就是这个 HBase 集群的"总管"，它必须知道 Region 服务器的状态。ZooKeeper 服务器可以轻松做到这一点，每个 Region 服务器都需要到 ZooKeeper 服务器中进行注册，ZooKeeper 服务器会实时监控每个 Region 服务器的状态并通知 Master 服务器，这样，Master 服务器就可以通过 ZooKeeper 服务器随时感知到各个 Region 服务器的工作状态。

ZooKeeper 服务器不仅能够帮助维护当前的集群中机器的服务状态，而且能够帮助选出一个"总管"，让这个"总管"来管理集群。HBase 中可以启动多个 Master 服务器，ZooKeeper 服务器可以帮助选举出一个 Master 服务器作为集群的"总管"，并保证在任何时刻总有唯一一个 Master 服务器在运行，这就避免了 Master 服务器的"单点失效"问题。

ZooKeeper 服务器中保存了-ROOT-表的地址和 Master 服务器的地址，客户端可以通过访问 ZooKeeper 服务器获得-ROOT-表的地址，并最终通过"三级寻址"找到所需的数据。ZooKeeper 服务器中还存储了 HBase 的模式，包括 HBase 里有哪些表，每个表有哪些列族等。

3. Master 服务器

Master 服务器主要负责表和 Region 的管理工作，具体如下。

- 管理用户对表的增加、删除、修改、查询等操作。
- 实现不同 Region 服务器之间的负载均衡。
- 在 Region 分裂或合并后，负责重新调整 Region 的分布。
- 对发生故障失效的 Region 服务器上的 Region 进行迁移。

客户端访问 HBase 上数据的过程并不需要 Master 服务器的参与，客户端可以访问 ZooKeeper 服务器获取-ROOT-表的地址，并最终到相应的 Region 服务器进行数据读写操作，Master 服务器仅维护表和 Region 的元数据信息，因此负载很低。

任何时刻，一个 Region 只能分配给一个 Region 服务器。Master 服务器维护了当前可用的 Region 服务器列表，以及确定当前哪些 Region 分配给哪些 Region 服务器，哪些 Region 未被分配。当存在未被分配的 Region，并且有一个 Region 服务器上有可用空间时，Master 服务器就会给这个 Region 服务器发送一个请求，把未被分配的 Region 分配给它。Region 服务器接收请求并完成数据加载后，就开始负责管理该 Region 对象，并对外提供服务。

4. Region 服务器

Region 服务器是 HBase 中最核心的模块，负责维护分配给自己的 Region，并响应用户的读写请求。HBase 一般采用 HDFS 作为底层文件存储系统（见图 4-10），因此，Region 服务器需要向 HDFS 中读写数据。采用 HDFS 作为底层文件存储系统，可以为 HBase 提供可靠稳定的数据存储，HBase 自身并不具备数据复制和维护数据副本的功能，而 HDFS 可以为 HBase 提供这些支持。当然，HBase 可以不采用 HDFS，而是采用其他任何支持 Hadoop 接口的文件系统作为底层文件存储系统，比如本地文件系统或云计算环境中的 Amazon S3（Simple Storage Service）。

4.5.2　Region 服务器的工作原理

Region 服务器是 HBase 中最核心的模块，图 4-11 描述了 Region 服务器向 HDFS 中读写数据的基本工作原理。从图 4-11 中可以看出，Region 服务器内部管理了一系列 Region 对象和一个 HLog 文件。HLog 文件是磁盘上的记录文件，它记录了所有的更新操作。每个 Region 对象由多个 Store 组成，每个 Store 对应表中的一个列族的存储。每个 Store 又包含一个 MemStore 和若干个 StoreFile。其中，MemStore 是在内存中的缓存，用于保存最近更新的数据；StoreFile 是磁盘中的文件，这些文件都采用的是 B 树结构，方便快速读取。在底层，StoreFile 通过 HDFS 的 HFile 实现，HFile 的数据块通常采用压缩方式存储，压缩之后可以大大减少网络 I/O 和磁盘 I/O。

1. 用户读写数据的过程

当用户写入数据时，相关操作会被分配到相应的 Region 服务器去执行。用户数据首先被写入 MemStore 和 HLog 文件中，当更新操作写入 HLog 文件之后，commit()调用才会将其返回给客户端。

当用户读取数据时，Region 服务器会首先访问 MemStore 缓存，如果数据不在 MemStore 缓存中，Region 服务器才会到磁盘上面的 StoreFile 中去寻找。

2. MemStore 缓存的刷新

MemStore 缓存的容量有限，系统会周期性地调用 Region.flushcache()把 MemStore 缓存里的内容写入磁盘的 StoreFile 文件中以清空 MemStore 缓存，并在 HLog 文件中写入一个标记，用来表示 MemStore 缓存中的内容已经被写入 StoreFile 文件中。每次 MemStore 缓存刷新都会在磁盘上生成一个新的 StoreFile 文件，因此，每个 Store 会包含多个 StoreFile 文件。

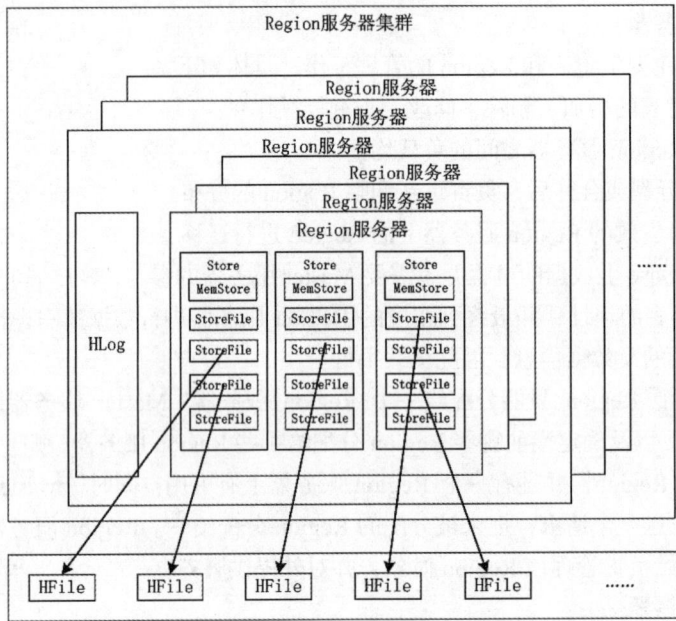

图 4-11 Region 服务器向 HDFS 中读写数据的基本工作原理

每个 Region 服务器都有一个自己的 HLog 文件。在启动的时候，每个 Region 服务器都会检查自己的 HLog 文件是否更新，确认最近一次执行 MemStore 缓存刷新操作之后是否发生新的写入操作。如果没有更新，说明所有数据已经被永久保存到磁盘的 StoreFile 文件中。如果发现更新，就先把这些更新写入 MemStore 缓存；然后刷新 MemStore 缓存，将其中的内容写入磁盘的 StoreFile 文件中；最后删除旧的 HLog 文件，并开始为用户提供数据访问服务。

3. StoreFile 的合并

每次 MemStore 缓存的刷新操作都会在磁盘上生成一个新的 StoreFile 文件，这样，系统中的每个 Store 中就会存在多个 StoreFile 文件。当需要访问某个 Store 中的某个值时，就必须查找所有 StoreFile 文件，非常耗费时间。因此，为了减少查找时间，系统一般会调用 Store.compact() 把多个 StoreFile 文件合并成一个大文件。由于合并操作比较耗费资源，因此只有在 StoreFile 文件的数量达到一个阈值的时候才会触发合并操作。

4.5.3 Store 的工作原理

Region 服务器是 HBase 的核心模块，而 Store 是 Region 服务器的核心。每个 Store 对应了 HBase 表中的一个列族的存储。每个 Store 包含一个 MemStore 缓存和若干个 StoreFile 文件。

MemStore 是排序的内存缓冲区，当用户写入数据时，系统首先把数据放入 MemStore 缓存，当 MemStore 缓存满时，其内容就会被刷新并写入磁盘中的一个 StoreFile 文件中。当 StoreFile 文件数量不断增加，达到事先设定的数量时，就会触发文件合并操作，多个 StoreFile 文件会被合并成一个大的 StoreFile 文件。多个 StoreFile 文件合并会逐步形成越来越大的 StoreFile 文件，当单个 StoreFile 文件大小超过一定阈值时，就会触发文件分裂操作。同时，当前的一个父 Region 会被分裂成两个子 Region，父 Region 会下线，新分裂出的两个子 Region 会被 Master 服务器分配到相应的 Region 服务器上。StoreFile 合并和分裂的过程如图 4-12 所示。

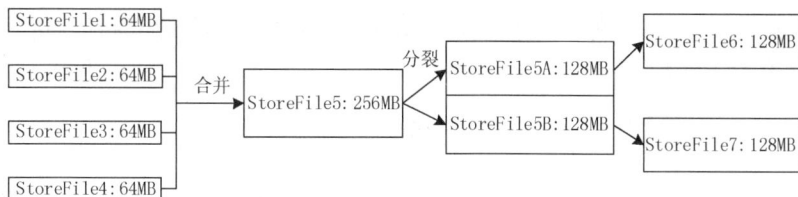

图 4-12　StoreFile 合并和分裂的过程

4.5.4　HLog 文件的工作原理

在分布式环境下，必须考虑到系统出错的情形，比如当 Region 服务器发生故障时，MemStore 缓存中的数据（还没有被写入 StoreFile 文件）会全部丢失。因此，HBase 采用 HLog 文件来保证系统出错时能够恢复到正确的状态。

HBase 系统为每个 Region 服务器配置了一个 HLog 文件，它是一种预写式日志（Write Ahead Log），也就是说，用户更新数据必须先被记入日志才能写入 MemStore 缓存，并且直到 MemStore 缓存内容对应的日志已经被写入磁盘之后，该 MemStore 缓存里的内容才会被刷新并写入磁盘。

ZooKeeper 服务器会实时监测每个 Region 服务器的状态，当某个 Region 服务器发生故障时，ZooKeeper 服务器会通知 Master 服务器。Master 服务器首先会处理该故障 Region 服务器上面遗留的 HLog 文件，由于一个 Region 服务器上面可能会维护多个 Region 对象，这些 Region 对象共用一个 HLog 文件，因此这个遗留的 HLog 文件中包含来自多个 Region 对象的日志记录。系统会根据每条日志记录所属的 Region 对象对 HLog 文件中的数据进行拆分，将数据分别放到相应 Region 对象的目录下，然后将失效的 Region 重新分配到可用的 Region 服务器中，并把与该 Region 对象相关的 HLog 文件中的日志记录也发送给相应的 Region 服务器。Region 服务器领取分配给自己的 Region 对象以及与之相关的 HLog 文件中的日志记录以后，会重新进行一遍日志记录中的各种操作，把日志记录中的数据写入 MemStore 缓存，然后刷新 MemStore 缓存并将其中的内容写入磁盘的 StoreFile 文件中，完成数据恢复。

需要特别指出的是，HBase 系统中，每个 Region 服务器只需要维护一个 HLog 文件，所有 Region 对象共用一个 HLog 文件，而不是每个 Region 对象使用一个 HLog 文件。在这种 Region 对象共用一个 HLog 文件的方式中，多个 Region 对象的更新操作所发生的日志修改，只需要不断把日志记录追加到单个日志文件中，而不需要同时打开、写入多个日志文件，因此可以减少磁盘寻址次数，提高对表的写操作性能。这种方式的缺点是，如果一个 Region 服务器发生故障，为了恢复其上的 Region 对象，需要将 Region 服务器上的 HLog 文件按照其所属的 Region 对象进行拆分，然后分发到其他 Region 服务器上执行恢复操作。

4.6　HBase 编程实践

本节主要介绍 Linux 中关于 HBase 常用的 Shell 命令、数据处理常用的 Java API，以及基于 HBase 的应用实例。更多上机操作实践细节内容，可以参见本书官网的"教材配套大数据软件安装和编程实践指南"栏目的相关内容。需要注意的是，Hadoop 安装以后，只包含 HDFS 和 MapReduce，并不包含 HBase，因此需要在 Hadoop 之上安装 HBase，请参照"教材配套大数据软件安装和编程实践指南"栏目的相关内容完成 HBase 的安装。这里采用的 Hadoop 为 3.3.5 版本，HBase 为 2.5.4 版本。

4.6.1　HBase 常用的 Shell 命令

HBase 为用户提供了非常方便的 Shell 命令，通过这些 Shell 命令我们可以很方便地对表、列族、列等进行操作。下面介绍一些常用的 Shell 命令以及具体的操作实例。

在使用具体的 Shell 命令操作 HBase 数据之前，需要启动 HBase，并且启动 HBase Shell，进入 Shell 命令提示符状态。

1. 在 HBase 中创建表

假设这里要创建一个表 student，该表包含 Sname、Ssex、Sage、Sdept、course 等字段。需要注意的是，在关系数据库（如 MySQL）中，需要先创建数据库，再创建表，但是，在 HBase 数据库中，不需要创建数据库，直接创建表即可。在 HBase 中创建 student 表的 Shell 命令如下：

```
hbase> create 'student','Sname','Ssex','Sage','Sdept','course'
```

对 HBase 而言，在创建 HBase 表时，不需要自行创建行键，系统会默认一个属性作为行键，通常把 put 命令操作中跟在表名后的第一个数据作为行键。

创建完 student 表，可通过 describe 命令查看 student 表的基本信息，具体命令如下：

```
hbase> describe 'student'
```

可以使用 list 命令查看当前 HBase 数据库中已经创建了哪些表，具体命令如下：

```
hbase> list
```

2. 添加数据

HBase 使用 put 命令添加数据，一次只能为一个表的一行数据的一个列（也就是一个单元格，单元格是 HBase 中的基本概念）添加一个数据，所以直接用 Shell 命令插入数据的效率很低，在实际应用中，一般是利用编程操作数据。因为这里只需要插入 1 条学生记录，所以我们可以用 Shell 命令手动插入数据，具体命令如下：

```
hbase> put 'student','95001','Sname','LiYing'
```

上面的 put 命令会为 student 表添加学号为'95001'、名字为'LiYing'的一个单元格数据，其行键为 95001，也就是说，系统默认把跟在表名 student 后的第一个数据作为行键。

下面继续添加 4 个单元格的数据，用来记录 LiYing 同学的相关信息，具体命令如下：

```
hbase> put 'student','95001','Ssex','male'
hbase> put 'student','95001','Sage','22'
hbase> put 'student','95001','Sdept','CS'
hbase> put 'student','95001','course:math','80'
```

3. 查看数据

HBase 中有如下两个用于查看数据的命令。

- get 命令：用于查看表的某一个单元格数据。
- scan 命令：用于查看某个表的全部数据。

比如，可以执行以下命令返回 student 表中 95001 行的数据：

```
hbase> get 'student','95001'
```

上面 get 命令的执行结果如图 4-13 所示。

```
hbase:010:0> get 'student','95001'
COLUMN                                   CELL
 Sage:                                   timestamp=2024-03-01T09:03:06.903, value=22
 Sdept:                                  timestamp=2024-03-01T09:03:15.041, value=CS
 Sname:                                  timestamp=2024-03-01T09:02:38.194, value=LiYing
 Ssex:                                   timestamp=2024-03-01T09:02:58.038, value=male
 course:math                             timestamp=2024-03-01T09:03:22.286, value=80
1 row(s)
Took 0.5893 seconds
```

图 4-13 get 命令的执行结果

下面使用 scan 命令查询 student 表的全部数据：

```
hbase> scan 'student'
```

上面 scan 命令的执行结果如图 4-14 所示。

```
hbase:012:0> scan 'student'
ROW                                      COLUMN+CELL
 95001                                   column=Sage:, timestamp=2024-03-01T09:03:06.903, value=22
 95001                                   column=Sdept:, timestamp=2024-03-01T09:03:15.041, value=CS
 95001                                   column=Sname:, timestamp=2024-03-01T09:02:38.194, value=LiYing
 95001                                   column=Ssex:, timestamp=2024-03-01T09:02:58.038, value=male
 95001                                   column=course:math, timestamp=2024-03-01T09:03:22.286, value=80
1 row(s)
Took 0.1324 seconds
```

图 4-14 scan 命令的执行结果

4. 删除数据

在 HBase 中用 delete 及 deleteall 命令进行删除数据操作，二者的区别是：delete 命令用于删除一个单元格数据，是 put 命令的反向操作；而 deleteall 命令用于删除一行数据。

首先，使用 delete 命令删除 student 表中 95001 行中 Ssex 列的所有数据，具体命令如下：

```
hbase > delete 'student','95001','Ssex'
```

需要注意的是，delete 操作并不会马上删除数据，只会给对应的数据打上删除标记，只有在系统合并数据时，数据才会被删除。delete 命令的执行结果如图 4-15 所示，Ssex 列被打上了删除标记（type=DeleteFamilyVersion）。

```
hbase:033:0> delete 'student','95001','Ssex'
Took 0.0213 seconds
hbase:034:0> scan 'student'
ROW                                      COLUMN+CELL
 95001                                   column=Sage:, timestamp=2024-03-01T09:14:34.813, value=22
 95001                                   column=Sdept:, timestamp=2024-03-01T09:14:42.173, value=CS
 95001                                   column=Sname:, timestamp=2024-03-01T09:14:18.664, value=LiYing
 95001                                   column=Ssex:, timestamp=2024-03-01T09:14:27.723, value=male
 95001                                   column=course:math, timestamp=2024-03-01T09:14:49.323, value=80
1 row(s)
Took 0.0688 seconds
hbase:035:0> scan 'student',{RAW=>true}
ROW                                      COLUMN+CELL
 95001                                   column=Sage:, timestamp=2024-03-01T09:14:34.813, value=22
 95001                                   column=Sdept:, timestamp=2024-03-01T09:14:42.173, value=CS
 95001                                   column=Sname:, timestamp=2024-03-01T09:14:18.664, value=LiYing
 95001                                   column=Ssex:, timestamp=2024-03-01T09:15:25.937, type=DeleteFamilyVersion
 95001                                   column=Ssex:, timestamp=2024-03-01T09:14:27.723, value=male
 95001                                   column=course:math, timestamp=2024-03-01T09:14:49.323, value=80
1 row(s)
Took 0.0347 seconds
```

图 4-15 delete 命令的执行结果

然后，使用 deleteall 命令删除 student 表中 95001 行的全部数据，具体命令如下：

```
hbase> deleteall 'student','95001'
```

5. 删除表

删除表需要分两步操作，第一步先让该表不可用，第二步删除表。比如，要删除 student 表，可以执行以下命令：

```
hbase> disable 'student'
hbase> drop 'student'
```

6. 查询历史数据

在添加数据时，HBase 会自动为添加的数据添加一个时间戳。在修改数据时，HBase 会为修改后的数据生成一个新的版本（时间戳），从而完成“改”操作，旧的版本依旧保留，系统会定时回收垃圾数据，只留下最新的几个版本，保存的版本数可以在创建表的时候指定。

为了查询历史数据，这里创建一个 teacher 表。首先，在创建表的时候，需要指定保存的版本数（假设指定为 5），命令如下：

```
hbase> create 'teacher',{NAME=>'username',VERSIONS=>5}
```

然后，插入数据，并更新数据，使其产生历史版本数据。需要注意的是，这里插入数据和更新数据都使用了 put 命令，具体如下：

```
hbase> put 'teacher','91001','username','Mary'
hbase> put 'teacher','91001','username','Mary1'
hbase> put 'teacher','91001','username','Mary2'
hbase> put 'teacher','91001','username','Mary3'
hbase> put 'teacher','91001','username','Mary4'
hbase> put 'teacher','91001','username','Mary5'
```

查询时，默认情况下会显示当前最新版本的数据，如果要查询历史版本数据，需要指定查询的历史版本数，由于上面设置了保存的版本数为 5，所以在查询时指定的历史版本数的有效取值为 1～5，具体命令如下：

```
hbase> get 'teacher','91001',{COLUMN=>'username',VERSIONS=>5}
hbase> get 'teacher','91001',{COLUMN=>'username',VERSIONS=>3}
```

上述 get 命令的执行结果如图 4-16 所示。

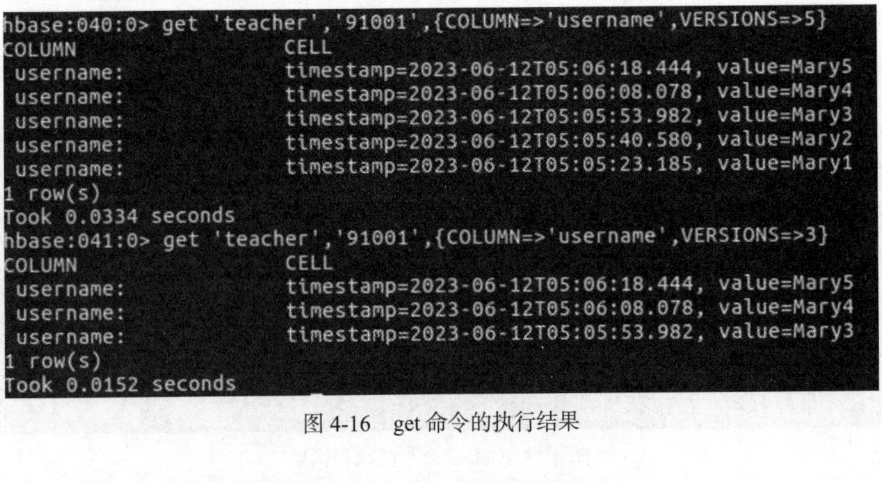
```
hbase:040:0> get 'teacher','91001',{COLUMN=>'username',VERSIONS=>5}
COLUMN                  CELL
 username:              timestamp=2023-06-12T05:06:18.444, value=Mary5
 username:              timestamp=2023-06-12T05:06:08.078, value=Mary4
 username:              timestamp=2023-06-12T05:05:53.982, value=Mary3
 username:              timestamp=2023-06-12T05:05:40.580, value=Mary2
 username:              timestamp=2023-06-12T05:05:23.185, value=Mary1
1 row(s)
Took 0.0334 seconds
hbase:041:0> get 'teacher','91001',{COLUMN=>'username',VERSIONS=>3}
COLUMN                  CELL
 username:              timestamp=2023-06-12T05:06:18.444, value=Mary5
 username:              timestamp=2023-06-12T05:06:08.078, value=Mary4
 username:              timestamp=2023-06-12T05:05:53.982, value=Mary3
1 row(s)
Took 0.0152 seconds
```

图 4-16　get 命令的执行结果

4.6.2　HBase 常用的 Java API 及应用实例

现在介绍与 HBase 数据存储管理相关的 Java API（HBase 为 2.5.4 版本），主要包括 Admin、

HBaseConfiguration、Table、TableDescriptor、TableDescriptorBuilder、ColumnFamilyDescriptor、ColumnFamilyDescriptorBuilder、Put、Get、Result、ResultScanner、Scan 等。下面先介绍这些 Java API 的功能与常用方法，然后给出具体的基于 HBase 的应用实例，帮助读者更好地了解这些类的使用方法。

1. HBase 常用 Java API

（1）org.apache.hadoop.hbase.client.Admin

Admin 为 Java 接口类型，不可以直接用 Admin 接口实例化一个对象，而是必须调用 Connection.getAdmin()方法，返回一个 Admin 的子对象，然后用这个 Admin 接口来操作返回的子对象方法。该接口用于管理 HBase 数据库的表信息，包括创建或删除表、列出表项、使表有效或无效等。Admin 接口的主要方法如表 4-8 所示。

表 4-8　　　　　　　　　　　　　　　Admin 接口的主要方法

返回值	方法
void	addColumnFamily(TableName tableName, ColumnFamilyDescriptor columnFamily) 向一个已存在的表添加列
void	createTable(TableDescriptor desc) 创建表
void	deleteTable(TableName tableName) 删除表
void	disableTable(TableName tableName) 使表无效
void	enableTable(TableName tableName) 使表有效
boolean	tableExists(TableName tableName) 检查表是否存在
TableDescriptor	listTableDescriptors() 列出所有的表项
void	abort(String why, Throwable e) 终止服务器或客户端

（2）org.apache.hadoop.hbase.HBaseConfiguration

HBaseConfiguration 类用于管理 HBase 的配置信息，其主要方法如表 4-9 所示。

表 4-9　　　　　　　　　　　HBaseConfiguration 类的主要方法

返回值	方法
static org.apache.hadoop.conf.Configuration	create() 使用默认的 HBase 配置文件创建 Configuration
static org.apache.hadoop.conf.Configuration	addHBaseResources(org.apache.hadoop.conf.Configuration conf) 向当前 Configuration 添加参数 conf 中的配置信息
static void	merge(org.apache.hadoop.conf.Configuration destConf, org.apache.hadoop.conf.Configuration srcConf) 合并两个 Configuration

（3）org.apache.hadoop.hbase.client.Table

Table 是 Java 接口类型，不可以直接用 Table 接口实例化一个对象，而是必须先调用 Connection.getTable()方法，返回一个 Table 的子对象，然后调用返回的子对象的成员方法。Table

接口用于与 HBase 进行通信。如果多个线程对一个 Table 接口子对象进行 put 或 delete 操作，则写缓冲器可能会崩溃。因此，在多线程环境下，建议使用 Connection 和 ConnectionFactory。Table 接口的主要方法如表 4-10 所示。

表 4-10　　　　　　　　　　　　　　　Table 接口的主要方法

返回值	方法
void	close() 释放所有资源，根据缓冲区中数据的变化更新 Table
void	delete(Delete delete) 删除指定的单元格或行
boolean	exists(Get get) 检查 Get 对象指定的列是否存在
Result	get(Get get) 从指定的行的某些单元格中取出相应的值
void	put(Put put) 向表中添加值
ResultScanner	getScanner(byte[] family) || getScanner(byte[] family, byte[] qualifier) || getScanner(Scan scan) 获得 ResultScanner 实例
TableDescriptor	getDescriptor() 获得当前表的 TableDescriptor 实例
TableName	getName() 获得当前表的名字实例

（4）org.apache.hadoop.hbase.client.TableDescriptor

TableDescriptor 包含 HBase 表的详细信息，如表中的列族、该表的类型（.META.）、该表是否只读、MemStore 的最大空间、Region 应该分裂的时间等。TableDescriptor 接口的主要方法如表 4-11 所示。

表 4-11　　　　　　　　　　　　　　TableDescriptor 接口的主要方法

返回值	方法
ColumnFamilyDescriptor[]	getColumnFamilies() 返回表中所有列族的名字
TableName	getTableName() 返回表的名字实例
byte[]	getValue(byte[] key) 获得某个属性的值

（5）org.apache.hadoop.hbase.client.TableDescriptorBuilder

TableDescriptorBuilder 类可用于构建 TableDescriptorBuilder，其主要方法如表 4-12 所示。

表 4-12　　　　　　　　　　　　　　TableDescriptorBuilder 类的主要方法

返回值	方法
TableDescriptor	build() 构建 TableDescriptor
TableDescriptorBuilder	newBuilder(TableName name) 构建 TableDescriptorBuilder

返回值	方法
TableDescriptorBuilder	setColumnFamily(ColumnFamilyDescriptor family) 设置某个列族
TableDescriptorBuilder	removeColumnFamily(byte[] name) 删除某个列族
TableDescriptorBuilder	setValue(byte[] key, byte[] value) 设置属性的值

（6）org.apache.hadoop.hbase.client.ColumnFamilyDescriptor

ColumnFamilyDescriptor 包含列族的详细信息，如列族的版本号、压缩设置等。其通常在添加列族或者创建表的时候使用。列族一旦建立就不能被修改，只能通过删除列族，然后创建新的列族来间接修改列族。一旦列族被删除了，该列族包含的数据也随之被删除。ColumnFamilyDescriptor 接口的主要方法如表 4-13 所示。

表 4-13　　　　　　　　　　ColumnFamilyDescriptor 接口的主要方法

返回值	方法
byte[]	getName() 获得列族的名字
byte[]	getValue(byte[] key) 获得某列单元格的值

（7）org.apache.hadoop.hbase.client.ColumnFamilyDescriptorBuilder

ColumnFamilyDescriptorBuilder 类可用于构建 ColumnFamilyDescriptor，其主要方法如表 4-14 所示。

表 4-14　　　　　　　　　　ColumnFamilyDescriptorBuilder 类的主要方法

返回值	方法
ColumnFamilyDescriptor	build() 构建 ColumnFamilyDescriptor
ColumnFamilyDescriptorBuilder	newBuilder(byte[] name) 构建 ColumnFamilyDescriptorBuilder
ColumnFamilyDescriptorBuilder	setValue(byte[] key, byte[] value) 设置某列单元格的值

（8）org.apache.hadoop.hbase.client.Put

Put 类用来对单元格执行添加数据操作。Put 类的主要方法如表 4-15 所示。

表 4-15　　　　　　　　　　　　　　Put 类的主要方法

返回值	方法
Put	addColumn(byte[] family, byte[] qualifier, byte[] value) 将指定的列族、列限定符、对应的值添加到 Put 实例中
Put	add(Cell cell) 添加特定的键值到 Put 实例中
Put	setAttribute(String name, byte[] value) 设置属性

（9）org.apache.hadoop.hbase.client.Get

Get 类用来获取单行的信息。Get 类的主要方法如表 4-16 所示。

表 4-16 Get 类的主要方法

返回值	方法
Get	addColumn(byte[] family, byte[] qualifier) 根据列族和列限定符获得对应的列
Get	setFilter(Filter filter) 为获得具体的列，设置相应的过滤器

（10）org.apache.hadoop.hbase.client.Result

Result 类用于存放 Get 或 Scan 操作后的查询结果，并将其以<key,value>的格式存储在 map 结构中。该类不是线程安全的。Result 类的主要方法如表 4-17 所示。

表 4-17 Result 类的主要方法

返回值	方法
boolean	containsColumn(byte[] family, byte[] qualifier) 检查是否包含列族和列限定符指定的列
List<Cell>	getColumnCells(byte[] family, byte[] qualifier) 获得列族和列限定符指定的列中的所有单元格
NavigableMap<byte[], byte[]>	getFamilyMap(byte[] family) 根据列族获得包含列限定符和值的所有行的键值对
byte[]	getValue(byte[] family, byte[] qualifier) 获得列族和列限定符指定的单元格的最新值

（11）org.apache.hadoop.hbase.client.ResultScanner

ResultScanner 接口是客户端获取值的接口。该接口的主要方法如表 4-18 所示。

表 4-18 ResultScanner 接口的主要方法

返回值	方法
void	close() 关闭 scanner 并释放相应的资源
Result	next() 获得下一个 Result 实例

（12）org.apache.hadoop.hbase.client.Scan

可以利用 Scan 类来限定需要查找的数据，如限定版本号、起始行号、终止行号、列族、列限定符、返回值的数量的上限等。该类的主要方法如表 4-19 所示。

表 4-19 Scan 类的主要方法

返回值	方法
Scan	addFamily(byte[] family) 限定需要查找的列族
Scan	addColumn(byte[] family, byte[] qualifier) 限定列族和列限定符指定的列
Scan	readAllVersions() || readVersions(int versions) readAllVersions()表示获取所有的版本，readVersions(int versions)只会获取特定的版本

返回值	方法
Scan	setTimeRange(long minStamp, long maxStamp) 限定最大的时间戳和最小的时间戳，只有在此范围内的单元格才能被获取
Scan	setFilter(Filter filter) 指定 Filter 来过滤掉不需要的数据
Scan	withStartRow(byte[] startRow) 限定开始查找的行，否则从表头开始查找
Scan	withStopRow(byte[] stopRow) 限定结束查找的行（不含此行）
Scan	setBatch(int batch) 限定最多返回的单元格数目，以防止返回过多的数据，导致 OutofMemory 错误

2. 基于 HBase 的应用实例

现在通过具体的应用实例来深入学习上述 Java API 的使用方法。在本实例中，首先创建一个学生信息表 student（其逻辑视图如表 4-20 所示），用来存储学生姓名（姓名作为行键，并且假设姓名不会重复）以及考试成绩，其中，考试成绩是一个列族，分别存储了各个科目的考试成绩。然后，向表 student 中添加数据，需要添加的数据如表 4-21 所示。

表 4-20　　　　　　　　　　　　　　学生信息表 student 的逻辑视图

name	score		
	English	Math	Computer

表 4-21　　　　　　　　　　　　　　需要添加到 student 表中的数据

name	score		
	English	Math	Computer
ZhangSan	69	86	77
LiSi	55	100	88

下面是完成上述基本操作过程的代码框架。其中，ExampleForHBase 类的方法 init()、close()、createTable()、insertData()、getData() 的代码细节将在后面逐一进行介绍。

```
import org.apache.hadoop.conf.Configuration;
import org.apache.hadoop.hbase.*;
import org.apache.hadoop.hbase.client.*;
import java.io.IOException;
public class ExampleForHBase {
    public static Configuration configuration;      //管理 HBase 的配置信息
    public static Connection connection;            //管理 HBase 连接
    public static Admin admin;                      //管理 HBase 数据库的表信息
    public static void main(String[] args)throws IOException{
        init();                                     //建立连接
        createTable();                              //创建表
        insertData();                               //插入单元格数据
        insertData();                               //插入单元格数据
        insertData();                               //插入单元格数据
        getData();                                  //浏览单元格数据
```

```
        close();                                    //关闭连接
    }
    public static void init(){……}                  //建立连接
    public static void close(){……}                 //关闭连接
    public static void createTable(){……}           //创建表
    public static void insertData() {……}           //插入单元格数据
    public static void getData(){……}               //浏览单元格数据
}
```

（1）建立连接和关闭连接

在操作 HBase 数据库前，首先需要建立连接，具体代码如下：

```
//建立连接
public static void init(){
    configuration = HBaseConfiguration.create();
    configuration.set("hbase.rootdir","hdfs://localhost:9000/hbase");
    try{
        connection = ConnectionFactory.createConnection(configuration);
        admin = connection.getAdmin();
    }catch (IOException e){
        e.printStackTrace();
    }
}
```

在上述代码中，configuration 对象用于管理 HBase 的配置信息，这里需要为参数 hbase.rootdir 设置具体的值，用于指明 HBase 数据库的存储路径。默认情况下 hbase.rootdir 指向 /tmp/hbase-${user.name}，这意味着在重启后会丢失数据，因为重启时操作系统会清理/tmp 目录。由于本实例中把 HDFS 作为 HBase 的底层文件存储系统，因此这个参数的值设置为 "hdfs://localhost:9000/hbase"；如果采用单机版 HBase，即不使用 HDFS 作为 HBase 的底层文件存储系统，而是直接把 HBase 数据存储到本地磁盘中，则需要把这个参数的值设置为 "file:///DIRECTORY/hbase"。其中，DIRECTORY 就是 HBase 数据写入的目录。

HBase 数据库操作结束以后，需要关闭连接，具体代码如下：

```
public static void close(){
    try{
        if(admin != null){
            admin.close();
        }
        if(null != connection){
            connection.close();
        }
    }catch (IOException e){
        e.printStackTrace();
    }
}
```

（2）创建表

创建表时，需要给出表名和列族名称，具体代码如下：

```
/*创建表*/
/**
    *@param myTableName 表名
```

```
     *@param colFamily 列族数组
     *@throws Exception
 */
public static void createTable(String myTableName,String[]colFamily) throws IOException{
TableName tableName = TableName.valueOf(myTableName);
        if(admin.tableExists(tableName)){
            System.out.println("table exists!");
        }else {
            TableDescriptorBuilder tableDescriptor = TableDescriptorBuilder.
newBuilder(tableName);
            for(String str:colFamily){
                ColumnFamilyDescriptor family =
ColumnFamilyDescriptorBuilder.newBuilder(Bytes.toBytes(str)).build();
                tableDescriptor.setColumnFamily(family);
            }
            admin.createTable(tableDescriptor.build());
        }
}
```

在上述代码中，为了创建学生信息表 student，需要指定参数 myTableName 为"student"，colFamily 为"{"score"}"。上述代码与以下 HBase Shell 命令等效：

```
create 'student','score'
```

（3）插入单元格数据

HBase 采用"四维坐标"定位一个单元格，四维即行键、列族、列限定符、时间戳，其中时间戳可以在插入数据时由系统自动生成。因此，这里在插入单元格数据时，需要提供行键、列族、列限定符以及数据等信息，具体实现代码如下：

```
/*插入单元格数据*/
/**
     *@param tableName 表名
     *@param rowKey 行键
     *@param colFamily 列族
     *@param col 列限定符
     *@param val 数据
     *@throws Exception
 */
 public static void insertData(String tableName,String rowKey,String colFamily, String
col,String val) throws IOException{
        Table table = connection.getTable(TableName.valueOf(tableName));
        Put put = new Put(rowKey.getBytes());
        put.addColumn(colFamily.getBytes(),col.getBytes(),val.getBytes());
        table.put(put);
        table.close();
}
```

插入单元格数据时，需要分别设置参数 tableName、rowKey、colFamily、col、val 的值，然后运行上述代码。例如，插入表 4-21 中的第一行数据时，为 insertData()方法指定相应参数，并运行以下 3 行代码：

```
insertData("student","ZhangSan","score","English","69");
insertData("student","ZhangSan","score","Math","86");
insertData("student","ZhangSan","score","Computer","77");
```

上述代码与以下 HBase Shell 命令等效：

```
put 'student','ZhangSan','score:English','69';
put 'student','ZhangSan','score:Math','86';
put 'student','ZhangSan','score:Computer','77';
```

（4）浏览单元格数据

现在可以浏览刚才插入的数据，可以使用以下代码获取某个单元格的数据：

```
/*获取某个单元格的数据*/
/**
    *@param tableName 表名
    *@param rowKey 行键
    *@param colFamily 列族
    *@param col 列限定符
    *@throws IOException
*/
public static void getData(String tableName,String rowKey,String colFamily,String
col)throws IOException{
    Table table = connection.getTable(TableName.valueOf(tableName));
    Get get = new Get(rowKey.getBytes());
    get.addColumn(colFamily.getBytes(),col.getBytes());
    Result result = table.get(get);
    System.out.println(new String(result.getValue(colFamily.getBytes(),
col==null?null:col.getBytes())));
    table.close();
}
```

比如，现在要获取"ZhangSan"对应的"English"的数据，可以在运行上述代码时，指定参数 tableName 为"student"、rowKey 为"ZhangSan"、colFamily 为"score"、col 为"English"。代码如下：

```
getData("student","ZhangSan","score","English");
```

用 Eclipse 运行后的结果如下：

```
69
```

上述代码与以下 HBase Shell 命令等效：

```
get 'student','ZhangSan',{COLUMN=>'score:English'}
```

（5）代码清单

本实例完整代码（即 ExampleForHBase.java 文件的内容）如下：

```
import org.apache.hadoop.conf.Configuration;
import org.apache.hadoop.hbase.*;
import org.apache.hadoop.hbase.client.*;
import org.apache.hadoop.hbase.util.Bytes;
import java.io.IOException;
public class ExampleForHBase{
    public static Configuration configuration;
    public static Connection connection;
    public static Admin admin;
    public static void main(String[] args) throws IOException{
        init();
```

```
            createTable("student",new String[]{"score"});
            insertData("student","ZhangSan","score","English","69");
            insertData("student","ZhangSan","score","Math","86");
            insertData("student","ZhangSan","score","Computer","77");
            getData("student","ZhangSan","score","English");
            close();
        }
    //建立连接
    public static void init(){
        configuration = HBaseConfiguration.create();
        configuration.set("hbase.rootdir","hdfs://localhost:9000/hbase");
        try{
            connection = ConnectionFactory.createConnection(configuration);
            admin = connection.getAdmin();
        }catch (IOException e){
            e.printStackTrace();
        }
    }
    //关闭连接
    public static void close(){
        try{
            if(admin != null){
                admin.close();
            }
            if(null != connection){
                connection.close();
            }
        }catch (IOException e){
            e.printStackTrace();
        }
    }
    //创建表
    public static void createTable(String myTableName,String[] colFamily) throws
IOException{
        TableName tableName = TableName.valueOf(myTableName);
        if(admin.tableExists(tableName)){
            System.out.println("table is exists!");
        }else {
            TableDescriptorBuilder tableDescriptor = TableDescriptorBuilder.
newBuilder(tableName);
            for(String str:colFamily){
                ColumnFamilyDescriptor family =
    ColumnFamilyDescriptorBuilder.newBuilder(Bytes.toBytes(str)).build();
                tableDescriptor.setColumnFamily(family);
            }
            admin.createTable(tableDescriptor.build());
        }
    }
    //插入单元格数据
    public static void insertData(String tableName,String rowKey,String colFamily,
String col,String val) throws IOException{
        Table table = connection.getTable(TableName.valueOf(tableName));
        Put put = new Put(rowKey.getBytes());
        put.addColumn(colFamily.getBytes(),col.getBytes(),val.getBytes());
        table.put(put);
```

```
        table.close();
    }
    //浏览单元格数据
    public static void getData(String tableName,String rowKey,String colFamily,
String col) throws IOException{
        Table table = connection.getTable(TableName.valueOf(tableName));
        Get get = new Get(rowKey.getBytes());
        get.addColumn(colFamily.getBytes(),col.getBytes());
        Result result = table.get(get);
        System.out.println(new String(result.getValue(colFamily.getBytes(),col==
null?null:col.getBytes())));
        table.close();
    }
}
```

（6）运行程序

可以使用 Eclipse 调试和运行该代码，具体调试和运行的过程，可以参考本书官网的"教材配套大数据软件安装和编程实践指南"栏目的相关内容。运行该代码以后，可以启动 HBase Shell，来查看生成的表。进入 HBase Shell 以后，可以先使用 list 命令查看 HBase 数据库中是否存在名称为 student 的表：

```
hbase> list
```

再在 HBase Shell 交互式环境中，执行以下命令查看 student 表中的数据：

```
hbase> scan 'student'
```

scan 命令的执行结果如图 4-17 所示。

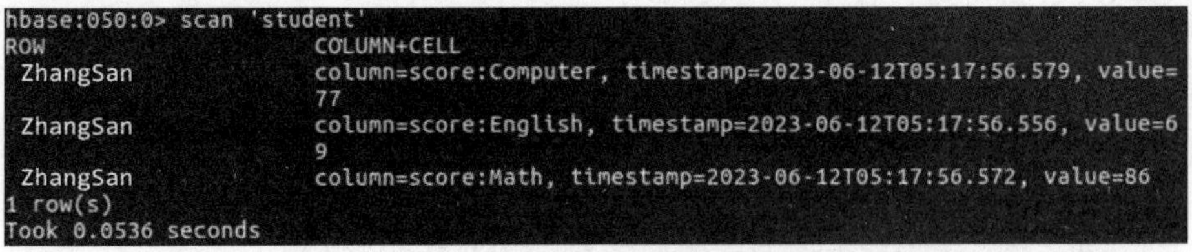

图 4-17　scan 命令的执行结果

4.7　本章小结

本章详细介绍了 HBase 数据库的相关知识。HBase 是针对 BigTable 的开源实现，支持大规模海量数据，分布式并发数据处理效率极高，易于扩展且支持动态伸缩，适用于廉价硬件设备。

HBase 可以支持 Native Java API、HBase Shell、Thrift Gateway、REST Gateway、Pig、Hive 等多种类型的访问接口，可以根据具体应用场合选择相应的访问方式。

HBase 实际上就是一个稀疏、多维度、持久化存储的映射表，它采用行键、列族、列限定符和时间戳进行索引，每个值都是未经解释的字符串。本章介绍了 HBase 数据在概念视图和物理视图中的差别。

HBase 采用分区存储，一个大的表会被拆分为许多个 Region，这些 Region 会被分发到不同的 Region 服务器上实现分布式存储。

HBase 的系统架构包括客户端、ZooKeeper 服务器、Master 服务器、Region 服务器。客户端包含访问 HBase 的接口；ZooKeeper 服务器负责提供稳定、可靠的协同服务；Master 服务器主要负责表和 Region 的管理工作；Region 服务器负责维护分配给自己的 Region，并响应用户的读写请求。

本章最后详细介绍了 HBase 运行机制和编程实践的相关知识。

4.8　习题

1. 试述在 Hadoop 生态系统中 HBase 与其他组件的相互关系。
2. 请阐述 HBase 和 BigTable 的底层技术的对应关系。
3. 请阐述 HBase 和传统关系数据库的区别。
4. HBase 支持哪些类型的访问接口？
5. 请以实例说明 HBase 数据模型。
6. 分别解释 HBase 中行键、列族、列限定符和时间戳的概念。
7. 请列举实例来阐明 HBase 的概念视图和物理视图的区别。
8. 试述 HBase 各功能组件及其作用。
9. 请阐述 HBase 的数据分区机制。
10. HBase 中的分区是如何定位的？
11. 试述 HBase 的三层结构中各层次的名称和作用。
12. 请阐述在 HBase 两层结构下，客户端是如何访问到数据的。
13. 试述 HBase 系统基本架构及其每个组成部分的作用。
14. 请阐述 Region 服务器向 HDFS 中读写数据的基本原理。
15. 试述 Store 的工作原理。
16. 试述 HLog 文件的工作原理。
17. 在 IIBase 中，每个 Region 服务器只需要维护一个 HLog 文件，而不是每个 Region 都单独维护一个 HLog 文件。请说明这种做法的优点和缺点。
18. 当一台 Region 服务器意外终止时，Master 服务器如何发现这种意外终止情况？为了恢复这台发生意外的 Region 服务器上的 Region，Master 服务器会做出哪些处理（包括如何使用 HLog 文件进行恢复）？
19. 请列举几个 HBase 常用的命令，并说明其使用方法。

实验 3　熟悉常用的 HBase 操作

一、实验目的

（1）理解 HBase 在 Hadoop 体系结构中的角色。
（2）熟练使用 HBase 常用的 Shell 命令。
（3）熟悉 HBase 常用的 Java API。

二、实验平台

- Ubuntu 操作系统版本：16.04。
- Hadoop 版本：3.3.5。
- HBase 版本：2.5.4。
- JDK 版本：1.8。
- Java IDE：Eclipse。

三、实验内容和要求

（1）编程实现以下指定功能，并用 Hadoop 提供的 HBase Shell 命令完成相同的任务。

① 列出 HBase 所有表的相关信息，如表名、创建时间等。

② 在终端输出指定表的所有记录数据。

③ 向已经创建好的表添加和删除指定的列族或列。

④ 清空指定表的所有记录数据。

⑤ 统计表的行数。

（2）现有以下关系数据库中的表（见表 4-22 ~ 表 4-24），要求将其转换为 HBase 表并插入数据。

表 4-22　　　　　　　　　　　　　学生（Student）表

学号（S_No）	姓名（S_Name）	性别（S_Sex）	年龄（S_Age）
2015001	ZhangSan	male	23
2015002	Mary	female	22
2015003	LiSi	male	24

表 4-23　　　　　　　　　　　　　课程（Course）表

课程号（C_No）	课程名（C_Name）	学分（C_Credit）
123001	Math	2.0
123002	Computer Science	5.0
123003	English	3.0

表 4-24　　　　　　　　　　　　　选课（SC）表

学号（SC_Sno）	课程号（SC_Cno）	成绩（SC_Score）
2015001	123001	86
2015001	123003	69
2015002	123002	77
2015002	123003	99
2015003	123001	98
2015003	123002	95

同时，请编程完成以下指定功能。

① createTable(String tableName, String[] fields)。

创建表，参数 tableName 为表的名称，字符串数组 fields 为存储记录各个字段名称的数组。要求当 HBase 中已经存在名为 tableName 的表的时候，先删除原有的表，再创建新的表。

② addRecord(String tableName, String row, String[] fields, String[] values)。

向表 tableName、行 row（用 S_Name 表示）和字符串数组 fields 指定的单元格中添加对应的数据 values。其中，如果 fields 中每个元素对应的列族下有相应的列限定符，则用"columnFamily:column"表示。例如，同时向"Math""Computer Science""English" 3 列添加成绩时，字符串数组 fields 为{"Score:Math","Score:Computer Science","Score:English"}，数组 values 用于存储这 3 门课程的成绩。

③ scanColumn(String tableName, String column)。

浏览表 tableName 的某一列数据，如果某一行记录中该列数据不存在，则返回 null。要求当参数 column 为某一列族名称时，如果列族下有若干个列限定符，则列出每个列限定符代表的列的数据；当参数 column 为某一列具体名称（如"Score:Math"）时，只需要列出该列的数据。

④ modifyData(String tableName, String row, String column)。

修改表 tableName、行 row（可以用学生姓名 S_Name 表示）、列 column 指定的单元格的数据。

⑤ deleteRow(String tableName, String row)。

删除表 tableName 中 row 指定的行的记录。

四、实验报告

<table>
<tr><td colspan="3" align="center">"大数据技术原理与应用"课程实验报告</td></tr>
<tr><td>题目：</td><td>姓名：</td><td>日期：</td></tr>
<tr><td colspan="3">实验环境：</td></tr>
<tr><td colspan="3">实验内容与完成情况：</td></tr>
<tr><td colspan="3">出现的问题：</td></tr>
<tr><td colspan="3">解决方案（列出遇到并解决的问题和解决方案，以及没有解决的问题）：</td></tr>
</table>

第5章
NoSQL 数据库

传统的关系数据库可以较好地支持结构化数据存储与管理,它以完备的关系代数理论为基础,具有严格的标准,支持事务 ACID 四性,借助索引机制可以实现高效的查询。因此,关系数据库自从 20 世纪 70 年代诞生以来就一直是数据库领域的主流产品类型。但是,Web 2.0 的迅猛发展以及大数据时代的到来,使关系数据库越来越力不从心。在大数据时代,数据类型繁多,包括结构化数据、半结构化数据和非结构化数据,其中非结构化数据占比非常高。关系数据库由于数据模型不灵活、水平扩展能力较差等局限性,已经无法满足各种类型的非结构化数据的大规模存储需求。不仅如此,关系数据库引以为傲的一些关键特性,如事务机制和查询机制,在 Web 2.0 时代的很多应用中都成为"鸡肋"。因此,在新的应用需求驱动下,各种新型的 NoSQL 数据库不断涌现,并逐渐获得市场的青睐。

本章首先对 NoSQL 数据库进行简要介绍,并介绍 NoSQL 数据库兴起的原因,简单比较 NoSQL 数据库与关系数据库;然后介绍 NoSQL 数据库的四大类型和三大基石;最后简要介绍与 NoSQL 数据库同样受到关注的 NewSQL 数据库。

5.1 NoSQL 数据库简介

NoSQL 数据库是非关系数据库的统称,采用了一种不同于关系数据库的数据库管理系统设计方式,它所采用的数据模型并非传统关系数据库的关系数据模型,而是类似键值、列族、文档等的非关系数据模型。NoSQL 数据库没有固定的表结构,通常不存在连接操作,也没有严格遵守 ACID 约束。因此,与关系数据库相比,NoSQL 数据库具有灵活的水平可扩展性,可以支持海量数据存储。此外,NoSQL 数据库支持 MapReduce 风格的编程,可以较好地应用于大数据时代的各种数据管理中。NoSQL 数据库的出现,一方面弥补了关系数据库在当前商业应用中存在的各种缺陷,另一方面撼动了关系数据库的传统"垄断"地位。

当应用场合需要简单的数据模型、灵活的 IT 系统、较高的数据库性能和较低的数据库一致性时,NoSQL 数据库是一个很好的选择。通常 NoSQL 数据库具有以下 3 个特点。

1. 灵活的水平可扩展性

传统的关系数据库由于自身设计的局限性,通常很难实现"横向(水平)扩展",当数据库负载大规模增加时,往往需要通过升级硬件来实现"纵向扩展"。但是,当前的计算机硬件制造工艺已经达到一个限度,性能提升的速度开始趋缓,已经远远赶不上数据库系统负载的增加速度,而且配置高端的高性能服务器价格不菲,因此寄希望于通过纵向扩展满足实际业务需求,已经变得越来越不现实。相反，横向扩展仅需要非常普通且廉价的标准化刀片服务器即可实现，不仅具有较高的性价比，也提供了理论上近乎无限的扩展空间。NoSQL 数据库最初的设计目的就是满足横向扩展的需求，因此天生具备良好的横向扩展能力。

2. 灵活的数据模型

关系数据模型是关系数据库的基石，关系数据库以完备的关系代数理论为基础，具有规范的定义，遵守各种严格的约束条件。这种做法虽然保证了业务系统对数据一致性的需求，但是过于死板的数据模型，意味着无法满足各种新兴的业务需求。相反，NoSQL 数据库天生就旨在摆脱关系数据库的各种束缚，摒弃了流行多年的关系数据模型，转而采用类似键值、列族、文档等的非关系数据模型，允许在一个数据元素里存储不同类型的数据。

3. 与云计算紧密融合

云计算具有很好的横向扩展能力，可以根据资源使用情况进行自由伸缩，各种资源可以动态加入或退出。NoSQL 数据库可以凭借自身良好的横向扩展能力，充分利用云计算基础设施，很好地将数据库融入云计算环境，构建基于 NoSQL 数据库的云数据库服务。

5.2　NoSQL 数据库兴起的原因

关系数据库是指采用关系数据模型的数据库，最早由图灵奖得主、有"关系数据库之父"之称的埃德加·弗兰克·科德（Edgar Frank Codd）于 1970 年提出。由于具有规范的行和列结构，因此存储在关系数据库中的数据通常也被称为"结构化数据"，用来查询和操作关系数据库的语言被称为"结构化查询语言"。关系数据库由于具有完备的关系代数理论基础、完善的事务机制和高效的查询处理引擎，因此在社会生产和生活中得到了广泛的应用，并从 20 世纪 70 年代到 21 世纪前 10 年，一直占据商业数据库应用的主流位置。目前主流的关系数据库有 Oracle、Db2、SQL Server、Sybase、MySQL 等。

尽管数据库的事务机制和查询机制较好地满足了银行、电信等类型商业公司的业务数据管理需求，但是随着 Web 2.0 的兴起和大数据时代的到来，关系数据库已经显得越来越力不从心，暴露出越来越多难以克服的缺陷。于是 NoSQL 数据库应运而生，它很好地满足了 Web 2.0 的需求，得到了市场的青睐。

5.2.1　关系数据库无法满足 Web 2.0 的需求

关系数据库已经无法满足 Web 2.0 的需求，主要表现在以下 3 个方面。

1. 无法满足海量数据的管理需求

在 Web 2.0 时代，每个用户都是信息的发布者，用户的购物、社交、搜索等网络行为都会产生大量数据。新浪微博、淘宝、百度等网站，每天产生的数据量十分可观。对上述网站而言，其很快就可以产生超过 10 亿条的记录数据。对关系数据库来说，在一个有 10 亿条记录的表里进行 SQL 查询，效率极其低下，甚至让人不可忍受。

2. 无法满足数据高并发的需求

在 Web 1.0 时代，通常采用动态页面静态化技术，事先访问数据库生成静态页面以供浏览者访问，从而保证大规模用户访问时，也能够获得较好的实时响应性能。但是，在 Web 2.0 时代，各种用户信息都在不断地发生变化，购物记录、搜索记录、页面访问量等信息都需要实时更新，动态页面静态化技术基本没有用武之地，所有信息都需要动态实时生成，这就导致高并发的数据库访问，每秒可能会产生上万次的读写请求。对很多关系数据库而言，这都是"难以承受之重"。

3. 无法满足高可扩展性和高可用性的需求

在 Web 2.0 时代，不知名的网站可能一夜爆红，用户迅速增加，已经广为人知的网站也可能因为发布了某些吸引眼球的信息，引来大量用户在短时间内围绕该信息产生大量交流、互动。这些都会导致对数据库读写负荷的急剧增加，需要数据库能够在短时间内迅速提升性能以满足突发需求。但遗憾的是，关系数据库通常是难以横向扩展的，没有办法像网页服务器和应用服务器那样简单地通过添加更多的硬件和服务节点来扩展性能和负载能力。

5.2.2　关系数据库的关键特性在 Web 2.0 时代成为"鸡肋"

关系数据库的关键特性包括完善的事务机制和良好的查询机制。关系数据库的事务机制是由 1998 年图灵奖获得者、被誉为"数据库事务处理专家"的詹姆斯·尼古拉·格雷（James Nicholas Gray）提出的。事务具有原子性（Atomicity）、一致性（Consistency）、隔离性（Isolation）、持久性（Durability），即 ACID 四性。有了事务机制，数据库中的各种操作可以保证数据修改的一致性。关系数据库还拥有非常高效的查询处理引擎，可以对查询语句进行语法分析和性能优化，保证查询的高效执行。

但是，关系数据库引以为傲的两个关键特性到 Web 2.0 时代却成了"鸡肋"，主要表现在以下 3 个方面。

1. Web 2.0 网站通常不要求严格的数据库事务

对许多 Web 2.0 网站而言，数据库事务已经不再那么重要。比如对微博网站而言，如果一个用户在发布微博的过程中出现错误，可以直接丢弃该信息，而不必像关系数据库那样执行复杂的回滚操作，且直接丢弃信息并不会给用户造成什么损失。而且，数据库事务通常有一套复杂的实现机制来保证数据库的一致性，这需要大量系统开销。对包含大量频繁实时读写请求的 Web 2.0 网站而言，实现数据库事务的代价是难以承受的。

2. Web 2.0 并不要求严格的读写实时性

对关系数据库而言，一旦有一条数据记录成功插入数据库，这条数据记录就可以立即被查询。这对银行等金融机构而言是非常重要的。银行用户肯定不希望自己刚刚存入一笔钱，却无法在系统中立即查询到这笔钱的记录。但是，在 Web 2.0 中，用户却没有这种实时读写需求，比如用户的微博访问量增加了 10 次，在几分钟后才显示更新的访问量，用户可能并不会察觉访问量发生了变化。

3. Web 2.0 通常不包含大量复杂的 SQL 查询

复杂的 SQL 查询通常包含多表连接操作。在数据库中，多表连接操作代价高昂，因此，各类 SQL 查询处理引擎都设计了十分巧妙的优化机制——通过调整选择、投影、连接等操作的顺序，达到尽早减少参与连接操作的元组数目的目的，从而降低连接代价，提高连接效率。但是，Web 2.0 网站在设计时就已经尽量减少甚至避免这类操作，通常只采用单表的主键查询，因此，关系数据库的查询优化机制在 Web 2.0 中难以有所作为。

综上所述，关系数据库凭借自身的独特优势，很好地满足了传统企业的数据管理需求，在数据库这个"江湖"中"独领风骚"40 余年。但是随着 Web 2.0 时代的到来，各类网站的数据管理需求已经与传统企业的大不相同。在这种新的应用背景下，纵使关系数据库使尽浑身解数，也难以满足新时代的要求。于是 NoSQL 数据库应运而生，它的出现可以说是 IT 发展的必然产物。

5.3　NoSQL 数据库与关系数据库的简单比较

表 5-1 给出了 NoSQL 数据库和关系数据库的简单比较，对比指标包括数据库原理、数据规模、数据库模式、查询效率、一致性、数据完整性、可扩展性、可用性、标准化、技术支持和可维护性等方面。从表 5-1 中可以看出，关系数据库的突出优势在于，以完备的关系代数理论作为基础，有严格的标准，严格遵守事务 ACID 四性，借助索引机制可以实现高效的查询，技术成熟，有大型厂商的技术支持；其劣势在于，可扩展性一般，无法较好地支持海量数据存储。NoSQL 数据库的明显优势在于，可以支持超大规模数据存储，其灵活的数据模型可以很好地支持 Web 2.0 应用，具有强大的横向扩展能力等；其劣势在于，没有统一的数学理论基础，复杂查询性能不高，一般不能实现事务强一致性，很难实现数据完整性，技术尚不成熟，缺乏有力的技术支持，难以维护等。

表 5-1　　　　　　　　　　　　NoSQL 数据库和关系数据库的简单比较

对比指标	NoSQL 数据库	关系数据库	备注
数据库原理	部分支持	完全支持	关系数据库有完备的关系代数理论作为基础。 NoSQL 数据库没有统一的数学理论基础
数据规模	超大	大	关系数据库很难实现横向扩展，纵向扩展的空间也比较有限，性能会随着数据规模的增大而降低。 NoSQL 数据库可以很容易通过添加更多设备来支持更大规模的数据存储
数据库模式	灵活	固定	关系数据库需要定义数据库模式，严格遵守数据定义和相关约束条件。 NoSQL 数据库不存在数据库模式，可以自由、灵活地定义并存储各种不同类型的数据
查询效率	可以实现高效的简单查询，但是不具备结构化查询等特性，复杂查询性能不高	快	关系数据库借助索引机制可以实现高效的查询（包括记录查询和范围查询）。 很多 NoSQL 数据库没有面向复杂查询的索引，虽然 NoSQL 数据库可以使用 MapReduce 来加速查询，但是在复杂查询方面的性能仍然不如关系数据库
一致性	弱一致性	强一致性	关系数据库严格遵守事务 ACID 四性，可以保证事务强一致性。 很多 NoSQL 数据库放松了对事务 ACID 四性的要求，转而遵守 BASE 模型，只能保证最终一致性
数据完整性	很难实现	容易实现	任何一个关系数据库都可以很容易实现数据完整性，如通过主键或者非空约束来实现实体完整性，通过主键、外键来实现参照完整性，通过约束或者触发器来实现用户自定义完整性，但是 NoSQL 数据库很难实现
可扩展性	好	一般	关系数据库很难实现横向扩展，纵向扩展的空间也比较有限。 NoSQL 数据库在设计之初就充分考虑了横向扩展的需求，可以很容易通过添加廉价设备实现扩展
可用性	很好	好	关系数据库在任何时候都以保证数据一致性为优先目标，其次才是优化系统性能。随着数据规模的增大，关系数据库为了保证严格的一致性，只能提供相对较弱的可用性。 大多数 NoSQL 数据库都能提供较高的可用性

续表

对比指标	NoSQL 数据库	关系数据库	备注
标准化	否	是	关系数据库已经标准化（使用 SQL）。 NoSQL 数据库还没有行业标准，不同的 NoSQL 数据库有不同的查询语言，很难规范应用程序接口
技术支持	低	高	关系数据库经过几十年的发展，已经非常成熟，Oracle 等大型厂商都可以提供很好的技术支持。 NoSQL 数据库在技术支持方面仍然处于起步阶段，还不成熟，缺乏有力的技术支持
可维护性	复杂	复杂	关系数据库需要专门的数据库管理员（Database Administrator，DBA）维护 NoSQL 数据库虽然没有关系数据库复杂，但难以维护

分布式数据库公司 VoltDB 的首席技术官、Ingres 和 PostgreSQL 数据库的总设计师迈克尔·斯通布雷克（Michael Stonebraker）认为，当今大多数商业数据库软件已经在市场上存在 30 年或更长时间，它们的设计并没有围绕自动化以及事务性环境，同时这些数据库在这几十年中不断发展出的功能并没有想象中的那么好。许多新兴的 NoSQL 数据库（如 MongoDB 和 Cassandra）的普及很好地弥补了传统数据库系统的局限性，但是 NoSQL 数据库没有一个统一的查询语言，这将拖慢 NoSQL 数据库的发展。

通过上述对 NoSQL 数据库和关系数据库的一系列比较可以看出，二者各有优势，也都存在不同层面的缺陷。因此，在实际应用中，二者有各自的目标用户群体和市场空间，不存在一个完全取代另一个的问题。对关系数据库而言，在一些特定应用领域，其地位和作用仍然无法被取代，银行、超市等领域的业务系统仍然高度依赖于关系数据库来保证数据的一致性。此外，对一些复杂查询分析型应用而言，基于关系数据库的数据仓库产品，仍然可以获得比基于 NoSQL 数据库的更好的性能。比如有研究人员利用基准测试数据集 TPC-H 和 YCSB（Yahoo! Cloud Serving Benchmark），对微软基于 SQL Server 的并行数据仓库产品 PDW（Parallel Data Warehouse）和 Hadoop 平台上的数据仓库产品 Hive（属于 NoSQL 数据库）通过实验进行了比较，实验结果表明 PDW 的性能比 Hive 的性能高 9 倍。对 NoSQL 数据库而言，Web 2.0 领域是其未来的主战场，Web 2.0 网站系统对于数据一致性要求不高，但是对数据量和并发读写要求较高，NoSQL 数据库可以很好地满足这些网站系统的需求。在实际应用中，一些公司也会采用混合的方式构建数据库应用，比如亚马逊就使用不同类型的数据库来支撑它的电子商务应用。对于"购物车"这种临时性数据，采用键值存储会更加高效，当前的产品和订单信息则适合存放在关系数据库中，大量的历史订单信息则适合保存在类似 MongoDB 的文档数据库中。

5.4　NoSQL 数据库的四大类型

近些年，NoSQL 数据库发展势头非常迅猛。在四五年时间内，NoSQL 数据库领域就爆炸性地产生了 50～150 个新的数据库。某项网络调查结果显示，行业中最需要的开发人员技能前 10 名依次是 HTML5、MongoDB、iOS、Android、Mobile Apps、Puppet、Hadoop、jQuery、PaaS 和 Social Media。其中，MongoDB（一种文档数据库，属于 NoSQL 数据库）的热度甚至位于 iOS 之前，由此足以看出 NoSQL 数据库的受欢迎程度。感兴趣的读者可以参考《七周七数据库》一书，学习 PostgreSQL、Riak、Apache HBase、MongoDB、Apache CouchDB、Neo4j 和 Redis 等 NoSQL 数据库的使用方法。

　　NoSQL 数据库虽然数量众多，但是总的来说，典型的 NoSQL 数据库通常包括键值数据库、列族数据库、文档数据库和图数据库，如图 5-1 所示。

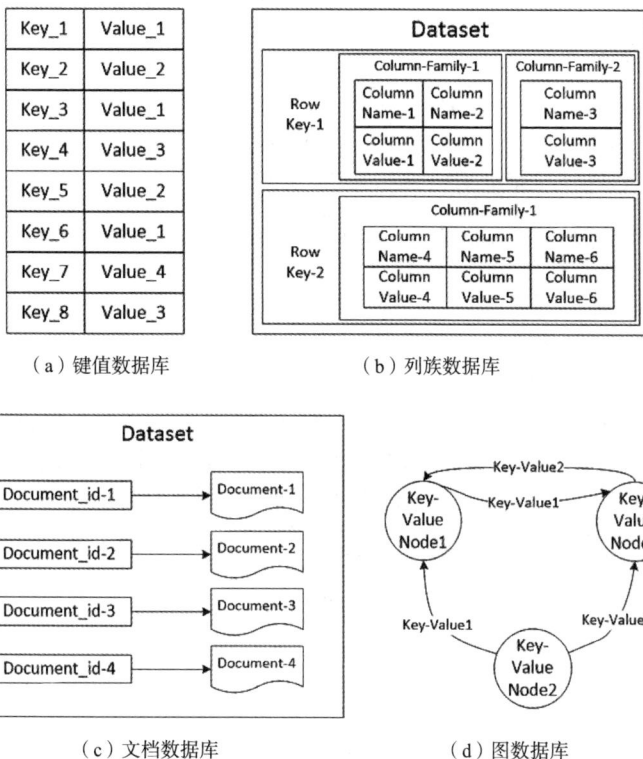

（a）键值数据库　　　　　　　　　　（b）列族数据库

（c）文档数据库　　　　　　　　　（d）图数据库

图 5-1　典型的 NoSQL 数据库

5.4.1　键值数据库

　　键值数据库（Key-Value Database）会使用一个哈希表，这个表中有一个特定的键（Key）和一个指针指向特定的值（Value）。键可以用来定位值，即存储和检索具体的值。值对数据库而言是透明不可见的，不能对值进行索引和查询，只能通过键进行查询。值可以用来存储任意类型（包括整型、字符型、数组、对象等）的数据。在存在大量写操作的情况下，键值数据库可以比关系数据库取得更好的性能。因为关系数据库需要建立索引来加速查询，当存在大量写操作时，索引会发生频繁更新，由此会产生高昂的索引维护代价。关系数据库通常很难横向扩展，但是键值数据库天生具有良好的可伸缩性，理论上几乎可以实现数据量的无限扩容。键值数据库可以进一步划分为内存键值数据库和持久化（Persistent）键值数据库。内存键值数据库，如 Memcached 和 Redis，把数据保存在内存中；持久化键值数据库，如 Berkeley DB、Voldemort 和 Riak，把数据保存在磁盘。

　　当然，键值数据库也有自身的局限性，条件查询就是它的弱项。因此，如果只对部分值进行查询或更新，效率就会比较低下。在使用键值数据库时，应该尽量避免多表关联查询，可以采用双向冗余存储关系来代替表关联，把操作分解成单表操作。此外，键值数据库在发生故障时不支持回滚操作，因此无法支持事务。键值数据库的相关产品、数据模型、典型应用、优点、缺点和使用者如表 5-2 所示。

表 5-2   键值数据库

项目	描述
相关产品	Redis、Riak、SimpleDB、Chordless、Scalaris、Memcached
数据模型	键值对
典型应用	内容缓存，如会话、配置文件等
优点	可扩展性好、灵活性高、大量写操作时性能高
缺点	无法存储结构化信息、条件查询效率较低
使用者	百度云数据库（Redis）、GitHub（Riak）、百思买（Riak）、Stack OverFlow（Redis）、Instagram（Redis）

5.4.2   列族数据库

列族数据库一般采用列族数据模型，数据库由多个行构成，每行数据包含多个列族，不同的行可以具有不同数量的列族，属于同一列族的数据会被存放在一起。每行数据通过行键进行定位，与这个行键对应的是一个列族。从这个角度来说，列族数据库可以被视为一个键值数据库。列族数据库的相关产品、数据模型、典型应用、优点、缺点和使用者如表 5-3 所示。

表 5-3   列族数据库

项目	描述
相关产品	BigTable、HBase、Cassandra、HadoopDB、Greenplum、PNUTS
数据模型	列族
典型应用	分布式数据存储与管理
优点	查找速度快、可扩展性强、容易进行分布式扩展、复杂性低
缺点	功能较少，大都不支持强事务一致性
使用者	eBay（Cassandra）、Instagram（Cassandra）

5.4.3   文档数据库

在文档数据库中，文档是数据库的最小单位。虽然每一种文档数据库的部署有所不同，但是大都假定文档以某种标准化格式封装并对数据进行加密，同时用多种格式进行解码，包括 XML、YAML、JSON 和 BSON 等，也可以使用二进制格式进行解码（如 PDF、微软 Office 文档等）。文档数据库通过键来定位一个文档，因此可以看成键值数据库的一个衍生品，而且前者比后者具有更高的查询效率。对那些可以把输入数据表示成文档的应用而言，文档数据库是非常适用的。一个文档可以包含非常复杂的数据结构，如嵌套对象，并且不需要采用特定的数据模式，每个文档可能具有完全不同的结构。文档数据库既可以根据键来构建索引，也可以基于文档内容来构建索引。基于文档内容的索引和查询能力，是文档数据库不同于键值数据库的地方。因为在键值数据库中，值对数据库是透明、不可见的，不能根据值来构建索引。文档数据库主要用于存储并检索文档数据，当文档数据需要考虑很多关系和标准化约束，以及需要事务支持时，传统的关系数据库是更好的选择。文档数据库的相关产品、数据模型、典型应用、优点、缺点和使用者如表 5-4 所示。

表 5-4　　　　　　　　　　　　　　　　文档数据库

项目	描述
相关产品	CouchDB、MongoDB、Terrastore、ThruDB、RavenDB、SisoDB、RaptorDB、CloudKit、Persevere、Jackrabbit
数据模型	版本化的文档
典型应用	存储、索引并管理面向文档的数据或者类似的半结构化数据
优点	性能好、灵活性高、复杂性低、数据结构灵活
缺点	缺乏统一的查询语法
使用者	百度云数据库（MongoDB）、SAP（MongoDB）、Codecademy（MongoDB）、Foursquare（MongoDB）

5.4.4　图数据库

图数据库以图论为基础。一个图是一个数学概念，用来表示一个对象集合，包括顶点以及连接顶点的边。图数据库使用图作为数据模型来存储数据，完全不同于键值对、列族和文档数据模型，可以高效地存储不同顶点之间的关系。图数据库专门用于处理具有高度关联关系的数据，它可以高效地处理实体之间的关系，比较适用于解决模式识别、依赖分析、路径寻找等问题。有些图数据库（如 Neo4j）完全兼容 ACID。但是，图数据库除了在处理图和关系等方面具有很好的性能以外，在其他方面，其性能不如其他 NoSQL 数据库。图数据库的相关产品、数据模型、典型应用、优点、缺点和使用者如表 5-5 所示。

表 5-5　　　　　　　　　　　　　　　　图数据库

项目	描述
相关产品	Neo4j、OrientDB、Infogrid、InfiniteGraph、GraphDB
数据模型	图结构
典型应用	应用于大量复杂、互连接、低结构化的图结构场合，如社交网络、推荐系统等
优点	灵活性高、支持复杂的图算法、可用于构建复杂的关系图谱
缺点	复杂性高、只能支持一定的数据规模
使用者	Adobe（Neo4j）、思科（Neo4j）

5.5　NoSQL 数据库的三大基石

NoSQL 数据库的三大基石包括 CAP、BASE 和最终一致性。

5.5.1　第一大基石：CAP

2000 年，美国著名科学家埃里克·布鲁尔（Eric Brewer）教授指出了著名的 CAP 理论，后来美国麻省理工学院（Massachusetts Institute of Technology，MIT）的两位科学家塞思·吉尔伯特

（Seth Gilbert）和南希·林奇（Nancy Lynch）证明了 CAP 理论的正确性。CAP 含义如下。

- C（Consistency，一致性）：指任何一个读操作总是能够读到之前完成的写操作的结果，也就是在分布式环境中，各个节点的数据是一致的。
- A（Availability，可用性）：指快速获取数据，且在确定的时间内返回操作结果。
- P（Tolerance of Network Partition，分区容忍性）：指当出现网络分区的情况（即系统中的一部分节点无法和其他节点进行通信）时，分离的系统也能够正常运行。

CAP 理论（见图 5-2）告诉我们，一个分布式系统不可能同时满足一致性、可用性和分区容忍性这 3 个特性，最多只能同时满足其中 2 个，正所谓"鱼和熊掌不可兼得"。如果追求一致性，可能就要牺牲可用性，需要处理因为系统不可用而导致的写操作失败的情况；如果追求可用性，就要预估到可能发生数据不一致的情况，比如系统的读操作可能不能精确地读取写操作写入的最新值。

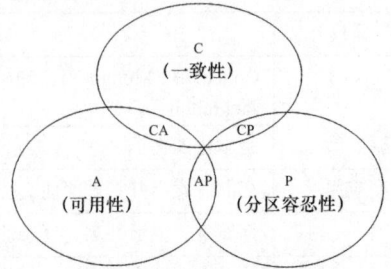

图 5-2　CAP 理论

下面给出一个牺牲一致性来换取可用性的实例（见图 5-3）。假设分布式环境下存在两个节点 M_1 和 M_2，一个数据 V 的两个副本 V_1 和 V_2 分别保存在 M_1 和 M_2 上，两个副本的值都是 val_0。现在假设有两个进程 P_1 和 P_2 分别对两个副本进行操作，进程 P_1 向节点 M_1 中的副本 V_1 写入新值 val_1，进程 P_2 从节点 M_2 中读取 V 的副本 V_2 的值。

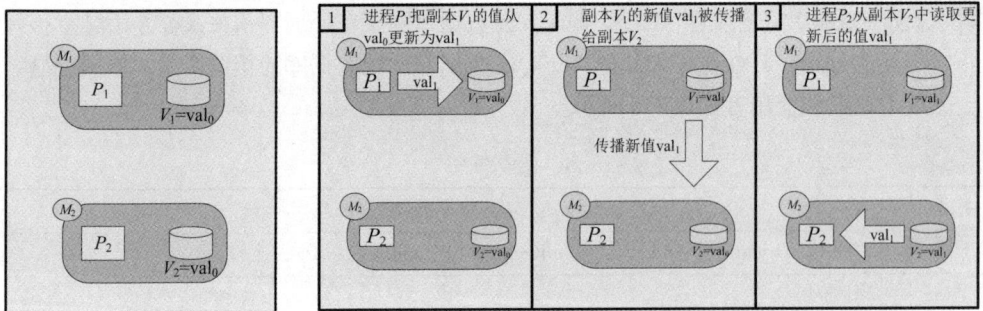

（a）初始状态　　　　　　　　　　　　　（b）正常执行过程

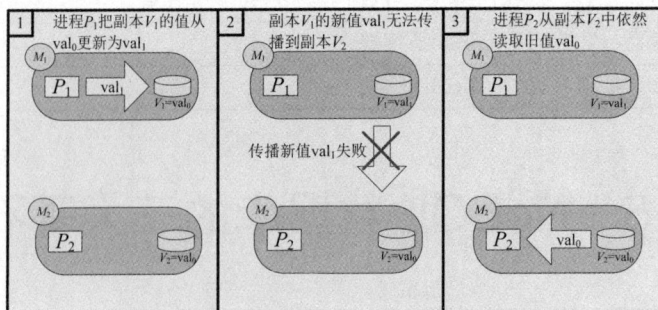

（c）更新传播失败时的执行过程

图 5-3　一个牺牲一致性来换取可用性的实例

当整个过程完全正常执行时，会按照以下过程进行。

（1）进程 P_1 向节点 M_1 的副本 V_1 写入新值 val_1。

（2）节点 M_1 向节点 M_2 发送消息 MSG 以更新副本 V_2 的值，把副本 V_2 的值更新为 val_1。

（3）进程 P_2 在节点 M_2 中读取副本 V_2 的新值 val_1。

但是当网络发生故障时，可能导致节点 M_1 中的消息 MSG 无法发送到节点 M_2，这时，进程 P_2 在节点 M_2 中读取的副本 V_2 的值仍然是旧值 val_0。由此产生了不一致性问题。

从这个实例可以看出，当我们希望两个进程 P_1 和 P_2 都实现高可用性，也就是能够快速访问到需要的数据时，就会牺牲数据一致性。

当处理 CAP 的问题时，可以有以下几个明显的选择，即不同产品在 CAP 理论下有不同的设计原则（见图 5-4）。

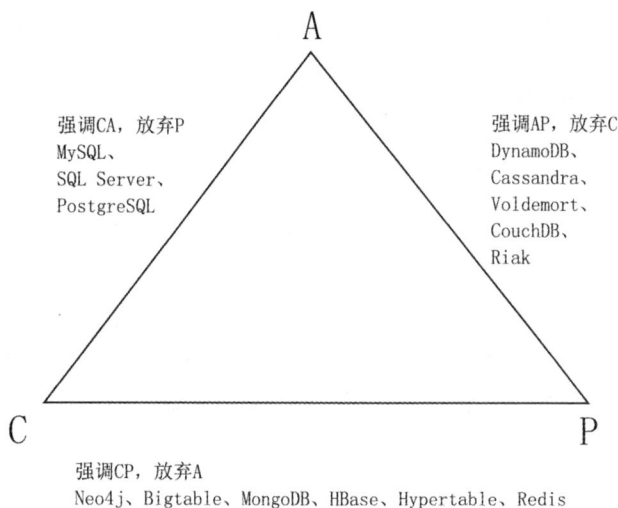

图 5-4　不同产品在 CAP 理论下的不同设计原则

（1）CA：强调一致性（C）和可用性（A），放弃分区容忍性（P）。最简单的做法是把所有与事务相关的内容都放到同一台机器上。很显然，这种做法会严重影响系统的可扩展性。传统的关系数据库（MySQL、SQL Server 和 PostgreSQL）都采用了这种设计原则，因此可扩展性都比较差。

（2）CP：强调一致性（C）和分区容忍性（P），放弃可用性（A）。当出现网络分区的情况时，受影响的服务需要等待数据一致，因此在等待期间就无法对外提供服务。Neo4j、BigTable 和 HBase 等 NoSQL 数据库都采用了 CP 设计原则。

（3）AP：强调可用性（A）和分区容忍性（P），放弃一致性（C）。允许系统返回不一致的数据。这对许多 Web 2.0 网站而言是可行的，这些网站的用户首先关注的是网站服务是否可用。例如，当用户需要发布一条微博时，这条微博必须能够立即发布，否则用户就可能放弃使用相关服务，但是这条微博发布后什么时候能够被其他用户看到，则不是非常重要的问题，不会影响到该用户的体验。因此，对 Web 2.0 网站而言，可用性与分区容忍性的优先级要高于数据一致性的，网站一般会尽量朝 AP 的方向设计。当然，在采用 AP 设计时，也可以不完全放弃一致性，转而采用最终一致性。DynamoDB、Riak、CouchDB、Cassandra 等 NoSQL 数据库就采用了 AP 设计原则。

5.5.2　第二大基石：BASE

说起 BASE（Basically Availble、Soft-state、Eventual Consistency，基本可用、软状态、最终一致性），不得不谈到 ACID。一个数据库事务具有 ACID 四性。

- A（原子性）：指事务必须是原子工作单元，对于其数据修改，要么全都执行，要么全都不执行。
- C（一致性）：指事务在完成时，必须使所有的数据都保持一致状态。
- I（隔离性）：指由并发事务所做的修改必须与任何其他并发事务所做的修改隔离。
- D（持久性）：指事务完成之后，对于系统的影响是永久性的，该修改即使导致致命的系统故障也将一直保持。

关系数据库系统中设计了复杂的事务管理机制来保证事务在执行过程中严格满足 ACID 四性要求。关系数据库的事务管理机制较好地满足了银行等领域对数据一致性的要求，因此得到了广泛的商业应用。但是，NoSQL 数据库通常应用于 Web 2.0 网站等场景中，对数据一致性的要求并不是很高，而是强调系统的高可用性，因此为了获得系统的高可用性，可以考虑适当牺牲一致性或分区容忍性。BASE 的基本思想就是在此基础上发展起来的，它完全不同于 ACID 模型，BASE 牺牲了高一致性，从而获得可用性，Cassandra 系统就是一个很好的实例。有意思的是，单从名字上就可以看出 BASE 和 ACID 有点"水火不容"，BASE 的英文意义是碱，而 ACID 的英文意义是酸。

BASE 的基本含义是基本可用（Basically Available）、软状态（Soft-state）和最终一致性（Eventual Consistency）。

1. 基本可用

基本可用是指一个分布式系统的一部分发生问题变得不可用时，其他部分仍然可以正常使用，也就是允许分区失败的情况出现。比如一个分布式数据存储系统由 10 个节点组成，当其中 1 个节点损坏不可用时，其他 9 个节点仍然可以正常提供数据访问，那么，就只有 10%的数据是不可用的，其余 90%的数据都是可用的，这时就可以认为这个分布式数据存储系统"基本可用"。

2. 软状态

"软状态"是与"硬状态"（Hard-state）相对应的一种说法。当数据库保存的数据是"硬状态"时，可以保证数据一致性，即保证数据一直是正确的。"软状态"是指状态可以有一段时间不同步，具有一定的滞后性。假设某个银行中的用户 A 转移资金给用户 B，这个操作通过消息队列来实现解耦，即用户 A 向发送队列中放入资金，资金到达接收队列后通知用户 B 取走资金。由于消息传输的延迟，这个过程中可能会存在一个短时的状态不一致性，即用户 A 已经向发送队列中放入资金，但是资金还没有到达接收队列，用户 B 还没拿到资金，导致出现数据不一致状态，即用户 A 的钱已经减少了，但是用户 B 的钱并没有相应增加。也就是说，在转账的开始和结束状态之间存在一个滞后时间，在这个滞后时间内，两个用户的资金似乎都消失了，出现了短时的不一致状态。虽然这对用户来说有滞后，但是这种滞后是用户可以容忍的，甚至用户根本感知不到，因为两边用户实际上都不知道资金何时会到达。当经过短暂延迟后，资金到达接收队列时，就可以通知用户 B 取走资金，状态最终达到一致。

3. 最终一致性

一致性包括强一致性和弱一致性，二者的主要区别在于在高并发的数据访问操作下，后续操作是否能够获取最新的数据。强一致性是指当执行完一次更新操作后，后续的其他读操作就可以保证读到更新后的最新数据；反之，如果不能保证后续的其他读操作读到的都是更新后的最新数据，那么就是弱一致性。而最终一致性只不过是弱一致性的一种特例，允许后续的访问操作可以暂时读不到更新后的数据，但是经过一段时间之后，用户必须读到更新后的数据。最终一致性也是 ACID 的最终目的，只要最终数据是一致的即可，而不需要每时每刻都保持一致。

5.5.3　第三大基石：最终一致性

讨论一致性的时候，需要从客户端和服务器端两个角度来考虑。从服务器端来看，一致性是指更新如何复制分布到整个系统，以保证数据最终一致。从客户端来看，一致性主要指的是在高并发的数据访问操作下，后续操作能否获取最新的数据。关系数据库通常实现强一致性，也就是一旦一个更新完成，后续的访问操作都可以立即读取更新过的数据。弱一致性则无法保证后续的访问操作都能够读到更新后的数据。

最终一致性的要求更低，只要经过一段时间后能够访问到更新后的数据即可。也就是说，如果一个操作 OP 往分布式存储系统中写入了一个值，遵循最终一致性的系统可以保证，如果后续访问发生之前没有其他写操作去更新这个值，那么，最终所有后续的访问都可以读取操作 OP 写入的最新值。从 OP 操作完成到后续访问可以最终读取 OP 写入的最新值之间的时间间隔称为"不一致性窗口"，如果没有发生系统失败的情况，那么这个窗口的大小依赖于交互延迟、系统负载和副本个数等因素。

最终一致性根据更新数据后各进程访问到数据的时间和方式的不同，可以进行如下区分。

- 因果一致性。如果进程 A 通知进程 B 它已更新了一个数据项，那么进程 B 的后续访问将获得进程 A 写入的最新值。而与进程 A 无因果关系的进程 C 的访问，仍然遵守一般的最终一致性规则。
- "读己之所写"一致性。这可以视为因果一致性的一个特例。当进程 A 自己执行一个更新操作之后，它自己总是可以访问到更新过的值，绝不会访问到旧值。
- 会话一致性。它把访问存储系统的进程放到会话（Session）的上下文中，只要会话还存在，系统就保证"读己之所写"一致性。如果由于某些失败情形导致会话终止，就要建立新的会话，而且系统保证失败情形不会延续到新的会话。
- 单调读一致性。如果进程已经看到过数据对象的某个值，那么任何后续访问都不会返回在这个值之前的值。
- 单调写一致性。系统保证来自同一个进程的写操作顺序执行。系统必须保证这种程度的一致性，否则编程难以进行。

5.6　从 NoSQL 数据库到 NewSQL 数据库

NoSQL 数据库可以提供良好的可扩展性和灵活性，很好地弥补了传统关系数据库的缺陷，较好地满足了 Web 2.0 应用的需求。但是，NoSQL 数据库也存在自己的不足之处。由于 NoSQL 数据库采用非关系数据模型，因此它不具备结构化查询等特性，它的查询效率尤其是复杂查询效率不如关系数据库的，而且不支持事务 ACID 四性。

在这个背景下，近几年，NewSQL 数据库逐渐升温。NewSQL 数据库是各种新的可扩展、高性能数据库的统称，这类数据库不仅具有 NoSQL 数据库对海量数据的存储和管理能力，还保持了传统数据库支持 ACID 和 SQL 等特性。不同的 NewSQL 数据库的内部结构差异很大，但是它们有两个显著的共同特点：都支持关系数据模型；都使用 SQL 作为其主要的接口。

目前，具有代表性的 NewSQL 数据库主要包括 Spanner、Clustrix、GenieDB、ScaleArc、Schooner、VoltDB、RethinkDB、ScaleDB、Akiban、CodeFutures、ScaleBase、TransLattice、NuoDB、Drizzle、

Tokutek、JustOneDB 等。此外，还有一些在云端提供的 NewSQL 数据库（也就是云数据库，在第 6 章介绍），包括 Amazon RDS、Microsoft SQL Azure、Xeround 和 FathomDB 等。在众多 NewSQL 数据库中，Spanner 备受瞩目。它是一个可扩展、多版本、全球分布式并且支持同步复制的数据库，是谷歌第一个可以全球扩展并且支持外部一致性的数据库。Spanner 能做到这些，离不开一个用 GPS 和原子钟实现的时间 API。这个时间 API 能将数据中心之间的时间同步精确到 10ms 以内。因此，Spanner 有几个良好的特性：无锁读事务、原子模式修改、读历史数据无阻塞。

一些 NewSQL 数据库比传统的关系数据库具有明显的性能优势。比如，VoltDB 系统使用了 NewSQL 数据库创新的体系结构，释放了主内存运行的数据库中消耗系统资源的缓冲池，执行交易时的速度可比传统关系数据库的快 45 倍。VoltDB 可扩展服务器的数量为 39 个，并可以每秒处理 160 万个交易（300 个 CPU 核心），而具备同样处理能力的 Hadoop 需要使用更多的服务器。

综合来看，大数据时代的到来，引发了数据处理架构的变革，如图 5-5 所示。以前，业界和学术界追求的方向是一种架构支持多类应用（One Size Fits All），包括事务型应用［OLTP（Online Transaction Processing，联机事务处理）系统］、分析型应用（OLAP 系统、数据

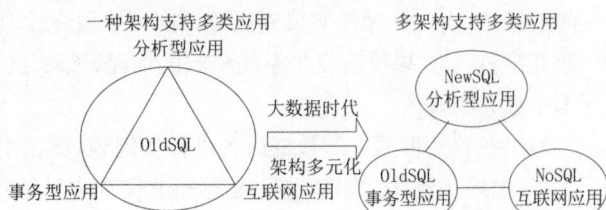

图 5-5　大数据时代的到来引发数据处理架构的变革

仓库）和互联网应用（Web 2.0 应用）。但是，实践证明，这种理想愿景是不可能实现的，不同应用场景的数据管理需求截然不同，一种数据库架构根本无法满足所有场景。因此，到了大数据时代，数据处理架构开始向多元化方向发展，并形成了传统关系数据库（OldSQL）、NoSQL 数据库和 NewSQL 数据库 3 个阵营，三者各有各的应用场景和发展空间。尤其是传统关系数据库，并没有就此被其他两者完全取代。在基本架构不变的基础上，许多关系数据库产品开始引入内存计算和一体机技术以提升处理性能。在未来一段时间内，3 个阵营共存的局面还将持续，不过有一点是肯定的，那就是传统关系数据库的辉煌时期已经过去了。

为了更加清晰地认识传统关系数据库、NoSQL 数据库和 NewSQL 数据库的相关产品，图 5-6 给出了 3 种数据库相关产品的分类情况。

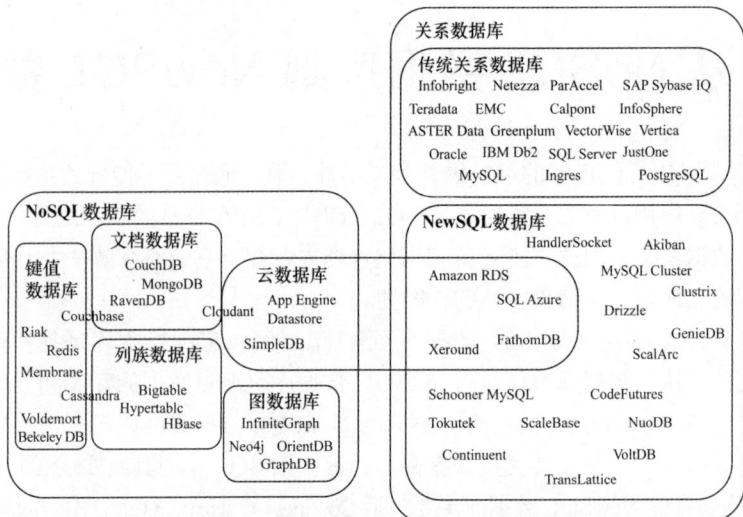

图 5-6　传统关系数据库、NoSQL 数据库和 NewSQL 数据库相关产品的分类情况

5.7　本章小结

本章介绍了 NoSQL 数据库的相关知识。NoSQL 数据库较好地满足了大数据时代的各种非结构化数据的存储需求，开始得到越来越广泛的应用。但是，需要指出的是，传统的关系数据库和 NoSQL 数据库各有所长，有各自的市场空间，不存在一方完全取代另一方的问题，在很长的一段时间内，二者会共同存在，满足不同应用的差异化需求。

NoSQL 数据库主要包括键值数据库、列族数据库、文档数据库和图数据库四大类型，不同产品都有各自的应用场合。CAP、BASE 和最终一致性是 NoSQL 数据库的三大基石，是理解 NoSQL 数据库的基础。

本章最后介绍了融合传统关系数据库和 NoSQL 数据库优点的 NewSQL 数据库。

5.8　习题

1. 如何准确理解 NoSQL 数据库的含义？
2. 试述关系数据库在哪些方面无法满足 Web 2.0 应用的需求。
3. 为什么说关系数据库的一些关键特性在 Web 2.0 时代成为"鸡肋"？
4. 请比较 NoSQL 数据库和关系数据库的优缺点。
5. 试述 NoSQL 数据库的四大类型。
6. 试述键值数据库、列族数据库、文档数据库和图数据库的适用场合和优缺点。
7. 试述 CAP 理论的具体含义。
8. 请举例说明不同产品在设计时是如何运用 CAP 理论的。
9. 试述数据库的事务 ACID 四性的含义。
10. 试述 BASE 的具体含义。
11. 请解释软状态、硬状态的具体含义。
12. 什么是最终一致性？
13. 试述不一致性窗口的含义。
14. 最终一致性根据更新数据后各进程访问到数据的时间和方式的不同，可以分为哪些不同类型的一致性？
15. 什么是 NewSQL 数据库？
16. 试述 NewSQL 数据库与传统关系数据库和 NoSQL 数据库的区别。

实验 4　NoSQL 数据库和关系数据库的操作比较

一、实验目的

（1）体会 4 种数据库（MySQL、HBase、Redis 和 MongoDB）的不同之处。

（2）熟练使用 4 种数据库常用的 Shell 命令。

（3）熟悉 4 种数据库常用的 Java API。

二、实验平台

- Ubuntu 操作系统版本：16.04。
- Hadoop 版本：3.3.5。
- MySQL 版本：5.7。
- HBase 版本：2.5.4。
- Redis 版本：6.0.6。
- MongoDB 版本：4.4.22。
- JDK 版本：1.8。
- Java IDE：Eclipse。

三、实验步骤

1. MySQL 数据库操作

（1）根据表 5-6 所示的 Student 表，在 MySQL 中完成以下操作。

表 5-6　　　　　　　　　　　　　学生（Student）表

Name	English	Math	Computer
ZhangSan	69	86	77
LiSi	55	100	88

① 在 MySQL 中创建 Student 表，并录入数据。

② 用 SQL 语句输出 Student 表中的所有记录。

③ 查询 ZhangSan 的 Computer 成绩。

④ 修改 LiSi 的 Math 成绩为 95。

（2）根据上面已经设计出的 Student 表，使用 MySQL 的 Java 客户端编程实现以下操作。

① 向 Student 表中添加一条记录"scofield,45,89,100"。

② 获取 scofield 的 English 成绩。

2. HBase 数据库操作

（1）根据表 5-7 所示的 Student 表的信息，执行以下操作。

表 5-7　　　　　　　　　　　　　学生（Student）表

Name	Score		
	English	Math	Computer
ZhangSan	69	86	77
LiSi	55	100	88

① 用 HBase Shell 命令创建学生（Student）表。

② 用 scan 命令浏览 Student 表的相关信息。

③ 查询 ZhangSan 的 Computer 成绩。

④ 修改 LiSi 的 Math 成绩为 95。

（2）根据上面已经设计出的 Student 表，用 HBase API 编程实现以下操作。

① 向 Student 表中添加一条记录"scofield,45,89,100"。

② 获取 scofield 的 English 成绩。

3. Redis 数据库操作

Student 键值对如下：

```
ZhangSan: {
            English: 69
            Math: 86
            Computer: 77
}
LiSi: {
            English: 55
            Math: 100
            Computer: 88
}
```

（1）根据上面给出的键值对，完成以下操作。

① 用 Redis 的哈希结构设计出 Student 表（可以用 Student.ZhangSan 和 Student.LiSi 来表示两个键值对属于同一个表）。

② 用 hgetall 命令分别输出 ZhangSan 和 LiSi 的成绩信息。

③ 用 hget 命令查询 ZhangSan 的 Computer 成绩。

④ 修改 LiSi 的 Math 成绩为 95。

（2）根据已经设计出的 Student 表，用 Redis 的 Java 客户端（Jedis）编程实现以下操作。

① 向 Student 表中添加以下键值对。

```
scofield: {
            English: 45
            Math: 89
            Computer: 100
}
```

② 获取 scofield 的 English 成绩。

4. MongoDB 数据库操作

Student 文档如下：

```
{
    "name": "ZhangSan",
    "score": {
        "English": 69,
        "Math": 86,
        "Computer": 77
    }
}
{
    "name": "LiSi",
    "score": {
        "English": 55,
        "Math": 100,
        "Computer": 88
    }
}
```

（1）根据上面给出的文档，完成以下操作。

① 用 MongoDB Shell 设计出 Student 集合。

② 用 find()方法输出两个学生的信息。

③ 用 find()方法查询 ZhangSan 的所有成绩（只显示 score 列）。

④ 修改 LiSi 的 Math 成绩为 95。

（2）根据上面已经设计出的 Student 集合，用 MongoDB 的 Java 客户端编程实现以下操作。

① 向 Student 表中添加以下文档对应的记录。

```
{
    "name": "scofield",
    "score": {
        "English": 45,
        "Math": 89,
        "Computer": 100
    }
}
```

② 获取 scofield 的所有成绩（只显示 score 列）。

四、实验报告

"大数据技术原理与应用"课程实验报告

题目：		姓名：		日期：

实验环境：

实验内容与完成情况：

出现的问题：

解决方案（列出遇到并解决的问题和解决方案，以及没有解决的问题）：

第6章
云数据库

根据 IDC 的预测，大数据将按照每年 50% 的速度增加，其中包含结构化数据、半结构化数据和非结构化数据。如何方便、快捷、低成本地存储海量数据，是许多企业和机构面临的一个严峻挑战。对此，云数据库是一个非常好的解决方案。目前云服务提供商正通过云技术推出更多可在公有云中托管数据库的方法，将用户从烦琐的数据库硬件定制中解放出来，同时让用户拥有强大的数据库扩展能力，满足用户存储海量数据的需求。此外，云数据库还能够很好地满足大企业的海量数据存储需求和中小企业的低成本数据存储需求。可以说，在大数据时代，云数据库将成为许多企业存储数据的目的地。

本章首先对云数据库进行概述，主要介绍云数据库的概念、特性以及云数据库与其他数据库的关系等；然后介绍主流云数据库厂商及其代表性产品；最后以 UMP 系统为例介绍云数据库系统架构。

6.1　云数据库概述

云计算的发展推动了云数据库的兴起，本节主要介绍云数据库的概念、特性以及云数据库与其他数据库的关系。

6.1.1　云计算是云数据库兴起的基础

云计算是分布式计算、并行计算、效用计算、网络存储、虚拟化、负载均衡等计算机和网络技术发展融合的产物。云计算是由一系列可以动态升级和被虚拟化的资源组成的，用户无须掌握云计算的技术，只需通过网络就可以访问这些资源。

云计算主要包括 3 种典型的服务模式，即 IaaS、PaaS 和 SaaS。以 SaaS 为例，它极大地改变了用户使用软件的方式，用户不再需要购买软件并将其安装到本地计算机上，只需通过网络就可以使用各种软件。SaaS 厂商将应用软件统一部署在自己的服务器上，用户可以在线购买、在线使用、按需付费。成立于 1999 年的 Salesforce 公司，是 SaaS 厂商的先驱，提供 SaaS 云服务，并提出了"终结软件"的口号。在该公司的带动下，其他 SaaS 厂商如雨后春笋般涌现。

与传统的软件使用方式相比，云计算这种方式具有明显的优势。传统的软件使用方式和云计算使用方式的比较如表 6-1 所示。

表 6-1 传统的软件使用方式和云计算使用方式的比较

项目	传统的软件使用方式	云计算方式
获得软件的方式	自己投资建设机房，搭建硬件平台，购买软件并在本地安装	直接购买云计算厂商的软件服务
使用方式	本地安装，本地使用	软件运行在云计算厂商服务器上，用户在任何有网络接入的地方都可以通过网络使用软件服务
付费方式	需要一次性支付较大的初期投入成本，包括建设机房、配置硬件、购买各种软件（操作系统、杀毒软件、业务软件等）	零成本投入就可以立即获得所需的 IT 资源，只需要为所使用的资源付费，多用多付，少用少付
维护成本	需要自己花钱聘请专业技术人员维护	零成本，所有维护工作由云计算厂商负责
获得 IT 资源的速度	需要耗费较长时间建设机房、安装调试设备和系统	随时可用，购买服务后立即可用
共享方式	自己建设，自给自足	云计算厂商建设好云计算服务平台后，同时为众多用户提供服务
维修速度	出现病毒、系统崩溃等问题时，需要自己聘请 IT 人员维护，很多小企业的 IT 人员技术能力有限，碰到一些问题甚至需要寻找外援，通常不能立即解决	出现任何系统问题时，云计算厂商都会依靠其专业化团队给出及时的响应，确保云服务的正常使用
资源利用率	资源利用率较低，投入大量资金建设的 IT 系统，往往只供企业自己使用，当企业不需要那么多 IT 资源时，就会产生资源浪费	资源利用率较高，每天都可以为大量用户提供服务；当存在闲置资源时，云计算管理系统会自动关闭和撤出多余资源；当需要增加资源时，云计算管理系统又会自动启动和加入相关资源
企业搬迁时的成本	当企业搬迁时，原来的机房设施要作废，需要在新地方重新投入较大成本建设机房	企业无论搬迁到哪里，都可以通过网络重新零成本立即获得云计算服务，因为资源在云端，不在客户端，企业搬迁不会影响 IT 资源的分布
资源可扩展性	企业自己建设的 IT 基础设施的服务能力通常是有上限的，当企业业务量突然增加时，现有的 IT 基础设施无法立即满足需求，就需要花费时间和金钱购买和安装新设备；当业务高峰过去时，多余的设备就会闲置，造成资源浪费	云计算厂商可以为企业提供近乎无限的 IT 资源（存储和计算等资源），企业想用多少都可以立即获得；当企业不使用时，只需退订多余资源，几乎不存在资源浪费问题

6.1.2 云数据库的概念

云数据库是部署在云计算环境中的虚拟化数据库，是在云计算兴起的大背景下发展起来的一种新兴的共享基础架构的方法，它极大地增强了数据库的存储能力，避免了人员、硬件、软件的重复配置，让软、硬件升级变得更加容易，同时虚拟化了许多后端功能。云数据库具有高可扩展性、高可用性、采用多租形式和支持资源有效分发等特点。

在云数据库中，所有数据库功能都是由云端提供的，客户端可以通过网络远程使用云数据库提供的服务（见图 6-1）。客户端不需要了解云数据库的底层细节，所有的底层硬件都已经被虚拟化，对客户端而言是透明的，客户端就像在使用一个运行在单一服务器上的数据库一样，非常方便、容易，同时可以获得理论上近乎无限的存储和处理能力。

需要指出的是，有人认为数据库属于应用基础设施（即中间件），因此把云数据库划入 PaaS 的范畴，也有人认为数据库本身也是一种应用软件，因此把云数据库划入 SaaS 的范畴。对于这个问题，本书把云数据库划入 SaaS 的范畴，但同时认为，云数据库到底应该被划入 PaaS 还是 SaaS 的范畴，并不是最重要的。实际上，云计算 IaaS、PaaS 和 SaaS 这 3 种典型的服务模式之间的界限有时候并不是非常清晰。对云数据库而言，最重要的就是它允许用户以服务的方式通过网络获得云端的数据库功能。

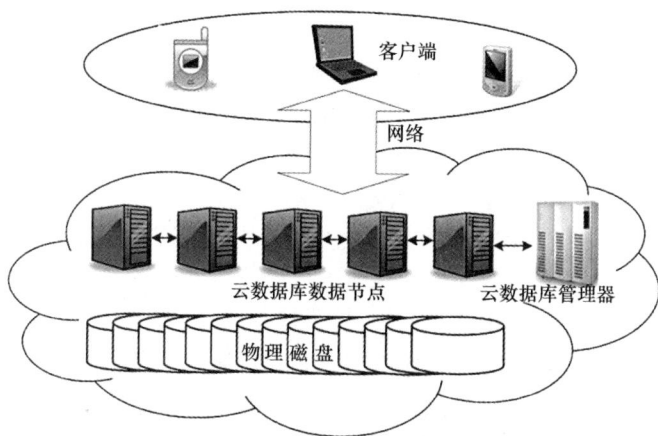

图 6-1　云数据库示意

6.1.3　云数据库的特性

云数据库具有以下特性。

1. 动态可扩展性

理论上，云数据库具有无限的动态可扩展性，可以满足不断增加的数据存储需求。在面对不断变化的条件时，云数据库可以表现出很好的弹性。例如，一个从事产品零售的电子商务公司会存在季节性或突发性的产品需求变化，或者类似 Animoto 的网络社区站点可能会经历一个指数级的用户增长阶段，这时，它们可以分配额外的数据库存储资源来处理增加的需求，这个过程只需要几分钟，一旦需求降低，它们就可以立即释放这些数据库存储资源。

2. 高可用性

云数据库不存在单点失效问题。如果一个节点失效了，剩余的节点就会接管未完成的事务。而且，在云数据库中，数据通常是冗余存储的，在地理上也是分散的。诸如谷歌、亚马逊和 IBM 等大型云计算供应商，具有分布在世界范围内的数据中心，通过在不同地理区间内进行数据复制，可以提高系统的容错能力。例如，Amazon SimpleDB 会在不同的区域内进行数据复制，这样，即使某个区域内的云设施失效，也可以保证数据继续可用。

3. 较低的使用代价

云数据库厂商通常采用多租户（Multi-tenancy）的形式，同时为多个用户提供服务，这种共享资源的形式对用户而言可以节省开销，而且用户采用"按需付费"的方式使用云计算环境中的各种软、硬件资源，不会产生不必要的资源浪费。另外，云数据库底层存储通常采用大量廉价的商业服务器，这大大降低了用户开销。腾讯云数据库官方公布的资料显示，当实现类似的数据库性能时，如果采用自建 MySQL 的方式，则成本为每台服务器每天 50.6 元，实现双机容灾需要 2 台服务器，即成本为每天 101.2 元，平均存储成本是每 GB 每天 0.25 元，平均 1 元可获得的每秒查询率（Queries Per Second，QPS）为每秒 24 次；而如果采用腾讯云数据库产品，企业不需要投入任何初期建设成本，成本仅为每天 72 元，平均存储成本为每 GB 每天 0.18 元，平均 1 元可获得的 QPS 为每秒 83 次，相对于自建，使用云数据库平均 1 元获得的 QPS 提高为其 346%，具有极高的性价比。

4. 易用

使用云数据库的用户不必控制运行原始数据库的机器，也不必了解它身在何处。用户只需要一个有效的连接字符串（URL）就可以开始使用云数据库，而且就像使用本地数据库一样。许多基于 MySQL 的云数据库产品（如腾讯云数据库、阿里云 RDS 等），完全兼容 MySQL 协议，用户可通过基于 MySQL 协议的客户端或者 API 访问实例，还可无缝地将原有 MySQL 应用迁移到云存储平台，无须进行任何代码改造。

5. 高性能

云数据库采用大型分布式存储服务集群，支撑海量数据访问，多机房自动冗余备份，自动读写分离。

6. 免维护

用户不需要关注后端机器及数据库的稳定性、网络问题、机房灾难、单库压力等各种风险，云数据库服务商提供"7×24h"的专业服务，扩容和迁移对用户透明且不影响服务，并且可以提供全方位、全天候立体式监控，让用户无须半夜去处理数据库故障。

7. 安全

云数据库提供数据隔离，不同应用的数据会存在于不同的数据库中而不会相互影响；还提供安全性检查，可以及时发现并拒绝恶意攻击性访问；提供数据多时间点备份，确保不会发生数据丢失问题。

以腾讯云数据库为例，开发者可快速在腾讯云中申请云服务器实例资源，通过 IP/PORT 直接访问 MySQL 实例，完全无须安装 MySQL 实例，可以一键迁移原有 SQL 应用到腾讯云平台，这大大节省了人力成本；同时，腾讯云数据库完全兼容 MySQL 协议，可通过基于 MySQL 协议的客户端或 API 便捷地访问实例。此外，腾讯云数据库还采用了大型分布式存储服务集群，支撑海量数据访问，提供"7×24h"的专业存储服务。自建数据库和腾讯云数据库的比较如表 6-2 所示。

表 6-2　　　　　　　　　　　　自建数据库和腾讯云数据库的比较

项目	自建数据库	腾讯云数据库
数据安全性		15 种类型备份数据，保证数据安全
服务可用性		99.99%高可用性
数据备份		零花费，系统自动多时间点数据备份
维护成本	开发者自行解决，成本较高昂	零成本，专业团队"7×24h"帮助维护
实例扩容		一键式直接扩容，安全可靠
资源利用率		按需申请，资源利用率高达 99.9%
技术支持		专业团队一对一指导、QQ 远程协助开发者

6.1.4　云数据库是个性化数据存储需求的理想选择

在大数据时代，每个企业几乎每天都在产生大量的数据。企业类型不同，对于存储的需求也千差万别，而云数据库可以很好地满足不同企业的个性化数据存储需求，是个性化数据存储需求的理想选择。

第一，云数据库可以满足大企业的海量数据存储需求。云数据库在当前数据爆炸的大数据时代具有广阔的应用前景。传统的关系数据库难以横向扩展，通常无法存储海量数据。因此，具有高可扩展性的云数据库就成为企业存储与管理海量数据的很好选择。

第二，云数据库可以满足中小企业的低成本数据存储需求。中小企业在 IT 基础设施方面的投入比较有限，因此非常渴望借助第三方方便、快捷、廉价地获得数据库服务。云数据库厂商通常采用多租户形式同时为多个用户提供服务，降低了单个用户的使用成本，而且用户使用云数据库服务通常只需按需付费，不会浪费资源，造成额外支出。因此，云数据库使用成本很低，对中小企业而言，使用云数据库可以大大降低企业的信息化门槛，让企业在付出较低成本的同时，获得优质的专业级数据库服务，从而有效提升企业信息化水平。

第三，云数据库可以满足企业动态变化的数据存储需求。企业在不同时期需要存储的数据量是不断变化的，有时增加，有时减少。在小规模应用的情况下，系统负载的变化可以由系统空闲的多余资源来处理，但是在大规模应用的情况下，传统关系数据库由于其可伸缩性较差，不仅无法满足应用需求，而且会给企业带来高昂的存储成本和管理开销。而云数据库良好的可伸缩性，可以让企业在需求增加时立即获得需要的数据库资源，在需求减少时立即释放多余的数据库资源，较好地满足企业的动态数据存储需求。

当然，并不是说云数据库可以满足个性化数据存储需求，企业就一定要把数据存放到云数据库中。最终选择自建数据库还是选择云数据库，取决于企业自身。对于一些大型企业，目前通常选择自建数据库，一方面是由于企业财力比较雄厚，有内部的 IT 团队负责数据库维护，另一方面是由于数据是现代企业的核心资产，涉及很多高级商业机密，企业出于数据安全考虑，不愿意把内部数据存储在公有云的数据库中，尽管云数据库供应商会一直强调数据的安全性，但是这依然不能打消企业的顾虑。而对一些财力有限的中小企业而言，IT 预算比较有限，通常不可能投入大量资金建设和维护数据库，企业数据并非特别敏感，因此云数据库这种前期零投入、后期免维护的数据库服务，可以很好地满足其需求。

6.1.5　云数据库与其他数据库的关系

关系数据库采用关系数据模型，NoSQL 数据库采用非关系数据模型，二者属于不同的数据库技术。从数据模型的角度来说，云数据库并非一种全新的数据库技术，而是以服务的方式提供数据库功能的技术。云数据库并没有专属于自己的数据模型，它所采用的数据模型可以是关系数据库所使用的关系数据模型（如微软的 SQL Azure 云数据库、阿里云 RDS 都采用了关系数据模型），也可以是 NoSQL 数据库所使用的非关系数据模型（如 Amazon DynamoDB 云数据库采用的就是"键值"存储）。同一个企业也可能提供采用不同数据模型的多种云数据库服务，如百度云数据库提供了 3 种数据库服务，即分布式关系数据库服务（基于关系数据库 MySQL）、分布式非关系数据库服务（基于文档数据库 MongoDB）、键值型非关系数据库服务（基于键值数据库 Redis）。实际上，许多企业在开发云数据库时，后端数据库都直接使用了现有的各种关系数据库或 NoSQL 数据库产品，比如腾讯云数据库采用 MySQL 作为后端数据库，微软的 SQL Azure 云数据库采用

SQL Server 作为后端数据库。从市场的整体应用情况来看，由于 NoSQL 应用对开发者要求较高，而 MySQL 拥有成熟的中间件、运维工具，已经形成一个良性的生态系统，因此从现阶段来看，云数据库的后端数据库以 MySQL 为主、NoSQL 为辅。

在云数据库这种 IT 服务模式出现之前，企业要使用数据库，就需要自建关系数据库或 NoSQL 数据库（它们被称为"自建数据库"）。云数据库与这些"自建数据库"最本质的区别在于，云数据库是部署在云端的数据库，采用 SaaS 服务模式，用户可以通过网络租赁使用数据库服务，在有网络的地方都可以使用，不需要前期投入和后期维护，使用价格比较低廉。云数据库对用户而言是完全透明的，用户根本不知道自己的数据被保存在哪里。云数据库通常采用多租户形式，即多个租户共用一个实例，租户的数据既被隔离又可以共享，从而解决了数据存储的问题，同时降低了用户使用数据库的成本。而自建的关系数据库和 NoSQL 数据库本身都没有采用 SaaS 服务模式，需要用户自己搭建 IT 基础设施和配置数据库，成本相对而言比较高，而且需要自己进行机房维护和数据库故障处理。

6.2 云数据库产品

本节首先简要介绍当前市场上的主流云数据库厂商，然后分别介绍亚马逊、谷歌、微软等公司的代表性云数据库产品。

6.2.1 主流云数据库厂商简介

主流云数据库厂商主要分为 3 类。

（1）传统的数据库厂商，如 Teradata、Oracle、IBM Db2 和微软等。

（2）涉足数据库市场的云数据库厂商，如亚马逊、谷歌、雅虎、阿里、百度、腾讯等。

（3）新兴厂商，如 Vertica、LongJump 和 EnterpriseDB 等。

市场上常见的云数据库产品如表 6-3 所示。

表 6-3　　　　　　　　　　　　市场上常见的云数据库产品

厂商	产品
亚马逊	DynamoDB、SimpleDB、RDS
谷歌	Cloud SQL
微软	Microsoft SQL Azure
Oracle	Oracle Cloud
雅虎	PNUTS
Vertica	Analytic Database for the Cloud
EnterpriseDB	Postgres Plus in the Cloud
阿里	阿里云 RDS
百度	百度云数据库
腾讯	腾讯云数据库
华为	华为云数据库

6.2.2 亚马逊的云数据库产品

亚马逊是云数据库市场的先行者。亚马逊除了提供 S3 存储服务和 EC2 计算服务以外，还提供基于云的数据库服务 SimpleDB 和 DynamoDB。

SimpleDB 是一个可供查询的分布式数据存储系统，是亚马逊网页服务（Amazon Web Service，AWS）上的第一个 NoSQL 数据库服务，集合了亚马逊的大量 AWS 基础设施。SimpleDB，顾名思义，其目的是作为一个简单的数据库来使用，它的存储元素（属性和值）是由一个 id 字段来确定行的位置的。这种结构可以满足用户基本的读、写和查询功能。SimpleDB 提供易用的 API 来快速地存储和访问数据。但是，SimpleDB 不是一个关系数据库，传统关系数据库采用的是行存储，而 SimpleDB 采用的是"键值"存储，它主要服务于那些不需要关系数据库的 Web 开发者。但是，SimpleDB 存在一些明显缺陷，如存在单表限制、性能不稳定、只能支持最终一致性等。

DynamoDB 吸收了 SimpleDB 以及其他 NoSQL 数据库设计思想的精华，为要求更高的应用而设计，这些应用要求可扩展的数据存储以及更高级的数据管理功能。DynamoDB 采用"键值"存储，其所存储的数据是非结构化数据，不识别任何结构化数据，需要用户自己完成对值的解析。Dynamo 系统中的键不是以字符串的方式进行存储的，而是采用 md5_key（通过 MD5 算法转换后得到）的方式进行存储的，因此它只能根据键去访问，不支持查询。DynamoDB 使用固态盘，实现恒定、低延迟的读写时间，旨在在扩展大容量的同时维持数据库的一致性，即使这种性能伴随着更为严格的查询模型。

亚马逊的关系数据库服务（Relational Database Service，RDS）是亚马逊开发的一种 Web 服务，它可以让用户在云环境中建立、操作关系数据库（可以支持 MySQL 和 Oracle 等数据库）。用户只需要关注应用和业务层面的内容，而不需要在烦琐的数据库管理工作上耗费过多的时间。

此外，亚马逊和其他数据库厂商开展了很好的合作，Amazon EC2 已经可以部署很多种数据库产品，包括 SQL Server、Oracle Database、MySQL 等主流数据库平台，以及其他一些数据库产品。EC2 是一种可扩展的托管环境，开发者可以在 EC2 环境中开发并托管自己的数据库应用。

6.2.3 谷歌的云数据库产品

Cloud SQL 是谷歌推出的基于 MySQL 的云数据库，使用 Cloud SQL 的好处显而易见：所有的事务都在云中，并由谷歌管理，用户不需要配置或者排查错误，只需依靠它来开展工作即可。由于数据在谷歌多个数据中心中备份，因此它永远是可用的。谷歌还将提供导入或导出服务，方便用户将数据带进或带出云。谷歌使用用户非常熟悉的 MySQL，带有 JDBC 支持（适用于基于 Java 的 App Engine 应用）和 DB-API 支持（适用于基于 Python 的 App Engine 应用）的传统 MySQL 数据库环境，因此多数应用程序不需要过多调试即可运行，该数据库中的数据格式对大多数开发者和管理员来说也是非常熟悉的。Cloud SQL 还有一个好处就是它与 App Engine 集成。

6.2.4 微软的云数据库产品

2008 年 3 月，微软通过 SDS（SQL Data Service，结构化查询语言数据服务）提供 SQL Server 的关系数据库功能，这使微软成为云数据库市场上的第一个大型数据库厂商。此后，微软对 SDS 的功能进行了扩充，并且将其重命名为 SQL Azure。微软的 Azure 平台提供了一个 Web 服务集合，可以允许用户通过网络在云中创建、查询和使用 SQL Server 数据库，云中的 SQL Server 服务器的位置对用户而言是透明的。对云计算而言，这是一个重要的里程碑。SQL Azure 具有以下特性。

（1）属于关系数据库。支持使用 Transact-SQL 来管理、创建和操作云数据库。

（2）支持存储过程。它的数据类型、存储过程和传统的 SQL Server 的具有很大的相似性，因此应用可以在本地进行开发，然后部署到云平台上。

（3）支持大量数据类型。它包含几乎所有典型的 SQL Server 的数据类型。

（4）支持云中的事务。它支持局部事务，但是不支持分布式事务。

SQL Azure 的体系架构中包含一个虚拟机簇，SQL Azure 可以根据工作负载的变化，动态增加或减少虚拟机的数量，如图 6-2 所示。每台 SQL Server 虚拟机（Virtual Machine，VM）都安装了 SQL Server 数据库管理系统，并以关系数据模型存储数据。通常，一个数据库会被分散存储到 3～5 台 SQL Server 虚拟机中。每台 SQL Server 虚拟机同时安装了 SQL Azure Fabric 和 SQL Azure 管理服务，后者负责数据库的数据复写工作，以保障 SQL Azure 的基本高可用性需求。不同 SQL Server 虚拟机内的 SQL Azure Fabric 和 SQL Azure 管理服务之间会交换监控信息，以保证整体服务的可监控性。

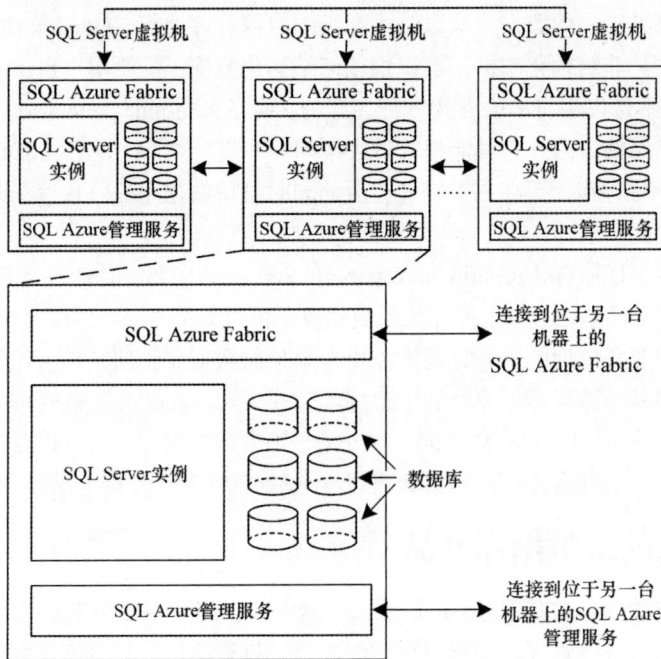

图 6-2　SQL Azure 的体系架构

6.2.5　其他云数据库产品

Yahoo! PNUTS 是一个为网页应用开发的大规模并行、地理分布式的数据库系统，它是雅虎云计算平台重要的一部分。Vertica 在 2008 年发布了云数据库。MongoDB 公司的 MongoDB、AppJet 公司的 AppJet 数据库都提供了相应的云数据库版本。IBM 投资的 EnterpriseDB 也提供了一个运行在 Amazon EC2 上的云数据库。LongJump 是一个与 Salesforce 存在竞争关系的新公司，它推出了基于开源数据库 PostgreSQL 的云数据库产品。Intuit QuickBase 也提供了自己的云数据库系列。美国麻省理工学院研制的 Relational Cloud 可以自动区分负载的类型，并把类型相近的负载分配到同一个数据节点上，而且 Relational Cloud 采用了基于图的数据分区策略，对复杂的事务型负载也具有很好的可扩展性。此外，它还支持在加密的数据上运行 SQL 查询。阿里云 RDS 是阿里云提供的关系数据库服务，它将直接运行于物理服务器上的数据库实例租给用户。百度云数据库可以支持分布式关系数据库服务（基于关系数据库 MySQL）、分布式非关系数据库服务（基于文档数据库 MongoDB）、键值型非关系数据库服务（基于键值数据库 Redis）。

6.3　云数据库系统架构

不同的云数据库产品采用的系统架构存在很大差异，下面以阿里巴巴核心系统数据库团队开发的 UMP（Unified MySQL Platform）系统为例进行介绍。

6.3.1　UMP 系统概述

UMP 系统是低成本和高性能的 MySQL 云数据库方案，关键模块采用 Erlang 实现。开发者通过网络从平台上申请 MySQL 实例资源，利用平台提供的单一入口来访问数据。UMP 系统把各种服务器资源划分为资源池，并以资源池为单位把资源分配给 MySQL 实例。UMP 系统中包含一系列组件，这些组件协同工作，以对用户透明的形式提供一系列服务。UMP 系统通过"用 Cgroup 限制 MySQL 进程资源""在 Proxy 服务器端限制 QPS"两种方式，实现了资源隔离、按需分配，以及限制了 CPU、内存和 I/O 资源；同时，UMP 系统还支持在不影响提供数据服务的前提下根据用户业务的发展进行动态扩容和缩容。UMP 系统还综合运用了 SSL 数据库连接、数据访问 IP 白名单、记录用户操作日志、SQL 拦截等技术，来有效保护用户的数据安全。

总的来说，UMP 系统架构设计遵循了以下原则。

① 保持单一的系统对外入口，并且为系统内部维护单一的资源池。

② 消除单点故障，保证服务的高可用性。

③ 保证系统具有良好的可伸缩性，能够动态地增加、删减计算与存储节点。

④ 保证分配给用户的资源也是弹性可伸缩的，资源之间相互隔离，确保应用和数据的安全。

6.3.2　UMP 系统架构

UMP 系统架构如图 6-3 所示。UMP 系统中的角色包括 Controller 服务器、Web 控制台、Proxy 服务器、Agent 服务器、日志分析服务器、信息统计服务器、愚公系统；依赖的开源组件包括 Mnesia、RabbitMQ、ZooKeeper 和 LVS。

1. Mnesia

Mnesia 是一个分布式数据库管理系统，适用于电信及其他需要持续运行和具备软实时特性的 Erlang 应用，是构建电信应用的控制系统平台——开放式电信平台（Open Telecom Platform，OTP）的一部分。Erlang 是一种结构化、动态类型的编程语言，内建并行计算支持，非常适用于构建分布式、软实时并行计算系统。使用 Erlang 编写出的应用，在运行时通常由成千上万个轻量级进程组成，并通过消息传递相互通信。Erlang 程序的进程间上下文切换要比 C 程序的高效得多。Mnesia 与 Erlang 是紧耦合的，这样最大的好处是在操作数据时，不会由于数据库与编程语言所用的数据格式不同而发生阻抗失配问题。Mnesia 支持事务，支持透明的数据分片，利用两阶段锁实现分布式事务，可以线性扩展到至少 50 个节点。Mnesia 的数据库模式（schema）可在运行时动态重配置，表能被迁移或复制到多个节点来改进容错性。Mnesia 的这些特性，使其在开发云数据库时被用来提供分布式数据库服务。

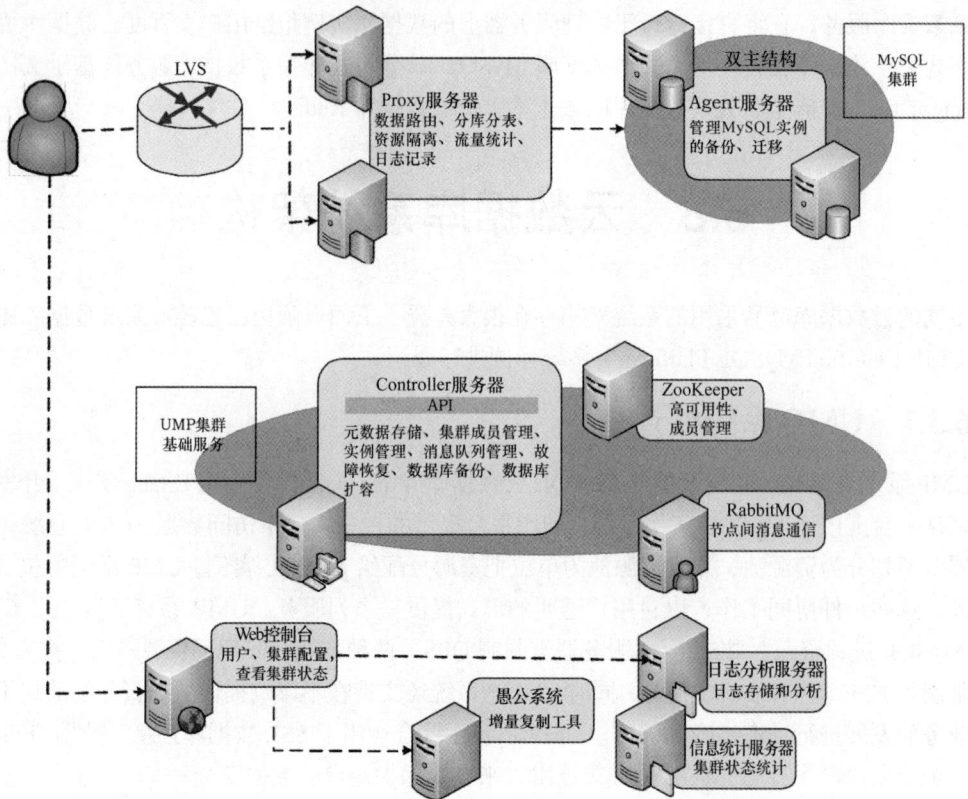

图 6-3　UMP 系统架构

2. RabbitMQ

RabbitMQ 是一个采用 Erlang 开发的工业级的消息队列产品（功能类似于 IBM 公司的消息队列产品 IBM MQ），它被作为消息传输中间件使用，可以实现可靠的消息传送。UMP 集群中各个节点之间的消息通信，不需要建立专门的连接来实现，它们都是通过读写队列消息来实现的。

3. ZooKeeper

ZooKeeper 是高效和可靠的协同工作系统，提供分布式锁之类的基本服务（如统一命名服务、状态同步服务、集群管理、分布式应用配置项的管理等），用于构建分布式应用，减轻分布式应用程序所承担的协调任务（关于 ZooKeeper 的工作原理可以参考相关图书或网络资料）。在 UMP 系统中，ZooKeeper 主要发挥以下 3 个作用。

（1）作为全局的配置服务器。UMP 系统需要运行多台服务器，它们运行的应用系统的某些配置项是相同的，如果要修改这些相同的配置项，就必须同时到多台服务器上去修改，这样做不仅麻烦，而且容易出错。因此，UMP 系统把这类配置信息完全交给 ZooKeeper 来管理，它把配置信息保存在 ZooKeeper 的某个目录节点中，然后在所有需要修改的服务器中对这个目录节点设置监听（也就是监控配置信息的状态），一旦配置信息发生变化，每台服务器就会收到 ZooKeeper 的通知，然后从 ZooKeeper 获取新的配置信息。

（2）提供分布式锁功能。UMP 集群中部署了多台 Controller 服务器，为了保证系统的正确运行，某些操作在某一时刻只能由一台服务器执行，而不能由多台服务器同时执行。例如，一个 MySQL 实例发生故障后，需要进行主备切换，由另一个正常的服务器来代替当前发生故障的服务器，如果这个时候所有的 Controller 服务器都去跟踪处理并且发起主备切换流程，那么整个系统就会进入混乱的状态。因此，在同一时间，必须从集群的多台 Controller 服务器中选举出一个"总管"，由这个"总管"负责发起各种系统任务。ZooKeeper 的分布式锁功能能够帮助选出一个"总管"，让这个"总管"来管理集群。

（3）监控所有 MySQL 实例。当 UMP 集群中运行 MySQL 实例的服务器发生故障时，必须保证故障及时被监听到，并且要使用其他正常服务器来替代故障服务器。UMP 系统借助于 ZooKeeper 监控所有 MySQL 实例。每个 MySQL 实例在启动时都会在 ZooKeeper 上创建一个临时类型的目录节点，当某个 MySQL 实例挂掉时，这个临时类型的目录节点也随之被删除，后台监听进程可以捕获到这种变化，从而知道这个 MySQL 实例不再可用。

4. LVS

Linux 虚拟服务器（Linux Virtual Server，LVS）是一个虚拟的服务器集群系统。LVS 采用 IP 负载均衡技术和基于内容的请求分发技术。调度器是 LVS 集群系统的唯一入口点。调度器具有很好的吞吐率，能够将请求均衡地转移到不同的服务器上执行，且调度器自动屏蔽服务器的故障，从而将一组服务器构成一个高性能的、高可用的虚拟服务器。整个服务器集群的结构对用户而言是透明的，而且无须修改客户端和服务器端的程序。UMP 系统借助 LVS 来实现集群内部的负载均衡。

5. Controller 服务器

Controller 服务器向 UMP 集群提供各种管理服务，实现集群成员管理、元数据存储、MySQL 实例管理、故障恢复、备份、迁移、扩容等功能。Controller 服务器上运行了一组 Mnesia 分布式数据库服务，其中存储了各种系统元数据，主要包括集群成员、用户的配置和状态信息，以及用户名与后端 MySQL 实例地址的映射关系（或称为"路由表"）等。当其他服务器组件需要获取用户数据时，可以向 Controller 服务器发送获取数据请求。为了避免单点故障，保证系统的高可用性，UMP 系统中部署了多台 Controller 服务器，需要使用 ZooKeeper 的分布式锁功能来帮助选出一个"总管"，负责各种系统任务的调度和监控。

6. Web 控制台

Web 控制台向用户提供系统管理页面。

7. Proxy 服务器

Proxy 服务器向用户提供访问 MySQL 数据库的服务。它完全实现了 MySQL 协议，用户可以使用已有的 MySQL 客户端连接到 Proxy 服务器，Proxy 服务器通过用户名获取用户的认证信息、资源配额的限制，如 QPS、IOPS（Input/Output Operations Per Second，每秒输入输出操作数）、最大连接数等，以及后台 MySQL 实例的地址，然后用户的 SQL 查询请求会被转发到相应的 MySQL 实例上。除了数据路由的基本功能，Proxy 服务器中还实现了很多重要的功能，主要包括屏蔽 MySQL 实例故障、读写分离、分库分表、资源隔离、记录用户访问日志等。

8. Agent 服务器

Agent 服务器部署在运行 MySQL 进程的机器上，用来管理每台物理机上的 MySQL 实例，执行主从切换、创建、删除、备份、迁移等操作，同时还负责收集和分析 MySQL 进程的统计信息、慢查询日志（Slow Query Log）和 bin-log。

9. 日志分析服务器

日志分析服务器存储和分析 Proxy 服务器传入的用户访问日志，并支持实时查询一段时间内的慢日志和统计报表。

10. 信息统计服务器

信息统计服务器定期对采集到的用户的连接数、QPS 数值以及 MySQL 实例的进程状态用

RRDtool 进行统计，可以在 Web 页面上可视化展示统计结果，也可以把统计结果作为今后实现弹性的资源分配和自动化的 MySQL 实例迁移的依据。

11. 愚公系统

愚公系统是一个进行增量复制的工具，它结合了全量复制和 bin-log 分析，可以实现在不停机的情况下动态扩容、缩容和迁移。

6.3.3　UMP 系统功能

UMP 系统构建在一个大的集群之上，通过多个组件协同作业，整个系统实现了对用户透明的容灾、读写分离、分库分表、资源管理、资源调度、资源隔离和数据安全等功能。

1. 容灾

云数据库必须向用户提供一直可用的数据库连接，当 MySQL 实例发生故障时，系统必须自动执行故障恢复，所有故障处理过程对用户不是透明的，用户不会感知到后台发生的一切。

为了实现容灾，UMP 系统会为每个用户创建两个 MySQL 实例（一个是主库，另一个是从库），而且这两个 MySQL 实例互相把对方设置为备份机，任意一个 MySQL 实例上面发生的更新都会被复制给对方。同时，Proxy 服务器可以保证只向主库写入数据。

主库和从库的状态是由 ZooKeeper 负责维护的，ZooKeeper 可以实时监听各个 MySQL 实例的状态，一旦主库死机，ZooKeeper 可以立即感知到，并通知 Controller 服务器。Controller 服务器会启动主从切换操作，在路由表中修改用户名与后端 MySQL 实例地址的映射关系，并把主库标记为不可用，同时，借助消息中间件 RabbitMQ 通知所有 Proxy 服务器修改用户名与后端 MySQL 实例地址的映射关系。通过这一系列操作后，主从切换完成，用户名就会被赋予一个新的可以正常使用的 MySQL 实例，而这一切对用户而言是完全透明的。

死机后的主库在进行恢复处理后需要再次上线。在主库死机和故障恢复期间，从库可能已经发生过多次更新。因此，主库在恢复时，会把从库中的这些更新都复制给自己，当主库快要达到和从库一致的状态时，Controller 服务器就会命令从库停止更新，进入不可写状态，禁止用户写入数据，这个时候用户可能感受到短时间的“不可写”。等到主库更新到和从库完全一致的状态时，Controller 服务器就会发起主从切换操作，并在路由表中把主库标记为可用状态，然后通知 Proxy 服务器把写操作切换回主库上，用户写操作可以继续执行，再把从库修改为可写状态。

2. 读写分离

由于每个用户都有两个 MySQL 实例，即主库和从库，因此 UMP 系统可以充分利用主、从库实现用户读写操作的分离，并实现负载均衡。UMP 系统实现了对于用户透明的读写分离功能，当整个功能被开启时，负责向用户提供访问 MySQL 数据库服务的 Proxy 服务器，就会对用户发起的 SQL 语句进行解析。如果该 SQL 语句属于写操作，就直接发送到主库；如果该 SQL 语句属于读操作，就会被均衡地发送到主库和从库上执行。但是，有一种情况可能发生，那就是，用户刚刚写入数据到主库，在数据还没有被复制到从库之前，用户就去从库读这个数据，导致用户要么读不到数据，要么读到数据的旧版本。为了避免这种情况的发生，UMP 系统在每次用户写操作发生后都会开启一个计时器，如果用户在计时器开启的 300ms 内读数据，不管是读刚写入的这些数据还是其他数据，都会被强行分发到主库上去执行读操作。当然，在实际应用中，UMP 系统允许修改 300ms 这个设定值，但是一般而言，300ms 已经可以保证数据在写入主库后被复制到从库中。

3. 分库分表

UMP 支持对用户透明的分库分表，但是用户在创建账号的时候需要指定类型为多实例，并且设置实例的个数，系统会根据用户设置来创建多组 MySQL 实例。除此以外，用户还需要自己设定分库分表规则，如需要确定分区字段（也就是确定根据哪个字段进行分库分表），还需要确定分区字段里的值如何映射到不同的 MySQL 实例上。

当采用分库分表时，系统处理用户查询的过程如下：首先，Proxy 服务器解析用户 SQL 语句，提取重写和分发 SQL 语句所需要的信息；其次，对 SQL 语句进行重写，得到多个针对相应 MySQL 实例的子语句，把子语句分发到对应的 MySQL 实例上执行；最后，接收来自各个 MySQL 实例的 SQL 语句执行结果，合并执行结果以得到最终结果。

4. 资源管理

UMP 系统采用资源池机制来管理数据库服务器上的 CPU、内存、磁盘等计算资源，所有的计算资源都放在资源池内进行统一分配。资源池是为 MySQL 实例分配资源的基本单位。整个集群中的所有服务器会根据其机型、所在机房等因素被划分为多个资源池，每台服务器会被加入相应的资源池。对于每个具体的 MySQL 实例，管理员会根据应用部署在哪些机房、需要哪些计算资源等因素，为该 MySQL 实例具体指定主库和从库所在的资源池，然后系统的实例管理服务会本着"负载均衡"的原则，从资源池中选择负载较轻的服务器来创建 MySQL 实例。在资源池划分的基础上，UMP 系统还在每台服务器内部采用 Cgroup 将资源进一步细分，从而限制每个进程组使用资源的上限，同时保证进程组之间相互隔离。

5. 资源调度

UMP 系统内部将用户划分为 3 种类型，分别是数据量和流量比较小的小规模用户、中等规模用户，以及需要分库分表的用户。多个小规模用户可以共享一个 MySQL 实例。对于中等规模的用户，每个用户独占一个 MySQL 实例，用户可以根据自己的需求来调整内存空间和磁盘空间，如果用户需要更多的资源，就可以迁移到资源有空闲或者具有更高配置的服务器上。需要分库分表的用户会占有多个独立的 MySQL 实例，这些 MySQL 实例既可以共存在一台物理机上，也可以每个 MySQL 实例独占一台物理机。

UMP 系统通过 MySQL 实例的迁移来实现资源调度。借助于阿里巴巴中间件团队开发的愚公系统，UMP 系统可以实现在不停机的情况下动态扩容、缩容和迁移。

6. 资源隔离

当多个用户共享一个 MySQL 实例或者多个 MySQL 实例共存在一台物理机上时，为了保护用户应用和数据的安全，必须实现资源隔离，否则某个用户过多消耗系统资源会严重影响其他用户的操作性能。UMP 系统采用表 6-4 所示的两种资源隔离方式。

表 6-4　　　　　　　　　　　　UMP 系统采用的两种资源隔离方式

资源隔离方式	应用场合	实现方式
用 Cgroup 限制 MySQL 进程资源	适用于多个 MySQL 实例共存在一台物理机上的情况	可以对用户的 MySQL 进程最大可以使用的 CPU 使用率、内存和 IOPS 等进行限制
在 Proxy 服务器端限制 QPS	适用于多个用户共享一个 MySQL 实例的情况	Controller 服务器监测用户的 MySQL 实例的资源消耗情况，如果明显超出配额，就通知 Proxy 服务器通过增加延迟的方法去限制用户的 QPS，以减少用户对系统资源的消耗

7. 数据安全

数据安全是让用户放心使用云数据库产品的关键，尤其是企业用户，其数据库中存放了很多业务数据，有些属于商业机密，一旦泄露，就会给企业造成损失。UMP 系统设计了多种机制来保证数据安全。

（1）SSL 数据库连接。安全套接字层（Secure Socket Layer，SSL）是为网络通信提供安全及数据完整性的一种安全协议，它在传输层对网络连接进行加密。Proxy 服务器实现了完整的 MySQL 客户端/服务器协议，可以与客户端之间建立 SSL 数据库连接。

（2）数据访问 IP 地址白名单。UMP 系统可以把允许访问云数据库的 IP 地址放入"白名单"，只有白名单内的 IP 地址才能访问云数据库，其他 IP 地址的访问都会被拒绝，以保证账户安全。

（3）记录用户操作日志。用户的所有操作都会被记录到日志分析服务器，通过检查用户操作记录，可以发现隐藏的安全漏洞。

（4）SQL 拦截。Proxy 服务器可以根据要求拦截多种类型的 SQL 语句，比如全表扫描语句"select *"。

6.4　本章小结

本章介绍了云数据库的相关知识。云数据库是在云计算兴起的大背景下发展起来的，在云端为用户提供数据服务，用户不需要自己投资建设软硬件环境，只需要向云数据库厂商购买数据库服务，就可以方便、快捷、低成本地实现数据存储与管理功能。

云数据库具有动态可扩展性、高可用性、较低的使用代价、易用、高性能、免维护、安全等特性，是大数据时代企业实现低成本大规模数据存储的理想选择。

云数据库市场有很多代表性的产品可供选择。亚马逊是云数据库市场的先行者，谷歌和微软也开发了自己的云数据库产品，在市场上具备一定的影响力。

本章最后以 UMP 系统为例，介绍了云数据库系统架构。

6.5　习题

1. 试述云数据库的概念。
2. 与传统的软件使用方式相比，云计算方式具有哪些明显的优势？
3. 云数据库有哪些特性？
4. 试述云数据库的影响。
5. 举例说明主流云数据库厂商及其代表性产品。
6. 试述 Microsoft SQL Azure 的体系架构。
7. 试述 UMP 系统的功能。
8. 试述 UMP 系统的组件及其具体作用。
9. 试述 UMP 系统实现主从备份的方法。
10. 试述 UMP 系统读写分离的实现方法。
11. UMP 系统采用哪两种方式实现资源隔离？
12. 试述 UMP 系统中的 3 种类型的用户。
13. UMP 系统如何保障数据安全？

第3篇
大数据处理与分析

本篇内容

本篇介绍大数据处理与分析的相关技术。大数据包括静态数据和动态数据（流数据），静态数据适合采用批处理方式，动态数据需要进行实时计算。分布式并行编程框架 MapReduce 可以大幅提高程序性能，实现高效的批量数据处理。Hive 是一个基于 Hadoop 的数据仓库工具，可以用于对存储在 Hadoop 文件中的数据集进行数据整理、特殊查询和分析处理，用户通过编写类似 SQL 语句的 HiveQL 语句可以运行 MapReduce 任务，无须编写复杂的 MapReduce 应用程序。基于内存的分布式计算框架 Spark，是一个可应用于大规模数据处理的快速、通用引擎，如今是 Apache 软件基金会旗下的顶级开源项目之一，正以其结构一体化、功能多元化的优势，逐渐成为当今大数据领域主流的大数据计算平台之一。Flink 是一种兼具高吞吐、低延迟和高性能的开源流计算框架，具有十分强大的功能。大数据中包括很多图结构数据，但是 MapReduce 不适合用来解决大规模图计算问题，因此，新的图计算框架应运而生，Pregel 就是其中一种具有代表性的产品。

本篇包括第 7～13 章。第 7 章介绍分布式并行编程框架 MapReduce；第 8 章对 Hadoop 进行再探讨；第 9 章介绍数据仓库、数据湖以及基于 Hadoop 的数据仓库 Hive；第 10 章介绍基于内存的分布式计算框架 Spark；第 11 章介绍流计算和开源流计算框架 Storm、Spark Streaming、Structured Streaming；第 12 章介绍并源流计算框架 Flink；第 13 章介绍图计算框架 Pregel。

知识地图

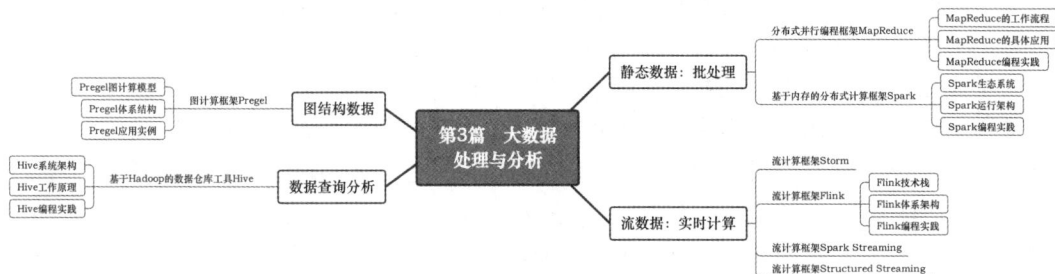

重点与难点

本篇的重点为掌握分布式并行编程框架 MapReduce、基于内存的分布式计算框架 Spark、流计算框架 Flink、图计算框架 Pregel 的基本原理；难点为理解 MapReduce 的工作流程、Spark 运行架构、Flink 的编程模型和 Pregel 的图计算模型。

第7章

MapReduce

大数据时代除了需要解决大规模数据的高效存储问题，还需要解决大规模数据的高效处理问题。分布式并行编程可以大幅提高程序性能，实现高效的批量数据处理。分布式程序运行在大规模计算机集群上，集群中包括大量廉价服务器，可以并行执行大规模数据处理任务，从而获得海量的计算能力。MapReduce 是一种并行编程模型，本章将阐述其具体工作流程，并以 WordCount 为实例介绍 MapReduce 程序设计方法，同时还介绍 MapReduce 的具体应用，讲解 MapReduce 编程实践。

7.1 MapReduce 概述

本节首先简要介绍分布式并行编程，然后介绍分布式并行编程模型 MapReduce 以及它的核心函数 Map 和 Reduce。

7.1.1 分布式并行编程

在过去的很长一段时间里，CPU 的性能都遵循"摩尔定律"，即大约每隔 18 个月性能翻一番。这意味着不需要对程序做任何改变，仅通过使用更高级的 CPU，程序就可以"享受"性能提升。但是，大规模集成电路的制造工艺已经达到一个限度，从 2005 年开始"摩尔定律"逐渐失效。人们想要提高程序的运行性能，就不能再把希望过多地寄托在制造性能更高的 CPU 上。于是，人们开始借助于分布式并行编程来提高程序的性能。分布式程序运行在大规模计算机集群上，集群中包括大量廉价服务器，可以并行执行大规模数据处理任务，从而获得海量的计算能力。

分布式并行编程与传统的程序开发方式有很大的区别。传统的程序都以单指令单数据流的方式顺序执行，虽然这种方式比较符合人类的思维习惯，但是这种程序的性能受到单台机器性能的限制，可扩展性较差。分布式并行程序可以运行在由大量计算机构成的集群上，从而可以充分利用集群的并行处理能力，同时通过向集群中增加新的计算节点，可以很容易地实现集群计算能力的扩充。

谷歌最先提出分布式并行编程模型 MapReduce，Hadoop MapReduce 是它的开源实现。谷歌的 MapReduce 运行在分布式文件系统 GFS 上。与谷歌的 MapReduce 类似，Hadoop MapReduce 运行在分布式文件系统 HDFS 上。相对而言，Hadoop MapReduce 的使用门槛要比谷歌的 MapReduce 的使用门槛低很多，程序员即使没有任何分布式程序开发经验，也可以很轻松地开发出分布式程序并将程序部署到计算机集群中。

7.1.2　MapReduce 模型简介

谷歌在 2003—2006 年连续发表了 3 篇很有影响力的文章，分别阐述了 GFS、MapReduce 和 BigTable 的核心思想。其中，MapReduce 是谷歌的核心计算模型。

在 MapReduce 中，一个存储在分布式文件系统中的大规模数据集会被切分成许多独立的小数据集，这些小数据集可以被多个 Map 任务并行处理。MapReduce 框架会为每个 Map 任务输入一个小数据集（分片），Map 任务生成的结果会继续作为 Reduce 任务的输入，最终由 Reduce 任务输出最后结果，并将结果写入分布式文件系统。需要特别注意的是，适合用 MapReduce 来处理的数据集需要满足一个前提条件：待处理的数据集可以分解成许多小的数据集，而且每一个小数据集都可以完全并行地进行处理。

MapReduce 设计的一个理念是"计算向数据靠拢"，而不是"数据向计算靠拢"。因为移动数据需要大量的网络传输开销，尤其在大规模数据环境下，这种开销尤为惊人，所以，移动计算要比移动数据更加经济。本着这个理念，在一个集群中，只要有可能，MapReduce 框架就会将 Map 程序就近地在 HDFS 数据所在的节点运行，即将计算节点和存储节点放在一起运行，从而减少节点间的数据移动开销。

Hadoop 框架是用 Java 实现的，但是 MapReduce 应用程序不一定要用 Java 来编写。

7.1.3　Map 和 Reduce 函数

MapReduce 模型的核心是 Map 和 Reduce 函数，二者都是由应用程序开发者负责具体实现的。MapReduce 编程之所以比较容易，是因为程序员只需要关注如何实现 Map 和 Reduce 函数，而不需要处理并行编程中的其他各种复杂问题，如分布式存储、工作调度、负载均衡、容错处理、网络通信等，这些问题都会由 MapReduce 框架负责处理。

Map 和 Reduce 函数都以<key,value>作为输入，按一定的映射规则将其转换成另一个或一批<key,value>进行输出（见表 7-1）。

表 7-1　　　　　　　　　　　　　　　　　Map 和 Reduce 函数

函数	输入	输出	说明
Map	$<k_1,v_1>$	$List(<k_2,v_2>)$	（1）将小数据集进一步解析成一批<key,value>，输入 Map 函数中进行处理。 （2）对于每一个输入的$<k_1,v_1>$，会对应输出一个或一批$<k_2,v_2>$，$<k_2,v_2>$是计算的中间结果
Reduce	$<k_2,List(v_2)>$	$<k_3,v_3>$	输入的中间结果$<k_2,List(v_2)>$中的$List(v_2)$表示一个或一批属于同一个 k_2 的值

Map 函数的输入来自分布式文件系统的数据块，这些数据块的格式是任意的。数据块是一系列元素的集合，这些元素也是任意类型的，同一个元素不能跨数据块存储。Map 函数将输入的元素转换成<key,value>形式的键值对，键和值的类型也是任意的，其中，键没有唯一性，不能作为输出的身份标识，即使是同一输入元素，也可通过一个 Map 任务生成具有相同键的多个键值对。

Reduce 函数的任务就是将输入的一系列具有相同键的键值对以某种方式组合起来，输出处理后的键值对，输出结果会合并成一个文件。用户可以指定 Reduce 任务的个数（如 n 个），并通知实现系统。然后主控进程通常会选择一个哈希函数，对 Map 任务输出的每个键都用哈希函数计算，并根据计算结果将该键值对输入相应的 Reduce 任务来处理。例如，处理键为 k 的 Reduce 任务的输入形式为$<k,<v_1,v_2,\cdots,v_n>>$，输出为$<k,V>$。

下面给出一个简单实例。比如我们想编写一个 MapReduce 程序来统计一个文本文件中每个单词的频数，对于表 7-1 中的 Map 函数的输入$<k_1,v_1>$，其具体数据就是<某一行文本在文件中的偏移位置,该行文本的内容>。用户可以自己编写 Map 函数处理过程，读取文件中某一行文本后解析出每个单词，生成一批中间结果<单词,频数>，然后把这些中间结果作为 Reduce 任务的输入。Reduce 函数的具体处理过程也是由用户自己编写的，用户可以将相同单词的频数进行累加，得到每个单词的总频数。

7.2　MapReduce 的工作流程

理解 MapReduce 的工作流程，是开展 MapReduce 编程的前提。本节首先给出工作流程概述，并阐述 MapReduce 的各个执行阶段，最后对 MapReduce 的核心环节——Shuffle 过程进行详解。

7.2.1　MapReduce 工作流程概述

大规模数据集的处理包括分布式存储和分布式计算两个核心环节。谷歌用分布式文件系统 GFS 实现分布式数据存储，用 MapReduce 实现分布式计算；而 Hadoop 使用分布式文件系统 HDFS 实现分布式数据存储，用 Hadoop MapReduce 实现分布式计算。MapReduce 的输入和输出都需要借助于分布式文件系统进行存储，这些输入和输出被分布存储到集群中的多个节点上。

MapReduce 的核心思想可以用"分而治之"来描述，也就是把一个大的数据集拆分成多个小数据集在多台机器上并行处理，其工作流程如图 7-1 所示。一个大的 MapReduce 作业，首先会被拆分成许多个 Map 任务在多台机器上并行执行，每个 Map 任务通常运行在数据存储的节点上。这样计算和数据就可以放在一起运行，不需要额外的数据传输开销。当 Map 任务结束后，会生成以<key,value>形式表示的许多中间结果。然后，这些中间结果会被分发到多个 Reduce 任务在多台机器上并行执行，具有相同键的<key,value>会被发送到同一个 Reduce 任务，Reduce 任务会对中间结果进行汇总计算得到最后结果，并输出到分布式文件系统。

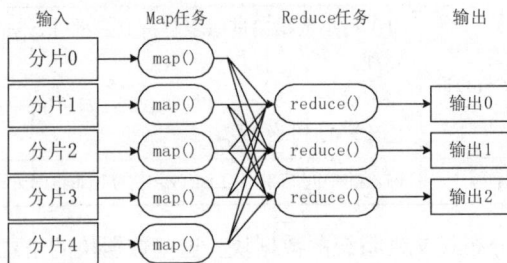

图 7-1　MapReduce 的工作流程

需要指出的是，不同的 Map 任务之间不会进行通信，不同的 Reduce 任务之间也不会发生任何信息交换；用户不能显式地从一台机器向另一台机器发送消息，所有的数据交换都是通过 MapReduce 框架自身去实现的。

在 MapReduce 的整个执行过程中，Map 任务的输入文件、Reduce 任务的处理结果都是保存在分布式文件系统中的，而 Map 任务处理得到的中间结果保存在本地存储设备（如磁盘）中。另外，只有当 Map 任务处理全部结束后，Reduce 过程才能开始；只有 Map 才需要考虑数据局部性，实现"计算向数据靠拢"，Reduce 则无须考虑数据局部性。

7.2.2 MapReduce 工作流程的各个执行阶段

下面介绍 MapReduce 工作流程的各个执行阶段。

（1）MapReduce 框架使用 InputFormat 模块进行 Map 前的预处理，比如验证输入的格式是否符合输入定义；然后将输入文件切分为逻辑上的多个 InputSplit。InputSplit 是 MapReduce 对文件进行处理和运算的输入单位，只是一个逻辑概念，每个 InputSplit 并没有对文件进行实际切分，只记录了要处理的数据的位置和长度。

（2）因为 InputSplit 是逻辑切分而非物理切分，所以还需要通过 RecordReader（RR）根据 InputSplit 中的信息来处理 InputSplit 中的具体记录、加载数据，并将其转换为适合 Map 任务读取的键值对，再输入给 Map 任务。

（3）Map 任务会根据用户自定义的映射规则，输出一系列的<key,value>作为中间结果。

（4）为了让 Reduce 可以并行处理 Map 的结果，需要对 Map 的输出进行一定的分区（Partition）、排序（Sort）、合并（Combine）、归并（Merge）等操作，得到<key,value-list>形式的中间结果，再将中间结果交给对应的 Reduce 来处理，这个过程称为 Shuffle。从无序的<key,value>到有序的<key,value-list>，这个过程用 Shuffle 来称呼是非常形象的。

（5）Reduce 以一系列<key,value-list>形式的中间结果作为输入，执行用户定义的逻辑，输出结果交给 OutputFormat 模块。

（6）OutputFormat 模块会验证输出目录是否已经存在，以及输出结果类型是否符合配置文件中的配置类型，如果这两个条件都满足，就输出 Reduce 的结果到分布式文件系统。

MapReduce 工作流程的各个执行阶段，具体如图 7-2 所示。

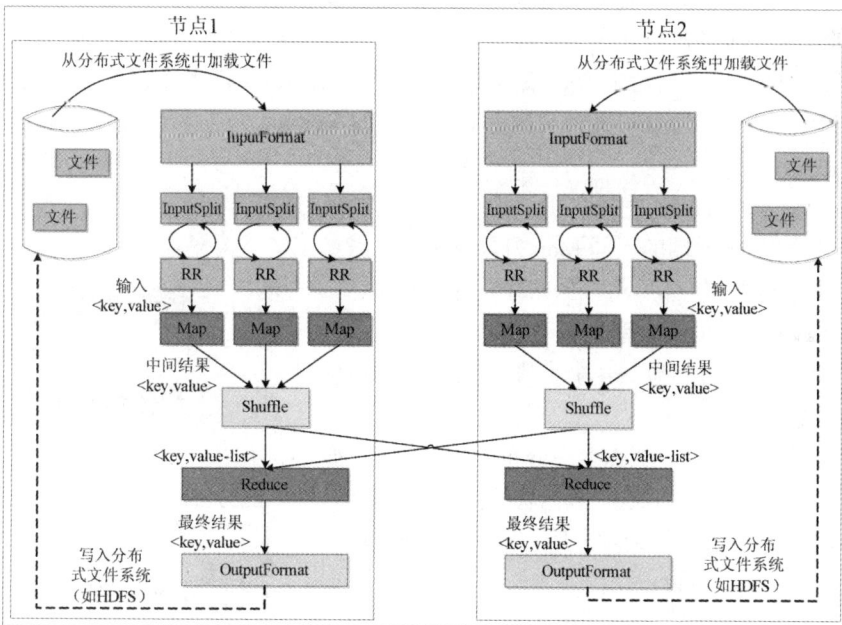

图 7-2 MapReduce 工作流程的各个执行阶段

7.2.3　Shuffle 过程详解

Shuffle 过程是 MapReduce 整个工作流程的核心环节，理解 Shuffle 过程的基本原理，对于理解 MapReduce 工作流程至关重要。

1．Shuffle 过程简介

Shuffle 是指对 Map 任务输出结果进行分区、排序、合并、归并等处理并交给 Reduce 的过程。因此，Shuffle 过程分为 Map 端的操作和 Reduce 端的操作，如图 7-3 所示，主要执行以下操作。

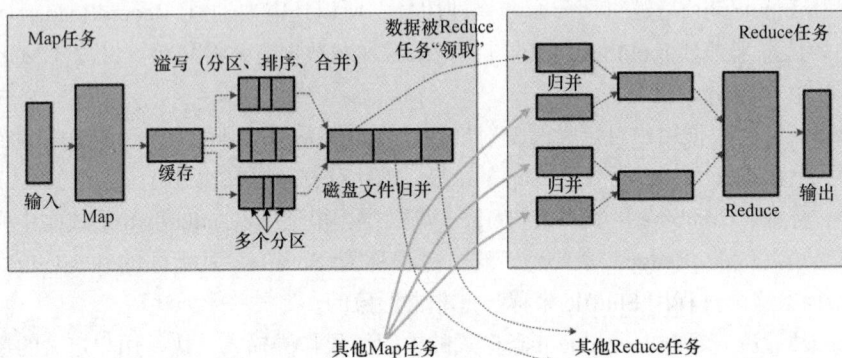

图 7-3　Shuffle 过程

（1）Map 端的 Shuffle 过程简介

Map 任务的输出结果首先被写入缓存，当缓存满时，就启动溢写操作，把缓存中的数据写入磁盘，并清空缓存。当启动溢写操作时，首先需要对缓存中的数据进行分区，然后对每个分区的数据进行排序和合并，再将数据写入磁盘。每次溢写操作会生成一个新的溢写文件，随着 Map 任务的执行，磁盘中会生成多个溢写文件。在 Map 任务全部结束之前，这些溢写文件会被归并成一个大的溢写文件，然后通知相应的 Reduce 任务来"领取"需要自己处理的数据。

（2）Reduce 端的 Shuffle 过程简介

Reduce 任务从 Map 端的不同 Map 机器"领取"需要自己处理的那部分数据，然后将数据归并并进行处理。

2．Map 端的 Shuffle 过程

Map 端的 Shuffle 过程包括 4 个步骤，如图 7-4 所示。

（1）输入数据和执行 Map 任务

Map 任务的输入数据一般保存在分布式文件系统（如 GFS 或 HDFS）的数据块中，这些数据块的格式是任意的。Map 任务接收<key, value>作为输入后，按一定的映射规则将其转换成多个<key, value>输出。

（2）写入缓存

每个 Map 任务都会被分配一个缓存，Map 任务的输出结果不会立即写入磁盘，而是首先写入缓存。在缓存中积

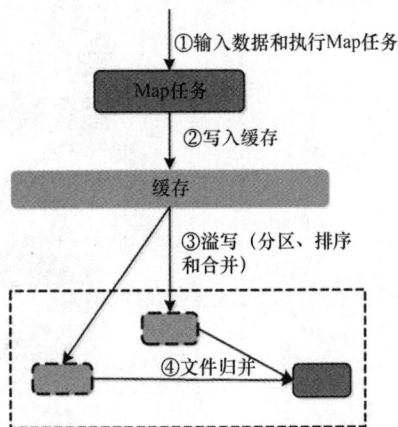

图 7-4　Map 端的 Shuffle 过程

累一定数量的 Map 任务输出结果以后，再一次性批量写入磁盘，这样可以大大减少对磁盘 I/O 的影响。因为磁盘包含机械部件，它是通过磁头移动和盘片的转动来寻址定位数据的，每次寻址的开销很大，如果每个 Map 任务输出结果都直接写入磁盘，会引入很多次寻址开销，而一次性批量写入，就只需要进行一次寻址，连续写入，这样大大降低了开销。需要注意的是，在写入缓存之前，键与值都会被序列化成字节数组。

（3）溢写（分区、排序和合并）

提供给 MapReduce 的缓存的容量是有限的，默认大小是 100MB。随着 Map 任务的执行，缓存中 Map 任务输出结果的数量会不断增加，很快占满整个缓存。这时，就必须启动溢写（Spill）操作，把缓存中的内容一次性写入磁盘，并清空缓存。溢写过程通常是由另外一个单独的后台线程来完成的，不会影响 Map 任务输出结果写入缓存。但是为了保证 Map 任务输出结果能够持续写入缓存，不受溢写过程的影响，就必须让缓存中一直有可用的空间，不能等到空间全部占满才启动溢写过程，所以一般会设置一个溢写比例，如 0.8，即当 100MB 大小的缓存被填入 80MB 数据时，就启动溢写过程，把已经写入的 80MB 数据写入磁盘，剩余 20MB 空间供 Map 任务输出结果继续写入。

但是，在溢写到磁盘之前，缓存中的数据首先会被分区。缓存中的数据是<key, value>形式的键值对，这些键值对最终需要交给不同的 Reduce 任务进行并行处理。MapReduce 通过 Partitioner 接口对这些键值对进行分区，默认的分区方式是先采用哈希函数对键进行哈希，再对 Reduce 任务的数量进行取模，可以表示成 hash(key) mod R，其中 R 表示 Reduce 任务的数量。这样，就可以把 Map 任务输出结果均匀地分配给这 R 个 Reduce 任务去并行处理了。当然，MapReduce 也允许用户通过重载 Partitioner 接口来自定义分区方式。

对于每个分区内的所有键值对，后台线程会根据键对它们进行内存排序。排序是 MapReduce 的默认操作。排序结束后，还有一个可选的合并操作。如果用户事先没有定义 Combiner 函数，就不用进行合并操作。如果用户事先定义了 Combiner 函数，则排序结束后会执行合并操作，从而减少需要溢写到磁盘的数据量。

“合并”是指将那些具有相同键的键值对的值加起来，比如有两个键值对<"xmu",1>和<"xmu",1>，经过合并操作以后就可以得到一个键值对<"xmu",2>，这样就减少了键值对的数量。这里需要注意，Map 端的这种合并操作，其实和 Reduce 的功能相似，但是由于这个操作发生在 Map 端，所以我们只能称之为“合并”，从而使这种操作有别于 Reduce 的功能。不过，并非所有场合都可以使用 Combiner，因为 Combiner 的输出是 Reduce 任务的输入，Combiner 绝不能改变 Reduce 任务最终的计算结果。一般而言，累加、求最大值等场景可以使用合并操作。

经过分区、排序以及可能发生的合并操作之后，可以将缓存中的键值对写入磁盘，并清空缓存。每次溢写操作都会在磁盘中生成一个新的溢写文件，写入溢写文件中的所有键值对都是经过分区和排序的。

（4）文件归并

每次溢写操作都会在磁盘中生成一个新的溢写文件，随着 MapReduce 任务的进行，磁盘中的溢写文件数量会越来越多。当然，如果 Map 任务输出结果很少，磁盘上只会存在一个溢写文件，但是通常会存在多个溢写文件。最终，在 Map 任务全部结束之前，系统会对所有溢写文件中的数据进行归并，生成一个大的溢写文件，这个大的溢写文件中的所有键值对也是经过分区和排序的。

“归并”是指具有相同键的键值对会被归并成一个新的键值对。

　　另外，进行文件归并时，如果磁盘中已经生成的溢写文件的数量超过参数 min.num.spills.for.combine 的值（默认是 3，用户可以修改）时，就可以再次运行 Combiner，对数据进行合并操作，从而减少写入磁盘的数据量。但是，如果磁盘中只有一两个溢写文件，执行合并操作就会"得不偿失"，因为执行合并操作本身也需要代价，所以不需要运行 Combiner。

　　经过上述 4 个步骤以后，Map 端的 Shuffle 过程全部完成，最终生成一个会被存放在本地磁盘上的大文件。这个大文件中的数据是被分区的，不同的分区会被发送到不同的 Reduce 任务进行并行处理。JobTracker 会一直监测 Map 任务的执行，当监测到一个 Map 任务完成后，会立即通知相关的 Reduce 任务来"领取"数据，然后开始 Reduce 端的 Shuffle 过程。

3. Reduce 端的 Shuffle 过程

　　相对于 Map 端而言，Reduce 端的 Shuffle 过程非常简单，只需要从 Map 端"领取"Map 任务结果，然后执行归并操作，最后将数据输入 Reduce 任务进行处理。具体而言，Reduce 端的 Shuffle 过程包括 3 个步骤，如图 7-5 所示。

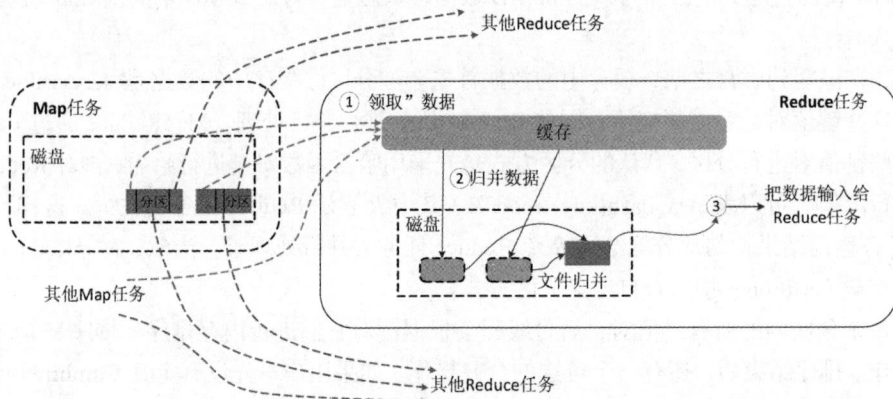

图 7-5　Reduce 端的 Shuffle 过程

　　（1）"领取"数据

　　Map 端的 Shuffle 过程结束后，所有 Map 任务输出结果都保存在 Map 机器的本地磁盘上，Reduce 任务需要把这些数据"领取"（Fetch）回来存放到自己所在机器的本地磁盘上。因此，在每个 Reduce 任务真正开始之前，它大部分时间都在从 Map 端"领取"自己需要处理的那些分区的数据。每个 Reduce 任务会不断地通过 RPC 向 JobTracker 询问 Map 任务是否已经完成；JobTracker 监测到一个 Map 任务完成后，就会通知相关的 Reduce 任务来"领取"数据；一旦一个 Reduce 任务收到 JobTracker 的通知，它就会到该 Map 任务所在的机器上把自己需要处理的分区数据"领取"到本地磁盘中。

　　（2）归并数据

　　从 Map 端"领取"的数据会被存放在 Reduce 任务所在机器的缓存中，如果缓存被占满，"领取"的数据就会像 Map 端一样被溢写到磁盘中。由于在 Shuffle 阶段 Reduce 任务还没有真正开始执行，因此，这时可以把内存的大部分空间分配给 Shuffle 过程作为缓存。需要注意的是，系统中一般存在多个 Map 机器，Reduce 任务会从多个 Map 机器"领取"自己需要处理的那些分区的数据，因此，缓存中的数据是来自不同的 Map 机器的，一般会存在很多可以合并的键值对。当溢写过程启动时，具有相同键的键值对会被归并，如果用户定义了 Combiner，则归并后的数据还可以执行合并操作，以减少写入磁盘的数据量。每个溢写过程结束后，都会在磁盘中生成一个溢写文件，因此，磁盘上会存在多个溢写文件。最终，当所有的 Map 端数据都已经被"领取"时，和 Map 端类似，多个溢写文件会被归并成一个大文件，归并的时候还会对键值对进行排序，从而使最终的大文件中的键值对都是有序的。当然，在数据很少的情形下，缓存可以存储所有数据，就不需要把数据溢写到磁盘，而是直接在内存中执行归并操作，然后直接输入 Reduce 任务。需要说明的是，把磁盘上的多个溢写文件归并成一个大文件可能需要执行多轮归并操作。每轮归并操作可以归并的文件数量是由参数 io.sort.factor 的值（默认是 10，用户可以修改）来控制的，假设磁盘中生成了 50 个溢写文件，每轮可以归并 10 个溢写文件，则需要经过 5 轮归并，得到 5 个归并后的大文件。

（3）把数据输入 Reduce 任务

磁盘中经过多轮归并后得到的若干个大文件，不会继续归并成一个新的大文件，而会直接输入 Reduce 任务，这样可以减少磁盘读写开销。由此，整个 Shuffle 过程顺利结束。接下来，Reduce 任务会执行 Reduce 函数中定义的各种映射，输出最终结果，并将其保存到分布式文件系统（如 GFS 或 HDFS）中。

7.3　实例分析：WordCount

下面给出一个 WordCount 实例来阐述采用 MapReduce 解决实际问题的基本思路和具体执行过程。

7.3.1　WordCount 的程序任务

在编程语言的学习过程中，一般会以"HelloWorld"程序作为入门范例，WordCount 就是类似"HelloWorld"的 MapReduce 入门程序。WordCount 程序任务如表 7-2 所示。表 7-3 给出了一个 WordCount 的输入和输出实例。

表 7-2　　　　　　　　　　　　　　　　　WordCount 程序任务

项目	描述
程序	WordCount
输入	一个包含大量单词的文本文件
输出	文件中每个单词及其频数（出现次数），并将单词按照字典序排列，每个单词和其频数占一行，单词和频数之间有间隔

表 7-3　　　　　　　　　　　　一个 WordCount 的输入和输出实例

输入	输出
Hello World Hello Hadoop Hello MapReduce	Hadoop 1 Hello 3 MapReduce 1 World 1

7.3.2　WordCount 的设计思路

WordCount 的设计思路如下。

首先，需要检查 WordCount 程序任务是否可以采用 MapReduce 来实现。在 7.1.2 小节中我们曾经提到，适合用 MapReduce 来处理的数据集需要满足一个前提条件：待处理的数据集可以分解成许多小的数据集，而且每一个小数据集都可以完全并行地进行处理。在 WordCount 程序任务中，不同单词之间的频数不存在相关性，彼此独立，可以把不同的单词分发给不同的机器进行并行处理，因此可以采用 MapReduce 来实现词频统计任务。

其次，确定 MapReduce 程序的设计思路。MapReduce 程序的设计思路很简单：首先把文件内容解析成许多个单词，然后把所有相同的单词聚集到一起，最后计算出每个单词的频数并输出。

最后，确定 MapReduce 程序的执行过程。把一个大文件切分成许多个分片，每个分片输入给不同机器上的 Map 任务，并行执行完成"把文件内容解析成许多个单词"的任务。Map 的输入采用 Hadoop 默认的<key, value>形式，即文件的行号作为键，该行号对应的文件的一行内容作为值；Map 的输出以单词作为键，1 作为值，即<单词,1>表示单词出现了 1 次。Map 阶段完成后，会输出一系列<单词,1>这种形式的中间结果，然后 Shuffle 阶段会对这些中间结果进行排序、分区，得到<key, value-list>形式（如<<hadoop, <1,1,1,1,1>>）的中间结果，再分发给不同的 Reduce 任务。Reduce 任务接收到所有分配给自己的中间结果（一系列键值对）后，就开始执行汇总计算工作，计算每个单词的频数并把结果输出到分布式文件系统。

在后面的 MapReduce 编程实践（见 7.5 节）内容中，我们会介绍如何编写 WordCount 的具体实现代码。

7.3.3　WordCount 的具体执行过程

对于 WordCount 程序任务，整个 MapReduce 过程的具体执行过程如下。

（1）执行 WordCount 的用户程序（采用 MapReduce 编写），会被系统分发部署到集群中的多台机器上，其中一台机器作为 Master，负责协调调度作业的执行，其余机器作为 Worker，可以执行 Map 或 Reduce 任务。

（2）系统分配一部分 Worker 执行 Map 任务，一部分 Worker 执行 Reduce 任务；MapReduce 将输入文件切分成 M 个分片，Master 将 M 个分片分给处于空闲状态的 N 个 Worker 处理。

（3）执行 Map 任务的 Worker 读取输入数据，执行 Map 操作，生成一系列<key,value>形式的中间结果，并将中间结果保存在内存的缓冲区中。

（4）缓冲区中的中间结果会被定期刷新写到本地磁盘上，并被划分为 R 个分区，这 R 个分区会被分发给 R 个执行 Reduce 任务的 Worker 进行处理；Master 会记录这 R 个分区在磁盘上的存储位置，并通知 R 个执行 Reduce 任务的 Worker 来"领取"自己需要处理的那些分区的数据。

（5）执行 Reduce 任务的 Worker 收到 Master 的通知后，就到相应的 Map 任务机器上"领取"需要自己处理的分区。需要注意的是，正如之前在 7.2.3 小节阐述的那样，可能会有多个 Map 任务机器通知某个 Reduce 任务机器来"领取"数据，因此，一个执行 Reduce 任务的 Worker，可能会从多个 Map 任务机器上"领取"数据。当位于所有 Map 任务机器上的、需要自己处理的数据都已经被"领取"回来以后，这个执行 Reduce 任务的 Worker 会对"领取"的键值对进行排序（如果内存中放不下则需要用到外部排序），使具有相同键的键值对聚集在一起，接着就可以开始执行具体的 Reduce 操作了。

（6）执行 Reduce 任务的 Worker 遍历中间结果数据，对每一个唯一键执行 Reduce 函数，结果写入输出文件；执行完毕后，唤醒用户程序，返回结果。

WordCount 的具体执行过程如图 7-6 所示。

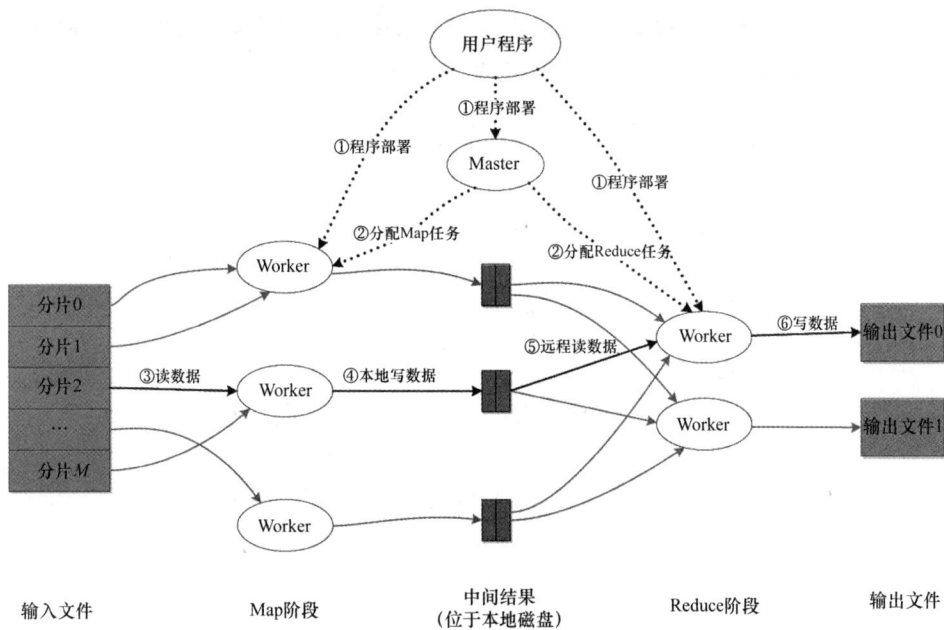

图 7-6　WordCount 的具体执行过程

7.3.4　一个 WordCount 执行过程的实例

假设执行词频统计任务的 MapReduce 作业中，有 3 个执行 Map 任务的 Worker 和 1 个执行 Reduce 任务的 Worker。一个文档包含 3 行内容，每行分配给一个 Map 任务来处理。Map 操作的输入是<key, value>形式，其中，键是文档中某行的行号，值是该行的内容。Map 操作会将输入文档中的每一个单词，以<key, value>的形式作为中间结果进行输出，如图 7-7 所示。

然后，在 Map 端的 Shuffle 过程中，如果用户没有定义 Combiner 函数，则 Shuffle 过程会把具有相同键的键值对归并成一个键值对，如图 7-8 所示。具体而言，若干个具有相同键的键值对<k_1,v_1>，<k_1,v_2>，$\cdots$，<k_1,v_n>，会被归并成一个新的键值对

图 7-7　Map 过程示意

<k_1,<$v_1,v_2,\cdots,v_n$>>。比如在图 7-7 最上面的 Map 任务输出结果中，存在键都是"World"的两个键值对<"World",1>，经过 Map 端的 Shuffle 过程以后，这两个键值对会被归并得到一个键值对<"World",<1,1>>。然后，这些归并后的键值对会作为 Reduce 任务的输入，由 Reduce 任务为每个单词计算出频数。这里不再给出 Reduce 端的 Shuffle 结果。最后，输出排序后的最终结果<"Bye",3>、<"Hadoop",4>、<"Hello",3>、<"World",2>。

在实际应用中，每个输入文件被 Map 函数解析后，都可能会生成大量类似<"the",1>的中间结果，很显然，这会大大增加网络传输开销。在前面介绍 Shuffle 过程时，我们曾经提到过，对于这种情形，MapReduce 支持用户提供 Combiner 函数来对中间结果进行合并后再发送给 Reduce 任

务，从而大大减少网络传输的数据量。对于图 7-7 中的 Map 任务输出结果，如果用户定义了
Combiner 函数，则 Reduce 过程示意如图 7-9 所示。

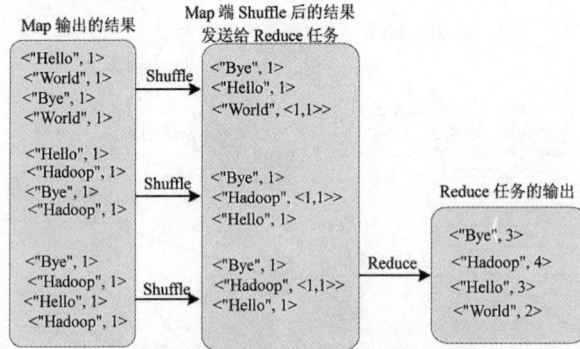

图 7-8　用户没有定义 Combiner 函数时的 Reduce 过程示意

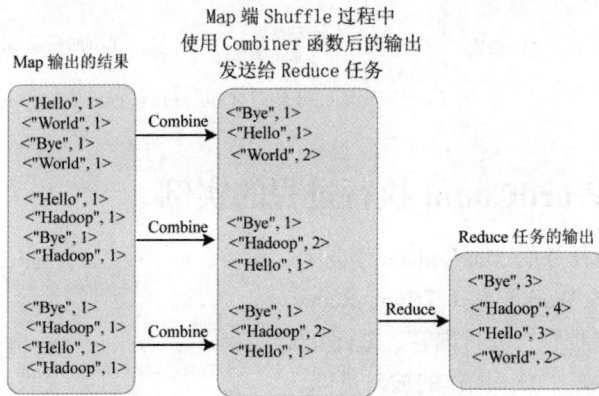

图 7-9　用户定义了 Combiner 函数时的 Reduce 过程示意

7.4　MapReduce 的具体应用

MapReduce 可以很好地被应用于解决各种计算问题，下面以关系代数运算、分组与聚合运算、
矩阵-向量乘法、矩阵乘法为例，介绍如何采用 MapReduce 计算模型来实现各种运算。

7.4.1　关系代数运算

针对数据的很多运算，都可以很容易地采用数据库查询语言来表达，即使这些查询本身并不
在数据库管理系统中执行。关系数据库中的关系（Relation）可以看成由一系列属性组成的表，关
系中的行称为元组（Tuple），属性的集合称为关系的模式。下面介绍基于 MapReduce 模型的关系
上的标准运算，包括选择、投影、并、交、差以及自然连接。

1. 关系的选择运算

关系的选择运算只需要通过 Map 过程就能实现，对于关系 R 中的每个元组 t，检测其是否满
足条件，如果满足条件，则输出键值对 $<t,t>$，也就是说，键和值都是 t。这时的 Reduce 函数只是

一个恒等式，对输入不进行任何变换就可以直接输出。

2. 关系的投影运算

假设对关系 R 投影后的属性集为 S。在 Map 函数中，对于 R 中的每个元组 t，剔除 t 中不属于 S 的字段得到元组 t'，输出键值对 $<t',t'>$。对于 Map 任务产生的每个键 t'，可能存在一个或多个键值对 $<t',t'>$，因此需要通过 Reduce 函数来剔除冗余，把属性值完全相同的元组合并起来得到 $<t', <t', t', t',...>>$，剔除冗余后只输出 $<t',t'>$。

3. 关系的并、交、差运算

对两个关系求并集时，Map 任务将两个关系的元组转换成键值对 $<t,t>$，Reduce 任务则是一个剔除冗余数据的过程（合并到一个文件中）。

对两个关系求交集时，使用与并集相同的 Map 过程。在 Reduce 过程中，如果键 t 有两个相同值与它关联，则输出一个元组 $<t,t>$；如果与键关联的只有一个值，则输出空值（null）。

对两个关系求差时，Map 过程产生的键值对不仅要记录元组的信息，还要记录该元组来自哪个关系（R 或 S）。Reduce 过程中将键值相同的 t 合并后，与键 t 相关联的值如果只有 R（说明该元组只属于 R，不属于 S），就输出元组，其他情况均输出空值。

4. 关系的自然连接运算

在 MapReduce 环境下执行两个关系的自然连接操作的方法如下：假设关系 $R(A,B)$ 和 $S(B,C)$ 都存储在一个文件中，为了连接这些关系，必须把来自每个关系的各个元组都和一个键关联，这个键就是属性 B 的值。可以使用 Map 过程把来自 R 的每个元组 $<a,b>$ 转换成一个键值对 $<b, <R,a>>$，其中的键就是 b，值就是 $<R,a>$。注意，这里把关系 R 包含到值中，使我们可以在 Reduce 阶段，只把那些来自 R 的元组和来自 S 的元组进行匹配。类似地，可以使用 Map 过程把来自 S 的每个元组 $<b,c>$ 转换成一个键值对 $<b,<S,c>>$，键是 b，值是 $<S,c>$。Reduce 进程的任务就是，把来自关系 R 和 S 的具有共同属性 B 值的元组进行合并。这样，所有具有特定 B 值的元组必须被发送到同一个 Reduce 进程。假设使用 k 个 Reduce 进程，这里选择一个哈希函数 h，它可以把属性 B 的值映射到 k 个哈希桶，每个哈希值对应一个 Reduce 进程，每个 Map 进程将键是 b 的键值对都发送到与哈希值 $h(b)$ 对应的 Reduce 进程，Reduce 进程将连接后的元组 $<a,b,c>$ 写到一个单独的输出文件中。

图 7-10 以某工厂接到的订单（Order 表）与仓库存货（Item 表）为例，演示了基于 MapReduce 关系的自然连接运算过程。

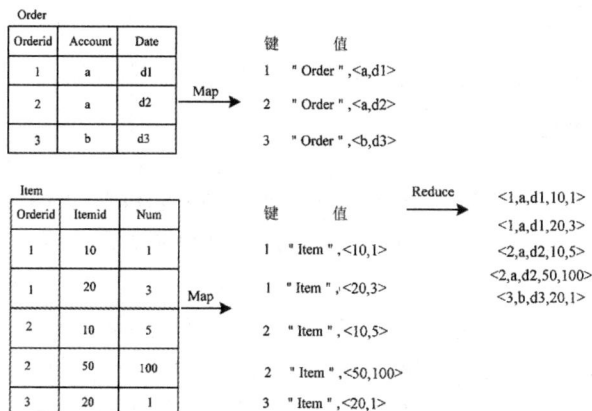

图 7-10　基于 MapReduce 关系的自然连接运算实例

7.4.2　分组与聚合运算

词频计算就是典型的分组与聚合运算。在 Map 过程中，选择关系的某一字段（也可以选择某些属性构成的属性表）的值作为键，其他字段的值作为与键相关联的值。将该键值对输入 Reduce 过程后，对相同键相关联的值施加某种聚合运算，如 SUM（求和）、COUNT（计数）、AVG（求平均值）、MIN（求最小值）和 MAX（求最大值）等，输出为<键,聚合运算结果>。

7.4.3　矩阵–向量乘法

假定一个 n 维向量 V，其第 j 个元素记为 v_j，假定一个 $n×n$ 的矩阵 M，其第 i 行第 j 列元素记为 m_{ij}，则矩阵 M 和向量 V 的乘积是一个 n 维向量 X，其第 i 个元素 $x_i = \sum_{j=1}^{n} m_{ij} v_j$。

矩阵 M 和向量 V 各自会在分布式文件系统（如 HDFS）中保存为一个文件。假定我们可以获得矩阵元素的行列下标，如通过矩阵元素在文件中的位置来获得，或者从元素显式存储的三元组<i,j,m_{ij}>中获得，计算矩阵-向量乘法的 Map 和 Reduce 函数可以按照如下方式设计。

（1）Map 函数。每个 Map 任务将整个向量 V 和矩阵 M 的一个文件块作为输入。对每个矩阵元素 m_{ij}，Map 任务会产生键值对<$i, m_{ij}v_j$>。因此，计算 x_i 的所有 n 个求和项 $m_{ij}v_j$ 的键都相同，即都是 i。

（2）Reduce 函数。Reduce 任务将所有与给定键 i 关联的值相加即可得到<i, x_i>。

如果 n 的值过大，使向量 V 无法完全放入内存，那么，在计算过程中需要多次将向量的一部分导入内存，这会导致大量的磁盘访问。一种替代方案是，将矩阵分割成多个宽度相等的垂直条，同时将向量分割成同样数目的水平条，每个水平条的高度等于矩阵垂直条的宽度。图 7-11 是矩阵 M 和向量 V 的分割示意，其中矩阵和向量都分割成 5 个条。

矩阵第 i 个垂直条只和向量第 i 个水平条相乘。因此，可以将矩阵的每个条存成一个文件，同样，将向量的每个条存成一个文件。将矩阵某个条的一个文件块及对应的完整向量条输送到每个 Map 任务后，Map 任务和 Reduce 任务可以按照上述过程来运行。

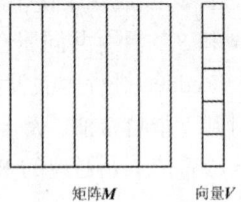

图 7-11　矩阵 M 和向量 V 的分割示意

7.4.4　矩阵乘法

矩阵 M 第 i 行第 j 列的元素记为 m_{ij}，矩阵 N 第 j 行第 k 列的元素记为 n_{jk}，矩阵 $P=M×N$，其第 i 行第 k 列元素 $p_{ik} = \sum_{j} m_{ij} n_{jk}$。

我们可以把矩阵看成一个带有 3 个属性（行下标、列下标和值）的关系。因此，矩阵 M 可以看成关系 M，记为 $M(I,J,V)$，元组为<i,j,m_{ij}>；矩阵 N 可以看成关系 N，记为 $N(J,K,W)$，元组为<j,k,n_{jk}>。

矩阵乘法可以看作一个自然连接运算加分组与聚合运算。关系 M 和 N 根据公共属性 J 将每个元组连接得到元组<i,j,k,v,w>，这个五字段元组代表了两个矩阵的元素对<m_{ij}, n_{jk}>，对矩阵元素进行求积运算后可以得到四字段元组<$i,j,k,v×w$>，然后进行分组与聚合运算。其中，I、K 是分组属性，$V×W$ 的积是聚合结果。综上所述，矩阵乘法可以通过两个 MapReduce 运算的串联来实现，整个过程如下。

1. 自然连接阶段

Map 函数：对每个矩阵元素 m_{ij} 产生一个键值对 $<j,<M,i,m_{ij}>>$，对每个矩阵元素 n_{jk} 产生一个键值对 $<j,<N,k,n_{jk}>>$。

Reduce 函数：对每个相同键 j，输出所有满足形式 $<j,<i,k,m_{ij}n_{jk}>>$ 的元组。

2. 分组与聚合阶段

Map 函数：对于自然连接阶段产生的键值对 $<j,<<i_1,k_1,v_1>,<i_2,k_2,v_2>,\cdots,<i_p,k_p,v_p>>>$（其中，每个 v_q 是对应的 m_{qj} 和 n_{jq} 的乘积），Map 任务会产生 p 个键值对 $<<<i_1,k_1>,v_1>,<<i_2,k_2>,v_2>,\cdots,<<i_p,k_p>,v_p>>$。

Reduce 函数：对于每个键 $<i,k>$，计算与此键关联的所有值的和，计算结果记为 $<<i,k>,v>$。其中，v 是矩阵 $\boldsymbol{P}$ 的第 i 行、第 k 列的值。

7.5　MapReduce 编程实践

第 2 章已经介绍了如何在单台机器上搭建伪分布式 Hadoop 环境，并介绍了如何利用 Hadoop 自带的实例程序来分析数据。现在来介绍如何编写基本的 MapReduce 程序以实现数据分析。本节首先给出基本任务要求，然后阐述如何编写 MapReduce 程序来实现任务要求。更多上机操作实践细节内容，可以参见本书官网的"教材配套大数据软件安装和编程实践指南"栏目的相关内容。这里采用的 Hadoop 为 3.3.5 版本。

7.5.1　任务要求

在 7.3 节我们介绍了用 MapReduce 程序实现词频统计的基本思路和具体执行过程。下面介绍如何编写 MapReduce 程序的具体实现代码以及如何运行程序。

首先，我们在本地创建两个文件，即文件 A 和 B。

文件 A 的内容如下：

```
China is my motherland
I love China
```

文件 B 的内容如下：

```
I am from China
```

假设 HDFS 中已经创建好了一个 input 文件夹（可以参考第 2 章 Hadoop 中的命令 "./bin/hdfs dfs -mkdir input" 在 HDFS 中创建 input 文件夹），现在把文件 A 和 B 上传到 HDFS 中的 input 文件夹下（注意，上传之前，请清空 input 文件夹中原有的文件）。现在的目标是统计 input 文件夹下所有文件中每个单词的频数，也就是说，程序应该输出以下形式的结果：

```
I             2
is            1
China         3
my            1
love          1
am            1
from          1
motherland    1
```

接下来，我们编写 MapReduce 程序来实现这个功能，主要包括以下几个步骤。

（1）编写 Map 处理逻辑。

（2）编写 Reduce 处理逻辑。

（3）编写 main 方法。

（4）编译打包代码以及运行程序。

7.5.2 编写 Map 处理逻辑

为了把文件中的文本数据呈现出我们希望的效果，首先需要对文本数据进行切分。通过前面的内容我们可以知道，数据处理的第一个阶段是 Map 阶段，在这个阶段中文本数据被读入并进行基本的分析，然后以特定的键值对的形式进行输出，这个输出将作为中间结果，提供给 Reduce 阶段作为输入数据。

在本例中，我们通过继承类 Mapper 来实现 Map 处理逻辑。首先，为类 Mapper 设定好输入类型以及输出类型。这里，Map 的输入是<key,value>的形式，其中，键是文本文件中一行的行号，值是该行号对应的文件中的一行内容。实际上，在代码逻辑中，键值并不会被用到。对于输出类型，我们希望在 Map 部分完成文本分割工作，因此输出应该为<单词,频数>的形式。于是，最终确定的输入类型为<Object,Text>，输出类型为<Text,IntWritable>。其中，除了 Object 以外的类型都是 Hadoop 提供的内置类型。为实现具体的分析操作，我们需要重写 Mapper 中的 map 函数。以下为 Mapper 类的具体代码：

```
public static class TokenizerMapper extends Mapper<Object, Text, Text, IntWritable>
{
        private static final IntWritable one = new IntWritable(1);
        private Text word = new Text();
        public TokenizerMapper(){
        }

        public void map(Object key, Text value, Mapper<Object, Text, Text,
IntWritable>.Context context) throws IOException, InterruptedException {
            StringTokenizer itr = new StringTokenizer(value.toString());
            while(itr.hasMoreTokens()) {
                this.word.set(itr.nextToken());
                context.write(this.word, one);
            }
        }
    }
```

在上述代码中，实现 Map 处理逻辑的类名称为 TokenizerMapper。在 TokenizerMapper 类中，首先，将需要输出的两个变量 one 和 word 初始化。对于变量 one，可以将其直接初始化为 1，表示某个单词在文档中出现过。在 Map 函数中，前两个参数是函数的输入，value 为 Text 类型的参数，是指每次读入文本中的一行，Object 类型的 key 则是指该行数据在文本中的行号。在我们这个简单的示例中，key 其实并没有被明显地用到。然后，通过 StringTokenizer 这个类及其自带的方法，对 value 变量（即文本中的一行）进行拆分，拆分后的单词存储在 word 中，one 作为单词计数。实际上，在函数的整个执行过程中，one 的值一直为 1。Context 是 Map 函数的一种输出方式，通过写该变量，可以直接将中间结果存储在该变量中。按照这样的处理逻辑，第二个文件在 Map 处理后输出的中间结果如下：

```
<"I",1>
<"am",1>
<"from",1>
<"China",1>
```

7.5.3　编写 Reduce 处理逻辑

在 Map 阶段得到中间结果后，接下来进入 Shuffle 阶段。在这个阶段中 Hadoop 自动将 Map 的输出结果进行分区、排序、合并，然后输入对应的 Reduce 任务来处理。下面给出 Shuffle 阶段的结果，该结果也是 Reduce 任务的输入数据：

```
<"I",<1,1>>
<"is",1>
……
<"from",1>
<"China",<1,1,1>>
```

Reduce 阶段需要对上述数据进行处理并得到我们最终期望的结果。其实，在这里已经可以很清楚地看到 Reduce 需要做的事情——对输入结果中的数字序列进行求和。下面给出 Reduce 处理逻辑的具体代码：

```
public static class IntSumReducer extends Reducer<Text, IntWritable, Text, IntWritable> {
        private IntWritable result = new IntWritable();

        public IntSumReducer() {
        }

        public void reduce(Text key, Iterable<IntWritable> values, Reducer<Text,
IntWritable, Text, IntWritable>.Context context) throws IOException, InterruptedException {
            int sum = 0;
            IntWritable val;
            for(Iterator i$ = values.iterator(); i$.hasNext(); sum += val.get()) {
                val = (IntWritable)i$.next();
            }
            this.result.set(sum);
            context.write(key, this.result);
        }
}
```

类似于 Map 的实现，这里仍然需要继承 Hadoop 提供的类并实现其接口（重写其方法）。这里编写的类的名字为 IntSumReducer，它继承自 Reducer 类。至于 Reduce 过程的输入/输出类型，从上面的代码中可以发现，它们与 Map 过程的输出类型本质上是相同的。在代码的开始部分，我们设置变量 result 来记录每个单词的频数。为了具体实现 Reduce 部分的处理逻辑，我们需要重写 Reducer 类所提供的 Reduce 函数。在 Reduce 函数中我们可以看到，其输入类型较 Map 过程的输出类型发生了一点小小的变化，即 IntWritable 变量经过 Shuffle 阶段处理后，变为 Iterable 容器。在 Reduce 函数中，我们会遍历这个容器，并对其中的数字进行累加，最终可以得到每个单词的频数。同样，在输出时，我们仍然使用 Context 类型的变量存储信息。当 Reduce 过程结束时，就可以得到最终需要的数据了。

7.5.4　编写 main 函数

为了让 TokenizerMapper 和 IntSumReducer 类能够协同工作，我们需要在 main 函数中通过 Job

类设置 Hadoop 程序运行时的环境变量，以下是具体代码：

```java
public static void main(String[] args) throws Exception {
    Configuration conf = new Configuration();
    String[] otherArgs = (new GenericOptionsParser(conf, args)).getRemainingArgs();
    if(otherArgs.length < 2) {
        System.err.println("Usage: wordcount <in> [<in>...] <out>");
        System.exit(2);
    }

    Job job = Job.getInstance(conf, "word count");          //设置环境参数
    job.setJarByClass(WordCount.class);                     //设置整个程序的类名
    job.setMapperClass(WordCount.TokenizerMapper.class);    //添加TokenizerMapper类
    job.setReducerClass(WordCount.IntSumReducer.class);     //添加 IntSumReducer 类
    job.setOutputKeyClass(Text.class);                      //设置输出类型
    job.setOutputValueClass(IntWritable.class);             //设置输出类型

    for(int i = 0; i < otherArgs.length - 1; ++i) {
        FileInputFormat.addInputPath(job, new Path(otherArgs[i]));//设置输入文件路径
    }

    FileOutputFormat.setOutputPath(job, new Path(otherArgs[otherArgs.length - 1]));
//设置输出文件路径
    System.exit(job.waitForCompletion(true)?0:1);
}
```

在代码的开始部分，我们通过类 Configuration 获得程序运行时的参数情况，并将它们存储在 String[] otherArgs 中。随后，我们通过类 Job 设置环境参数。首先，设置整个程序的类名为 WordCount.class（这个类包含词频统计的全部实现代码，之前没有介绍，在 7.5.5 小节中会介绍 WordCount 类的代码）。然后，添加已经写好的 TokenizerMapper 类和 IntSumReducer 类。接下来，还需要设置整个 Hadoop 程序的输出类型，即 Reduce 输出结果<key, value>中键和值各自的类型。最后，根据之前已经获得的程序运行时的参数，设置输入/输出文件路径。

7.5.5　编译打包代码以及运行程序

下面给出 WordCount 类的完整代码：

```java
import java.io.IOException;
import java.util.Iterator;
import java.util.StringTokenizer;
import org.apache.hadoop.conf.Configuration;
import org.apache.hadoop.fs.Path;
import org.apache.hadoop.io.IntWritable;
import org.apache.hadoop.io.Text;
import org.apache.hadoop.mapreduce.Job;
import org.apache.hadoop.mapreduce.Mapper;
import org.apache.hadoop.mapreduce.Reducer;
import org.apache.hadoop.mapreduce.lib.input.FileInputFormat;
import org.apache.hadoop.mapreduce.lib.output.FileOutputFormat;
import org.apache.hadoop.util.GenericOptionsParser;

public class WordCount {
```

```
        public WordCount() {
        }

        public static void main(String[] args) throws Exception {
            Configuration conf = new Configuration();
            String[] otherArgs = (new GenericOptionsParser(conf, args)).getRemainingArgs();
            if(otherArgs.length < 2) {
                System.err.println("Usage: wordcount <in> [<in>...] <out>");
                System.exit(2);
            }

            Job job = Job.getInstance(conf, "word count");
            job.setJarByClass(WordCount.class);
            job.setMapperClass(WordCount.TokenizerMapper.class);
            job.setCombinerClass(WordCount.IntSumReducer.class);
            job.setReducerClass(WordCount.IntSumReducer.class);
            job.setOutputKeyClass(Text.class);
            job.setOutputValueClass(IntWritable.class);

            for(int i = 0; i < otherArgs.length - 1; ++i) {
                FileInputFormat.addInputPath(job, new Path(otherArgs[i]));
            }

            FileOutputFormat.setOutputPath(job, new Path(otherArgs[otherArgs.length - 1]));
            System.exit(job.waitForCompletion(true)?0:1);
        }

    public static class TokenizerMapper extends Mapper<Object, Text, Text, IntWritable> {
        private static final IntWritable one = new IntWritable(1);
        private Text word = new Text();

        public TokenizerMapper() {
        }

        public void map(Object key, Text value, Mapper<Object, Text, Text, IntWritable>.
Context context) throws IOException, InterruptedException {
            StringTokenizer itr = new StringTokenizer(value.toString());

            while(itr.hasMoreTokens()) {
                this.word.set(itr.nextToken());
                context.write(this.word, one);
            }

        }
    }
    public static class IntSumReducer extends Reducer<Text, IntWritable, Text, IntWritable> {
        private IntWritable result = new IntWritable();

        public IntSumReducer() {
        }

        public void reduce(Text key, Iterable<IntWritable> values, Reducer<Text,
IntWritable, Text, IntWritable>.Context context) throws IOException, InterruptedException {
            int sum = 0;

            IntWritable val;
```

```
        for(Iterator i$ = values.iterator(); i$.hasNext(); sum += val.get()) {
          val = (IntWritable)i$.next();
        }

        this.result.set(sum);
        context.write(key, this.result);
      }
    }

  }
```

读者可能对 WordCount 类中引用的许多外部包感到疑惑，其实它们大部分是 Hadoop 自己的组件，也被称为 Hadoop 的 API，部分包的基本功能如表 7-4 所示。

表 7-4　　　　　　　　　　　　WordCount 类中引用的部分包的基本功能

包	功能
org.apache.hadoop.conf	定义了系统参数的配置文件处理方法
org.apache.hadoop.fs	定义了抽象的文件系统 API
org.apache.hadoop.mapreduce	Hadoop 分布式计算框架 MapReduce 的实现，包括任务的分发调度等
org.apache.hadoop.io	定义了通用的 I/O API，用于针对网络、数据库、文件等数据对象进行读写操作等

由于在安装 Hadoop 之前，我们已经安装了 Java 程序（JDK），所以这里可以直接用 JDK 包中的工具对代码进行编译。在执行下面的操作之前，请把当前工作目录设置为 Hadoop 的安装目录，即"/usr/local/hadoop"目录：

```
$ cd /usr/local/hadoop
$ export CLASSPATH="/usr/local/hadoop/share/hadoop/common/hadoop-common-3.3.5.jar:
/usr/local/hadoop/share/hadoop/mapreduce/hadoop-mapreduce-client-core-3.3.5.jar:/usr/
local/hadoop/share/hadoop/common/lib/commons-cli-1.2.jar:$CLASSPATH"

$ javac WordCount.java
```

如果系统环境找不到 javac 程序的位置，那么请使用 JDK 中的绝对路径。

编译之后，在文件夹下可以发现有 3 个".class"文件，它们是 Java 的可执行文件。此时，我们需要将它们打包并将打包得到的文件命名为 WordCount.jar，命令如下：

```
$ jar -cvf WordCount.jar *.class
```

到这里，我们就得到像 Hadoop 自带实例一样的 JAR 包了，可以运行它得到结果。在运行程序之前，需要启动 Hadoop，包括 HDFS 和 MapReduce。启动 Hadoop 之后，我们可以运行程序，命令如下：

```
$ ./bin/hadoop jar WordCount.jar WordCount input output
```

我们可以执行如下命令查看结果：

```
$ ./bin/hadoop fs -cat output/*
```

另外，我们也可以使用开发工具（如 Eclipse）开发并调试词频统计程序，具体方法可以参考本书官网的"教材配套大数据软件安装和编程实践指南"栏目的相关内容。

7.6　本章小结

本章介绍了 MapReduce 编程模型的相关知识。MapReduce 工作流程的执行全过程包括以下几个主要阶段：从分布式文件系统读入数据、执行 Map 任务输出中间结果、通过 Shuffle 阶段把中间结果分区排序整理后发送给 Reduce 任务、执行 Reduce 任务得到最终结果并写入分布式文件系统。在这几个阶段中，Shuffle 阶段非常关键，大家必须深刻理解这个阶段的详细执行过程。

MapReduce 具有广泛的应用，如关系代数运算、分组与聚合运算、矩阵-向量乘法、矩阵乘法等。

本章最后以一个词频统计程序为实例，详细演示了如何编写 MapReduce 程序的具体实现代码以及如何运行程序。

7.7　习题

1. 试述 MapReduce 和 Hadoop 的关系。

2. MapReduce 是处理大数据的有力工具，但不是每个任务都可以使用 MapReduce 来进行处理的。试述适合用 MapReduce 来处理的任务或者数据集需要满足怎样的要求。

3. MapReduce 计算模型的核心是 Map 函数和 Reduce 函数，试述这两个函数各自的输入、输出以及处理过程。

4. 试述 MapReduce 的工作流程（需要包括提交任务、Map、Shuffle、Reduce 过程）。

5. Shuffle 过程是 MapReduce 工作流程的核心，也被称为"奇迹发生的地方"，试分析 Shuffle 过程的作用。

6. 分别描述 Map 端和 Reduce 端的 Shuffle 过程（需要包括溢写、归并、"领取"的过程）。

7. 试说明一个 MapReduce 程序在运行期间所启动的 Map 任务数量和 Reduce 任务数量各是由什么因素决定的。

8. 是否所有的 MapReduce 程序都需要经过 Map 和 Reduce 这两个过程？如果不是，请举例说明。

9. 试分析为何采用 Combiner 可以减少数据传输量。是否所有的 MapReduce 程序都可以采用 Combiner？为什么？

10. MapReduce 程序的输入文件、输出文件都存储在 HDFS 中，而在 Map 任务完成时得到的中间结果存储在本地磁盘中。试分析中间结果存储在本地磁盘而不是 HDFS 上的优缺点。

11. 试画出使用 MapReduce 对英语句子"Whatever is worth doing is worth doing well"进行词频统计的过程。

12. 在基于 MapReduce 的词频统计中，MapReduce 如何保证相同的单词数据会划分到同一个 Reducer 上进行处理以保证结果的正确性？

13. MapReduce 可用于对数据进行排序，有一种想法是利用 MapReduce 的自动排序功能，即在默认情况下，Reduce 任务的输出结果是有序的，如果只使用一个 Reducer 来对数据进行处理、输出，则结果就是有序的了。但这样的排序过程无法充分利用 MapReduce 的分布式优点。试设计一个基于 MapReduce 的排序算法，假设数据均位于[1,100]，Reducer 的数量为 4，正序输出结果或逆序输出结果均可。试简要描述该算法（可使用分区、合并过程）。

14. 试设计一个基于 MapReduce 的算法，求出数据集中的最大值。假设 Reducer 的数量大于 1，试简要描述该算法（可使用分区、合并过程）。

15. 对于稀疏矩阵的乘法，试思考出与正文中矩阵乘法所采用的不同的 MapReduce 策略，写出相应的 Map 函数和 Reduce 函数。

16. 当输入为由许多整数构成的文件、输出为最大整数时，试设计 MapReduce 算法实现该功能，并写出 Map 函数和 Reduce 函数。

17. 试述实现矩阵-向量乘法与矩阵乘法采用不同 MapReduce 策略的原因。

18. 为非方阵矩阵（即行数与列数不等的矩阵）的乘法运算设计一般化的 MapReduce 算法，并写出 Map 函数和 Reduce 函数。

实验 5　MapReduce 初级编程实践

一、实验目的

（1）通过实验掌握基本的 MapReduce 编程方法。
（2）掌握用 MapReduce 解决一些常见数据处理问题的方法。

二、实验平台

- Ubuntu 操作系统版本：16.04。
- Hadoop 版本：3.3.5。

三、实验内容和要求

1. 编程实现文件合并和去重操作

对于两个输入文件，即文件 A 和文件 B，请编写 MapReduce 程序，对两个文件进行合并，并剔除其中重复的内容，得到一个新的输出文件 C。下面是输入文件和输出文件的样例，可供参考。

输入文件 A 的样例如下：

```
20150101    x
20150102    y
20150103    x
20150104    y
20150105    z
20150106    x
```

输入文件 B 的样例如下：

```
20150101    y
20150102    y
20150103    x
20150104    z
20150105    y
```

根据输入文件 A 和 B 合并得到的输出文件 C 的样例如下：

```
20150101       x
20150101       y
20150102       y
20150103       x
20150104       y
20150104       z
20150105       y
20150105       z
20150106       x
```

2. 编程实现对输入文件的排序

现在有多个输入文件，每个文件中的每行内容均为一个整数。要求读取所有文件中的整数，对整数进行升序排列后，将排列结果输出到一个新的文件中，输出的数据格式为每行两个整数，第一个整数为第二个整数的排序位次，第二个整数为原来待排列的整数。下面是输入文件和输出文件的样例，可供参考。

输入文件 1 的样例如下：

```
33
37
12
40
```

输入文件 2 的样例如下：

```
4
16
39
5
```

输入文件 3 的样例如下：

```
1
45
25
```

根据输入义件 1、2 和 3 得到的输出文件如下：

```
1 1
2 4
3 5
4 12
5 16
6 25
7 33
8 37
9 39
10 40
11 45
```

3. 对给定的表进行信息挖掘

下面给出一个 child-parent 表，要求挖掘其中的父子关系，给出祖孙关系的表。

输入文件内容如下：

```
child parent
Steven Lucy
Steven Jack
```

```
Jone Lucy
Jone Jack
Lucy Mary
Lucy Frank
Jack Alice
Jack Jesse
David Alice
David Jesse
Philip David
Philip Alma
Mark David
Mark Alma
```

输出文件内容如下：

```
grandchild    grandparent
Steven        Alice
Steven        Jesse
Jone          Alice
Jone          Jesse
Steven        Mary
Steven        Frank
Jone          Mary
Jone          Frank
Philip        Alice
Philip        Jesse
Mark          Alice
Mark          Jesse
```

四、实验报告

"大数据技术原理与应用"课程实验报告

题目：	姓名：	日期：

实验环境：

实验内容与完成情况：

出现的问题：

解决方案（列出遇到并解决的问题和解决方案，以及没有解决的问题）：

第**8**章
Hadoop 再探讨

Hadoop 作为一种开源的大数据处理架构，在业内得到了广泛的应用。可是，在 Hadoop 诞生之初，它在架构设计和应用性能方面仍然存在一些不尽如人意的地方，但在后续发展过程中逐渐得到了改进和完善。Hadoop 的优化与发展主要体现在两个方面：一方面是 Hadoop 自身两大核心组件 MapReduce 和 HDFS 的架构设计改进；另一方面是 Hadoop 生态系统其他组件的不断丰富。通过这些优化和提升，Hadoop 可以支持更多的应用场景，提供更高的集群可用性，同时带来更高的资源利用率。

本章首先介绍 Hadoop 的局限与不足，并从全局视角系统地总结针对 Hadoop 的改进与提升；然后介绍 Hadoop 在自身核心组件方面的新发展，包括从 HDFS 2.0 开始拥有的新特性和新一代资源调度管理框架 YARN。

8.1　Hadoop 的优化

本节首先指出 Hadoop 的局限与不足，然后介绍针对 Hadoop 的改进和提升。

8.1.1　Hadoop 的局限与不足

Hadoop 1.0 的核心组件（仅指 MapReduce 和 HDFS，不包括 Hadoop 生态系统内的 Pig、Hive、HBase 等其他组件）主要存在以下局限与不足。

（1）抽象层次低。功能实现需要手动编写代码来完成，有时只是为了实现一个简单的功能，也需要编写大量的代码。

（2）表达能力有限。MapReduce 把复杂的分布式编程工作高度地抽象为两个函数——Map 和 Reduce，这在降低开发人员程序开发复杂度的同时，带来了表达能力有限的问题，实际生产环境中的一些应用是无法用简单的 Map 和 Reduce 来完成的。

（3）开发者自己管理作业之间的依赖关系。一个作业（Job）只包含 Map 和 Reduce 两个阶段，通常的实际应用问题需要大量的作业进行协作才能顺利解决，这些作业之间往往存在复杂的依赖关系，但是 MapReduce 框架本身并没有提供相关的机制对这些依赖关系进行有效管理，只能由开发者自己对这些依赖关系进行管理。

（4）难以看到程序整体逻辑。用户的处理逻辑都隐藏在代码细节中，没有更高层次的抽象机制对程序整体逻辑进行设计，这就给代码理解和后期维护带来了障碍。

（5）执行迭代操作效率低。对于一些大型的机器学习、数据挖掘任务，往往需要多轮迭代才能得到结果。采用 MapReduce 实现这些算法时，每次迭代都是一次执行 Map、Reduce 任务的过程，这个过程的数据来自分布式文件系统 HDFS，当次迭代的处理结果也被存放到 HDFS 中，继续用于下一次迭代。反复读写 HDFS 中的数据，大大降低了迭代操作的效率。

（6）资源浪费。在 MapReduce 框架设计中，Reduce 任务需要等待所有 Map 任务都完成后才可以开始，造成了不必要的资源浪费。

（7）实时性差。只适用于离线批数据处理，无法支持交互式数据处理、实时数据处理。

8.1.2　针对 Hadoop 的改进与提升

针对 Hadoop 1.0 存在的局限和不足，在后续发展过程中，Hadoop 对 MapReduce 和 HDFS 的许多方面做了有针对性的改进与提升（见表 8-1），同时在 Hadoop 生态系统中也融入了更多的新成员，使 Hadoop 的功能更加完善，比较有代表性的产品包括 Pig、Oozie、Tez、Kafka 等（见表 8-2）。

表 8-1　　　　　　　　　　Hadoop 框架自身的改进与提升：从 1.0 到 2.0

组件	Hadoop 1.0 的问题	Hadoop 2.0 的改进与提升
HDFS	单一名称节点，存在单点失效问题	设计了 HDFS HA，提供名称节点热备份机制
	单一命名空间，无法实现资源隔离	设计了 HDFS 联邦，管理多个命名空间
MapReduce	资源管理效率低	设计了新的资源调度管理框架 YARN

表 8-2　　　　　　　　　　　不断完善的 Hadoop 生态系统

组件	功能	解决 Hadoop 中存在的问题
Pig	处理大规模数据的脚本语言，用户只需要编写几条简单的语句，系统会自动转换为 MapReduce 作业	抽象层次低，需要手动编写大量代码
Oozie	工作流和协作服务引擎，协调 Hadoop 上运行的不同任务	没有提供作业依赖关系管理机制，需要开发者自己管理作业之间的依赖关系
Tez	支持 DAG 作业的计算框架，对作业的操作进行重新分解和组合，形成一个大的 DAG 作业，减少不必要的操作	不同的 MapReduce 任务之间存在重复操作，降低了效率
Kafka	分布式发布订阅消息系统，一般作为企业大数据分析平台的数据交换枢纽，不同类型的分布式系统可以统一接入 Kafka，实现和 Hadoop 各个组件之间的不同类型数据的实时高效交换	Hadoop 生态系统中各个组件和其他产品之间缺乏统一的、高效的数据交换中介

在下面的内容中，将首先介绍 HDFS 的新特性（包括 HDFS HA 和 HDFS 联邦）；然后介绍 Hadoop 中新的资源调度管理框架 YARN（YARN 是在 MapReduce 1.0 框架基础之上发展起来的）。

8.2　HDFS 2.0 的新特性

相对 HDFS 1.0，HDFS 2.0 增加了 HDFS HA 和 HDFS 联邦等新特性。

8.2.1　HDFS HA

对分布式文件系统 HDFS 而言，名称节点是系统的核心节点，它存储了各类元数据信息，并负责管理文件系统的命名空间和客户端对文件的访问。但是，在 HDFS 1.0 中，只存在一个名称节点，一旦这个唯一的名称节点发生故障，就会导致整个集群变得不可用，这就是常说的"单点故障问题"。虽然 HDFS 1.0 中存在一个第二名称节点，但是第二名称节点并不是名称节点的备用节点，它与名称节点有不同的职责。第二名称节点的主要功能是周期性地从名称节点获取命名空间镜像文件（FsImage）和操作日志文件（EditLog），将它们进行合并后发送给名称节点，替换掉原来的 FsImage 文件，以防止 EditLog 文件过大，导致名称节点失败恢复时消耗过多时间。合并后的命名空间镜像文件 FsImage 会在第二名称节点中备份，当名称节点失效的时候，可以使用第二名称节点中的 FsImage 文件进行恢复。

由于第二名称节点无法提供"热备份"功能，即在名称节点发生故障的时候，系统无法实时切换到第二名称节点立即对外提供服务，仍然需要进行停机恢复，因此 HDFS 1.0 的设计是存在单点故障问题的。为了解决单点故障问题，HDFS 2.0 采用了高可用（High Availability，HA）架构。在一个典型的 HA 集群中，一般设置两个名称节点，其中一个名称节点处于"活跃"（Active）状态，另一个处于"待命"（Standby）状态。HDFS HA 架构如图 8-1 所示。处于活跃状态的名称节点负责对外处理所有客户端的请求，处于待命状态的名称节点则作为备用节点，保存足够多的系统元数据，当名称节点出现故障时提供快速恢复能力。也就是说，在 HDFS HA 中，处于待命状态的名称节点提供了"热备份"功能，一旦处于活跃状态的名称节点出现故障，就可以立即切换到处于待命状态的名称节点，不会影响系统正常对外服务。

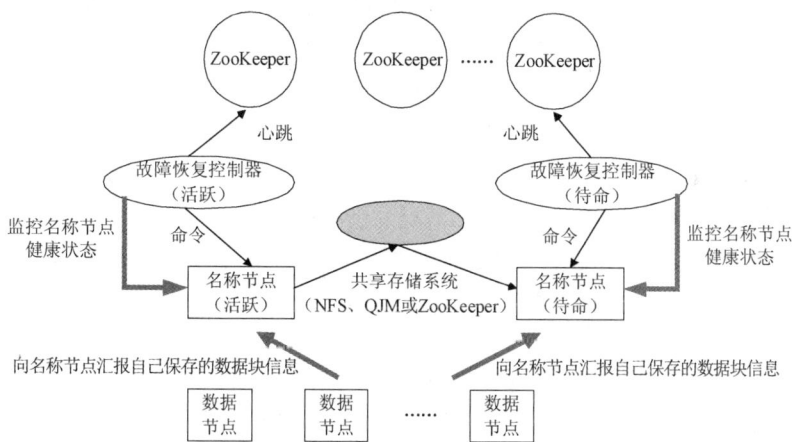

图 8-1　HDFS HA 架构

由于处于待命状态的名称节点是处于活跃状态的名称节点的"热备份"，因此处于活跃状态的名称节点的状态信息必须实时同步到处于待命状态的名称节点。两种名称节点的状态信息同步，可以借助共享存储系统来实现，比如网络文件系统（Network File System，NFS）、仲裁日志管理器（Quorum Journal Manager，QJM）或 ZooKeeper。处于活跃状态的名称节点将更新数据写入共享存储系统，处于待命状态的名称节点会一直监听该系统，一旦发现有新的写入，就立即从公共存储系统中读取这些数据并加载到自己的内存中，从而保证与处于活跃状态的名称节点的状态信息完全同步。

此外，名称节点中保存了数据块到实际存储位置的映射信息，即每个数据块是由哪个数据节点存储的。当一个数据节点加入 HDFS 集群时，它会把自己所包含的数据块列表报告给名称节点，此后会通过"心跳"信息定期执行这种告知操作，以确保名称节点的数据块映射是最新的。因此，为了实现故障时的快速切换，必须保证处于待命状态的名称节点一直包含最新的集群中各个数据块的位置信息。为了做到这一点，需要给数据节点配置两个名称节点（即处于活跃状态的名称节点和处于待命状态的名称节点）的地址，并把数据块的位置信息和"心跳"信息同时发送到这两个名称节点。为了防止出现"两个管家"现象，HA 还要保证任何时刻都只有一个名称节点处于活跃状态，如果有两个名称节点处于活跃状态，HDFS 集群中出现"两个管家"，就会导致数据丢失或其他异常发生。这个任务是由 ZooKeeper 来实现的，ZooKeeper 可以确保任意时刻只有一个名称节点提供对外服务。

8.2.2　HDFS 联邦

下面首先指出 HDFS 1.0 中存在的问题，然后介绍 HDFS 联邦的设计和访问方式等。

1. HDFS 1.0 中存在的问题

HDFS 1.0 采用单名称节点的设计，不仅会带来单点故障问题，还会存在可扩展性、系统整体性能和隔离性等问题。在可扩展性方面，名称节点把整个 HDFS 中的元数据信息都保存在自己的内存中，HDFS 1.0 中只有一个名称节点，不可以横向扩展，而单个名称节点的内存空间是有上限的，这限制了系统中数据块、文件和目录的数目。那么是否可以通过纵向扩展（即为单个名称节点增加更多的 CPU、内存等资源）的方式解决这个问题呢？答案是否定的。纵向扩展带来的第一个问题就是，系统启动时间过长，比如一个具有 50GB 内存的 HDFS 启动一次大概需要消耗 30min～2h，单纯增大内存空间只会让系统启动时间变得更长。第二个问题是，如果在内存空间清理时发生错误，会导致整个 HDFS 集群死机。

在系统整体性能方面，整个 HDFS 的性能会受限于单个名称节点的吞吐量。

在隔离性方面，单个名称节点难以提供不同程序之间的隔离性，一个程序可能会影响其他程序的运行（比如一个程序消耗过多资源导致其他程序无法顺利运行）。HDFS HA 虽然提供了两个名称节点，但是在某个时刻只会有一个名称节点处于活跃状态，另一个则处于待命状态。因而，HDFS HA 在本质上还是单名称节点，只是通过"热备份"设计方式解决了单点故障问题，并没有解决可扩展性、系统整体性能和隔离性这 3 个方面的问题。

2. HDFS 联邦的设计

HDFS 联邦可以很好地解决上述 3 个方面的问题。HDFS 联邦中设计了多个相互独立的名称节点，使 HDFS 的命名服务能够横向扩展，这些名称节点分别进行各自命名空间和数据块的管理，相互之间是联邦关系，不需要彼此协调。HDFS 联邦并不是真正的分布式设计，但是这种简单的"联合"设计方式，在实现和管理方面的复杂性都要远低于真正的分布式设计，而且可以快速满足需求。在兼容性方面，HDFS 联邦具有良好的向后兼容性，可以无缝地支持单名称节点架构中的配置。所以，原针对单名称节点的部署配置，不需要进行任何修改就可以继续工作。

HDFS 联邦中的名称节点提供了命名空间和数据块管理功能。在 HDFS 联邦中，所有名称节点会共享底层的数据节点存储资源（HDFS 联邦架构如图 8-2 所示）。每个数据节点要向集群中所有的名称节点注册，并周期性地向名称节点发送"心跳"信息和数据块信息，报告自己的状态，同时处理来自名称节点的指令。

HDFS 1.0 只有一个命名空间，这个命名空间使用底层数据节点全部的数据块。与 HDFS 1.0 不同的是，HDFS 联邦拥有多个独立的命名空间，其中每一个命名空间管理属于自己的一组数据块，这些属于同一个命名空间的数据块构成一个"块池"（Block Pool）。每个数据节点会为多个块池提供数据块的存储。可以看出，数据节点是一个物理概念，块池则是一个逻辑概念，一个块池是一组数据块的逻辑集合，块池中的各个数据块实际上存储在各个不同的数据节点中。因此，HDFS 联邦中的一个名称节点失效，不会影响与它相关的数据节点继续为其他名称节点提供服务。

3. HDFS 联邦的访问方式

对于 HDFS 联邦中的多个命名空间，可以采用客户端挂载表（Client-Side Mount-Table）方式进行数据共享和访问。每个阴影三角形代表一个独立的命名空间，上方空白三角形表示从客户方向访问下方的命名空间，如图 8-3 所示。客户可以通过不同的挂载点来访问不同的命名空间。这就是 HDFS 联邦中命名空间管理的基本原理，即把各个命名空间挂载到全局"挂载表"（Mount-table）中，实现数据全局共享。而如果将命名空间挂载到个人的挂载表中，该命名空间就成为应用程序可见的命名空间。

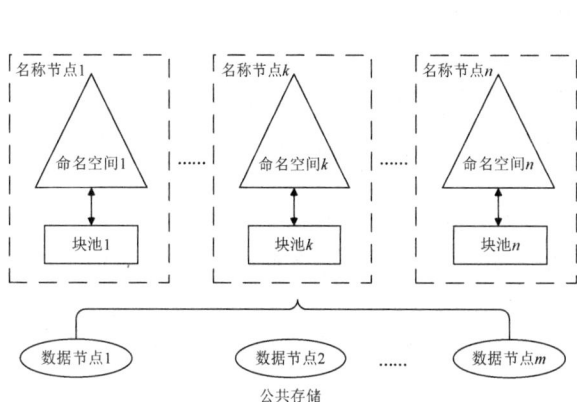

图 8-2　HDFS 联邦架构

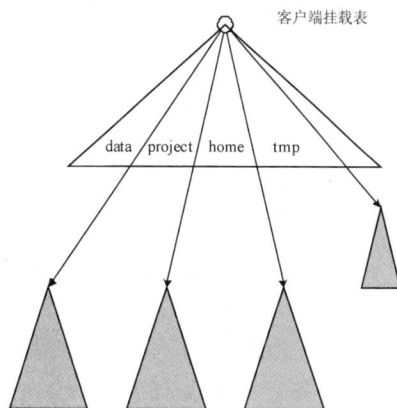

图 8-3　采用客户端挂载表方式访问多个命名空间

4. HDFS 联邦相对于 HDFS 1.0 的优势

HDFS 联邦相对于 HDFS 1.0 存在以下 3 个优势。

（1）使 HDFS 集群具有更好的可扩展性。多个名称节点各自分管一部分目录，使一个集群可以扩展到更多节点，不再像 HDFS 1.0 中那样由于内存的限制制约文件存储数目。

（2）系统整体性能更高。多个名称节点管理不同的数据，且同时对外提供服务，将为用户提供更高的读写吞吐率。

（3）良好的隔离性。用户可根据需要将不同业务数据交由不同名称节点管理，这样不同业务之间的影响很小。

需要注意的是，HDFS 联邦并不能解决单点故障问题，也就是说，每个名称节点都存在单点故障问题，需要为每个名称节点部署一个后备名称节点，以应对名称节点死机后对业务产生的影响。

8.3　新一代资源调度管理框架 YARN

本节首先指出 MapReduce 1.0 的缺陷，然后介绍新一代资源调度管理框架 YARN，包括其设计思路、体系结构和工作流程，并对 YARN 框架和 MapReduce 1.0 框架进行对比分析，最后介绍 YARN 的发展目标。

8.3.1　MapReduce 1.0 的缺陷

MapReduce 1.0 采用主从架构设计，其体系结构如图 8-4 所示，其中包括一个 JobTracker 和若干个 TaskTracker，前者主要负责作业的调度和资源的管理，后者负责执行 JobTracker 指派的具体任务。MapReduce 1.0 存在一些很难克服的缺陷，具体如下。

（1）存在单点故障问题。MapReduce 1.0 由 JobTracker 负责所有 MapReduce 作业的调度，而系统中只有一个 JobTracker，因此会存在单点故障问题，即这个唯一的 JobTracker 出现故障就会导致系统不可用。

（2）JobTracker "大包大揽"导致任务过重。JobTracker 既要负责作业的调度和失败恢复，又要负责资源管理与分配。JobTracker 执行过多的任务，需要消耗大量的资源，例如，当存在非常多的 MapReduce 任务时，JobTracker 需要巨大的内存开销，这也潜在地增加了 JobTracker 失败的风险。正因如此，业内普遍总结出 MapReduce 1.0 支持主机数目的上限为 4000 个。

（3）容易出现内存溢出。在 TaskTracker 端，资源的分配并不考虑 CPU、内存的实际使用情况，而只考虑 MapReduce 任务的个数。当两个具有较大内存消耗的任务被分配到同一个 TaskTracker 上时，很容易出现内存溢出的情况。

（4）资源划分不合理。资源（CPU、内存等）被强制等量划分成多个"槽"（Slot），槽又被进一步划分为 Map 槽和 Reduce 槽两种，分别供 Map 任务和 Reduce 任务使用，Map 任务和 Reduce 任务之间不能使用分配给对方的槽。也就是说，当 Map 任务已经用完 Map 槽时，即使系统中还剩余大量的 Reduce 槽，也不能拿来运行 Map 任务，反之亦然。这就意味着，当系统中只存在单一 Map 任务或 Reduce 任务时，会造成资源的浪费。

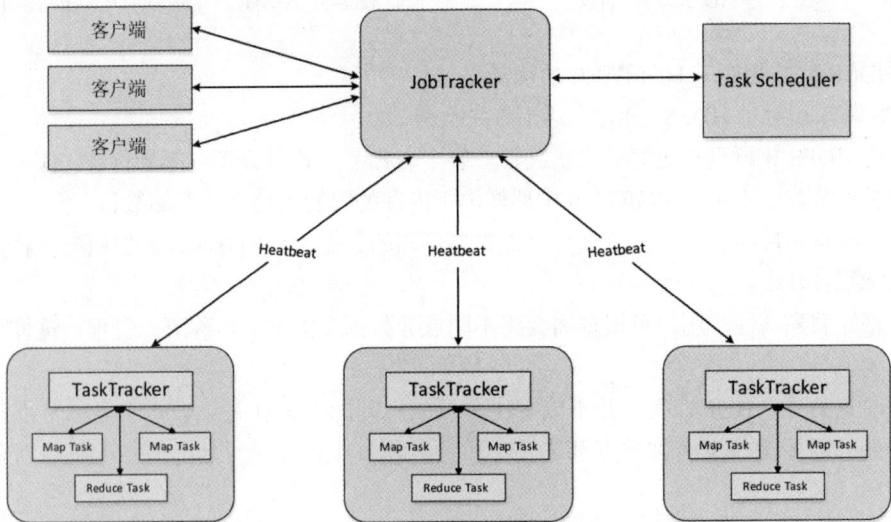

图 8-4　MapReduce 1.0 的体系结构

8.3.2　YARN 设计思路

为了克服 MapReduce 1.0 的缺陷，在 Hadoop 2.0 以后的版本中对其核心子项目 MapReduce 1.0 的体系结构进行了重新设计，生成了 MapReduce 2.0 和 YARN。YARN 架构设计思路如图 8-5 所示，其基本思路就是"放权"，即不让 JobTracker 这一个组件承担过多的功能，对原 JobTracker

三大功能（资源管理、任务调度和任务监控）进行拆分，分别交给不同的新组件去处理。重新设计后得到的 YARN 包括 ResourceManager、ApplicationMaster 和 NodeManager，其中，由 ResourceManager 负 责 资 源 管 理 ， 由 ApplicationMaster 负责任务调度和任务监控，由 NodeManager 负责执行原 TaskTracker 的任务。这种"放权"的设计，大大降低了 JobTracker 的负担，提升了系统运行的效率和稳定性。

在 Hadoop 1.0 中，其核心子项目 MapReduce 1.0 既是一个计算框架，也是一个资源调度管理框架。到了 Hadoop 2.0 以后，MapReduce 1.0 中的

YARN架构设计基本思路：对原JobTacker三大功能进行拆分

图 8-5　YARN 架构设计思路

资源调度管理功能被单独分离出来形成了 YARN，它是一个纯粹的资源调度管理框架，而不是一个计算框架；而被剥离了资源调度管理功能的 MapReduce 框架就变成了 MapReduce 2.0，它是运行在 YARN 之上的一个纯粹的计算框架，它不再需要自己负责资源调度管理服务，而是由 YARN 为其提供资源调度管理服务。

8.3.3　YARN 体系结构

如图 8-6 所示，YARN 体系结构中包含 3 个组件：ResourceManager、ApplicationMaster 和 NodeManager。YARN 各个组件的功能如表 8-3 所示。

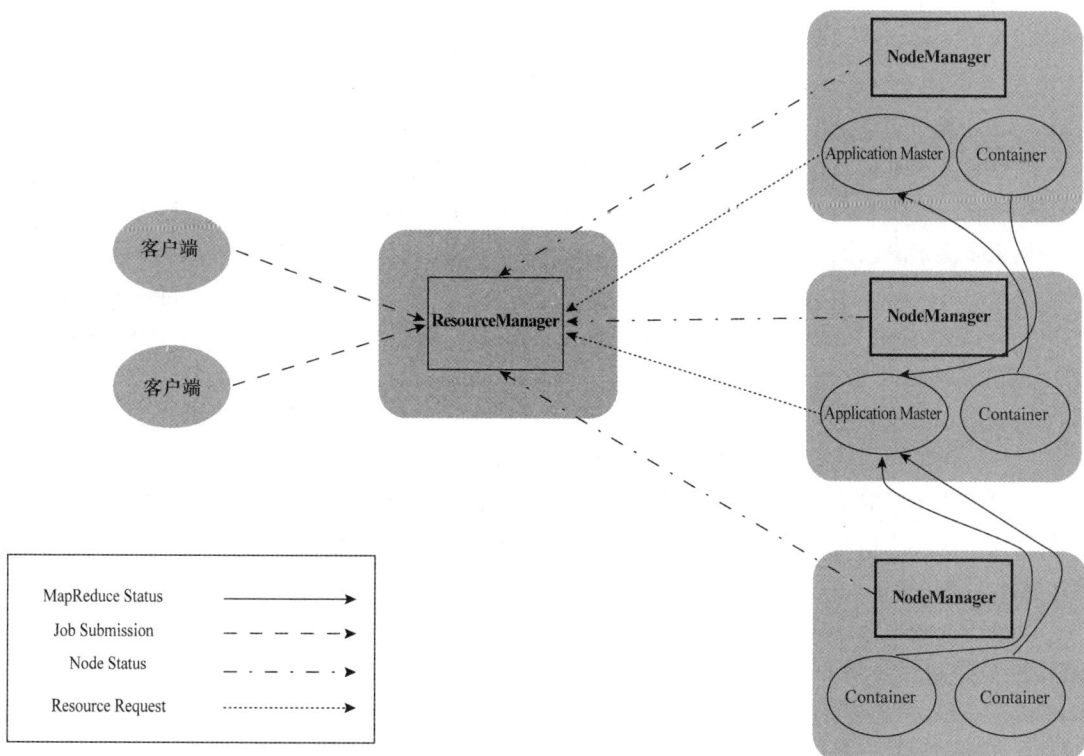

图 8-6　YARN 体系结构

表 8-3   YARN 各个组件的功能

组件	功能
ResourceManager	• 处理客户端请求； • 启动/监控 ApplicationMaster； • 监控 NodeManager； • 资源分配与调度
ApplicationMaster	• 为应用程序申请资源，并分配给内部任务； • 任务调度、监控与容错
NodeManager	• 单个节点上的资源管理； • 处理来自 ResourceManager 的命令； • 处理来自 ApplicationMaster 的命令

资源管理器（ResourceManager，RM）负责整个系统的资源分配与调度，主要包括两个组件，即资源调度器（Resource Scheduler）和应用程序管理器（Applications Manager）。资源调度器主要负责资源管理和分配，不负责跟踪和监控应用程序的执行状态，也不负责执行失败恢复，因为这些任务都已经交给 ApplicationMaster 组件来负责。资源调度器接收来自 ApplicationMaster 的应用程序资源请求，并根据容量、队列等限制条件（如每个队列分配一定的资源，最多执行一定数量的作业等），把集群中的资源以"容器"（Container）的形式分配给提出申请的应用程序。容器通常需要考虑应用程序所要处理的数据的位置，就近进行选择，从而实现"计算向数据靠拢"。在MapReduce 1.0 中，资源分配的单位是"槽"，而在 YARN 中以容器作为动态资源分配的单位，每个容器中都封装了一定数量的 CPU、内存、磁盘等资源，从而限定每个应用程序可以使用的资源量。同时，在 YARN 中资源调度器被设计成一个可插拔的组件，YARN 不仅自身提供了许多种直接可用的资源调度器，也允许用户根据自己的需求重新设计资源调度器。应用程序管理器负责系统中所有应用程序的管理工作，主要包括应用程序提交、与资源调度器协商资源以启动ApplicationMaster、监控 ApplicationMaster 运行状态并在失败时重启等。

在 Hadoop 平台上，用户的应用程序是以作业的形式提交的，一个作业会被分解成多个任务（包括 Map 任务和 Reduce 任务）进行分布式执行。ResourceManager 接收用户提交的作业，按照作业的上下文信息以及从 NodeManager 收集来的容器状态信息，启动调度过程，为用户作业启动一个 ApplicationMaster。ApplicationMaster 的主要功能是：当用户作业提交时，ApplicationMaster 与 ResourceManager 协商获取资源，ResourceManager 会以容器的形式为 ApplicationMaster 分配资源；ApplicationMaster 把获得的资源进一步分配给内部的各个任务（Map 任务或 Reduce 任务），实现资源的"二次分配"；与 NodeManager 保持交互通信，进行应用程序的启动、运行、监控和停止，监控申请到的资源的使用情况以及所有任务的执行进度和状态，并在任务执行失败时执行失败恢复操作（即重新申请资源重启任务）；定时向 ResourceManager 发送"心跳"信息，报告资源的使用情况和应用的进度信息；当作业完成时，ApplicationMaster 向 ResourceManager 注销容器，执行周期完成。

NodeManager 是驻留在一个 YARN 集群中的每个节点上的代理，主要负责容器生命周期管理，监控每个容器的资源（CPU、内存等）使用情况，跟踪节点健康状况，并以"心跳"信息与ResourceManager 保持通信，向 ResourceManager 汇报作业的资源使用情况和每个容器的运行状态，同时，它还要接收来自 ApplicationMaster 的启动/停止容器的各种请求。需要说明的是，NodeManager 主要负责管理抽象的容器，只处理与容器相关的事情，而不具体负责每个任务（Map

任务或 Reduce 任务）自身状态的管理，因为这些管理工作是由 ApplicationMaster 完成的，ApplicationMaster 会通过不断与 NodeManager 通信来掌握各个任务的执行状态。

在集群部署方面，YARN 的各个组件是和 Hadoop 集群中的其他组件统一部署的。如图 8-7 所示，YARN 的 ResourceManager 组件和 HDFS 的名称节点部署在一个节点上，YARN 的 ApplicationMaster、NodeManager 和 HDFS 的数据节点部署在一起。YARN 中的容器代表了 CPU、内存、网络等计算资源，它也和 HDFS 的数据节点部署在一起。

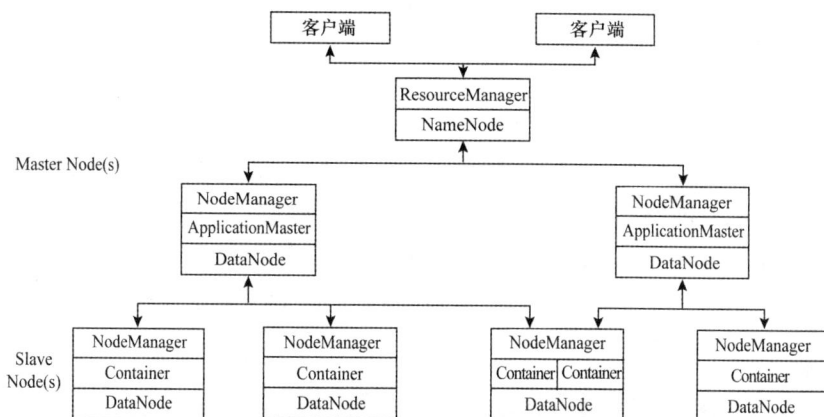

图 8-7　YARN 的各个组件和 Hadoop 集群中的其他组件统一部署

8.3.4　YARN 工作流程

YARN 的工作流程如图 8-8 所示。

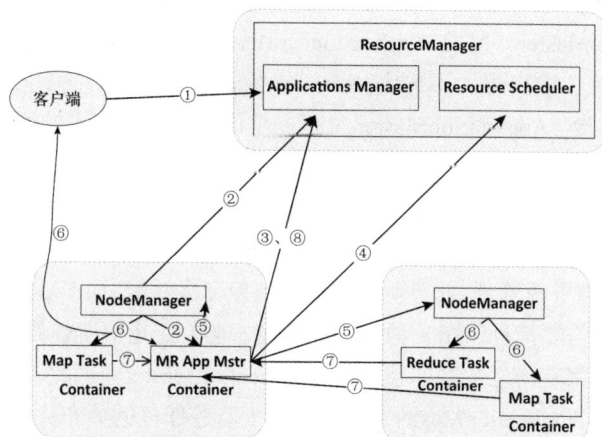

图 8-8　YARN 的工作流程

在 YARN 框架中执行一个 MapReduce 程序时，从提交到完成需要经历以下 8 个步骤。

（1）用户编写客户端应用程序，向 YARN 提交应用程序，提交的内容包括 ApplicationMaster 程序、启动 ApplicationMaster 的命令、用户程序等。

（2）YARN 中的 ResourceManager 负责接收和处理来自客户端应用程序的请求。接收到来自客户端应用程序的请求后，ResourceManager 里面的资源调度器会为应用程序分配一个容器。同时，ResourceManager 的应用程序管理器会与该容器所在的 NodeManager 通信，为该应用程序在该容器中启动一个 ApplicationMaster（即图 8-8 中的"MR App Mstr"）。

（3）ApplicationMaster 被创建后会首先向 ResourceManager 注册，从而使用户可以通过 ResourceManager 来直接查看应用程序的运行状态。接下来的步骤（4）～（7）是具体的应用程序执行步骤。

（4）ApplicationMaster 采用轮询的方式通过 RPC 协议向 ResourceManager 申请资源。

（5）ResourceManager 以"容器"的形式向提出申请的 ApplicationMaster 分配资源，一旦 ApplicationMaster 申请到资源，就会与该容器所在的 NodeManager 进行通信，要求它启动任务。

（6）当 ApplicationMaster 要求容器启动任务时，它会为任务设置好运行环境（包括环境变量、JAR 包、二进制程序等），然后将任务启动命令写到一个脚本中，最后通过在容器中运行该脚本来启动任务。

（7）各个任务通过某个 RPC 协议向 ApplicationMaster 汇报自己的状态和进度，让 ApplicationMaster 可以随时掌握各个任务的运行状态，从而可以在任务失败时重启任务。

（8）应用程序运行完成后，ApplicationMaster 向 ResourceManager 的应用程序管理器注销并关闭自己。若 ApplicationMaster 因故失败，ResourceManager 中的应用程序管理器会监测到失败的情形，然后将 ApplicationMaster 重启，直到所有的任务执行完毕。

8.3.5　YARN 框架与 MapReduce 1.0 框架的对比分析

从 MapReduce 1.0 框架发展到 YARN 框架，客户端并没有发生变化，其对大部分调用 API 及接口都保持兼容。因此，原来针对 Hadoop 1.0 开发的代码不用进行大的改动，就可以直接在 Hadoop 2.0 平台上运行。

在 MapReduce 1.0 框架中的 JobTracker 和 TaskTracker，在 YARN 框架中变成了 3 个组件，即 ResourceManager、ApplicationMaster 和 NodeManager。ResourceManager 负责调度、启动每一个作业所属的 ApplicationMaster，监控 ApplicationMaster 运行状态并在失败时重启，而作业里面的不同任务的调度、监控、重启等，不再由 ResourceManager 负责，而是交给与该作业相关联的 ApplicationMaster 来负责。ApplicationMaster 负责一个作业生命周期内的所有工作，也就是说，它承担了 MapReduce 1.0 中 JobTracker 的"作业监控"功能。

总体而言，YARN 相对 MapReduce 1.0 具有以下优势。

（1）大大减少了承担中心服务功能的 ResourceManager 的资源消耗。MapReduce 1.0 中的 JobTracker 需要同时承担资源管理、任务调度和任务监控三大功能，而 YARN 中的 ResourceManager 只需要负责资源管理，需要消耗大量资源的任务调度、监控、重启工作则交由 ApplicationMaster 来完成。由于每个作业都有与之关联的独立的 ApplicationMaster，因此，当系统中存在多个作业时，就会同时存在多个 ApplicationMaster，这就实现了监控任务的分布化，不再像 MapReduce 1.0 那样监控任务只集中在一个 JobTracker 上。

（2）MapReduce 1.0 既是一个计算框架，又是一个资源调度管理框架，但是它只能支持 MapReduce 编程模型。而 YARN 是一个纯粹的资源调度管理框架，在它上面可以运行包括 MapReduce 在内的不同类型的计算框架（默认类型是 MapReduce）。因为 YARN 中的 ApplicationMaster 是可变更的，针对不同的计算框架，用户可以采用任何编程语言自己编写服务于该计算框架的 ApplicationMaster。比如用户可以编写一个面向 MapReduce 计算框架的 ApplicationMaster，从而使 MapReduce 计算框架可以运行在 YARN 框架之上。同理，用户还可以编写面向 Spark、Storm 等计算框架的 ApplicationMaster，从而使 Spark、Storm 等计算框架也可以运行在 YARN 框架之上。

（3）YARN 中的资源管理比 MapReduce 1.0 中的更加高效。YARN 以容器为单位进行资源管理和分配，而不是以槽为单位，避免了 MapReduce 1.0 中槽的闲置浪费情况，大大提高了资源的利用率。

8.3.6　YARN 的发展目标

YARN 的提出，并非仅为解决 MapReduce 1.0 框架中存在的缺陷，实际上，YARN 有更加"宏伟"的发展目标，即发展成为集群中统一的资源调度管理框架，在一个集群中为上层的各种计算框架提供统一的资源调度管理服务。

在一个企业中，会同时存在各种不同的业务应用场景，各种应用场景的数据处理需求截然不同。为了满足各种应用场景的不同数据处理需求，需要采用不同的计算框架，比如使用 MapReduce 实现离线批处理，使用 Impala 实现实时交互式查询分析，使用 Storm 实现流式数据实时分析，使用 Spark 实现迭代计算等。但这些计算框架通常来自不同的开发团队，具有各自的资源调度管理机制。于是，为了避免不同类型应用之间互相干扰，企业需要把内部的服务器拆分成多个集群，分别安装与运行不同的计算框架，即"一个框架一个集群"，一个集群运行 MapReduce，一个集群运行 Spark，还有一个集群运行 Storm 或者其他计算框架。企业内部服务器集群被拆分成不同的独立小集群运行，带来的一个显而易见的问题是，集群资源利用率低。因为在某个时刻，不同小集群的负载水平分布很不均匀，有些小集群可能处于极度繁忙的状态，而另外一些小集群可能处于闲置浪费的状态，由于各个小集群之间彼此隔离，因此繁忙小集群的负载无法分发到空闲小集群上执行，这就导致了服务器资源的浪费。另外，不同集群之间无法直接共享数据，造成集群间大量的数据传输开销，同时需要由多个管理员维护不同的集群，这大大增加了运维成本。

因此，YARN 的目标就是实现"一个集群多个框架"，即在一个集群上部署一个统一的资源调度管理框架 YARN，在 YARN 之上可以部署各种计算框架（见图 8-9），比如 MapReduce、Tez、HBase、Storm、Giraph、Spark、OpenMPI 等，由 YARN 为这些计算框架提供统一的资源调度管理服务，并且能够根据各种计算框架的负载需求，调整各自占用的资源，实现集群资源共享和资源弹性收缩。通过这种方式，可以实现一个集群上的不同应用负载混搭，有效提高集群的利用率。同时，不同计算框架可以共享底层存储，在一个集群上集成多个数据集，使用多个计算框架来访问这些数据集，从而避免了数据集跨集群移动。而且，这种部署方式大大降低了企业运维成本。

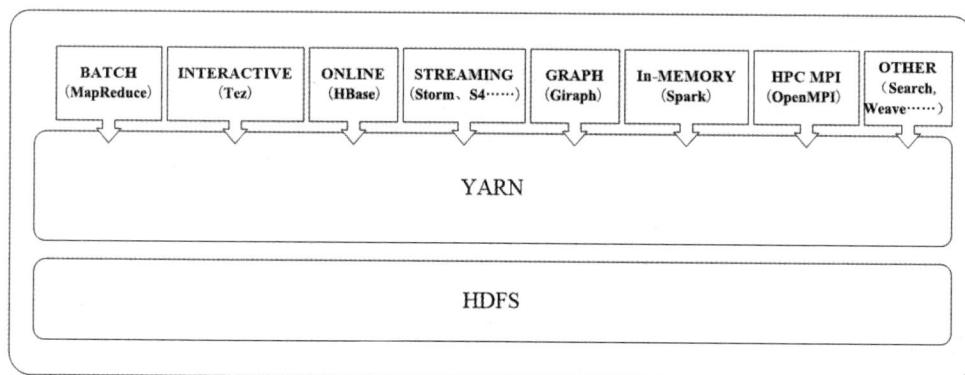

图 8-9　在 YARN 上部署各种计算框架

目前，可以运行在 YARN 之上的计算框架包括离线批处理框架 MapReduce、内存计算框架 Spark、流计算框架 Storm 和 DAG 计算框架 Tez 等。和 YARN 一样提供类似功能的其他资源调度管理框架还包括 Mesos、Torca、Corona、Borg 等。

8.4　本章小结

Hadoop 在不断完善自身核心组件性能的同时，其生态系统也在不断发展。本章详细介绍了 Hadoop 的局限与不足，以及针对这些局限与不足发展出来的一系列新特性，包括 HDFS HA、HDFS 联邦、YARN 等，这些技术改进与提升都为 Hadoop 的长远发展奠定了坚实的基础。作为 Hadoop 核心组件，YARN 框架更是被寄予了厚望，未来将扮演为多个不同类型计算框架提供统一的资源调度管理服务的角色。

8.5　习题

1. 试述在 Hadoop 推出之后其优化与发展主要体现在哪两个方面。
2. 试述 HDFS 1.0 中只包含一个名称节点会带来哪些问题。
3. 请描述组成 HDFS HA 架构的组件及其具体功能。
4. 请分析 HDFS HA 架构中数据节点如何和名称节点保持通信。
5. 请阐述为什么需要 HDFS 联邦，即它能够解决什么问题。
6. 请描述 HDFS 联邦中"块池"的概念，并分析为什么 HDFS 联邦中的一个名称节点失效，也不会影响与它相关的数据节点继续为其他名称节点提供服务。
7. 请阐述 MapReduce 1.0 的体系结构中存在的缺陷。
8. 请描述 YARN 体系结构中各组件的功能。
9. 请描述在 YARN 框架中执行一个 MapReduce 程序时，从提交到完成需要经历的具体步骤。
10. 请对 YARN 和 MapReduce 1.0 框架进行优劣势对比分析。

第9章
数据仓库 Hive

数据仓库是一种面向 BI 活动（尤其是分析）的数据管理系统，它仅适用于查询和分析，通常涉及大量的历史数据。在实际应用中，数据仓库中的数据一般来自应用日志文件和事务等，来源广泛。数据仓库能够集中、整合多个来源的大量数据，企业借助数据仓库的分析功能，可从数据中获得宝贵的业务洞察，进而改善决策。同时，随着时间推移，它还会建立一个对于数据科学家和业务分析人员极具价值的历史记录。得益于这些强大的功能，数据仓库可为企业提供一个"单一信息源"。

Hive 是一个基于 Hadoop 的数据仓库工具，可以对存储在 Hadoop 文件中的数据集进行数据整理、特殊查询和分析处理。Hive 的学习门槛比较低，因为它提供了类似于关系数据库的 SQL 的查询语言——HiveQL。当采用 MapReduce 作为执行引擎时，Hive 可以通过 HiveQL 语句快速实现简单的 MapReduce 作业。Hive 自身可以将 HiveQL 语句快速转换成 MapReduce 作业进行运行，而不必开发专门的 MapReduce 应用程序，因而十分适用于数据仓库的统计分析。

本章首先介绍数据仓库、数据湖和湖仓一体；然后给出数据仓库 Hive 概述，包括传统数据仓库面临的挑战、Hive 简介、Hive 与 Hadoop 生态系统中其他组件的关系、Hive 与传统数据库的对比分析以及 Hive 在企业中的部署和应用；接着介绍 Hive 的系统架构和工作原理；之后阐述 Hive HA 的基本原理，同时介绍开源大数据分析引擎 Impala，它提供了与 Hive 类似的功能，但是速度要比 Hive 快许多；最后，以词频统计为例，介绍如何使用 Hive 进行简单编程，并说明 Hive 编程相对于 MapReduce 编程的优势。

9.1 数据仓库的概念

数据仓库（Data Warehouse）是一个面向主题的、集成的、相对稳定的、反映历史变化的数据集合，用于支持管理决策。

（1）面向主题。操作型数据库的数据组织面向事务处理任务，而数据仓库中的数据按照一定的主题域进行组织。主题是指用户使用数据仓库进行决策时所关心的重点，一个主题通常与多个操作型信息系统相关。

（2）集成。数据仓库的数据来自分散的操作型数据库，所需数据从原来的数据中被抽取出来，在进行加工与集成、统一与综合之后才能进入数据仓库。

（3）相对稳定。数据仓库一般是不可更新的。数据仓库主要为决策分析提供数据，所涉及的操作主要是数据的查询操作。

（4）反映历史变化。在构建数据仓库时，会每隔一定的时间（如 1 周、1 天或 1h）从数据源抽取数据并将抽取的数据加载到数据仓库，比如，1 月 1 日晚上 12 点将"抓拍"数据源中的数据保存到数据仓库，然后 1 月 2 日、1 月 3 日一直到月底，每天晚上 12 点将"抓拍"数据源中的数据保存到数据仓库，这样，经过一个月，数据仓库中就会保存 1 月份每天的数据"快照"，由此得到的 31 份数据"快照"，就可以用来进行 BI 分析，比如，分析一个商品在 1 个月内的销量变化情况。

综上所述，数据库是面向事务的设计，数据仓库是面向主题的设计。数据库存储的一般是在线交易数据，数据仓库存储的一般是历史数据。数据库为捕获数据而设计，数据仓库为分析数据而设计。

数据仓库的体系结构如图 9-1 所示。一个典型的数据仓库系统通常包含数据源、数据存储和管理、OLAP 服务器、前端工具和应用 4 个部分，各部分介绍如下。

（1）数据源。数据源是数据仓库的基础，即系统的数据来源，通常包含企业的各种内部数据和外部数据。内部数据包括存在于 OLTP 系统中的各种业务数据和存在于办公自动化系统中的各类文档资料等。外部数据包括各类法律法规、市场信息、竞争对手的信息，以及各类外部统计数据和其他相关文档等。

（2）数据存储和管理。数据存储和管理是整个数据仓库的核心。在现有各业务系统的基础上，对数据进行抽取、转换，并加载到数据仓库中，按照主题进行重新组织，最终确定数据仓库的物理存储结构，同时存储数据库的各种元数据（包括数据仓库的数据字典、记录系统定义、数据转换规则、数据加载频率以及业务规则等）。对数据仓库系统的管理，也就是对相应数据库系统的管理，通常包括数据的安全、归档、备份、维护和恢复等工作。

（3）OLAP 服务器。OLAP 服务器对需要分析的数据按照多维数据模型进行重组，以支持用户随时从多角度、多层次来分析数据，发现数据规律与变化趋势。

（4）前端工具和应用。前端工具和应用主要包括数据查询工具、自由报表工具、数据分析工具、数据挖掘工具和各类应用系统等。

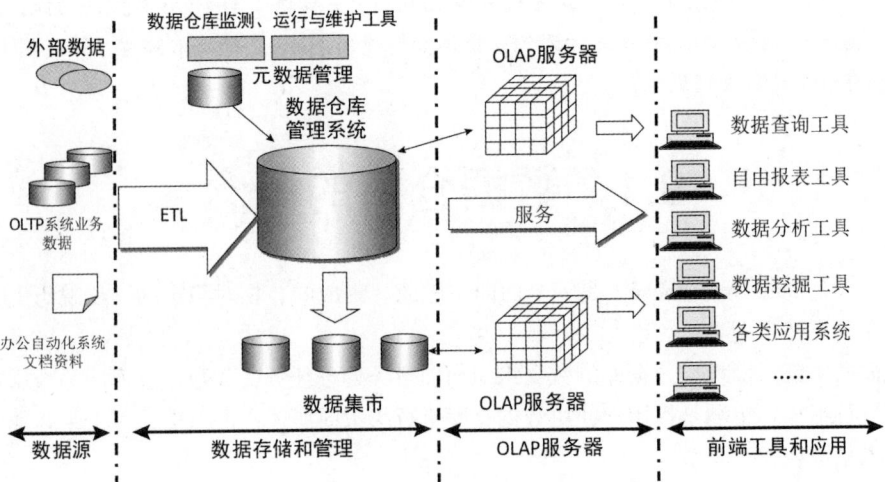

图 9-1 数据仓库体系结构

总体而言，数据仓库与数据库有很大的区别，具体如表 9-1 所示。

表 9-1　　　　　　　　　　　　　　　　　数据仓库和数据库的区别

特性	数据仓库	数据库
适用场景	分析、报告、大数据	事务处理
数据来源	从多个来源抽取和标准化	从单个来源"捕获"
数据标准化	非标准化模式	高度标准化的静态模式
写数据的方法	按批处理计划进行批量写入操作	针对连续写入操作进行优化
存储数据的方法	使用列式存储进行了优化，便于实现高速查询和低开销访问	针对单行型物理块的高吞吐量写入操作进行了优化
读数据的方法	为最小化 I/O 且最大化吞吐而优化	大量小型读取操作

9.2　数据湖

　　与数据仓库紧密相关的一个概念是数据湖。数据湖是一个以原始格式存储数据的存储库或系统，它按原样存储数据，而无须事先对数据进行结构化处理。本节介绍数据湖的概念、数据湖与数据仓库的区别以及数据湖能解决的企业问题。

9.2.1　数据湖的概念

　　企业在持续发展，企业的数据不断堆积。虽然"含金量"最高的数据都存放在数据库和数据仓库里，支撑企业的运转，但是，企业希望把生产经营中的所有相关数据，历史的、实时的，在线的、离线的，内部的、外部的，结构化的、非结构化的等，都完整保存下来，方便"沙中淘金"，如图 9-2 所示。

存放在
数据库/数据仓库中的数据

企业其他的数据
日志、文档、图片、视频

沙中淘金

图 9-2　企业希望完整保存生产经营中的所有相关数据

　　但是，数据库和数据仓库都不具备这个功能，怎么办呢？于是，数据湖脱颖而出。数据湖是一类存储数据自然、原始格式的存储库系统，存储的内容通常是对象块或文件。数据湖通常是企业中全量数据的单一存储。全量数据包括原始系统所产生的原始数据副本以及为了各类任务而产生的转换数据，其中，各类任务包括报表、可视化、高级分析和机器学习等。数据湖中包括来自关系数据库中的结构化数据（行和列数据）、半结构化数据（如 CSV 文件、日志、XML 文件、JSON 文件等）、非结构化数据（如 E-mail、文档、PDF 文件等）和二进制数据（如图像、音频、视频等）。数据湖可以构建在企业本地数据中心中，也可以构建在云上。

　　数据湖本质上是由"数据存储架构+数据处理工具"组成的解决方案，而不是某个单一独立产品。

数据存储架构要有足够的可扩展性和可靠性，要满足企业能把所有原始数据都"囤"起来（存得下、存得久）的需求。一般来讲，各大云厂商都喜欢用对象存储来搭建数据湖的存储底座，比如 AWS，修建"湖底"用的"砖头"，就是 Amazon S3 云对象存储。

数据处理工具则分为两大类。第一类工具要解决的问题是如何把数据"搬到"湖里，包括定义数据源、制定数据访问控制策略和安全策略，并移动数据、编制数据目录等。如果没有这类工具，元数据缺失，湖里的数据质量就无法保证，"泥石俱下"，各种数据倾泻、堆积到湖里，最终使好好的数据湖慢慢变成"数据沼泽"。因此，在一个数据湖方案里，这类工具非常重要。比如，AWS 提供的"Lake Formation"这个工具，帮助客户自动把各种数据源中的数据移动到湖里，同时还可以调用 Amazon Glue 来对数据进行 ETL、编制数据目录，进一步提高湖里数据的质量（见图9-3）。

第二类工具要解决的问题是如何从湖里的海量数据中"淘金"。并不是将数据存进数据湖里就"万事大吉"了，还要对数据进行分析、挖掘、利用，比如要对湖里的数据进行查询，同时要把数据提供给机器学习、数据科学类的业务，便于"点石成金"。数据湖可以通过多种引擎对湖里的数据进行分析（如离线分析、实时分析、交互式分析、机器学习等多种数据分析场景）和计算。

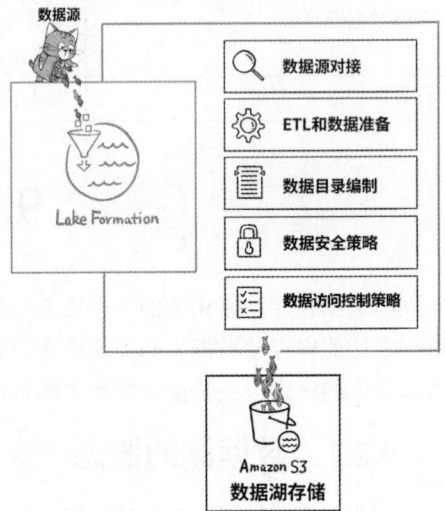

图9-3　Lake Formation

9.2.2　数据湖与数据仓库的区别

表 9-2 给出了数据湖与数据仓库的区别。从数据含金量来比，数据仓库里的数据价值密度比数据湖里的高一些，数据的抽取和模式的设计都有非常强的针对性，便于业务分析师迅速获取洞察结果，用于决策支持。而数据湖更有一种"兜底"的感觉，不论数据在当下有没有用，或者暂时没想好数据应该怎么用，只要将数据保存着、沉淀着，将来想用的时候，就可以随时拿出来用，反正数据都被"原汁原味"地留存了下来。

表 9-2　　　　　　　　　　　　　　　　数据湖与数据仓库的区别

特性	数据仓库	数据湖
存放数据的类型	结构化数据，抽取自事务系统、运营数据库和业务应用系统	所有类型的数据，结构化、半结构化和非结构化数据
数据模式	通常在数据仓库实施之前设计，但也可以在数据分析时编写	在分析时编写
性价比	起步成本高，使用本地存储以获得最快查询结果	起步成本低，计算与存储分离
数据质量	可作为重要事实依据的数据	包含原始数据在内的任何数据
最适合使用的对象	业务分析师为主	数据科学家、数据开发人员为主
具体应用场景	批处理报告、BI、可视化分析	机器学习、探索性分析、数据发现、流处理、大数据与特征分析

9.2.3　数据湖能解决的企业问题

在企业实际应用中，数据湖能解决的问题包括以下几个方面。

（1）数据分散，存储散乱，形成数据孤岛，无法联合数据发现更多价值。从这个方面来讲，其实数据湖要解决的问题与数据仓库要解决的问题是类似的，但又有所不同，因为从定义上看，数据湖支持对半结构化、非结构化数据的管理，而传统数据仓库仅支持对结构化数据的统一管理。在这个万物互联的时代，数据的来源多种多样，随着应用场景的增加，产出的数据格式也越来越丰富，不再局限于结构化数据。如何统一存储这些数据，就是迫切需要解决的问题。

（2）存储成本问题。数据库或数据仓库的存储受限于实现原理及硬件条件，存储海量数据的成本过高，而为了解决这类问题，HDFS、对象存储这类技术方案被设计出来。数据湖场景下如果使用这类存储成本较低的技术方案，将会为企业大大节省成本。结合生命周期管理的能力，可以更好地为湖内数据分层，不用在是保留数据还是删除数据节省成本的问题上纠结。

（3）SQL 无法满足分析需求。越来越多种类的数据，意味着越来越多的分析方式，传统的 SQL 方式已经无法满足分析的需求。如何通过各种语言自定义贴近自己业务的代码，如何通过机器学习挖掘更多的数据价值，变得越来越重要。

（4）存储、计算可扩展性不足。传统数据库在海量数据（如数据规模达到 PB 级别）下，受限于技术架构的原因，已经无法满足扩展的要求或者扩展成本极高，而这种情况下数据湖架构下的扩展技术能力，实现成本为 0，硬件成本也可控。

（5）业务模型不定，无法预先建模。传统数据库和数据仓库都采用的是 Schema-on-Write 的模式，需要提前定义模式信息。而在数据湖场景下，可以先保存数据，后续待分析时，再发现模式，也就是说数据湖采用的是 Schema-on-Read 的模式。

9.3　湖仓一体

曾经，数据仓库擅长的 BI、数据洞察，离业务更近，价值更大，而数据湖里的数据，更多的是为了远景"画饼"。而随着大数据和人工智能的普及，原先"画的饼"受到了越来越多的关注，现在，数据湖已经可以很好地为业务赋能，它的价值正在被重新定义。

因为数据仓库和数据库的出发点不同、架构不同，在企业实际使用过程中，两者的"性价比"差异很大。如图 9-4 所示，数据湖起步成本很低，但随着数据体量增大，TCO（Total Cost of Ownership，总拥有成本）会加速飙升，数据仓库则恰恰相反，其前期建设开支很大。总之，一个后期成本高，一个前期成本高。于是，人们就想：既然都是用数据为业务服务，数据湖和数据仓库作为两大"数据集散地"，能不能彼此整合一下，让数据流动起来，少进行一些重复建设呢？比如，让数据仓库在进行数据分析的时候，可以直接访问数据湖里的数据（Amazon Redshift Spectrum 就是这么做的）；再如，让数据湖在架构设计上"原生"支持数据仓库能力（Delta Lake 就是这么做的）。正是这些想法和

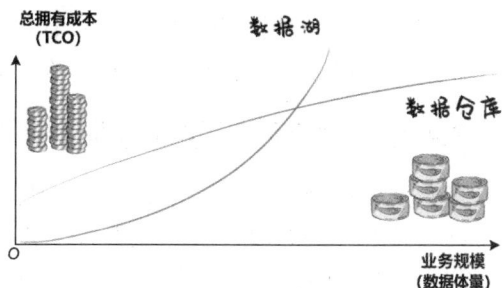

图 9-4　数据湖和数据仓库的总拥有成本变化对比

需求，推动了数据仓库和数据湖的打通与融合，也就形成了当下备受关注的概念——湖仓一体（Lake House）。

湖仓一体是一种新型的开放式架构，它打通了数据仓库和数据湖，将数据仓库的高性能及管理能力与数据湖的灵活性融合起来，底层支持多种数据类型并存，能实现数据间的相互共享，上层可以通过统一封装的接口进行访问，可同时支持实时查询和分析，为企业进行数据治理带来了更多的便利性。

"湖仓一体"架构最重要的一点，是能够无缝打通"湖里"和"仓里"的数据/元数据，并使之"自由"流动。如图 9-5 所示，数据湖里的"新鲜"（热）数据可以"流"到仓里，甚至可以直接被数据仓库使用，而数据仓库里的"不新鲜"（冷）数据，也可以"流"到数据湖里，低成本长久保存，供未来的数据挖掘使用。

图 9-5　数据湖和数据仓库之间的数据流动

"湖仓一体"架构具有以下特性。

（1）事务支持：在企业中，数据往往要为业务系统提供并发的读取和写入。对事务 ACID 四性的支持，可确保数据并发访问的一致性、正确性，尤其是在 SQL 的访问模式下。

（2）数据治理：湖仓一体可以支持各类数据模型的实现和转变，支持数据仓库模式架构，如星形模型、雪花模型等；可以保证数据完整性，并且具有健全的治理和审计机制。

（3）BI 支持：湖仓一体支持直接在源数据上使用 BI 工具，这样可以加快分析效率，降低数据延时，相比于在数据湖和数据仓库中分别操作两个副本的方式，更具成本优势。

（4）存算分离：湖仓一体存算分离的架构使系统能够扩展到更大规模的并发能力和数据容量。

（5）开放性：采用开放、标准化的存储格式（如 Parquet 等），提供丰富的 API 支持，各种工具和引擎可以高效地对数据进行直接访问。

（6）支持多种数据类型（结构化、半结构化、非结构化）：湖仓一体可为许多应用程序提供数据的入库、转换、分析和访问，它支持的数据类型包括表格、图像、视频、音频、文本等。

9.4　数据仓库 Hive 概述

本节介绍传统数据仓库面临的挑战、Hive 简介、Hive 与 Hadoop 生态系统中其他组件的关系、Hive 与传统数据库的对比分析以及 Hive 在企业中的部署和应用。

9.4.1　传统数据仓库面临的挑战

随着大数据时代的全面到来，传统数据仓库面临巨大的挑战，主要包括以下几个方面。

（1）无法满足快速增长的海量数据存储需求。目前企业数据增长速度非常快，动辄几十 TB 的数据，已经大大超出了传统数据仓库的处理能力。这是因为传统数据仓库大都基于关系数据库，关系数据库的横向可扩展性较差，纵向可扩展性有限。

（2）无法有效处理不同类型的数据。传统数据仓库通常只能存储和处理结构化数据，但是，随着企业业务的发展，企业中部署的系统越来越多，数据源的数据格式越来越丰富，很显然，传统数据仓库无法处理如此众多类型的数据。

（3）计算和处理能力不足。由于传统数据仓库建立在关系数据库的基础之上，因此，会存在一个很大的痛点，即计算和处理能力不足，当数据量达到 TB 级别后，传统数据仓库基本无法获得好的性能。

9.4.2 Hive 简介

Hive 是一个构建在 Hadoop 之上的数据仓库工具，在 2008 年 8 月开源。Hive 在某种程度上可以看作用户编程接口，其本身并不存储和处理数据，而是依赖 HDFS 来存储数据，依赖 MapReduce（或 Tez、Spark）来处理数据。Hive 定义了简单的类似 SQL 的查询语言——HiveQL，它与大部分 SQL 语法兼容。

当采用 MapReduce 作为执行引擎时，HiveQL 语句可以快速实现简单的 MapReduce 任务，这样用户通过编写的 HiveQL 语句就可以运行 MapReduce 任务，而不必编写复杂的 MapReduce 应用程序。通过使用 Hive，Java 开发工程师不必把大量精力花费在记忆常见的数据运算与底层的 MapReduce Java API 的对应关系上；数据库管理员可以很容易地把原来构建在关系数据库上的数据仓库应用程序移植到 Hadoop 平台上。所以说，Hive 是一个可以有效、合理、直观地组织和使用数据的分析工具。

现在，作为 Hadoop 平台上的数据仓库工具，Hive 的应用已经十分广泛，主要是因为它具有的特点使它非常适用于数据仓库应用程序。首先，当采用 MapReduce 作为执行引擎时，Hive 把 HiveQL 语句转换成 MapReduce 任务后，采用批处理的方式对海量数据进行处理。数据仓库存储的是静态数据，构建于数据仓库上的应用程序只进行相关的静态数据分析，不需要快速响应给出结果，而且数据本身也不会频繁变化，因而很适合采用 MapReduce 进行批处理。其次，Hive 本身提供了一系列对数据进行 ETL 的工具，这些工具能够很好地满足数据仓库各种应用场景，包括维护海量数据、对数据进行挖掘、形成意见和报告等。

9.4.3 Hive 与 Hadoop 生态系统中其他组件的关系

图 9-6 描述了当采用 MapReduce 作为执行引擎时，Hive 与 Hadoop 生态系统中其他组件的关系。HDFS 作为高可靠的底层存储方式，可以存储海量数据。MapReduce 对这些海量数据进行批处理，实现高性能计算。Hive 架构在 MapReduce、HDFS 之上，其自身并不存储和处理数据，而是分别借助于 HDFS 和 MapReduce 实现数据的存储与处理，用 HiveQL 语句编写的处理逻辑，最终都要转换成 MapReduce 任务来运行。Pig 可以作为 Hive 的替代工具，它是一种数据流语言和运行环境，适用于在 Hadoop 平台上查询半结构化数据集，常用于 ETL 过程的一部分，即将外部数据装载到 Hadoop 集群中，然后转换为用户需要的数据格式。HBase 是一个面向列的、分布式的、可伸缩的数据库，它可以提供数据的实时访问功能，而 Hive 只能处理静态数据，主要处理 BI 报

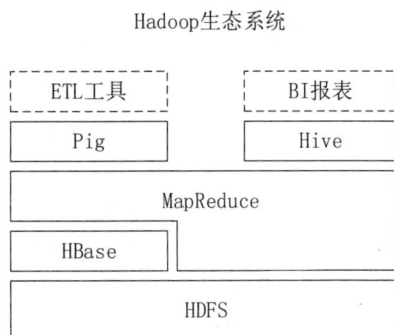

图 9-6 Hive 与 Hadoop 生态系统中其他组件的关系

表数据。就设计初衷而言，在 Hadoop 上设计 Hive 是为了减少复杂 MapReduce 应用程序的编写工作，在 Hadoop 上设计 HBase 则是为了实现对数据的实时访问，所以，HBase 与 Hive 的功能是互补的，它实现了 Hive 不能提供的功能。

9.4.4 Hive 与传统数据库的对比分析

Hive 在很多方面和传统数据库类似，但是，它的底层依赖的是 HDFS 和 MapReduce（或 Tez、Spark），所以，在很多方面又有别于传统数据库。表 9-3 从数据存储、索引、分区、执行引擎、执行延迟、可扩展性、数据规模等方面，对 Hive 和传统数据库进行了对比分析。

表 9-3　　　　　　　　　　　　　Hive 与传统数据库的对比分析

对比方面	Hive	传统数据库
数据存储	HDFS	本地文件系统
索引	支持有限索引	支持复杂索引
分区	支持	支持
执行引擎	MapReduce、Tez、Spark	自身的执行引擎
执行延迟	高	低
可扩展性	好	有限
数据规模	大	有限

在数据存储方面，传统数据库一般依赖于本地文件系统，Hive 则依赖于分布式文件系统 HDFS。在索引方面，传统数据库可以针对多个列构建复杂索引，大幅度提升数据查询性能，而 Hive 没有传统数据库中键的概念，它只能提供有限的索引功能，使用户可以在某些列上创建索引，从而加速一些查询操作。在 Hive 中给一个表创建的索引数据，会被保存在另外的表中。在分区方面，传统的数据库提供分区功能来改善大型表和具有各种访问模式的表的可伸缩性、可管理性，以及提高数据库效率；Hive 也支持分区功能，Hive 表是以分区的形式进行组织的，根据"分区列"的值对表进行粗略的划分，从而加快数据的查询速度。在执行引擎方面，传统数据库依赖自身的执行引擎，Hive 则依赖于 MapReduce、Tez 和 Spark 等执行引擎。在执行延迟方面，传统数据库中的 SQL 语句的延迟一般少于 1s，而 HiveQL 语句的延迟会达到分钟级。因为 Hive 构建在 HDFS 与 MapReduce 之上，所以，相对传统数据库，Hive 的延迟会比较高。在可扩展性方面，传统数据库很难实现横向扩展，纵向扩展的空间也很有限；相反，Hive 的开发和运行环境是基于 Hadoop 集群的，所以具有较好的横向可扩展性。在数据规模方面，传统数据库一般只能存储有限规模的数据，Hive 则可以存储大规模的数据。

9.4.5 Hive 在企业中的部署和应用

1. Hive 在企业大数据分析平台部署框架中的应用

Hadoop 除了被广泛应用到云计算平台上实现海量数据计算，还在很早之前就被应用到了企业大数据分析平台的设计与实现中。当前企业中部署的大数据分析平台，除了依赖于 Hadoop 的基本组件 HDFS 和 MapReduce，还结合使用了 Hive、Pig、HBase 与 Mahout，从而能够满足不同业务场景的需求。图 9-7 描述了企业实际应用中一种常见的大数据分析平台部署框架。

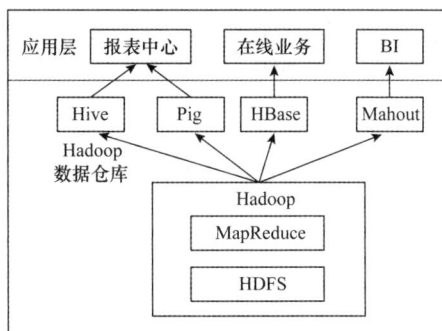

图 9-7　企业实际应用中一种常见的大数据分析平台部署框架

在这种部署框架中，Hive 和 Pig 主要应用于报表中心。其中，Hive 用于报表分析，Pig 用于进行报表中数据的转换工作。因为 HDFS 不支持随机读写操作，而 HBase 正是为此开发的，可以较好地支持实时访问数据，所以 HBase 主要用于在线业务。Mahout 提供了一些可扩展的机器学习领域的经典算法的实现，旨在帮助开发人员更加方便快捷地创建 BI 应用程序，所以 Mahout 常用于 BI。

2. Hive 在一些公司的应用

在一些公司中，随着网站使用量的增加，网站上需要处理和存储的日志与维度数据激增。继续在 Oracle 系统上实现数据仓库，其性能和可扩展性已经不能满足需求，于是，一些公司开始使用 Hadoop。图 9-8 展示了一些公司的数据仓库架构的基本组件以及这些组件间的数据流。

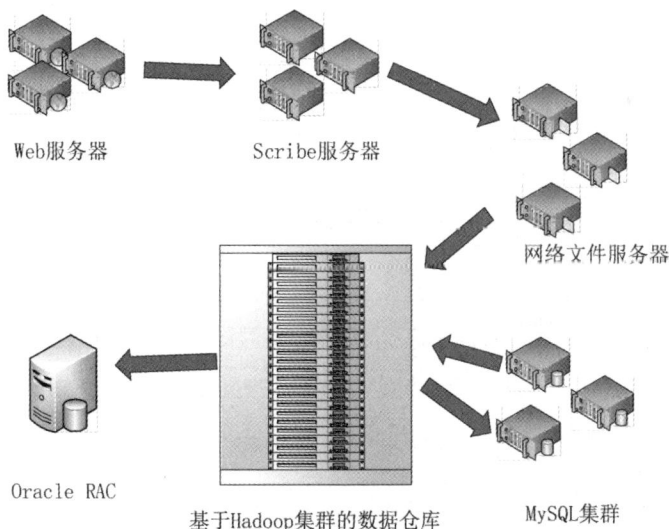

图 9-8　一些公司的数据仓库架构的基本组件以及这些组件间的数据流

如图 9-8 所示，数据处理过程如下。首先，由 Web 服务器及内部服务（如搜索后台）产生日志数据，Scribe 服务器把几百个甚至上千个日志数据集存放在几个甚至几十个网络文件服务器上。网络文件服务器上的大部分日志文件被复制并存放在 HDFS 中。维度数据每天也从内部的 MySQL 数据库复制到这个 HDFS 中。然后，Hive 为 HDFS 收集的所有数据创建一个数据仓库，用户可以通过编写 HiveQL 语句创建各种概要信息、报表并进行历史数据分析。同时，内部的 MySQL 数据库也可以从中获取处理后的数据，并把需要实时联机访问的数据存放在 Oracle 实时应用集群上，这里的实时应用集群（Real Application Clusters，RAC）是 Oracle 的一项核心技术，使用该技术可以在低成本服务器上构建高可用性数据库系统。

9.5　Hive 系统架构

Hive 主要由用户接口模块、驱动模块以及元数据存储模块 3 个模块组成，其系统架构如图 9-9 所示。用户接口模块包括 CLI、Hive 网页接口（Hive Web Interface，HWI）、JDBC、ODBC、Thrift Server 等，用来实现外部应用对 Hive 的访问。CLI 是 Hive 自带的一个命令行客户端工具，但是，这里需要注意的是，Hive 还提供了另外一个命令行客户端工具 Beeline，在 Hive 3.0 以上版本中，Beeline 取代了 CLI。HWI 是 Hive 的一个简单网页，JDBC、ODBC 和 Thrift Server 可以向用户提供进行编程访问的接口。其中，Thrift Server 基于 Thrift 软件框架开发，它提供 Hive 的 RPC 通信接口。驱动模块（Driver）包括编译器、优化器、执行器等，所采用的执行引擎可以是 MapReduce、Tez 或 Spark 等。当采用 MapReduce 作为执行引擎时，驱动模块负责把 HiveQL 语句转换成一系列 MapReduce 作业（9.6 节将介绍转换过程的基本原理），所有命令和查询都会进入驱动模块，通过该模块对输入进行解析编译，对计算过程进行优化，然后按照指定的步骤执行。元数据存储模块（Metastore）是一个独立的关系数据库，通常是与 MySQL 数据库连接后创建的一个 MySQL 实例，也可以是 Hive 自带的 derby 数据库实例。元数据存储模块中主要保存表模式和其他系统元数据，如表的名称、表的列及其属性、表的分区及其属性、表的属性、表中数据所在位置信息等。

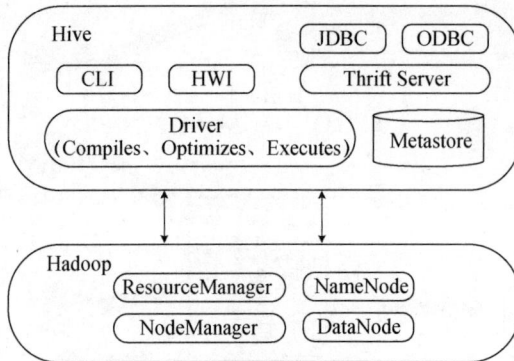

图 9-9　Hive 系统架构

9.6　Hive 工作原理

Hive 的执行引擎可以是 MapReduce、Tez 或 Spark，这里只介绍当采用 MapReduce 作为执行引擎时 Hive 的工作原理。Hive 可以快速实现简单的 MapReduce 作业，主要通过自身组件把 HiveQL 语句转换成 MapReduce 作业来实现。下面首先介绍在没有使用 Hive 时，几个简单的 SQL 语句如何转换成 MapReduce 作业来执行；然后，详细介绍在 Hive 中 SQL 查询（即 HiveQL 语句）如何转换成 MapReduce 作业来执行。

9.6.1　SQL 语句转换成 MapReduce 作业的基本原理

1. 用 MapReduce 实现连接操作

假设参与连接（join）的两个表分别为用户（User）表和订单（Order）表，User 表有两个属性——uid 和 name，Order 表也有两个属性——uid 和 orderid，这两个表的连接键为公共属性 uid。这里对两个表执行连接操作，得到用户的订单号与用户名的对应关系，具体的 SQL 语句如下：

```
select name, orderid from User u join Order o on u.uid=o.uid;
```

图 9-10 描述了连接操作转换成 MapReduce 作业的具体执行过程。首先，在 Map 阶段，User 表以 uid 为键，以 name 和表的标记位（这里 User 表的标记位记为 1）为值进行 Map 操作，把表中记录转化为一系列键值对的形式。同样地，Order 表以 uid 为键，以 orderid 和表的标记位（这里 Order 表的标记位记为 2）为值进行 Map 操作，把表中记录转化为一系列键值对的形式。比如，User 表中记录<1,Lily>转化为键值对<1,<1,Lily>>，其中，括号中的第一个"1"是 uid 的值，第二个"1"是 User 表的标记位（用来标识这个键值对来自 User 表）；再如，Order 表中记录<1,101>转化为键值对<1,<2,101>>，其中，"2"是 Order 表的标记位（用来标识这个键值对来自 Order 表）。接着，在 Shuffle 阶段，把 User 表和 Order 表生成的键值对按键值进行哈希，然后传送给对应的 Reduce 机器执行，比如键值对<1,<1,Lily>>、<1,<2,101>>和<1,<2,102>>传送到同一台 Reduce 机器上，键值对<2,<1,Tom>>和<2,<2,103>>传送到另一台 Reduce 机器上。当 Reduce 机器接收这些键值对时，需要按表的标记位对这些键值对进行排序，以优化连接操作。最后，在 Reduce 阶段，对同一台 Reduce 机器上的键值对，根据"值"中的表标记位，对来自 User 和 Order 这两个表的数据进行笛卡儿积连接操作，以生成最终的连接结果。比如键值对<1,<1,Lily>>与键值对<1,<2,101>>和<1,<2,102>>的连接结果分别为<Lily,101>和<Lily,102>，键值对<2,<1,Tom>>和键值对<2,<2,103>>的连接结果为<Tom,103>。

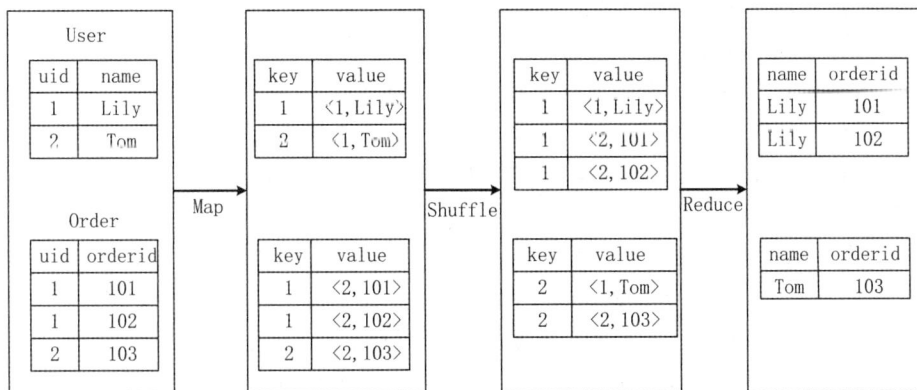

图 9-10　连接操作转换成 MapReduce 作业的具体执行过程

2. 用 MapReduce 实现分组操作

假设 Score 表具有两个属性——rank（排名）和 level（级别），这里存在一个分组（group by）操作，其功能是把 Score 表的不同片段按照 rank 和 level 的组合值进行合并，计算不同 rank 和 level 的组合值分别有几条记录。具体的 SQL 语句如下：

```
select rank, level ,count(*) as value from score group by rank, level;
```

图 9-11 描述了分组操作转换成 MapReduce 作业的具体执行过程。首先，在 Map 阶段，对 Score 表进行 Map 操作，生成一系列键值对，对于每个键值对，其键为"<rank,level>"，值为"拥有该

<rank,value>组合值的记录的条数"。比如，Score 表的第一片段中有两条记录<A,1>，所以记录<A,1>转化为键值对<<A,1>,2>，Score 表的第二片段中只有一条记录<A,1>，所以记录<A,1>转化为键值对<<A,1>,1>。接着，在 Shuffle 阶段，对 Score 表生成的键值对，按照键的值进行哈希，然后根据哈希结果传送给对应的 Reduce 机器执行，比如键值对<<A,1>,2>和<<A,1>,1>传送到同一台 Reduce 机器上，键值对<<B,2>,1>传送到另一台 Reduce 机器上。然后，Reduce 机器对接收到的这些键值对，按键的值进行排序。最后，在 Reduce 阶段，对于 Reduce 机器上的具有相同键的所有键值对的值进行累加，生成分组的最终结果，比如在同一台 Reduce 机器上的键值对<<A,1>,2>和<<A,1>,1>Reduce 后的输出结果为<A,1,3>，<<B,2>,1>Reduce 后的输出结果为<B,2,1>。

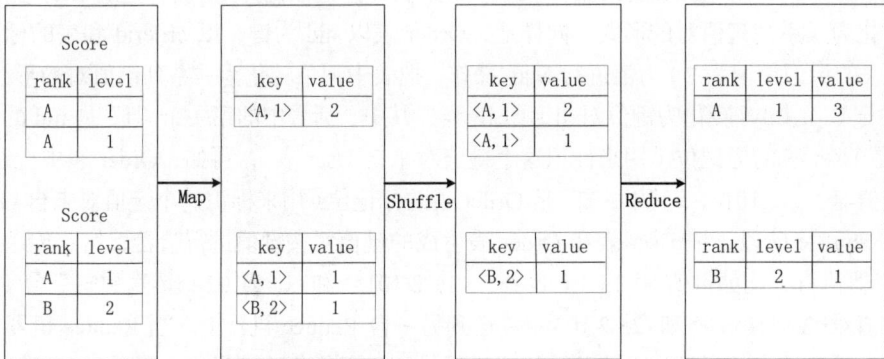

图 9-11　分组操作转换成 MapReduce 作业的具体执行过程

9.6.2　SQL 查询转换成 MapReduce 作业的过程

当用户向 Hive 输入一段命令或查询（即 HiveQL 语句）时，Hive 需要与 Hadoop 交互工作来完成对应的操作。用户输入的命令或查询首先进入驱动模块，由驱动模块中的编译器进行解析编译，并由优化器对对应的操作进行优化计算，然后交给执行器去执行。执行器通常的任务是启动一个或多个 MapReduce 作业，有时也不需要启动 MapReduce 作业，比如执行包含*的操作时（如 select * from 表），即执行全表扫描时，选择所有的属性和所有的元组，不存在投影和选择操作，因此，不需要执行 Map 和 Reduce 操作。图 9-12 描述了用户提交 SQL 查询后，Hive 把 SQL 查询转换成 MapReduce 作业进行执行的详细过程。

在 Hive 中，用户通过 CLI 或其他 Hive 访问工具，向 Hive 输入一段命令或查询语句以后，SQL 查询被 Hive 自动转换成 MapReduce 作业，具体步骤如下。

（1）由 Hive 驱动模块中的编译器——Antlr 语言识别工具，对用户输入的 SQL 语句进行词法和语法解析，将 SQL 语句转换成抽象语法树（Abstract Syntax Tree，AST）的形式。

（2）对该抽象语法树进行遍历，进一步转换成查询块（QueryBlock）。因为抽象语法树的结构仍然很复杂，不方便直接翻译为 MapReduce 算法程序，所以 Hive 把抽象语法树进一步转换成查询块。查询块是一个最基本的 SQL 语法组成单元，包括输入源、计算过程和输出 3 个部分。

（3）对查询块进行遍历，生成操作树（OperatorTree）。其中，操作树由很多逻辑操作符组成，如 TableScanOperator、SelectOperator、FilterOperator、JoinOperator、GroupByOperator 和 ReduceSinkOperator 等。这些逻辑操作符可以在 Map 阶段和 Reduce 阶段完成某一特定操作。

（4）通过 Hive 驱动模块中的逻辑优化器对操作树进行优化，变换操作树的形式，合并多余的逻辑操作符，从而减少 MapReduce 作业数量以及 Shuffle 阶段的数据量。

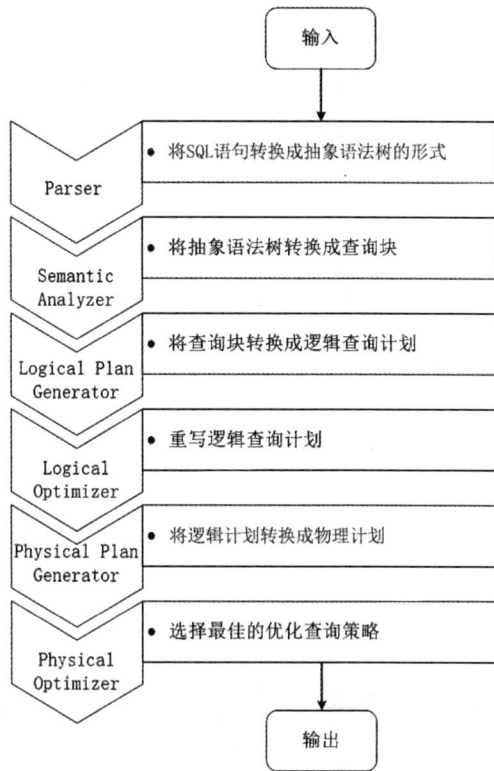

图 9-12 SQL 查询转换成 MapReduce 作业进行执行的详细过程

（5）对优化后的操作树进行遍历，根据操作树中的逻辑操作符生成需要执行的 MapReduce 作业。

（6）启动 Hive 驱动模块中的物理优化器，对生成的 MapReduce 作业进行优化，生成最终的 MapReduce 作业执行计划。

（7）最后由 Hive 驱动模块中的执行器，对最终的 MapReduce 作业进行执行与输出。

9.7 Hive HA 基本原理

Hive 的功能十分强大，可以支持采用 SQL 方式查询 Hadoop 平台上的数据。但是，在实际应用中，Hive 也暴露出不稳定的问题，在极少数情况下，甚至会出现端口不响应或者进程丢失的问题。Hive HA 的出现，就是为了解决这类问题。

Hive HA 基本原理如图 9-13 所示。在 Hive HA 中，在 Hadoop 集群上构建的数据仓库是由多个 Hive 实例进行管理的，这些 Hive 实例被纳入一个资源池中，并由 HAProxy 提供一个统一的对外接口。客户端的查询请求首先访问 HAProxy，由 HAProxy 对访问请求进行转发。HAProxy 收到请求后，会轮询资源池里可用的 Hive 实例，执行逻辑可用性测试。如果某个 Hive 实例逻辑可用，就会把客户端的查询请求转发到该 Hive 实例上，如果该 Hive 实例逻辑不可用，就把它放入黑名单，并继续从资源池中取出下一个 Hive 实例进行逻辑可用性测试。对于黑名单中的 Hive 实例，Hive HA 会每隔一段时间进行统一处理：首先尝试重启该 Hive 实例，如果重启成功，就再次把它放入资源池中。由于采用 HAProxy 提供统一的对外接口，因此，对程序开发人员来说，可以把

Hive HA 当作一台超强 "Hive"。

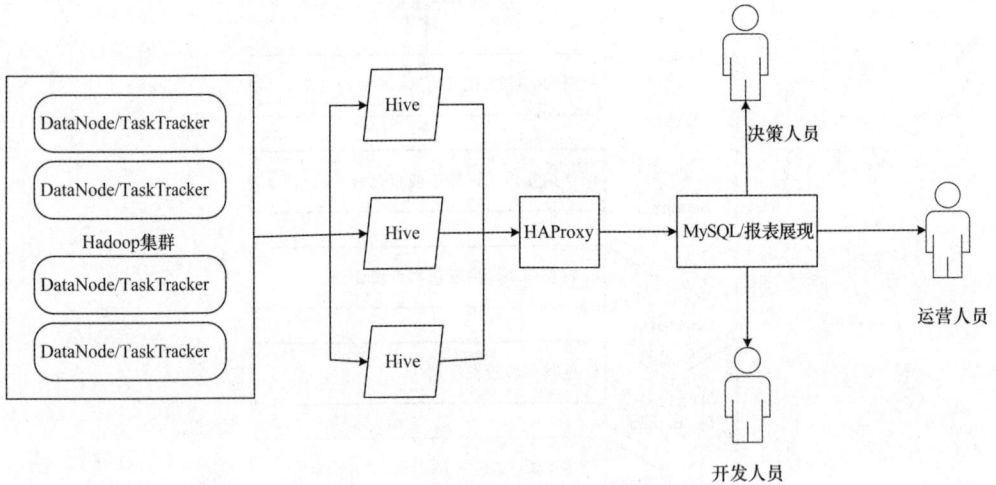

图 9-13　Hive HA 基本原理

9.8　Impala

Hive 作为现有比较流行的数据仓库分析工具之一，得到了广泛的应用。但是由于 Hive 采用 MapReduce 来完成批量数据处理，因此，它的实时性不好，查询延迟较高。Impala 作为开源大数据分析引擎，支持实时计算，它提供了与 Hive 类似的功能，并在性能上比 Hive 高出 3～30 倍。

9.8.1　Impala 简介

Impala 是由 Cloudera 开发的查询系统，它提供了 SQL 语义，能查询存储在 Hadoop 的 HDFS 和 HBase 上的 PB 级别的海量数据。Hive 虽然也提供了 SQL 语义，但是，当采用 MapReduce 作为执行引擎时，Hive 底层执行任务最终仍然需要借助于 MapReduce 来完成，而 MapReduce 是一个面向批处理的非实时计算框架，不能满足查询的实时交互性。Impala 最初是参照 Dremel 系统进行设计的，Dremel 系统是谷歌开发的交互式数据分析系统，可以在 2～3s 内分析 PB 级别的海量数据。所以，Impala 也可以实现对海量数据的快速查询。

需要指出的是，虽然 Impala 的实时查询性能要比 Hive 的好很多，但是，Impala 的目的并不在于替换现有的包括 Hive 在内的 MapReduce 工具，而在于提供一个统一的平台用于实时查询。事实上，Impala 的运行依然需要依赖于 Hive 的元数据。总体而言，Impala 与 Hadoop 生态系统中其他组件的关系如图 9-14 所示。

与 Hive 类似，Impala 也可以直接与 HDFS 和 HBase 进行交互。当采用 MapReduce 作为执行引擎时，Hive 底层执行使用的是 MapReduce，所以主要用于处理长时间运行的批处理任务，如批量 ETL 任务。而 Impala 采用了与商用 MPP 并行关系数据库类似的分布式查询引擎，可以直接从 HDFS 或者 HBase

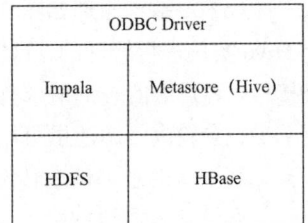

ODBC Driver	
Impala	Metastore（Hive）
HDFS	HBase

图 9-14　Impala 与 Hadoop 生态系统中其他组件的关系

中用 SQL 语句查询数据,而不需要把 SQL 语句转换成 MapReduce 作业来执行,从而大大降低了延迟,可以很好地满足实时查询的要求。另外,Impala 和 Hive 采用相同的 SQL 语法、ODBC 驱动程序和用户接口。

9.8.2　Impala 的系统架构

Impala 的系统架构如图 9-15 所示,图中的虚线模块是属于 Impala 的组件。Impala 和 Hive、HDFS、HBase 等工具是统一部署在一个 Hadoop 平台上的。Impala 主要由 Impalad、State Store 和 CLI 等部分组成。

(1)Impalad:Impala 的一个进程,负责协调客户端提交的查询的执行,给其他 Impalad 分配任务以及收集其他 Impalad 的执行结果进行汇总。另外,Impalad 也会执行其他 Impalad 给其分配的任务,主要对本地 HDFS 和 HBase 里的部分数据进行操作。Impalad 进程主要包含 Query Planner、Query Coordinator 和 Query Exec Engine 这 3 个模块,与 HDFS 的数据节点运行在同一节点上,并且完全分布运行在 MPP 架构上。

(2)State Store:负责收集分布在集群中各个 Impalad 的资源信息,用于查询的调度。State Store 会创建一个 statestored 进程,来跟踪集群中的 Impalad 的健康状态及位置信息。statestored 进程通过创建多个线程来处理 Impalad 的注册订阅以及与各个 Impalad 保持"心跳"连接。另外,各 Impalad 都会缓存一份 State Store 中的信息。当 State Store 离线后,Impalad 一旦发现 State Store 处于离线状态时,就会进入恢复模式,并进行反复注册。当 State Store 重新加入集群后,Impalad 自动恢复正常,更新缓存信息。

(3)CLI:给用户提供了执行查询的命令行工具。

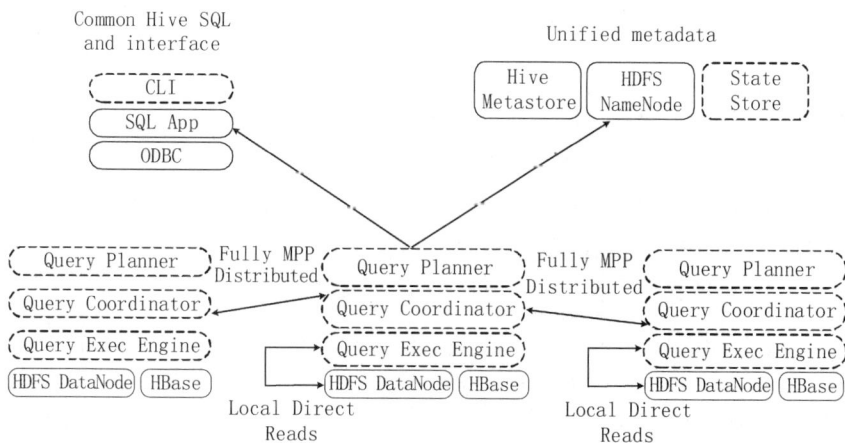

图 9-15　Impala 的系统架构

Impala 中的元数据直接存储在 Hive 中。Impala 采用的元数据、SQL 语法、ODBC 驱动程序和用户接口与 Hive 采用的相同,使在一个 Hadoop 平台上,可以统一部署 Hive 和 Impala 等分析工具,同时支持批处理和实时查询。

9.8.3　Impala 查询的执行过程

Impala 查询的执行过程如下。

第 1 步:注册和订阅。用户提交查询前,Impala 先创建一个 Impalad 进程来具体负责协调客户端提交的查询，该进程会向 State Store 提交注册和订阅信息，State Store 会创建一个 statestored 进程，statestored 进程通过创建多个线程来处理 Impalad 进程提交的注册和订阅信息。

第 2 步：提交查询。用户通过 CLI 客户端提交一个查询到 Impalad 进程，Impalad 进程的 Query Planner 对 SQL 语句进行解析，生成解析树。然后，Query Planner 把这个查询的解析树变成若干 PlanFragment，发送到 Query Coordinator。其中，PlanFragment 由 PlanNode 组成，可以被分发到单独的节点上执行。每个 PlanNode 表示一个关系操作和对其执行优化需要的信息。

第 3 步：获取元数据与数据地址。Query Coordinator 从 MySQL 元数据库中获取元数据（即查询需要用到的数据），从 HDFS 的名称节点中获取数据地址（即数据被保存到的数据节点），从而得到存储这个查询相关数据的所有数据节点。

第 4 步：分发查询任务。Query Coordinator 初始化相应 Impalad 上的任务，即把查询任务分配给所有存储这个查询相关数据的数据节点。

第 5 步：汇聚结果。Query Exec Engine 流式交换中间输出，并且 Query Coordinator 汇聚来自各个 Impalad 的结果。

第 6 步：返回结果。Query Coordinator 把汇总后的结果返回给 CLI 客户端。

图 9-16 对 Impala 查询的执行过程进行了直观展示。

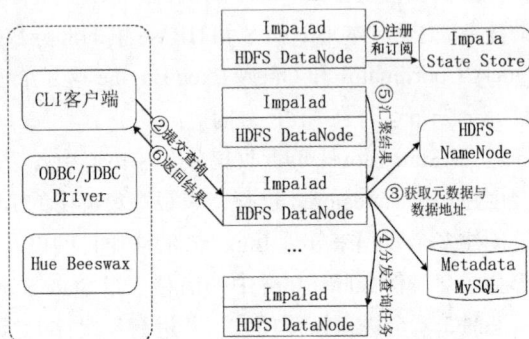

图 9-16　Impala 查询的执行过程

9.8.4　Impala 与 Hive 的比较

Impala 作为开源大数据分析引擎，与 Hive 既有相同点，又有不同点，它们的区别与联系可以通过图 9-17 进行展现。

Hive 与 Impala 的不同点总结如下。第一，由于架构在 Hadoop 之上，Hive 继承了 Hadoop 的批处理方式，在作业提交和调度的时候会涉及大量的开销，这就意味着 Hive 不能在大规模数据集上实现低延迟的快速查询。因此，Hive 比较适用于进行长时间的批处理查询分析，而 Impala 适用于进行实时交互式 SQL 查询。第二，当采用 MapReduce 作为执行引擎时，Hive 依赖于 MapReduce 计算框架，执行计划组合成管道型的 MapReduce 任务进行执行，Impala 则把执行计划表现为一棵完整的执行计划树，可以更自然地分发执行计划到

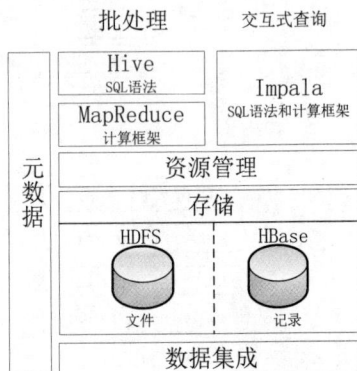

图 9-17　Impala 与 Hive 的区别与联系

各个 Impalad 上执行查询。第三，在 Hive 执行过程中，如果内存放不下所有数据，则会使用外存，以保证查询能顺序执行完成，而 Impala 在遇到内存放不下数据的情况时，不会使用外存。所以，Impala 目前处理查询时会受到一定的限制，这使 Impala 更适合处理输出数据较小的查询请求，而对于大数据量的批量处理，Hive 依然是更好的选择。

Hive 与 Impala 的相同点总结如下。第一，Hive 与 Impala 使用相同的存储数据池，都支持把数据存储于 HDFS 和 HBase 中，其中，HDFS 支持存储 TXT、RCFile、Parquet、Avro、ETC 等格式的数据，HBase 用于存储表中记录。第二，Hive 与 Impala 使用相同的元数据。第三，Hive 与

Impala 中对 SQL 的解释处理比较相似，都是通过词法分析生成执行计划。

总之，Impala 的目的不在于替换现有的 MapReduce 工具。事实上，把 Hive 与 Impala 配合使用效果最佳，可以先使用 Hive 进行数据转换处理，再使用 Impala 对 Hive 处理后的结果数据集进行快速的数据分析。

9.9　Hive 编程实践

本节首先介绍 Hive 的数据类型，然后介绍 Hive 的基本操作，最后给出一个 WordCount 应用实例，并简单分析 Hive 与 MapReduce 在执行 WordCount 时的区别。关于 Hive 的安装和编程实践的更多细节，可以参考本书官网的"教材配套大数据软件安装和编程实践指南"栏目的相关内容。这里采用的 Hive 是 3.1.3 版本。

9.9.1　Hive 的数据类型

Hive 支持关系数据库中的大多数基本数据类型，同时 Hive 还支持关系数据库中不常出现的 3 种集合数据类型。表 9-4 中列举了 Hive 所支持的基本数据类型，包括多种不同长度的整型和浮点型数据类型、布尔类型以及无长度限制的字符串类型等。表 9-5 列举了 Hive 中的列所支持的 3 种集合数据类型：ARRAY、MAP、STRUCT。这里需要注意的是，表 9-5 的示例实际上调用的是内置函数。

表 9-4　　　　　　　　　　　　　Hive 所支持的基本数据类型

类型	描述	示例
TINYINT	1 个字节（8 位）有符号整型	1
SMALLINT	2 个字节（16 位）有符号整型	1
INT	4 个字节（32 位）有符号整型	1
BIGINT	8 个字节（64 位）有符号整型	1
FLOAT	4 个字节（32 位）单精度浮点型	1.0
DOUBLE	8 个字节（64 位）双精度浮点型	1.0
BOOLEAN	布尔类型，true/false	true
STRING	字符串类型，可以指定字符集	"xmu"
TIMESTAMP	整型、浮点型或字符串类型	1327882394（UNIX 新纪元时间）
BINARY	字节数组	[0,1,0,1,0,1,0,1]

表 9-5　　　　　　　　　　　　Hive 中的列所支持的 3 种集合数据类型

类型	描述	示例
ARRAY	一组有序字段，字段的类型必须相同	Array(1,2)
MAP	一组无序的键值对，键的类型必须是原子的，值可以是任何数据类型，同一个映射的键和值的类型必须相同	Map('a',1,'b',2)
STRUCT	一组命名的字段，字段的类型可以不同	Struct('a',1,1,0)

9.9.2　Hive 的基本操作

HiveQL 是 Hive 的查询语言，和 SQL 比较类似，对 Hive 的操作都是通过编写 HiveQL 语句来实现的。接下来介绍 Hive 中几个常用的基本操作。

1. create: 创建数据库、表、视图

（1）创建数据库

① 创建数据库 hive：

```
hive> create database hive;
```

② 创建数据库 hive，因为 hive 已经存在，所以会抛出异常，在语句中加上 if not exists 关键字，则不会抛出异常：

```
hive> create database if not exists hive;
```

（2）创建表

① 在 hive 数据库中，创建 usr 表，该表包含 3 个属性 id、name 和 age：

```
hive> use hive;
hive> create table if not exists usr(id bigint,name string,age int);
```

② 在 hive 数据库中，创建 usr 表，该表包含 3 个属性 id、name 和 age，该表的存储路径为 "/usr/local/hive/ warehouse/hive/usr"：

```
hive> create table if not exists hive.usr(id bigint,name string,age int)
    > location'/usr/local/hive/warehouse/hive/usr';
```

③ 在 hive 数据库中，创建外部 usr 表，该表包含 3 个属性 id、name 和 age，可以读取路径 "/usr/local/data" 下以 "," 分隔的数据：

```
hive> create external table if not exists hive.usr(id bigint,name string,age int)
    > row format delimited fields terminated by ','
    > Location'/usr/local/data';
```

④ 在 hive 数据库中，创建分区 usr 表，该表包含 3 个属性 id、name 和 age，还存在分区字段 sex：

```
hive> create table hive.usr(id bigint,name string,age int) partitioned by(sex boolean);
```

⑤ 在 hive 数据库中，创建分区 usr1 表，它通过复制 usr 表得到：

```
hive> use hive;
hive> create table if not exists usr1 like usr;
```

（3）创建视图

创建视图 little_usr，其只包含表 usr 的 id 和 age 属性：

```
hive> create view little_usr as select id,age from usr;
```

2. drop：删除数据库、表、视图

（1）删除数据库

① 删除数据库 hive，如果该数据库不存在会出现警告：

```
hive> drop database hive;
```

② 删除数据库 hive，因为使用了 if exists 关键字，即使该数据库不存在也不会抛出异常：

```
hive> drop database if exists hive;
```

③ 删除数据库 hive，加上 cascade 关键字，可以删除当前数据库和该数据库中的表：

```
hive> drop database if exists hive cascade;
```

（2）删除表

删除 usr 表，如果该表是内部表，元数据和实际数据都会被删除；如果该表是外部表，则只删除元数据，不删除实际数据：

```
hive> drop table if exists usr;
```

（3）删除视图

删除视图 little_usr：

```
hive> drop view if exists little_usr;
```

3．alter：修改数据库、表、视图

（1）修改数据库

为 hive 数据库设置 dbproperties 键值对属性值来描述数据库属性信息：

```
hive> alter database hive set dbproperties('edited-by'='lily');
```

（2）修改表

① 重命名 usr 表为 user：

```
hive> alter table usr rename to user;
```

② 为 usr 表增加新分区：

```
hive> alter table usr add if not exists partition(sex=true);
hive> alter table usr add if not exists partition(sex=false);
```

③ 删除 usr 表中的分区：

```
hive> alter table usr drop if exists partition(sex=true);
```

④ 把 usr 表中列名 name 修改为 username，并把该列置于 age 列后：

```
hive> alter table usr change name username string after age;
```

⑤ 在 usr 表分区字段之前，增加一个新列 sex：

```
hive> alter table usr add columns(sex boolean);
```

⑥ 删除 usr 表中所有字段并重新指定新字段 newid、newname 和 newage：

```
hive> alter table usr replace columns(newid bigint,newname string,newage int);
```

⑦ 为 usr 表设置 tblproperties 键值对属性值来描述表的属性信息：

```
hive> alter table usr set tblproperties('notes'='the columns in usr may be null except id');
```

（3）修改视图

修改 little_usr 视图元数据中的 tblproperties 属性信息：

```
hive> alter view little_usr set tblproperties('create_at'='refer to timestamp');
```

4．show：查看数据库、表、视图

（1）查看数据库

① 查看 Hive 中包含的所有数据库：

```
hive> show databases;
```

② 查看 Hive 中以 h 开头的所有数据库：

```
hive> show databases like 'h.*';
```

（2）查看表和视图

① 查看数据库 hive 中所有表和视图：

```
hive> use hive;
hive> show tables;
```

② 查看数据库 hive 中以 u 开头的所有表和视图：

```
hive> show tables in hive like 'u.*';
```

5. describe：描述数据库、表、视图

（1）描述数据库

① 查看数据库 hive 的基本信息，包括数据库中文件的位置信息等：

```
hive> describe database hive;
```

② 查看数据库 hive 的详细信息，包括数据库的基本信息及属性信息等：

```
hive> describe database extended hive;
```

（2）描述表和视图

① 查看 usr 表和视图 little_usr 的基本信息，包括列信息等：

```
hive> describe hive.usr;
hive> describe hive.little_usr;
```

② 查看 usr 表和视图 little_usr 的详细信息，包括列信息、位置信息、属性信息等：

```
hive> describe extended hive.usr;
hive> describe extended hive.little_usr;
```

③ 查看 usr 表中 id 列的信息：

```
hive> describe extended usr.id;
```

6. load：向表中装载数据

① 把目录'/usr/local/data'下的数据文件中的数据装载进 usr 表并覆盖原有数据：

```
hive> load data local inpath '/usr/local/data' overwrite into table usr;
```

② 把目录'/usr/local/data'下的数据文件中的数据装载进 usr 表但不覆盖原有数据：

```
hive> load data local inpath '/usr/local/data' into table usr;
```

③ 把分布式文件系统目录 hdfs://master_server/usr/local/data 下的数据文件中的数据装载进 usr 表并覆盖原有数据：

```
hive> load data inpath 'hdfs://master_server/usr/local/data' overwrite into table usr;
```

7. select：查询表中数据

select 命令的用法和 SQL 语句中的完全相同，这里不赘述。

8. insert：向表中插入数据

① 向 usr1 表中插入来自 usr 表的数据并覆盖原有数据：

```
hive> insert overwrite table usr1
   > select * from usr where age=10;
```

② 向 usr1 表中插入来自 usr 表的数据并追加在原有数据后：

```
hive> insert into table usr1
   > select * from usr where age=10;
```

9.9.3　Hive 应用实例：WordCount

现在我们通过一个实例——词频统计，来深入学习 Hive 的具体使用方法。首先，创建一个需要分析的输入数据文件，然后编写 HiveQL 语句来实现 WordCount 算法，在 Linux 操作系统中的实现步骤如下。

（1）创建 input 目录，其为输入目录，命令如下：

```
$ cd /usr/local/hadoop
$ mkdir input
```

（2）在 input 文件夹中创建两个测试文件 file1.txt 和 file2.txt，命令如下：

```
$ cd /usr/local/hadoop/input
$ echo "hello world" > file1.txt
$ echo "hello hadoop" > file2.txt
```

（3）进入 hive 命令行窗口，编写 HiveQL 语句实现 WordCount 算法，命令如下：

```
$ hive
hive> create table docs(line string);
hive> load data inpath 'file:///usr/local/hadoop/input' overwrite into table docs;
hive> create table word_count as
    select word, count(1) as count from
    (select explode(split(line,' '))as word from docs) w
    group by word
    order by word;
```

命令执行完成，用 select 语句查看执行结果，如图 9-18 所示。

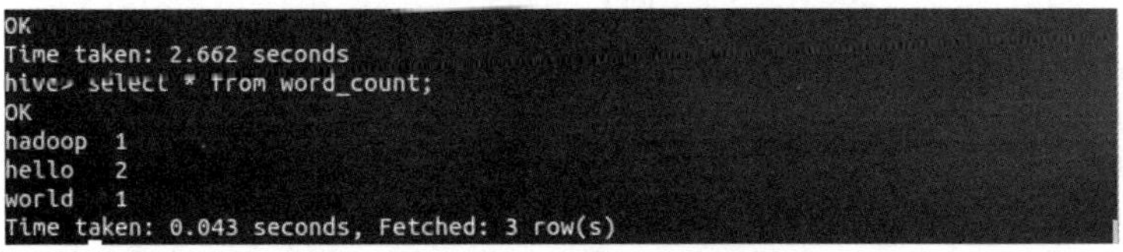

图 9-18　用 select 语句查看执行结果

9.9.4　Hive 编程的优势

词频统计算法是最能体现 MapReduce 思想的算法，因此，这里以 WordCount 为例，简单比较一下其在 MapReduce 中的编程实现和在 Hive 中的编程实现的不同点（这里假设 Hive 采用 MapReduce 作为执行引擎）。首先，采用 Hive 实现 WordCount 算法只需要编写少量的代码。在 MapReduce 中，WordCount 类由数十行 Java 代码编写而成，而在 Hive 中只需要编写几行代码。其次，在 MapReduce 的实现中，需要编译生成 JAR 文件来执行算法，在 Hive 中则不需要。虽然 HiveQL 语句的最终实现需要转换为 MapReduce 作业来执行，但是这些都是由 Hive 框架自动完成的，用户不需要了解具体实现细节。

综上所述，采用 Hive 实现最大的优势是，对非程序员而言，不用学习编写复杂的 Java MapReduce

代码了，只需要学习使用简单的 HiveQL 即可，而这对有 SQL 基础的用户而言是非常容易的。

9.10　本章小结

数据仓库是一个面向主题的、集成的、相对稳定的、反映历史变化的数据集合，用于支持管理决策。数据仓库存在的意义在于对企业的所有数据进行汇总，为企业各个部门提供统一的、规范的数据出口。从 20 世纪 90 年代开始，很多企业就开始建设数据仓库了，目前，数据仓库仍然是企业信息化系统的重要组成部分。

本章详细介绍了数据仓库的相关概念和数据仓库 Hive 的基础知识。Hive 是一个构建在 Hadoop 之上的数据仓库工具，主要用于对存储在 Hadoop 文件中的数据集进行数据整理、特殊查询和分析处理。Hive 在某种程度上可以看作用户编程接口，其本身并不存储和处理数据，而是依赖 HDFS 来存储数据，依赖 MapReduce（或 Tez、Spark）来处理数据。Hive 支持使用自身提供的命令行和简单 HWI 访问方式。

Hive 在数据仓库中主要用于报表中心的报表分析统计上。在 Hadoop 集群上构建的数据仓库由多个 Hive 进行管理，具体采用 Hive HA 基本原理，实现一台超强"Hive"。Impala 作为开源大数据分析引擎，它支持实时计算，在性能上比 Hive 高出 3～30 倍。

本章最后以词频统计为例，详细介绍了如何使用 Hive 进行简单编程。

9.11　习题

1. 数据仓库的 4 个特性是什么？
2. 一个典型的数据仓库系统包含哪些组成部分以及各自的功能是什么？
3. 试述数据湖的概念。
4. 试述数据湖与数据仓库的区别。
5. 数据湖能够解决哪些企业问题？
6. 什么是湖仓一体？
7. "湖仓一体"架构具有哪些特性？
8. 试述在 Hadoop 生态系统中 Hive 与其他组件之间的关系。
9. 请简述 Hive 与传统数据库的区别。
10. 请简述 Hive 的几种访问方式。
11. 请分别对 Hive 的几个主要组成模块进行简要介绍。
12. 请简述向 Hive 中输入一个查询的具体执行过程。
13. 请简述 Hive HA 的基本原理。
14. 请简述 Impalad 进程的主要作用。
15. 请比较 Hive 与 Impala 的异同点。
16. 请简述 State Store 的作用。
17. 请简述 Impala 执行一个查询的具体过程。
18. 请列举 Hive 中的列所支持的 3 种集合数据类型。

19. 请列举几个 Hive 的常用操作及其基本语法。

实验 6 熟悉 Hive 的基本操作

一、实验目的

（1）理解 Hive 作为数据仓库在 Hadoop 体系结构中扮演的角色。

（2）熟练使用常用的 HiveQL 语句。

二、实验平台

- 操作系统：Ubuntu 16.04。
- Hadoop 版本：3.3.5。
- Hive 版本：3.1.3。
- JDK 版本：1.8。

三、数据集

对于本实验所需的 stocks.csv 和 dividends.csv 两个文件，读者可以到本书官网的"下载专区"中下载。

四、实验内容和要求

（1）创建一个内部表 stocks，字段分隔符为英文逗号，表结构如表 9-6 所示。

表 9-6　　　　　　　　　　　　　　　　stocks 表结构

col_name	data_type
exchange	string
symbol	string
ymd	string
price_open	float
price_high	float
price_low	float
price_close	float
volume	int
price_adj_close	float

（2）创建一个外部分区表 dividends（分区字段为 exchange 和 symbol），字段分隔符为英文逗号，表结构如表 9-7 所示。

表 9-7　　　　　　　　　　　　　　　　dividends 表结构

col_name	data_type
ymd	string
dividend	float
exchange	string
symbol	string

（3）从 stocks.csv 文件向 stocks 表导入数据。

（4）创建一个未分区的外部表 dividends_unpartitioned，并从 dividends.csv 向其中导入数据，表结构如表 9-8 所示。

表 9-8　　　　　　　　　　　　　dividends_unpartitioned 表结构

col_name	data_type
ymd	string
dividend	float
exchange	string
symbol	string

（5）以针对 dividends_unpartitioned 表的查询为基础，利用 Hive 自动分区特性向分区表 dividends 各个分区中插入对应数据。

（6）查询 IBM（symbol=IBM）从 2000 年起所有支付股息的交易日（dividends 表中有对应记录）的收盘价（price_close）。

（7）查询苹果（symbol=AAPL）2008 年 10 月每个交易日的涨跌情况，涨显示 rise，跌显示 fall，不变显示 unchange。

（8）查询 stocks 表中收盘价（price_close）比开盘价（price_open）高得最多的那条记录的交易所（exchange）、股票代码（symbol）、日期（ymd）、收盘价、开盘价及收盘价和开盘价的差价。

（9）从 stocks 表中查询苹果（symbol=AAPL）年平均调整后收盘价（price_adj_close）高于 50 美元的年份及年平均调整后收盘价。

（10）查询每年年平均调整后收盘价（price_adj_close）前 3 名的公司的股票代码及年平均调整后收盘价。

五、实验报告

"大数据技术原理与应用"课程实验报告

题目：		姓名：		日期：

实验环境：

解决问题的思路：

实验内容与完成情况：

出现的问题：

解决方案（列出遇到并解决的问题和解决方案，以及没有解决的问题）：

第 **10** 章
Spark

Spark 诞生于美国加利福尼亚大学伯克利分校的 AMP（Algorithms, Machines and People）实验室，是一个可应用于大规模数据处理的快速、通用引擎，如今是 Apache 软件基金会下的顶级开源项目之一。Spark 最初的设计目标是使数据分析更快——不仅程序运行速度要快，程序编写也要能快速、容易。为了使程序运行速度更快，Spark 提供了内存计算，减少了迭代计算时的 I/O 开销；而为了使程序编写更为容易，Spark 使用简练、优雅的 Scala 编写，基于 Scala 提供了交互式的编程体验。虽然 Hadoop 已成为大数据的事实标准，但是 MapReduce 分布式计算模型仍存在诸多缺陷，而 Spark 不仅具备 Hadoop MapReduce 的优点，而且克服了 Hadoop MapReduce 的缺陷。Spark 正以其结构一体化、功能多元化的优势逐渐成为当今大数据领域主流的大数据计算平台之一。

本章首先简单介绍 Spark 与 Scala 编程语言；然后将 Spark 与 Hadoop 进行对比，认识 Hadoop MapReduce 计算模型的缺陷与 Spark 的优势；接着讲解 Spark 的生态系统和运行架构，以及 Spark 的部署模式和应用方式；最后介绍 Spark 的安装与基本的编程实践。

10.1 Spark 概述

本节简要介绍大数据并行计算框架 Spark 和多范式编程语言 Scala，并对 Spark 和 Hadoop 做了对比分析。

10.1.1 Spark 简介

Spark 最初由美国加利福尼亚大学伯克利分校的 AMP 实验室于 2009 年开发，是基于内存计算的大数据并行计算框架，可用于构建大型的、低延迟的数据分析应用程序。Spark 在诞生之初属于研究性项目，其诸多核心理念均源自学术研究论文。2013 年，Spark 加入 Apache 孵化器项目后，开始迅速地发展，如今已成为 Apache 软件基金会三大分布式计算系统开源项目之一（分别为 Hadoop、Spark、Storm）。

Spark 作为大数据计算平台的后起之秀，在 2014 年打破了 Hadoop 保持的基准排序（Sort Benchmark）纪录，使用 206 个节点在 23min 的时间里完成了 100TB 数据的排序，而 Hadoop 使用 2000 个节点在 72min 的时间里才完成同样数据的排序，也就是说，Spark 仅使用了约 1/10 的计算资源，获得了约比 Hadoop 快 2 倍的速度。新纪录的诞生，使 Spark 受到多方追捧，也表明了 Spark 可以作为一个更加快速、高效的大数据并行计算框架。

Spark 具有以下 4 个主要特点。

（1）运行速度快。Spark 使用先进的有向无环图（Directed Acyclic Graph，DAG）执行引擎，以支持循环数据流与内存计算，基于内存的执行速度可比 Hadoop MapReduce 的快上百倍，基于磁盘的执行速度也能快 10 倍左右。

（2）容易使用。Spark 支持使用 Scala、Java、Python 和 R 语言进行编程，简洁的 API 设计有助于用户轻松构建并行程序，并且可以通过 Spark Shell 进行交互式编程。

（3）通用。Spark 提供了完整而强大的技术栈，包括 SQL 查询、流式计算、机器学习和图算法等组件，这些组件可以无缝整合在同一个应用中，足以应对复杂的计算。

（4）运行模式多样。Spark 可运行于独立的集群模式或 Hadoop 中，也可运行于 Amazon EC2 等云环境中，并且可以访问 HDFS、Cassandra、HBase、Hive 等多种数据源。

Spark 如今已吸引了国内外各大公司的注意，如腾讯、淘宝、百度、亚马逊等公司均不同程度地使用了 Spark 来构建大数据分析应用，并将 Spark 应用到实际的生产环境中。相信在将来，Spark 会在更多的应用场景中发挥重要作用。

10.1.2　Scala 简介

Scala 是一门现代的多范式编程语言，平滑地集成了面向对象和函数式语言的特性，旨在以简练、优雅的方式来表达常用编程模式。Scala 的名称来自"可扩展的语言"（Scalable Language）。无论是写小脚本还是建立大系统的编程任务，Scala 均可胜任。Scala 运行于 Java 虚拟机上，并兼容现有的 Java 程序。

Spark 的设计目的之一就是使程序编写更快、更容易，这也是 Spark 选择 Scala 的原因所在。总体而言，Scala 具有以下突出的优点。

（1）具备强大的并发性，支持函数式编程，可以更好地支持分布式系统。

（2）语法简洁，能提供优雅的 API。

（3）兼容 Java，运行速度快，且能融合到 Hadoop 生态系统中。

实际上，AMP 实验室的大部分核心产品都使用 Scala 进行开发。Scala 近年来吸引了不少开发者的眼球，如社交网站推特已将代码语言从 Ruby 转变为 Scala。

Scala 是 Spark 的主要编程语言，但 Spark 还支持使用 Java、Python、R 作为编程语言。因此，若仅是编写 Spark 程序，并非一定要用 Scala。Scala 的优势是提供了交互式解释器 REPL（Read-Eval-Print Loop，读取-求值-输出循环），因此，在 Spark Shell 中可进行交互式编程（即表达式计算完成就会输出结果，而不必等到整个程序运行完毕，从而可即时查看中间结果，并对程序进行修改），这样可以在很大程度上提升开发效率。

10.1.3　Spark 与 Hadoop 的对比

Hadoop 虽然已成为大数据技术的事实标准，但其本身还存在诸多缺点，最主要的缺点是其 MapReduce 计算模型延迟过高，无法胜任实时、快速计算的需求，因而只适用于离线批处理的应用场景。

回顾 Hadoop 的工作流程，可以发现 Hadoop 存在以下缺点。

（1）表达能力有限。Hadoop 的计算都必须转化成 Map 和 Reduce 两个操作，但这并不适合所有的情况，难以描述复杂的数据处理过程。

（2）磁盘 I/O 开销大。每次执行时都需要从磁盘读取数据，并且在计算完成后需要将中间结果写入磁盘中，I/O 开销较大。

（3）延迟高。一次计算可能需要分解成一系列按顺序执行的 MapReduce 任务，任务之间的衔接由于涉及 I/O 开销，会产生较高延迟。而且，在前一个任务执行完成之前，其他任务无法开始，因此，Hadoop 难以胜任复杂、多阶段的计算任务。

Spark 在借鉴 Hadoop 优点的同时，很好地解决了 Hadoop 所面临的问题。相比于 Hadoop，Spark 具有以下优点。

（1）Spark 的计算模式也属于 MapReduce，但不局限于 Map 和 Reduce 操作，还提供了多种数据集操作类型，编程模型比 MapReduce 更灵活。

（2）Spark 提供了内存计算，计算的中间结果直接放到内存中，带来了更高的迭代运算效率。

（3）Spark 基于 DAG 的任务调度执行机制，要优于 MapReduce 的迭代执行机制。

Hadoop 与 Spark 的执行流程对比如图 10-1 所示。由图 10-1 可以看到，Spark 最大的特点就是将计算数据、中间结果都存储在内存中，大大减少了 I/O 开销，因而 Spark 更适用于迭代运算比较多的数据挖掘与机器学习运算。

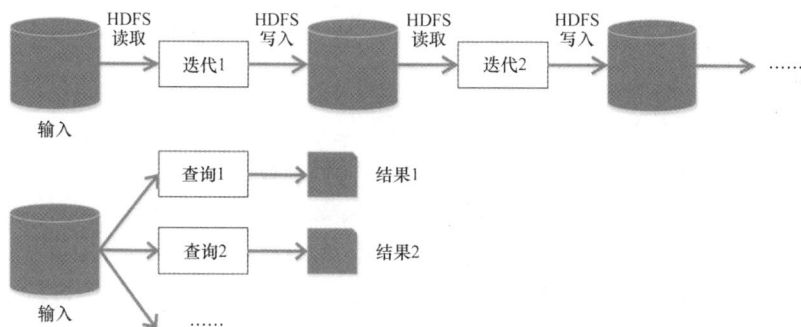

(a) Hadoop 的执行流程

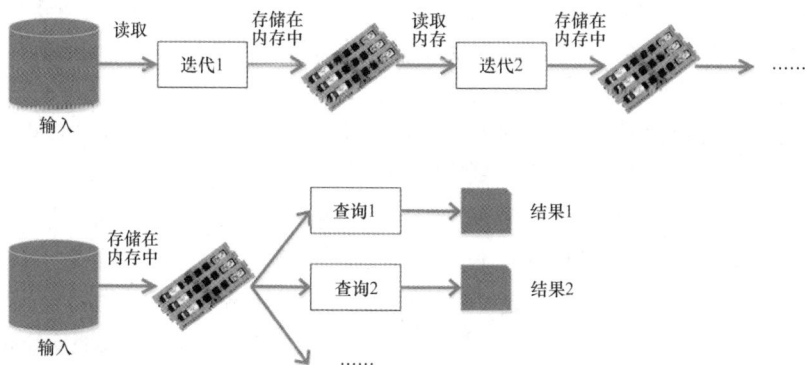

(b) Spark 的执行流程

图 10-1　Hadoop 与 Spark 的执行流程对比

使用 Hadoop 进行迭代计算非常消耗资源，因为每次迭代都需要从磁盘中写入、读取中间结果，I/O 开销大。而 Spark 将数据载入内存后，之后的迭代计算都可以直接使用内存中的中间结果进行运算，避免了从磁盘中频繁读取数据。如图 10-2 所示，Hadoop 与 Spark 在执行逻辑回归时所需的时间相差巨大。

在实际进行开发时，使用 Hadoop 需要编写不少相对底层的代码，不够高效。相对而言，Spark

提供了多种高层次、简洁的 API。通常情况下，对于实现相同功能的应用程序，Hadoop 的代码量要比 Spark 的多 2～5 倍。更重要的是，Spark 提供了实时交互式编程反馈，可以方便地验证、调整算法。

尽管 Spark 相对 Hadoop 具有较大优势，但 Spark 并不能完全替代 Hadoop，其主要用于替代 Hadoop 中的 MapReduce 计算模型。实际上，Spark 已经很好地融入 Hadoop 生态系统，并成为其中的重要一员，它可以借助于 YARN 实现资源调度管理，借助于 HDFS 实现分布式存储。此外，Hadoop 可以使用廉价的、异构的机器来做分布式存储与计算，但是 Spark 对硬件（内存、CPU 等）的要求稍高一些。

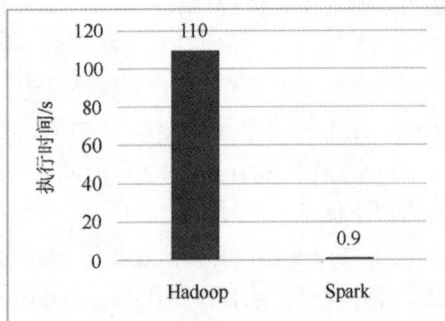

图 10-2　Hadoop 与 Spark 在执行逻辑回归时所需时间的对比

10.2　Spark 生态系统

在实际应用中，大数据处理主要包括以下 3 种场景。

（1）复杂的批量数据处理：时间跨度通常在数十分钟到数小时。

（2）基于历史数据的交互式查询：时间跨度通常在数十秒到数分钟。

（3）基于实时数据流的数据处理：时间跨度通常在数百毫秒到数秒。

目前，已有很多相对成熟的开源软件用于处理以上 3 种场景，比如可以利用 Hadoop MapReduce 来进行批量数据处理，可以利用 Impala 来进行交互式查询（Impala 与 Hive 相似，但底层引擎不同，其提供了实时交互式 SQL 查询），对于流式数据处理可以采用开源流计算框架 Storm。一些企业可能只会涉及其中部分应用场景，只需部署相应软件即可满足业务需求。但是对互联网公司而言，通常会同时存在以上 3 种场景，因此需要同时部署 3 种不同的软件。这样做难免会带来一些问题。

（1）不同场景之间 I/O 数据无法做到无缝共享，通常需要进行数据格式的转换。

（2）不同的软件需要不同的开发和维护团队，带来了较高的使用成本。

（3）较难对同一个集群中的各个系统进行统一的资源协调和分配。

Spark 的设计遵循"一个软件栈满足不同应用场景"的理念，逐渐形成了一套完整的生态系统，既能够提供内存计算框架，也能够支持 SQL 即席查询、实时流式计算、机器学习和图计算等。Spark 可以部署在资源管理器 YARN 之上，提供一站式的大数据解决方案。因此，Spark 所提供的生态系统足以应对上述 3 种场景，即同时支持批处理、交互式查询和流数据处理。

现在，Spark 生态系统已经成为伯克利数据分析栈（Berkeley Data Analytics Stack，BDAS）的重要组成部分。BDAS 架构如图 10-3 所示。

Spark 专注于数据的处理分析，而数据的存储还是要借助 HDFS、Amazon S3 等来实现。因此，Spark 生态系统可以很好地实现与 Hadoop 生态系统的兼容，使现有 Hadoop 应用程序可以非常容易地迁移到 Spark 系统。

Spark 生态系统主要包含 Spark Core、Spark SQL、Spark Streaming、Structured Streaming、MLlib 和 GraphX 等组件，各个组件的具体功能如下。

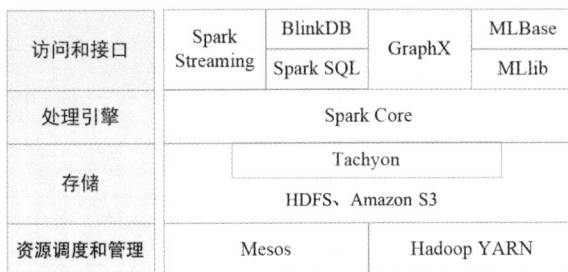

图 10-3　BDAS 架构

（1）Spark Core

Spark Core 包含 Spark 的基本功能，如内存计算、任务调度、部署模式、故障恢复、存储管理等，主要面向批量数据处理。Spark 建立在统一的抽象弹性分布式数据集（Resilient Distributed Dataset，RDD）之上，使其可以以基本一致的方式应对不同的大数据处理场景。

（2）Spark SQL

Spark SQL 允许开发人员直接处理 RDD，同时也允许查询 Hive、HBase 等外部数据源。Spark SQL 的一个重要特点是其能够统一处理关系表和 RDD，使开发人员不需要自己编写 Spark 应用程序。开发人员可以轻松地使用 SQL 命令进行查询，并进行更复杂的数据分析。

（3）Spark Streaming

Spark Streaming 支持高吞吐量、可容错处理的实时流数据处理，其核心思路是将流数据分解成一系列短小的批处理作业，每个短小的批处理作业都可以使用 Spark Core 进行快速处理。Spark Streaming 支持多种数据输入源，如 Kafka、Flume 和 TCP 套接字等。

（4）Structured Streaming

Structured Streaming 是一种基于 Spark SQL 引擎构建的、可扩展且容错的流处理引擎。通过一致的 API，Structured Streaming 使开发人员可以像编写批处理程序一样编写流处理程序，降低了开发人员的使用难度。

（5）MLlib

MLlib 提供了常用机器学习算法的实现，包括聚类、分类、回归、协同过滤等，降低了机器学习的门槛，开发人员只需具备一定的理论知识就能进行机器学习的工作。

（6）GraphX

GraphX 是 Spark 中用于图计算的 API，可认为是 Pregel 在 Spark 上的重写及优化。GraphX 性能良好，拥有丰富的功能和操作符，能在海量数据上自如地运行复杂的图算法。

需要说明的是，无论是 Spark SQL、Spark Streaming、Structured Streaming、MLlib，还是 GraphX，底层都是使用 Spark Core 的 API 处理问题，它们的方法几乎是通用的，处理的数据可以共享，不同应用之间的数据也可以无缝集成。

在不同的 Spark 应用场景下，可以选用的其他框架和 Spark 生态系统中的组件如表 10-1 所示。

表 10-1　　　　　　　　　　　　　　　　Spark 应用场景

应用场景	时间跨度	其他框架	Spark 生态系统中的组件
复杂的批量数据处理	小时级	MapReduce、Hive	Spark Core
基于历史数据的交互式查询	分钟级、秒级	Impala、Dremel、Drill	Spark SQL

续表

应用场景	时间跨度	其他框架	Spark 生态系统中的组件
基于实时数据流的数据处理	毫秒级、秒级	Storm、Yahoo!S4	Spark Streaming Structured Streaming
基于历史数据的数据挖掘	—	Mahout	MLlib
图结构数据的处理	—	Pregel、Hama	GraphX

10.3 Spark 运行架构

本节首先介绍 Spark 的基本概念和架构设计，然后介绍 Spark 运行基本流程，最后介绍 RDD 的设计与运行原理。

10.3.1 基本概念

在具体讲解 Spark 运行架构之前，需要了解以下 7 个重要的基本概念。

（1）RDD：分布式内存的一个抽象概念，提供了一种高度受限的共享内存模型。

（2）DAG：反映 RDD 之间的依赖关系。

（3）Executor：运行在工作节点（Worker Node）上的一个进程，负责运行任务，并为应用程序存储数据。

（4）应用：用户编写的 Spark 应用程序。

（5）任务：运行在 Executor 上的工作单元。

（6）作业：一个作业（Job）包含多个 RDD 及作用于相应 RDD 上的各种操作。

（7）阶段：作业的基本调度单位，一个作业会分为多组任务（Task），每组任务被称为“阶段”（Stage），或者被称为“任务集”。

10.3.2 架构设计

如图 10-4 所示，Spark 运行架构包括集群资源管理器（Cluster Manager）、运行作业任务的工作节点、每个应用的驱动器（Driver Program，或简称为 Driver）和每个工作节点上负责具体任务的执行器（Executor）等。其中，集群资源管理器可以是 Spark 自带的资源管理器，也可以是 YARN 或 Mesos 等资源调度管理框架；执行器在集群内各工作节点上运行，它会与驱动器进行通信，并负载在工作节点上执行任务，在大多数部署模式中，每个工作节点上只有一个执行器。可以看出，就系统架构而言，Spark 采用“主从架构”，包含一个 Master（即 Driver）和若干个 Worker。

与 Hadoop MapReduce 计算框架相比，Spark 所采用的执行器有两个优点：一是利用多线程（Hadoop MapReduce 采用的是进程模型）来执行具体的任务，减少任务的启动开销；二是执行器中有一个 BlockManager 存储模块，它会将内存和磁盘共同作为存储设备（默认使用内存，当内存不够时，会写到磁盘），当需要多轮迭代计算时，可以将中间结果存储到这个存储模块里，在下次需要时，就可以直接读取该存储模块里的数据，而不需要读取 HDFS 等文件系统中的数据，因而有效减少了 I/O 开销，或者在交互式查询场景下，预先将表缓存到该存储系统上，从而可以提高读写 I/O 性能。

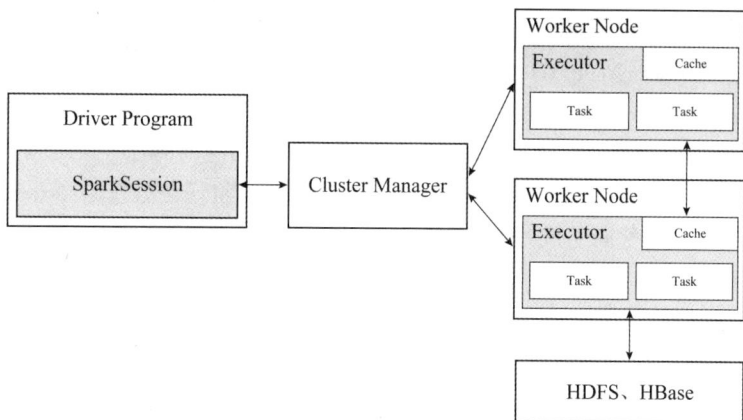

图 10-4　Spark 运行架构

Spark 中各种概念之间的相互关系如图 10-5 所示。总体而言，在 Spark 中，如图 10-5 所示，一个应用（Application）由一个驱动器和若干个作业构成，一个作业由多个阶段构成，一个阶段由多个任务组成。当执行一个应用时，驱动器会向集群资源管理器申请资源，启动执行器，并向执行器发送应用程序代码和文件，然后在执行器上执行任务，运行结束后，执行结果会返回给驱动器，写到 HDFS 或者其他数据库中。

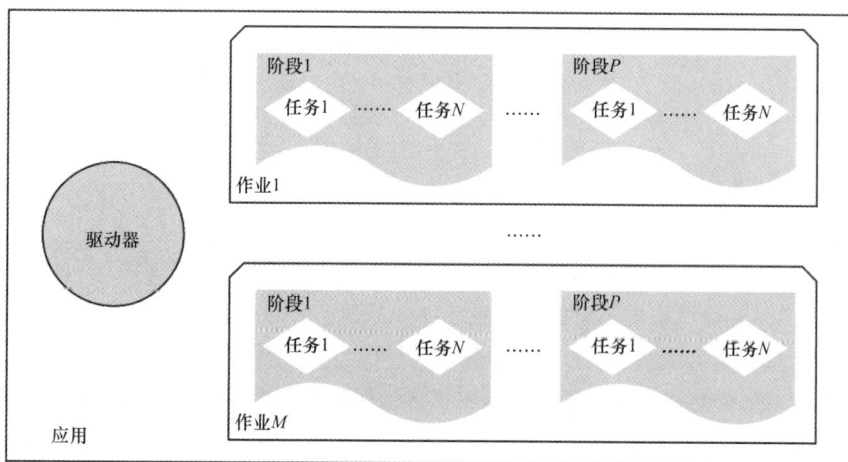

图 10-5　Spark 中各种概念之间的相互关系

10.3.3　Spark 运行基本流程

Spark 程序的入口是 Driver 中的 SparkContext。与 Spark 1.x 相比，从 Spark 2.0 开始，有一个变化是用 SparkSession 统一了与用户交互的接口，SparkContext 成为 SparkSession 的成员变量。

Spark 运行基本流程如下。

（1）当一个 Spark 应用被提交时，首先需要为这个应用构建起基本的运行环境，即由任务控制节点（Driver）创建一个 SparkContext，由 SparkContext 负责和集群资源管理器——Cluster Manager 的通信，以及进行资源的申请、任务的分配和监控等。SparkContext 会向集群资源管理器注册并申请运行 Executor 的资源。

（2）集群资源管理器为 Executor 分配资源，并启动 Executor 进程，Executor 的运行情况将随着"心跳"信息发送到集群资源管理器上。

（3）SparkContext 根据 RDD 的依赖关系构建 DAG，并将 DAG 提交给 DAG 调度器（DAGScheduler）进行解析，将 DAG 分解成多个"阶段"（每个阶段都是一个任务集），并且计算出各个阶段之间的依赖关系，然后把一个个"任务集"提交给底层的任务调度器（TaskScheduler）进行处理；Executor 向 SparkContext 申请任务，任务调度器将任务分发给 Executor 运行，同时 SparkContext 将应用程序代码发放给 Executor。

（4）任务在 Executor 上运行，把执行结果反馈给任务调度器，然后反馈给 DAG 调度器，运行完毕后写入数据并释放所有资源。

图 10-6 对 Spark 运行流程进行了直观展示。

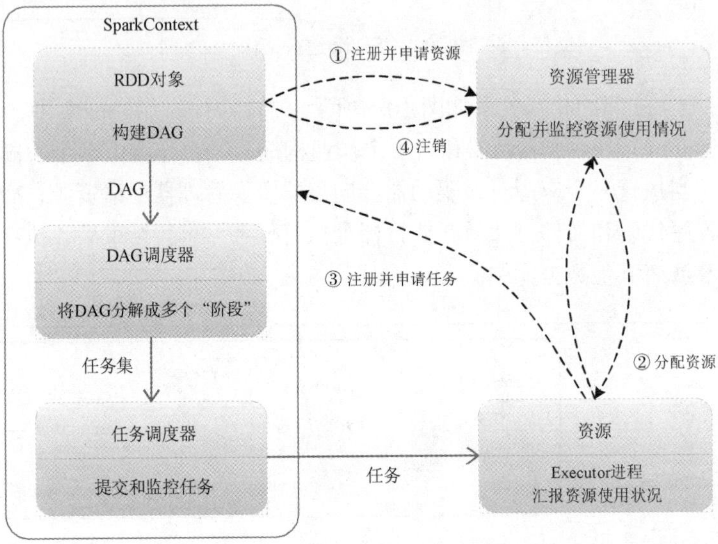

图 10-6 Spark 运行流程的直观展示

总体而言，Spark 运行架构具有以下特点。

（1）每个应用都有自己专属的 Executor 进程，并且该进程在应用运行期间会一直驻留。Executor 进程以多线程的方式运行任务，减少了多进程任务频繁的启动开销，使任务执行变得非常高效和可靠。

（2）Spark 运行过程与资源管理器无关，只要能够获取 Executor 进程并保持通信即可。

（3）任务采用了数据本地性和推测执行等优化机制。数据本地性是尽量将计算移动到数据所在的节点上进行，即"计算向数据靠拢"，因为移动计算比移动数据所占用的网络资源要少得多。而且，Spark 采用了延时调度机制，可以在更大程度上实现执行过程优化。比如拥有数据的节点当前正被其他的任务占用，那么在这种情况下是否需要将数据移动到其他的空闲节点上呢？答案是不一定。因为如果经过预测发现当前节点结束当前任务所需的时间比移动数据所需的时间少，那么调度就会等待，直到当前节点可用。

10.3.4 RDD 的设计与运行原理

Spark 的核心建立在统一的抽象 RDD 之上，这使 Spark 的各个组件可以无缝地进行集成，在同一个应用程序中完成大数据计算任务。RDD 的设计理念源自 AMP 实验室发表的论文《弹性分布式数据集：基于内存的集群计算容错抽象》(*Resilient Distributed Datasets: A Fault-Tolerant*

Abstraction for In-Memory Cluster Computing）。

1. RDD 的设计背景

在实际应用中，存在许多迭代式算法（如机器学习、图计算等）和交互式数据挖掘工具，这些算法和工具的共同之处是，不同计算阶段之间会重用中间结果，即一个阶段的输出结果会作为下一个阶段的输入。但是，目前的 MapReduce 框架都把中间结果写入 HDFS，带来了大量的数据复制、磁盘 I/O 和序列化开销。虽然类似 Pregel 的图计算框架也将结果保存在内存当中，但是这些框架只能支持一些特定的计算模式，并不能提供一种通用的数据抽象。RDD 就是为了满足这种需求而出现的，它提供了一个抽象的数据架构，我们不必担心底层数据的分布式特性，只需将具体的应用逻辑表达为一系列转换处理，不同 RDD 之间的转换操作形成依赖关系，可以实现管道化（Pipeline），从而避免了中间结果的存储，大大降低了数据复制、磁盘 I/O 和序列化开销。

2. RDD 的概念

一个 RDD 就是一个分布式对象集合，本质上是一个只读的分区记录集合。每个 RDD 可以分成多个分区，每个分区就是一个数据集片段，并且一个 RDD 的不同分区可以被保存到集群中不同的节点上，从而可以在集群中的不同节点上进行并行计算。RDD 提供了一种高度受限的共享内存模型，即 RDD 是只读的记录分区的集合，不能直接修改，只能基于稳定的物理存储中的数据集来创建，或者通过在其他 RDD 上执行确定的转换操作（如 map、join 和 groupBy 等）来创建并得到新的 RDD。RDD 提供了一组丰富的操作以支持常见的数据运算，这组操作分为"行动"（Action）和"转换"（Transformation）两种类型，前者用于执行计算并指定输出的形式，后者用于指定 RDD 之间的相互依赖关系。两类操作的主要区别是，转换操作（如 map、filter、groupBy、join 等）接收 RDD 并返回 RDD，而行动操作（如 count、collect 等）接收 RDD 但是返回非 RDD（即输出一个值或结果）。RDD 提供的转换接口操作都非常简单，都是类似 map、filter、groupBy、join 等粗粒度的数据转换操作，而不是针对某个数据项的细粒度修改。因此，RDD 比较适用于对数据集中元素执行相同操作的批处理式应用，而不适用于需要异步、细粒度状态的应用，比如 Web 应用系统、增量式的网页爬虫等。正因为这样，这种粗粒度转换接口设计，会使人从直觉上认为 RDD 的功能很受限、不够强大。但是，实际上 RDD 已经被实践证明可以很好地应用于许多并行计算应用中，可以具备很多现有计算框架（如 MapReduce、SQL、Pregel 等）的表达能力，并且可以应用于这些框架处理不了的交互式数据挖掘应用。

Spark 用 Scala 实现了 RDD 的 API，程序员可以通过调用 API 实现对 RDD 的各种操作。RDD 典型的执行过程如下。

① RDD 读入外部数据源（或内存中的集合）进行创建。

② RDD 会经过一系列的转换操作，每一个操作都会产生不同的 RDD，提供给下一个转换操作使用。

③ 最后一个 RDD 经行动操作进行处理，并输出到外部数据源（或者变成 Scala 集合或标量）。

需要说明的是，RDD 采用了惰性调用，即在 RDD 的执行过程（见图 10-7）中，真正的计算发生在 RDD 的行动操作中，对于行动操作之前的所有转换操作，Spark 只是记录下转换操作应用的一些基础数据集以及 RDD 生成的轨迹，而不会触发真正的计算。

下面给出 RDD 执行过程的一个实例，如图 10-8 所示。在图 10-8 中，输入从逻辑上生成 A 和 C 两个 RDD，经过一系列转换操作，逻辑上生成了 F（也是一个 RDD）。之所以说"逻辑上"，是因为这时候计算并没有发生，Spark 只是记录了 RDD 之间的生成和依赖关系。当 F 要进行输出时，也就是当 F 进行行动操作时，Spark 才会根据 RDD 的依赖关系生成 DAG，并从起点开始真正的计算。

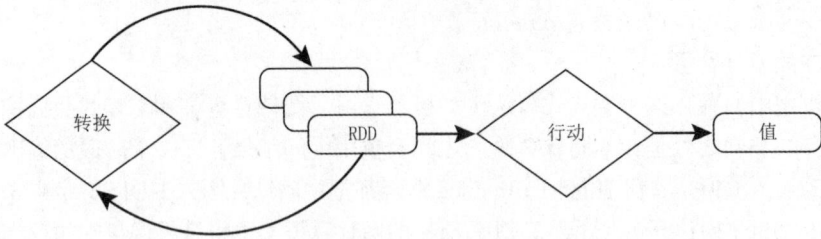

图 10-7　RDD 的执行过程

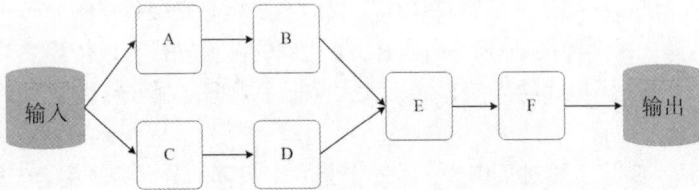

图 10-8　RDD 执行过程的一个实例

上述这一系列处理称为一个"血缘关系"（Lineage），即 DAG 拓扑排序的结果。采用惰性调用，通过血缘关系连接起来的一系列 RDD 操作可以实现管道化，避免多次转换操作之间数据同步等待，而且不必担心有过多的中间数据，因为这些具有血缘关系的操作都管道化了，不需要将一个操作得到的结果保存为中间数据，而可以让结果直接管道式地流入下一个操作进行处理。同时，这种通过血缘关系把一系列操作进行管道化连接的设计方式，使管道中每次操作的计算变得相对简单，保证了每个操作在处理逻辑上的单一性。相反，在 MapReduce 的设计中，为了尽可能地减少 MapReduce 过程，在单个 MapReduce 中会写入过多复杂的逻辑。

这里以一个"Hello World"入门级 Spark 程序来解释 RDD 执行过程，这个程序的功能是读取一个 HDFS 文件，计算出包含字符串"Hello World"的行的数量。

```
import org.apache.spark.SparkContext
import org.apache.spark.SparkContext._
import org.apache.spark.SparkConf
object HelloWorld {
    def main(args: Array[String]) {
        val conf = new SparkConf().setAppName("Hello World").setMaster("local[2]")
        val sc = new SparkContext(conf)
        val fileRDD = sc.textFile("hdfs://localhost:9000/examplefile")
        val filterRDD = fileRDD.filter(_.contains("Hello World"))
        filterRDD.cache()
        filterRDD.count()
    }
}
```

可以看出，一个 Spark 应用程序，基本上是基于 RDD 的一系列计算操作。第 7 行代码用于创建 SparkContext 对象。第 8 行代码从 HDFS 文件中读取数据并创建一个 RDD。第 9 行代码对 fileRDD 进行转换操作得到一个新的 RDD，即 filterRDD。第 10 行代码表示对 filterRDD 进行持久化，把它保存在内存或磁盘中（这里采用 cache 接口把数据集保存在内存中），方便后续重复使用。当数据被反复访问（比如查询一些热点数据，或者运行迭代算法）时，这是非常有用的。而且通过 cache()，系统可以缓存非常大的数据集，支持跨越几十个甚至上百个节点。第 11 行代码中的 count() 是一个行动操作，用于计算一个 RDD 集合中包含的元素个数。这个程序的执行过程如下。

① 创建这个 Spark 程序的执行上下文，即创建 SparkContext 对象。

② 从外部数据源（即 HDFS 文件）中读取数据创建 fileRDD 对象。

③ 构建起 fileRDD 和 filterRDD 之间的依赖关系，形成 DAG。这时候并没有发生真正的计算，只是记录转换的轨迹，也就是记录 RDD 之间的依赖关系。

④ 执行到第 11 行代码时，count()是一个行动操作，这时才会触发真正的"从头到尾"的计算，也就是从外部数据源加载数据创建 fileRDD 对象，执行从 fileRDD 到 filterRDD 的转换操作，并把结果持久化到内存中，最后计算出 filterRDD 中包含的元素个数。

3. RDD 的特性

总体而言，Spark 采用 RDD 以后能够实现高效计算的主要原因如下。

① 高效的容错性。现有的分布式共享内存、键值存储、内存数据库等，为了实现容错，必须在集群节点之间进行数据复制或者记录日志，也就是说，在节点之间会发生大量的数据传输的情况，这对数据密集型应用而言会带来很大的开销。在 RDD 的设计中，数据只读，不可修改，如果需要修改数据，必须从父 RDD 转换到子 RDD，由此在不同 RDD 之间建立了血缘关系。所以，RDD 是一种天生具有容错机制的特殊集合，不需要通过数据冗余的方式（比如检查点）实现容错，而只需通过 RDD 父子依赖（血缘）关系重新计算丢失的分区来实现容错，无须回滚整个系统。这样就避免了数据复制的高开销，而且重算过程可以在不同节点之间并行进行，实现高效的容错。此外，RDD 提供的转换操作都是一些粗粒度的操作（如 map、filter 和 join 等），RDD 依赖关系只需要记录这种粗粒度的转换操作，而不需要记录具体的数据和各种细粒度操作的日志（比如对哪个数据项进行了修改），这就大大降低了数据密集型应用中的容错开销。

② 将中间结果持久化到内存。数据在内存中的多个 RDD 操作之间进行传递，不需要"落地"到磁盘上，避免了不必要的读写磁盘开销。

③ 存放的数据可以是 Java 对象，避免了不必要的对象序列化和反序列化开销。

4. RDD 之间的依赖关系

RDD 中不同的操作，会使不同 RDD 分区之间产生不同的依赖关系。DAG 调度器根据 RDD 之间的依赖关系，把 DAG 划分成若干个阶段。RDD 中的依赖关系分为窄依赖（Narrow Dependency）与宽依赖（Wide Dependency），二者的主要区别在于是否包含 Shuffle 操作。

（1）Shuffle 过程

Spark 中的一些操作会触发 Shuffle 过程，这个过程涉及数据的重新分发，因此，会产生大量的磁盘 I/O 和网络开销。这里以 reduceByKey(func)操作为例介绍 Shuffle 过程。在 reduceByKey(func)操作中，对于所有<key,value>形式的 RDD 元素，所有具有相同键的 RDD 元素的值会被归并，得到<key,value-list>的形式。然后，对这个 value-list 使用函数 func 计算得到聚合值，比如<"hadoop",1>、<"hadoop",1>和<"hadoop",1>这 3 个键值对，会被归并成<"hadoop",<1,1,1>>的形式，如果 func 是一个求和函数，则可以计算得到汇总结果<"hadoop",3>。

这里的问题是，对与一个键关联的 value-list 而言，其中可能包含很多的值，而这些值一般会分布在多个分区里，并且是散布在不同的机器上。但是，对 Spark 而言，在执行 reduceByKey 的计算时，必须把与某个键关联的所有值都发送到同一台机器上。图 10-9 是一个关于 Shuffle 操作的简单实例，假设这里在 3 台不同的机器上有 3 个 Map 任务，即 Map1、Map2 和 Map3，它们分别从输入文本文件中读取数据执行 Map 操作得到了中间结果，为了简化起见，这里让 3 个 Map 任务输出的中间结果都相同，即中间结果分别为<"a",1>、<"b",1>和<"c",1>。现在要把 Map 的输出结果发送到 3 个不同的 Reduce 任务中进行处理。Reduce1、Reduce2 和 Reduce3 分别运行在 3

台不同的机器上，并且假设 Reduce1 任务专门负责处理键为"a"的键值对的词频统计工作，Reduce2 任务专门负责处理键为"b"的键值对的词频统计工作，Reduce3 任务专门负责处理键为"c"的键值对的词频统计工作。这时，Map1 必须把<"a",1>发送到 Reduce1，把<"b",1>发送到 Reduce2，把<"c",1>发送到 Reduce3，同理，Map2 和 Map3 也必须完成同样的工作，这个过程就被称为"Shuffle"。可以看出，Shuffle 的过程（即把 Map 输出的中间结果分发到 Reduce 任务所在的机器的过程）会产生大量的网络数据分发操作，带来高昂的网络传输开销。

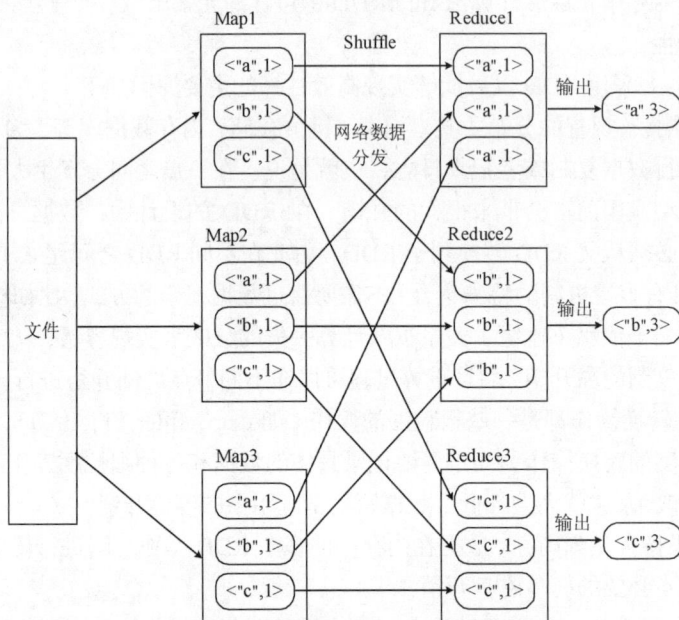

图 10-9　一个关于 Shuffle 操作的简单实例

Shuffle 过程不仅会带来高昂的网络传输开销，也会带来大量的磁盘 I/O 开销。Spark 经常被认为是基于内存的计算框架，为什么也会产生磁盘 I/O 开销呢？对于这个问题，这里有必要进行解释。

在 Hadoop MapReduce 框架中，Shuffle 是连接 Map 和 Reduce 的桥梁，Map 的输出结果需要经过 Shuffle 过程以后，也就是经过数据分类以后，交给 Reduce 处理。因此，Shuffle 的性能高低直接影响了整个程序的性能和吞吐量。

Spark 作为 MapReduce 框架的一种改进，自然也实现了 Shuffle 的逻辑。Spark 中的 Shuffle 过程如图 10-10 所示。

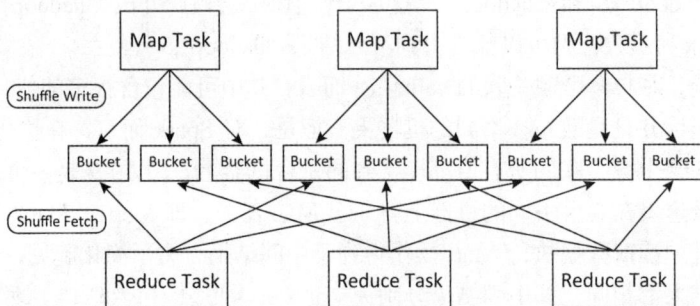

图 10-10　Spark 中的 Shuffle 过程

首先是 Map 端的 Shuffle 写入（Shuffle Write）。每一个 Map 任务会根据 Reduce 任务的数量创建出相应的桶（Bucket），这里，桶的数量是 $m×r$，其中 m 是 Map 任务的个数，r 是 Reduce 任务的个数。Map 任务产生的结果会根据设置的分区算法填充到每个桶中。分区算法可以自定义，也可以采用系统默认的算法；默认的算法是根据每个键值对的键，把键值对哈希到不同的桶中。Reduce 任务在启动时，会根据自己任务的 id 和所依赖的 Map 任务的 id，从远端或本地取得相应的桶，作为 Reduce 任务的输入进行处理。

这里的桶是一个抽象概念，在实现中每个桶可以对应一个文件，也可以对应文件的一部分。但是，从性能角度而言，每个桶对应一个文件的实现方式，会导致 Shuffle 过程生成过多的文件，比如，如果有 1000 个 Map 任务和 1000 个 Reduce 任务，就会生成 100 万个文件，这样会给文件系统带来沉重的负担。所以，在最新的 Spark 版本中，采用了多个桶写入一个文件的方式（见图 10-11）。

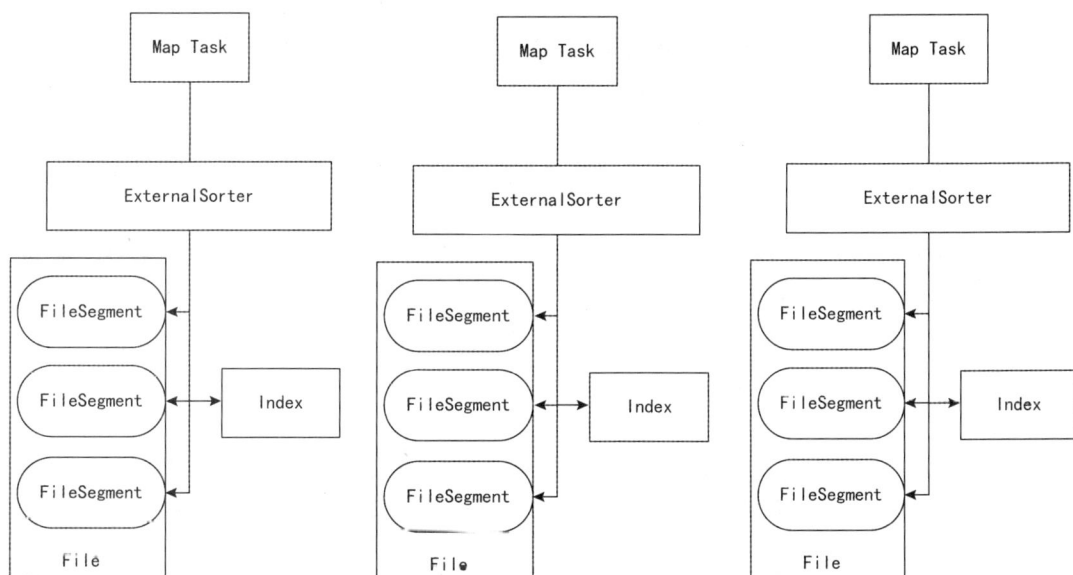

图 10-11　Spark Shuffle 把多个桶写入一个文件

每个 Map 任务不会为每个 Reduce 任务单独生成一个文件，而是把每个 Map 任务所有的输出数据写到一个文件中。因为每个 Map 任务中的数据会被分区，所以使用了索引（Index）文件来存储具体 Map 任务输出数据如何被分区的信息。Shuffle 过程中每个 Map 任务会产生两个文件，即数据文件和索引文件，其中，数据文件存储当前 Map 任务的输出结果，索引文件中则存储数据文件中数据的分区信息。下一个阶段的 Reduce 任务就是根据索引文件来获取需要自己处理的那个分区的数据的。

其次是 Reduce 端的 Shuffle 读取（Shuffle Fetch）。在 Hadoop MapReduce 的 Shuffle 过程中，在 Reduce 端，Reduce 任务会到各个 Map 任务那里把自己要处理的数据都拉到本地，并对拉到本地的数据进行归并和排序，使相同键的不同值按序归并到一起，供 Reduce 任务使用。这个归并和排序的过程，在 Spark 中是如何实现的呢？

虽然 Spark 属于 MapReduce 体系，但是它对传统的 MapReduce 算法进行了一定的改进。Spark 假定在大多数应用场景中，Shuffle 数据的排序操作不是必须的，比如在进行词频统计时，如果强制地进行排序，只会使性能变差，因此，Spark 并不在 Reduce 端进行归并和排序，而是采用了称为 Aggregator 的机制。Aggregator 本质上是一个 HashMap，里面的每个元素是<K,V>形式的。以词频统计为例，它会将从 Map 端拉取的每一个键值对，更新或插入 HashMap 中——若在 HashMap 中没有查找到其中的键，则把这个键值对插入其中，若查找到了其中的键，则把值累加到 V 上。这样就不需要预先把所有的键值对进行归并和排序，而是拉取一个处理一个，避免了外部排序这一步骤。但需要注意的是，Reduce 任务所拥有的内存，必须足以存放需要自己处理的所有键和值，否则就会产生内存溢出问题。因此，Spark 文档中建议用户执行这类操作的时候尽量增加分区的数量，也就是增加 Map 和 Reduce 任务的数量。然而，增加 Map 和 Reduce 任务的数量虽然可以减小分区的大小，使内存可以容纳这个分区，但是，在 Shuffle 写入环节，桶的数量是由 Map 和 Reduce 任务的数量决定的，Map 和 Reduce 任务的数量越多，桶的数量就越多，就需要更多的缓冲区（Buffer），带来更多的内存消耗。因此，在内存使用方面，我们会陷入一个两难的境地：一方面，为了减少内存的使用，需要采取增加 Map 和 Reduce 任务数量的策略；另一方面，Map 和 Reduce 任务数量的增多，又会带来内存开销增大的问题。最终，为了减少内存的使用，只能将 Aggregator 的操作从内存移到磁盘上进行，也就是说，尽管 Spark 经常被称为"基于内存的分布式计算框架"，但是，它的 Shuffle 过程依然需要把数据写入磁盘。

（2）窄依赖和宽依赖

以是否包含 Shuffle 操作为分类依据，RDD 中的依赖关系可以分为窄依赖（Narrow Dependency）与宽依赖（Wide Dependency）两种，图 10-12 展示了两种依赖的区别。

窄依赖表现为一个父 RDD 的分区对应于一个子 RDD 的分区，或多个父 RDD 的分区对应于一个子 RDD 的分区。比如图 10-12（a）中，RDD1 是 RDD2 的父 RDD，RDD2 是 RDD1 的子 RDD，RDD1 的分区 1，对应于 RDD2 的一个分区（即分区 4）。再如 RDD6 和 RDD7 都是 RDD8 的父 RDD，RDD6 中的一个分区（分区 15）和 RDD7 中的一个分区（分区 18）都对应于 RDD8 中的一个分区（分区 21）。

宽依赖表现为存在一个父 RDD 的一个分区对应一个子 RDD 的多个分区。比如图 10-12（b）中，RDD9 是 RDD12 的父 RDD，RDD9 中的分区 24 对应了 RDD12 中的两个分区（即分区 27 和分区 28）。

总体而言，如果父 RDD 的一个分区只被一个子 RDD 的一个分区所使用就是窄依赖，否则就是宽依赖。窄依赖典型的操作包括 map、filter、union 等，不包含 Shuffle 操作；宽依赖典型的操作包括 groupByKey、sortByKey 等，通常包含 Shuffle 操作。对于连接操作，可以分为两种情况。

① 对输入做协同划分，属于窄依赖，如图 10-12（a）所示。协同划分（Co-partitioned）是指多个父 RDD 的某一分区的所有"键"，落在子 RDD 的同一个分区内，不会出现同一个父 RDD 的某一分区，落在子 RDD 的两个分区的情况。

② 对输入做非协同划分，属于宽依赖，如图 10-12（b）所示。

Spark 的这种依赖关系设计，使 Spark 天生具有容错性，大大加快了它的执行速度。因为 RDD 通过"血缘关系"记住了它是如何从其他 RDD 中演变过来的（血缘关系记录的是粗粒度的转换操作行为），当这个 RDD 的部分分区数据丢失时，它可以通过血缘关系获取足够的信息来重新运算和恢复丢失的分区数据，由此带来了性能的提升。相对而言，在这两种依赖关系中，窄依赖的失败恢复更为高效，它只需要根据父 RDD 分区重新计算丢失的分区即可（不需要重新计算所有分区），而且可以并行地在不同节点进行重新计算。而对宽依赖而言，单个节点失效通常意味着重新计算过程会涉及多个父 RDD 分区，开销较大。此外，Spark 还提供了数据检查点和记录日志来持久化中间 RDD，从而使在进行失败恢复时不需要追溯到最开始的阶段。在进行故障恢复时，

Spark 会对两种依赖的数据检查点开销和重新计算 RDD 分区的开销进行比较，从而自动选择最优的恢复策略。

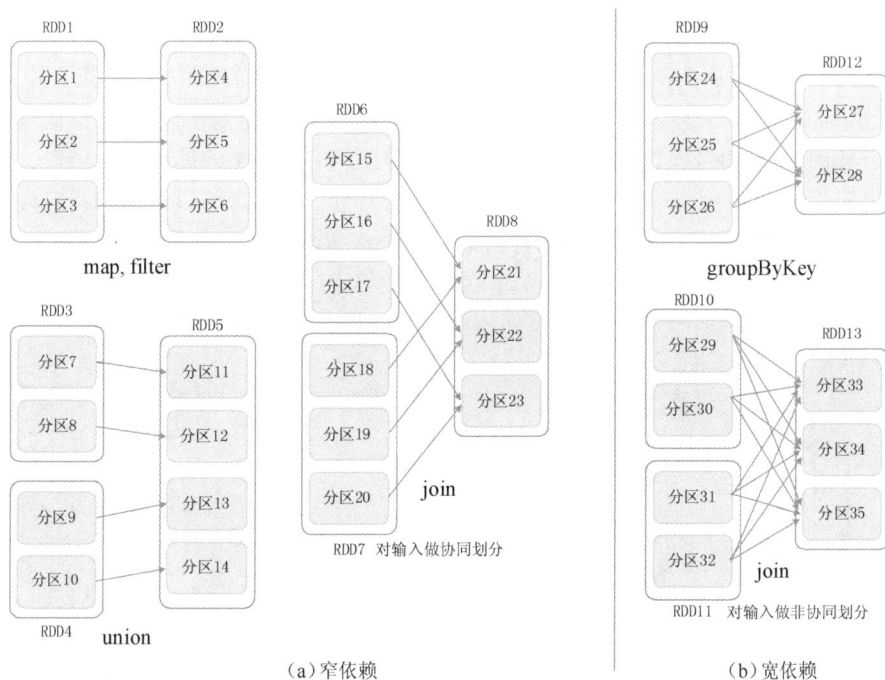

图 10-12 窄依赖与宽依赖的区别

5. 阶段的划分

Spark 根据 DAG 中的 RDD 依赖关系，把一个作业分成多个阶段。宽依赖和窄依赖相较而言，窄依赖对于作业的优化很有利。逻辑上，每个 RDD 操作都是一个 fork/join（一种用于并行执行任务的框架），对每个 RDD 分区计算 fork，完成计算后对各个分区得到的结果进行 join 操作，然后对下一个 RDD 操作进行 fork/join。把一个 Spark 作业直接翻译到物理实现（即执行完一个 RDD 操作再继续执行另外一个 RDD 操作）是很不经济的，原因如下。首先，每一个 RDD（即使是中间结果）都需要保存到内存或磁盘中，时间和空间开销大。其次，join 作为全局路障（Barrier），代价是很高昂的。要所有分区上的计算都完成以后，才能进行 join 以得到结果，这样，作业执行进度就会严重受制于计算速度最慢的那个节点。如果子 RDD 的分区到父 RDD 的分区是窄依赖，就可以实施经典的 fusion 优化，把两个 fork/join 合并为一个 fork/join。如果连续的变换操作序列都是窄依赖，就可以把很多个 fork/join 合并为一个 fork/join。这种合并不但减少了全局路障，而且无须保存很多中间结果 RDD，可以极大地提升性能。在 Spark 中，这个合并过程被称为"流水线优化"。

对于窄依赖的 RDD，可以以流水线的方式计算所有父分区，且不会造成网络之间的数据混合。对于宽依赖的 RDD，则通常伴随着 Shuffle 操作，即首先需要计算好所有父分区数据，然后在节点之间进行 Shuffle，这个过程会涉及不同任务之间的等待，无法以流水线方式处理。因此，RDD 之间的依赖关系成为把 DAG 划分成不同阶段的依据。

Spark 通过分析各个 RDD 之间的依赖关系生成 DAG，再通过分析各个 RDD 中的分区之间的依赖关系来决定如何划分阶段。具体划分方法是：在 DAG 中进行反向解析，遇到宽依赖就断开（因为宽依赖涉及 Shuffle 操作，无法以流水线方式处理），遇到窄依赖就把当前的 RDD 加入当前的阶段中（因为窄依赖不会涉及 Shuffle 操作，可以以流水线方式处理）。具体的阶段划分算法请参见 AMP 实验室发表的论文《弹性分布式数据集：基于内存的集群计算容错抽象》（*Resilient Distributed Datasets: A Fault-Tolerant Abstraction for In-Memory Cluster Computing*）。如图 10-13 所示，假设从 HDFS 中读取数据生成 3 个不同的 RDD（即 A、C 和 E），通过一系列转换操作后将计算结果写入 HDFS。对 DAG 进行解析时，在依赖图中进行反向解析，由于从 RDD A 到 RDD B 的转换以及从 RDD B 和 F 到 RDD G 的转换，都属于宽依赖，因此，在宽依赖处断开后可以得到 3 个阶段，即阶段 1、阶段 2 和阶段 3。可以看出，在阶段 2 中，从 map 到 union 都是窄依赖，这两步操作可以形成一个流水线操作，比如分区 7 通过 map 操作生成的分区 9，可以不用等待分区 8 到分区 10 这个转换操作的计算结束，而是继续进行 union 操作，转换得到分区 13，这样的流水线操作可大大提高计算的效率。

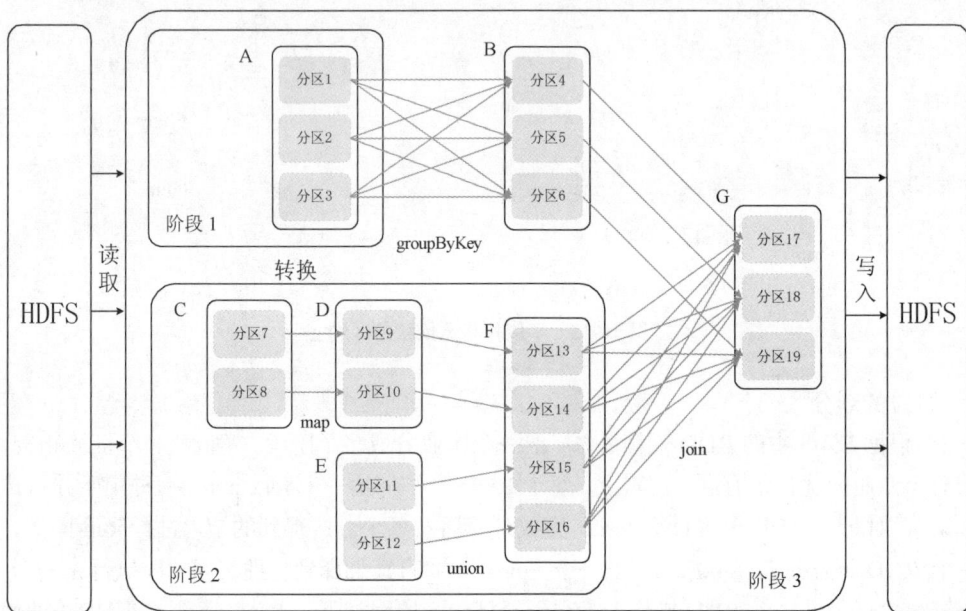

图 10-13　根据 RDD 分区的依赖关系划分阶段

由上述论述可知，把一个 DAG 划分成多个"阶段"以后，每个阶段都代表了一组关联的、相互之间没有 Shuffle 依赖关系的任务组成的任务集。每个任务集会被提交给任务调度器进行处理，由任务调度器将任务分发给 Executor 运行。

6. RDD 运行过程

通过上述对 RDD 的概念、依赖关系和阶段划分等的介绍，结合之前介绍的 Spark 运行基本流程，下面总结一下 RDD 在 Spark 中的运行过程，如图 10-14 所示。

（1）创建 RDD 对象。

（2）SparkContext 负责计算 RDD 之间的依赖关系，构建 DAG。

（3）DAGScheduler 负责把 DAG 分解成多个阶段，每个阶段中包含多个任务，每个任务会被任务调度器分发给各个工作节点上的执行器去执行。

图 10-14 直观展示了 RDD 在 Spark 中的运行过程。

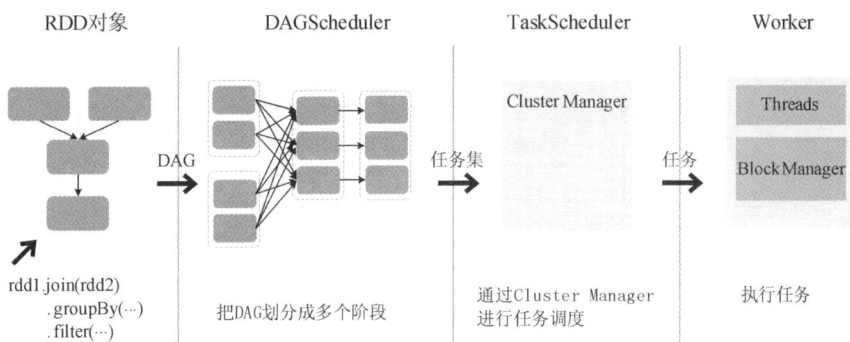

图 10-14　RDD 在 Spark 中的运行过程

10.4　Spark 的部署模式和应用方式

本节主要介绍 Spark 支持的部署模式，即 Local、Standalone、Spark on Mesos、Spark on YARN 和 Spark on Kubernetes；并介绍在企业中如何具体部署和应用 Spark 框架。在企业实际应用环境中，针对不同的应用场景，可以采用不同的部署和应用方式，例如，采用 Spark 完全替代原有的 Hadoop 架构的方式，或采用 Spark 和 Hadoop 一起部署的方式。

10.4.1　Spark 的部署模式

目前，Spark 支持 5 种不同类型的部署模式，包括 Local、Standalone、Spark on Mesos、Spark on YARN 和 Spark on Kubernetes。其中，Local 模式属于单机部署模式，其他属于分布式部署模式。下面我们对分布式部署模式进行简单介绍。

1. Standalone 模式

在 Standalone 模式中，与 MapReduce 1.0 框架类似，Spark 框架自带了完整的资源调度管理服务，可以独立部署到一个集群中，而不需要依赖其他系统来为其提供资源调度管理服务。在架构的设计上，Spark 与 MapReduce 1.0 完全一致，都是由一个主节点和若干个从节点构成的，并且以槽作为资源分配单位。不同的是，Spark 中的槽不再像 MapReduce 1.0 中的那样分为 Map 槽和 Reduce 槽，而是被设计为统一的一种槽提供给各种任务使用。

2. Spark on Mesos 模式

Mesos 是一种资源调度管理框架，它可以为运行在它上面的 Spark 提供服务。由于 Mesos 和 Spark 存在一定的“血缘关系”，因此 Spark 这个框架在进行设计开发的时候就考虑到了对 Mesos 的充分支持。相对而言，Spark 运行在 Mesos 上，要比运行在 YARN 上更加灵活、自然。目前，Spark 官方推荐采用 Spark on Mesos 模式，所以许多公司在实际应用中采用了这种模式。

3. Spark on YARN 模式

Spark 可运行于 YARN 之上，与 Hadoop 进行统一部署，即可采用 Spark on YARN 模式，其架构如图 10-15 所示，资源管理和调度依赖于 YARN，分布式存储则依赖于 HDFS。

4. Spark on Kubernetes 模式

Kubernetes 是一个广受欢迎的开源容器协调系统，它是谷歌于 2014 年酝酿的项目。Kubernetes 自 2014 年以来热度一路飙升，短短几年时间就已超越了大数据分析领域的“明星”产品 Hadoop

的热度。Spark 从 2.3.0 版本开始引入了对 Kubernetes 的原生支持，可以将编写好的数据处理程序直接通过 spark-submit 提交到 Kubernetes 集群。

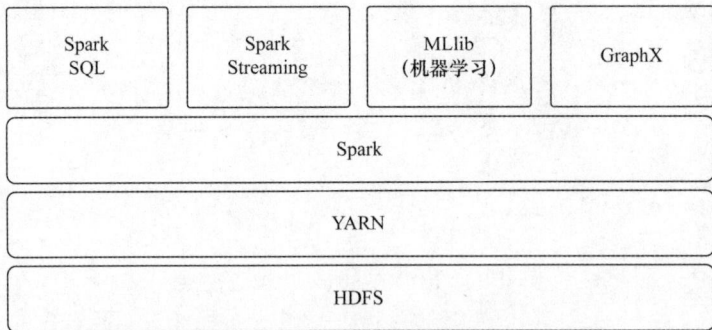

图 10-15　Spark on YARN 模式的架构

10.4.2　从"Hadoop+Storm"架构转向 Spark 架构

为了能同时进行批处理与流处理，企业应用中通常会采用"Hadoop+Storm"架构（也称为Lambda 架构）。图 10-16 给出了采用"Hadoop+Storm"架构的一个案例，其中 Hadoop 和 Storm框架部署在资源调度管理框架 YARN（或 Mesos）之上，接受统一的资源调度和管理，并共享底层的数据存储（HDFS、HBase、Cassandra 等）。Hadoop 负责对批量历史数据的实时查询和离线分析，Storm 则负责对用户行为进行实时分析和对流数据进行实时处理。

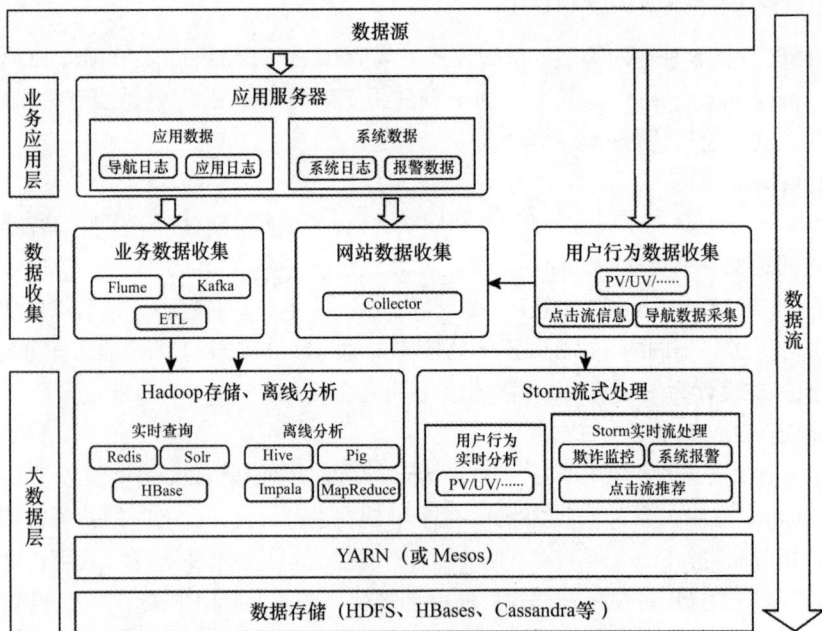

图 10-16　采用"Hadoop+Storm"架构的一个案例

但是，上面这种架构较为烦琐。由于 Spark 同时支持批处理与流处理，因此对一些类型的企业应用而言，从"Hadoop+Storm"架构转向 Spark 架构（见图 10-17）就成为一种很自然的选择。采用 Spark 架构具有以下优点。

（1）实现一键式安装和配置、线程级别的任务监控和警告。

（2）降低硬件集群、软件维护、任务监控和应用开发的难度。

（3）便于集成统一的硬件、计算平台资源池。

需要说明的是，Spark Streaming 的原理是将流数据分解成一系列短小的批处理作业，每个短小的批处理作业使用面向批处理的 Spark Core 进行处理，通过这种方式只能变相实现流计算，而不能实现真正、实时的流计算，因而通常无法实现毫秒级实时响应。因此，对需要毫秒级实时响应的企业应用而言，仍然需要采用流计算框架（如 Storm）。

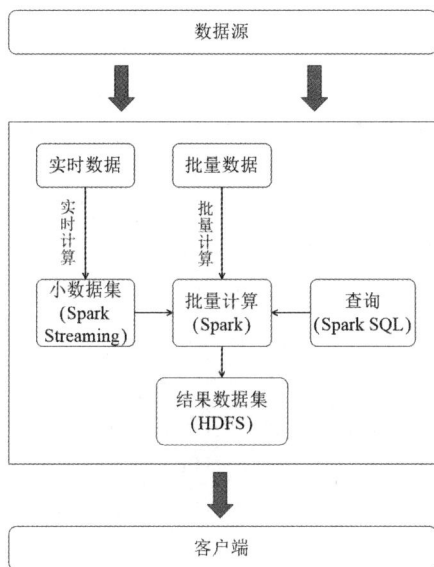

图 10-17　用 Spark 架构同时满足批处理和流处理需求

10.4.3　Hadoop 和 Spark 的统一部署

一方面，由于 Hadoop 生态系统中的一些组件所实现的功能，目前无法由 Spark 取代，比如 Storm 可以实现毫秒级响应的流计算，但是 Spark 无法做到毫秒级响应；另一方面，企业中已有的许多应用，都是基于现有的 Hadoop 组件开发的，完全转移到 Spark 上需要一定的成本。因此，在许多企业实际应用中，Hadoop 和 Spark 的统一部署是一种比较现实和合理的选择。

由于 Hadoop MapReduce、HBase、Storm 和 Spark 等都可以运行在资源管理调度框架 YARN 之上，因此这些计算框架可以在 YARN 之上进行统一部署（见图 10-18）。这些不同的计算框架统一运行在 YARN 中，可以带来如下好处。

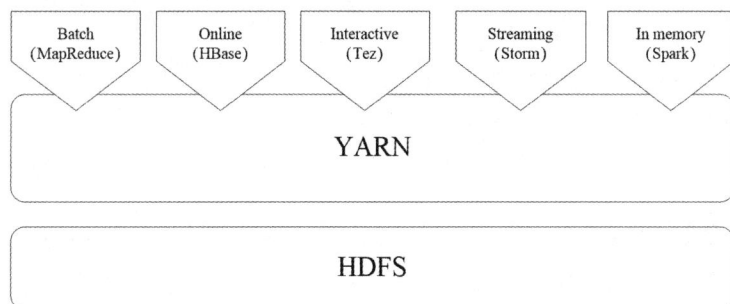

图 10-18　不同计算框架的统一部署

（1）计算资源可以按需伸缩。

（2）不用负载应用混搭，集群利用率高。

（3）共享底层存储，避免数据跨集群迁移。

10.5 Spark 编程实践

本节主要介绍 Spark RDD 的基本操作，以及如何编译、打包、运行 Spark 应用程序。更多上机操作实践细节内容，可以参见本书官网的"教材配套大数据软件安装和编程实践指南"栏目的相关内容。在进行下面的编程实践之前，请参照"教材配套大数据软件安装和编程实践指南"栏目的相关内容或其他网络教程完成 Spark 的安装。这里采用的 Spark 为 3.4.0 版本。

10.5.1 启动 Spark Shell

Spark 包含多种运行模式，可以使用单机模式，也可以使用伪分布式、完全分布式模式。为简单起见，这里使用单机模式运行 Spark。需要强调的是，如果需要使用 HDFS 中的文件，则在使用 Spark 前需要启动 Hadoop。

Spark Shell 提供了简单的方式来学习 Spark API，且能以实时、交互的方式来分析数据。Spark Shell 支持 Scala 和 Python，这里选择使用 Scala 进行编程实践。

执行如下命令启动 Spark Shell：

```
$ ./bin/spark-shell
```

成功启动 Spark Shell，在输出信息的末尾可以看到"scala >"形式的命令提示符，如图 10-19 所示。

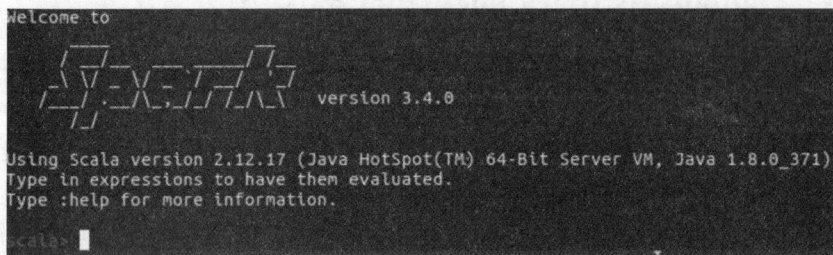

图 10-19 "scala >"形式的命令提示符

10.5.2 RDD 基本操作

Spark 的主要操作对象是 RDD。RDD 可以通过多种方式灵活创建，既可通过导入外部数据源（如位于本地或 HDFS 中的数据文件）创建，也可从其他的 RDD 转化而来。用户可以通过对 RDD 执行各种操作来完成所需的业务处理逻辑。RDD 操作包括两种类型：转换操作和行动操作。

1. 转换操作

对 RDD 而言，每一个转换操作都会产生不同的 RDD，提供给下一个操作使用。RDD 的转换过程是惰性求值的，也就是说，整个转换过程只是记录了转换的轨迹，并不会发生真正的计算，只有在遇到行动操作时，才会触发"从头到尾"的真正的计算。表 10-2 给出了常用的 RDD 转换操作 API，其中很多都是高阶函数，比如，filter(func)就是一个高阶函数，这个函数的输入参数 func 也是一个函数。

表 10-2　　　　　　　　　　　　常用的 RDD 转换操作 API

操作	说明
filter(func)	筛选出满足函数 func 的元素，并返回一个新的数据集
map(func)	将每个元素传递到函数 func 中，并将结果返回为一个新的数据集
flatMap(func)	与 map()相似，但每个输入元素都可以映射到 0 个或多个输出结果
groupByKey()	应用于(K,V)键值对的数据集时，返回一个新的(K, Iterable)形式的数据集
reduceByKey(func)	应用于(K,V)键值对的数据集时，返回一个新的(K,V)形式的数据集，其中每个值是将每个键传递到函数 func 中进行聚合后的结果

下面将结合具体实例对这些 RDD 转换操作 API 进行逐一介绍。

（1）filter(func)

filter(func)的功能是筛选出满足函数 func 的元素，并返回一个新的数据集。例如：

```
scala> val  lines = sc.textFile("file:///usr/local/spark/mycode/rdd/word.txt")
scala> val  linesWithSpark = lines.filter(line => line.contains("Spark"))
```

上述语句执行过程示意如图 10-20 所示。在第 1 行语句中，sc 是 Spark Shell 启动时由系统自动创建的 Spark Context 对象，执行 sc.textFile()方法可以把 word.txt 文件中的数据加载到内存生成一个 RDD，即 lines。这个 RDD 中的每个元素都是 String 类型的元素，即每个 RDD 元素都是一行文本内容。在第 2 行语句中，执行 lines.filter()操作，filter()的输入参数 line => line.contains("Spark")是一个匿名函数，或者被称为"lambda 表达式"。lines.filter(line => line.contains("Spark"))操作的含义是，依次取出 lines 这个 RDD 中的每个元素，并把当前取到的元素赋值给 lambda 表达式中的 line 变量，然后，执行 lambda 表达式的函数体部分 line.contains("Spark")，如果 line 中包含"Spark"，就把这个元素放入新的 RDD（即 linesWithSpark）中，否则，就丢弃该元素。最终，新生成的 RDD（即 linesWithSpark）中的所有元素，都包含"Spark"。

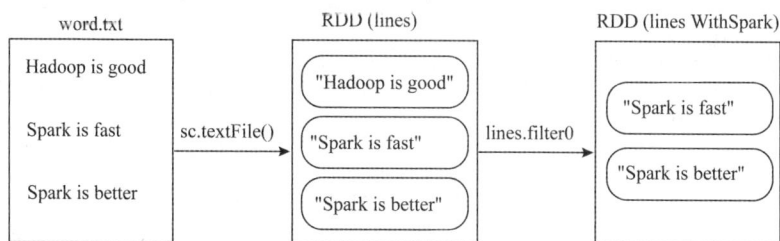

图 10-20　filter()操作实例执行过程示意

（2）map(func)

map(func)的功能是将每个元素传递到函数 func 中，并将结果返回为一个新的数据集。例如：

```
scala> data = Array(1,2,3,4,5)
scala> val  rdd1 = sc.parallelize(data)
scala> val  rdd2 = rdd1.map(x => x + 10)
```

上述语句执行过程示意如图 10-21 所示。第 1 行语句创建了一个包含 5 个 Int 类型元素的数组 data。第 2 行语句执行 sc.parallelize()，从数组 data 中生成一个 RDD，即 rdd1。rdd1 中包含 5 个

Int 类型的元素，即 1、2、3、4、5。第 3 行语句执行 rdd1.map()操作，map()的输入参数"x => x +
10"是一个 lambda 表达式。rdd1.map(x => x + 10)的含义是，依次取出 rdd1 这个 RDD 中的每个
元素，并把当前取到的元素赋值给 lambda 表达式中的变量 x，然后，执行 lambda 表达式的函数
体部分"x + 10"，也就是把变量 x 的值和 10 相加后，作为函数的返回值，并作为一个元素放入
新的 RDD（即 rdd2）中。最终，新生成的 RDD（即 rdd2）中包含 5 个 Int 类型的元素，即 11、12、
13、14、15。

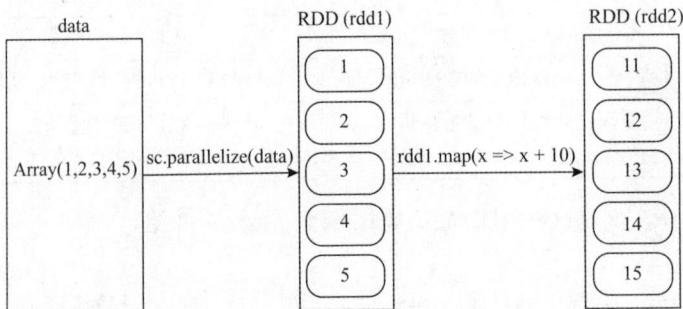

图 10-21　map()操作实例执行过程示意（1）

下面是另外一个实例：

```scala
scala> val  lines = sc.textFile("file:///usr/local/spark/mycode/rdd/word.txt")
scala> val  words = lines.map(line => line.split(" "))
```

上述语句执行过程示意如图 10-22 所示。在第 1 行语句中，执行 sc.textFile()方法把 word.txt
文件中的数据加载到内存生成一个 RDD，即 lines。这个 RDD 中的每个元素都是 String 类型的元
素，即每个 RDD 元素都是一行文本，比如，lines 中的第 1 个元素是"Hadoop is good"，第 2 个元
素是"Spark is fast"，第 3 个元素是"Spark is better"。在第 2 行语句中，执行 lines.map()操作，map()
的输入参数 line => line.split(" ")是一个 lambda 表达式。lines.map(line => line.split(" "))的含义是，
依次取出 lines 这个 RDD 中的每个元素，并把当前取到的元素赋值给 lambda 表达式中的 line 变量，
然后，执行 lambda 表达式的函数体部分 line.split(" ")。因为 line 是一行文本，比如"Hadoop is good"，
一行文本中包含很多个单词，单词之间以空格进行分隔，所以 line.split(" ")的功能是，以空格作为
分隔符把 line 拆分成一个个单词，拆分后得到的单词都被封装在一个数组对象中，成为新的 RDD
（即 words）的一个元素。例如，"Hadoop is good"被拆分后，得到的"Hadoop""is""good"这 3 个单
词，会被封装到一个数组对象中，即 Array("Hadoop", "is", "good")，成为 words 这个 RDD 的一个元素。

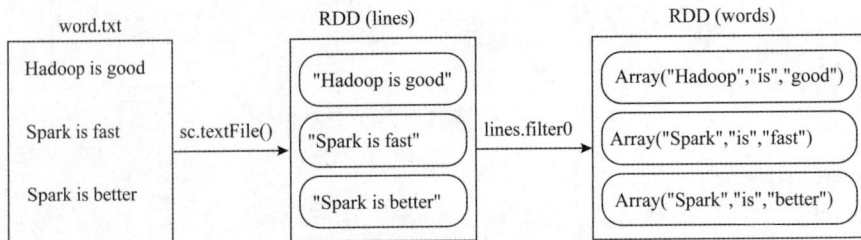

图 10-22　map()操作实例执行过程示意（2）

（3）flatMap(func)

flatMap(func)的功能与 map()相似，但每个输入元素都可以映射到 0 个或多个输出结果。例如：

```scala
scala> val  lines = sc.textFile("file:///usr/local/spark/mycode/rdd/word.txt")
scala> val  words = lines.flatMap(line => line.split(" "))
```

上述语句执行过程示意如图 10-23 所示。在第 1 行语句中，执行 sc.textFile()方法把 word.txt 文件中的数据加载到内存生成一个 RDD，即 lines，这个 RDD 中的每个元素都是 String 类型的元素，即每个 RDD 元素都是一行文本。在第 2 行语句中，执行 lines.flatMap()操作，flatMap()的输入参数 line => line.split(" ")是一个 lambda 表达式。lines.flatMap(line => line.split(" "))的结果，等价于如下两步操作的结果。

第 1 步：map()。执行 lines.map(line => line.split(" "))操作，从 lines 转换得到一个新的 RDD（即 wordArray），wordArray 中的每个元素都是一个数组对象。例如，第 1 个元素是 Array("Hadoop", "is", "good")，第 2 个元素是 Array("Spark", "is", "fast")，第 3 个元素是 Array("Spark", "is", "better")。

第 2 步：拍扁（flat）。flatMap()操作中的 "flat" 是一个很形象的动作——"拍扁"，也就是把 wordArray 中的每个 RDD 元素都 "拍扁" 成多个元素，最终，所有这些通过 "拍扁" 得到的元素，构成一个新的 RDD，即 words。例如，wordArray 中的第 1 个元素是 Array("Hadoop", "is", "good")，该元素被拍扁以后得到 3 个新的 String 类型的元素，即"Hadoop""is""good"；wordArray 中的第 2 个元素是 Array("Spark", "is", "fast")，该元素被拍扁以后得到 3 个新的元素，即"Spark""is""fast"；wordArray 中的第 3 个元素是 Array("Spark", "is", "better")，该元素被拍扁以后得到 3 个新的元素，即"Spark""is""better"。最终，这些通过 "拍扁" 得到的 9 个 String 类型的元素构成一个新的 RDD（即 words），也就是说，words 里面包含 9 个 String 类型的元素，分别是"Hadoop""is""good""Spark""is""fast""Spark""is""better"。

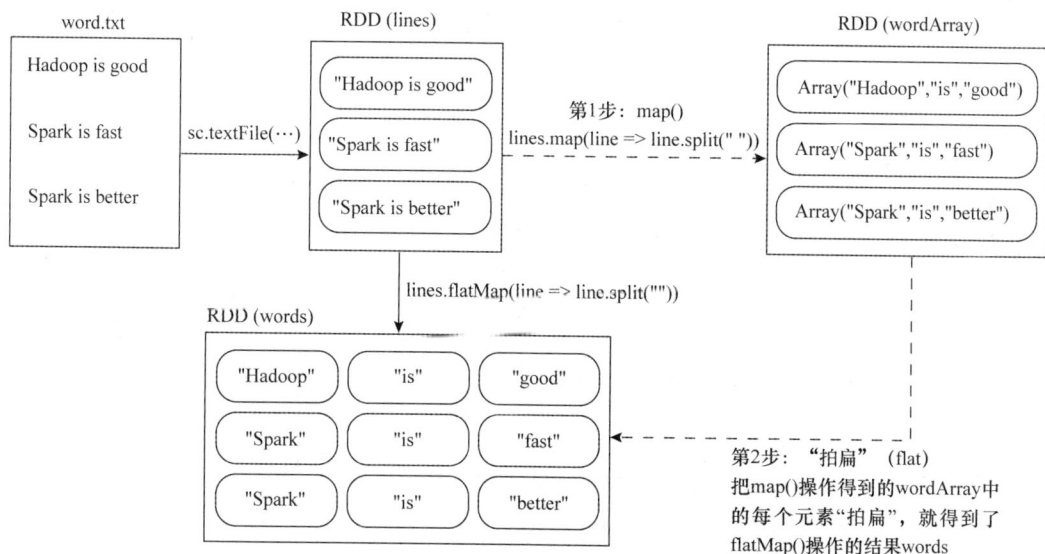

图 10-23　flatMap()操作实例执行过程示意

（4）groupByKey()

groupByKey()应用于(K,V)键值对的数据集时，返回一个新的(K,Iterable)形式的数据集。如图 10-24 所示，名称为 words 的 RDD 中包含 9 个元素，每个元素都是<String,Int>类型，也就是(K,V)键值对类型。words.groupByKey()操作执行以后，所有键相同的键值对，它们的值都被归并到一起。例如，("is",1)、("is",1)、("is",1)这 3 个键值对的键相同，它们就会被归并成一个新的键值对("is",(1,1,1))，其中键是"is"，值是(1,1,1)，而且值会被封装成 Iterable（一种可迭代集合）。

（5）reduceByKey(func)

reduceByKey(func)应用于(K,V)键值对的数据集时，返回一个新的(K,V)形式的数据集，其中的每个值是将每个键传递到函数 func 中进行聚合后得到的结果。

如图 10-25 所示，名称为 words 的 RDD 中包含 9 个元素，每个元素都是<String,Int>类型，也就是(K,V)键值对类型。words. reduceByKey((a,b)=>a+b)操作执行以后，所有键相同的键值对，它们的值首先被归并到一起。例如，("is",1)、("is",1)、("is",1)这 3 个键值对的键相同，它们就会被归并成一个新的键值对("is",(1,1,1))，其中键是"is"，值是一个 value-list，即(1,1,1)。然后，使用 func 函数把(1,1,1)聚合到一起。这里的 func 函数是一个 lambda 表达式（即(a,b)=>a+b），它的功能是把(1,1,1)这个 value-list 中的每个元素进行汇总求和：首先，把 value-list 中的第 1 个元素（即 1）赋值给参数 a，把 value-list 中的第 2 个元素（也是 1）赋值给参数 b，执行 a+b 得到 2；然后，继续对 value-list 中的元素执行下一次计算，把刚才求和得到的 2 赋值给 a，把 value-list 中的第 3 个元素（即 1）赋值给 b，再次执行 a+b 得到 3；最后，得到聚合后的结果("is",3)。

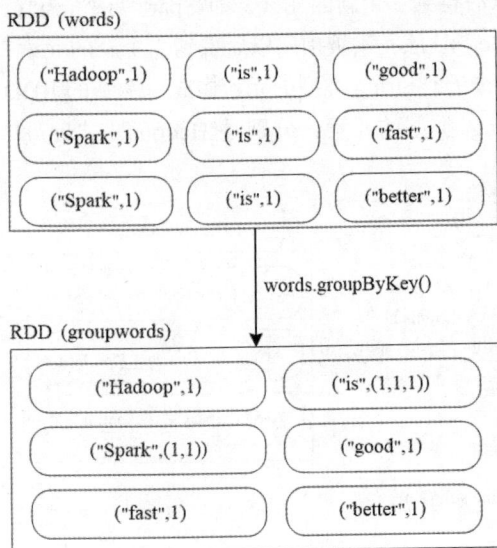

图 10-24　groupByKey()操作实例执行过程示意

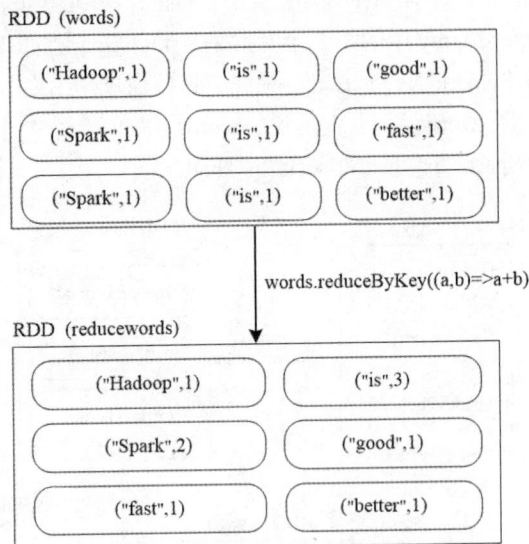

图 10-25　reduceByKey()操作实例执行过程示意

2. 行动操作

行动操作是真正触发计算的操作。Spark 程序只有执行到行动操作时，才会执行真正的计算。Spark 程序从文件中加载数据，完成一次又一次转换操作，最终，完成行动操作得到结果。表 10-3 列出了常用的 RDD 行动操作 API。

表 10-3　　　　　　　　　　　　　　常用的 RDD 行动操作 API

操作	说明
count()	返回数据集中的元素个数
collect()	以数组的形式返回数据集中的所有元素
first()	返回数据集中的第一个元素
take(n)	以数组的形式返回数据集中的前 n 个元素
reduce(func)	通过函数 func（输入两个参数并返回一个值）聚合数据集中的元素
foreach(func)	将数据集中的每个元素传递到函数 func 中运行

下面通过一个实例来介绍表 10-3 中的各个行动操作,同时给出在 Spark Shell 环境中执行的代码及其执行结果。

```
scala> val  rdd = sc.parallelize(Array(1,2,3,4,5))
rdd: org.apache.spark.rdd.RDD[Int] = ParallelCollectionRDD[1] at parallelize at
<console>:24
scala> rdd.count()
res0: Long = 5
scala> rdd.first()
res1: Int = 1
scala> rdd.take(3)
res2: Array[Int] = Array(1,2,3)
scala> rdd.reduce((a,b) => a + b)
res3: Int = 15
scala> rdd.collect()
res4: Array[Int] = Array(1,2,3,4,5)
scala> rdd.foreach(elem => println(elem))
1
2
3
4
5
```

这里首先使用 sc.parallelize(Array(1,2,3,4,5))生成了一个 RDD, 变量名称为 rdd, rdd 中包含 5 个元素,分别是 1、2、3、4、5,所以,rdd.count()语句执行以后返回的结果是 5。执行 rdd.first() 语句后,会返回第 1 个元素,即 1。执行完 rdd.take(3)语句后会以数组的形式返回 rdd 中的前 3 个元素,即 Array(1,2,3)。执行完 rdd.reduce((a,b) => a + b)语句后会得到把 rdd 中的所有元素(即 1、2、3、4、5)进行求和后的结果,即 15。在执行 rdd.reduce((a,b) => a + b)时,系统首先会把 rdd 的第 1 个元素 1 传给参数 a,把 rdd 的第 2 个元素 2 传给参数 b,执行 a + b 计算得到求和结果 3; 然后把这个求和的结果 3 传给参数 a,把 rdd 的第 3 个元素 3 传给参数 b,执行 a + b 计算得到求和结果 6;接着把 6 传给参数 a,把 rdd 的第 4 个元素 4 传给参数 b,执行 a + b 计算得到求和结果 10;最后把 10 传给参数 a,把 rdd 的第 5 个元素 5 传给参数 b,执行 a+b 计算得到求和结果 15。接下来,执行 rdd.collect(),以数组的形式返回 rdd 中的所有元素,可以看出,执行结果是一个数组 Array(1,2,3,4,5)。在这个实例的最后,执行了语句 rdd.foreach(elem => println(elem)),该语句会依次遍历 rdd 中的每个元素,把当前遍历到的元素赋值给变量 elem,并使用 println(elem)输出 elem 的值。实际上,rdd.foreach(elem => println(elem))可以被简化成 rdd.foreach(println),它们的执行结果是一样的。

10.5.3　Spark 应用程序

Spark 应用程序支持采用 Scala、Python、Java、R 等语言进行开发。在 Spark Shell 中进行交互式编程时,采用 Scala 和 Python,主要是方便对代码进行调试,但需要以逐行代码的方式运行。一般等到代码都调试好之后,可选择将代码打包成独立的 Spark 应用程序,然后提交到 Spark 中运行。如果不是在 Spark Shell 中进行交互式编程,比如使用 Java 或 Scala 进行 Spark 应用程序开发,也需要编译、打包后提交给 Spark 运行。采用 Scala 编写的程序,需要使用 sbt 进行编译、打包;采用 Java 编写的程序,建议使用 Maven 进行编译、打包;采用 Python 编写的程序,可以直接通过 spark-submit 提交给 Spark 运行。下面分别介绍如何使用 sbt 编译、打包 Scala 程序,以及如何使用 Maven 编译、打包 Java 程序。

1. 使用 sbt 编译、打包 Scala 程序

sbt（Simple Build Tool）是对 Scala 或 Java 进行编译的一个工具，类似于 Maven 或 Ant，需要 JDK 1.8 或更高版本 JDK 的支持，并且可以在 Windows 和 Linux 两种操作系统中安装与使用。sbt 需要下载并安装，大家可以访问 sbt 网站下载安装文件 sbt-1.9.0.tgz，将其保存到下载目录。假设下载目录为 "~/Downloads"，安装目录为 "/usr/local/sbt"，则执行以下命令将下载的文件复制至安装目录中：

```
$ sudo mkdir /usr/local/sbt                    #创建安装目录
$ cd ~/Downloads
$ sudo tar -zxvf ./sbt-1.9.0.tgz -C /usr/local
$ cd /usr/local/sbt
$ sudo chown -R hadoop /usr/local/sbt          #此处的 hadoop 为系统当前用户名
$ cp ./bin/sbt-launch.jar ./   #把 bin 目录下的 sbt-launch.jar 复制到 sbt 安装目录下
```

接着在安装目录中执行以下命令创建一个 Shell 脚本文件，该脚本文件用于启动 sbt：

```
$ vim /usr/local/sbt/sbt
```

该脚本文件中的代码如下：

```
#!/bin/bash
SBT_OPTS="-Xms512M -Xmx1536M -Xss1M -XX:+CMSClassUnloadingEnabled -XX:MaxPermSize=256M"
java $SBT_OPTS -jar 'dirname $0'/sbt-launch.jar "$@"
```

创建后，需要为该 Shell 脚本文件增加可执行权限：

```
$ chmod u+x /usr/local/sbt/sbt
```

然后，可以执行以下命令查看 sbt 版本信息：

```
$ cd /usr/local/sbt
$ ./sbt sbtVersion
Java HotSpot(TM) 64-Bit Server VM warning: ignoring option MaxPermSize=256M; support
was removed in 8.0
[warn] No sbt.version set in project/build.properties, base directory: /usr/local/sbt
[info] welcome to sbt 1.9.0 (Oracle Corporation Java 1.8.0_371)
[info] set current project to sbt (in build file:/usr/local/sbt/)
[info] 1.9.0
```

上述查看版本信息的命令，可能需要执行几分钟，执行成功就可以看到版本号为 1.9.0。

现在，就可以使用 "/usr/local/sbt/sbt package" 命令来打包用 Scala 编写的 Spark 程序了。

下面以一个简单的程序为例，介绍如何打包并运行 Spark 程序。该程序的功能是统计文本文件中包含字母 a 的行和包含字母 b 的行的数量。首先执行以下命令创建程序根目录，并创建程序所需的文件夹结构：

```
$ mkdir ~/sparkapp                          #创建程序根目录
$ mkdir -p ~/sparkapp/src/main/scala        #创建程序所需的文件夹结构
```

接着执行以下命令创建一个 SimpleApp.scala 文件：

```
$ vim ~/sparkapp/src/main/scala/SimpleApp.scala
```

该文件包含的是程序的代码内容，具体代码如下：

```
import org.apache.spark.SparkContext
import org.apache.spark.SparkContext._
```

```
import org.apache.spark.SparkConf

object SimpleApp {
  def main(args: Array[String]) {
    val logFile = "file:///usr/local/spark/README.md" // 用于统计的文本文件
    val conf = new SparkConf().setAppName("Simple Application")
    val sc = new SparkContext(conf)
    val logData = sc.textFile(logFile, 2).cache()
    val numAs = logData.filter(line => line.contains("a")).count()
    val numBs = logData.filter(line => line.contains("b")).count()
    println("Lines with a: %s, Lines with b: %s".format(numAs, numBs))
  }
}
```

然后执行以下命令创建一个 simple.sbt 文件：

```
$ vim ~/sparkapp/simple.sbt
```

该文件用于声明该程序的信息以及与 Spark 的依赖关系，具体内容如下：

```
name := "Simple Project"
version := "1.0"
scalaVersion := "2.12.17"
libraryDependencies += "org.apache.spark" %% "spark-core" % "3.4.0"
```

需要说明的是，上面的 scalaVersion 表示 Scala 版本。

最后，执行以下命令，使用 sbt 进行打包：

```
$ cd ~/sparkapp
$ /usr/local/sbt/sbt package
```

打包成功，会输出"success"的提示，如下所示：

```
$~/sparkapp$ /usr/local/sbt/sbt package
Java HotSpot(TM) 64-Bit Server VM warning: ignoring option MaxPermSize=256M; support
was removed in 8.0
[info] welcome to sbt 1.9.0 (Oracle Corporation Java 1.8.0_371)
[info] loading project definition from /home/hadoop/sparkapp/project
[info] loading settings for project sparkapp from simple.sbt ...
[info] set current project to Simple Project (in build file:/home/hadoop/sparkapp/)
[success] Total time: 5 s, completed Oct 18, 2023 12:51:03 AM
```

有了最终生成的 JAR 包后，通过 spark-submit 就可以将其提交到 Spark 中运行了，命令如下：

```
$ /usr/local/spark/bin/spark-submit --class "SimpleApp" ~/sparkapp/target/scala-
2.12/simple-project_2.12-1.0.jar
```

该应用程序的执行结果如下：

```
Lines with a: 72, Lines with b: 39
```

2. 使用 Maven 编译、打包 Java 程序

Maven 是对 Java 进行编译的一个工具，需要下载并安装，可以从网上下载。假设本地的下载目录为"~/Downloads"，本地的安装目录为"/usr/local/maven"，下载得到的安装文件为 apache-maven-3.9.2-bin.zip，需要执行以下命令，将下载的文件复制至安装目录中：

```
$ sudo unzip ~/Downloads/apache-maven-3.9.2-bin.zip -d /usr/local
$ cd /usr/local
```

```
$ sudo mv apache-maven-3.9.2/ ./maven
$ sudo chown -R hadoop ./maven
```

在终端执行以下命令创建一个文件夹 sparkapp2 作为应用程序根目录：

```
$ cd ~ #进入用户主文件夹
$ mkdir -p ./sparkapp2/src/main/java
```

在 "./sparkapp2/src/main/java" 目录下执行以下命令建立一个名为 SimpleApp.java 的文件：

```
$ vim ./sparkapp2/src/main/java/SimpleApp.java
```

在 SimpleApp.java 文件中添加以下代码：

```
/*** SimpleApp.java ***/
import org.apache.spark.api.java.*;
import org.apache.spark.api.java.function.Function;
import org.apache.spark.SparkConf;

public class SimpleApp {
    public static void main(String[] args) {
        String logFile = "file:///usr/local/spark/README.md"; //Should be some file on
your system
        SparkConf conf = new SparkConf().setMaster("local").setAppName("SimpleApp");
        JavaSparkContext sc = new JavaSparkContext(conf);
        JavaRDD<String> logData = sc.textFile(logFile).cache();

        long numAs = logData.filter(new Function<String, Boolean>() {
            public Boolean call(String s) { return s.contains("a"); }
        }).count();

        long numBs = logData.filter(new Function<String, Boolean>() {
            public Boolean call(String s) { return s.contains("b"); }
        }).count();

        System.out.println("Lines with a: " + numAs + ", lines with b: " + numBs);
    }
}
```

由于该程序依赖 Spark Java API，因此我们需要通过 Maven 进行编译、打包。执行以下命令在 "./sparkapp2" 目录中新建文件 pom.xml：

```
$ vim ./sparkapp2/pom.xml
```

在 pom.xml 文件中添加以下代码，声明该独立应用程序的信息以及它与 Spark 的依赖关系：

```
<project>
    <groupId>cn.edu.xmu</groupId>
    <artifactId>simple-project</artifactId>
    <modelVersion>4.0.0</modelVersion>
    <name>Simple Project</name>
    <packaging>jar</packaging>
    <version>1.0</version>
    <repositories>
        <repository>
            <id>jboss</id>
            <name>JBoss Repository</name>
```

```
            <url>http://repository.*****.com/maven2/</url>
        </repository>
    </repositories>
    <dependencies>
        <dependency> <!-- Spark dependency -->
            <groupId>org.apache.spark</groupId>
            <artifactId>spark-core_2.12</artifactId>
            <version>3.4.0</version>
        </dependency>
    </dependencies>
</project>
```

为了保证 Maven 能够正常运行，先执行以下命令检查整个应用程序的文件结构：

```
$ cd ~/sparkapp2
$ find
```

应用程序的文件结构如图 10-26 所示。

接着，可以通过以下代码将整个应用程序打包成 JAR 包（注意：计算机需要保持连接网络的状态，而且由于是首次运行，同样需要下载依赖包，因此这个过程会消耗几分钟的时间）：

```
$ /usr/local/maven/bin/mvn package
```

若出现图 10-27 所示信息，则说明 JAR 包生成成功。

图 10-26　应用程序的文件结构 　　　　图 10-27　打包应用程序时屏幕显示的信息

最后，需要将生成的 JAR 包通过 spark-submit 提交到 Spark 中运行，命令如下：

```
$ /usr/local/spark/bin/spark-submit --class "SimpleApp" ~/sparkapp2/target/simple-
project-1.0.jar 2>&1 | grep "Lines with a"
```

最后得到的结果如下：

```
Lines with a: 72, Lines with b: 39
```

10.6　本章小结

本章首先介绍了 Spark 的起源与发展，分析了 Hadoop 存在的缺点与 Spark 的优点；接着介绍了 Spark 的相关概念、生态系统与核心设计。Spark 的核心建立在统一的抽象 RDD 之上，形成了结构一体化、功能多元化的完整的生态系统，提供内存计算框架，支持 SQL 即席查询、实时流式计算、机器学习和图计算等。

本章最后介绍了 Spark 基本的编程实践，包括 Spark 的安装与 Spark Shell 的使用，并演示了 Spark RDD 的基本操作。Spark 提供了丰富的操作 API，让开发人员可以用简洁的方式来处理复杂的数据计算与分析。

10.7 习题

1. Spark 是基于内存计算的大数据计算平台，试述 Spark 的主要特点。

2. Spark 的出现是为了弥补 Hadoop MapReduce 的不足，试列举 Hadoop 存在的几个缺点，并说明 Spark 具备哪些优点。

3. BDAS 认为目前的大数据处理可以分为哪 3 种类型？

4. Spark 已打造出结构一体化、功能多样化的大数据生态系统，试述 Spark 的生态系统。

5. 从 "Hadoop+Storm" 架构转向 Spark 架构有哪些优点？

6. 试述 "Spark on YARN" 的概念。

7. 试述如下 Spark 的几个主要概念：RDD、DAG、阶段、分区、窄依赖、宽依赖。

8. Spark 对 RDD 的操作主要分为行动和转换两种类型，两类操作的区别是什么？

实验 7　Spark 初级编程实践

一、实验目的

（1）掌握使用 Spark 访问本地文件和 HDFS 文件的方法。

（2）掌握 Spark 应用程序的编写、编译和运行方法。

二、实验平台

- 操作系统：Ubuntu 16.04。
- Spark 版本：3.4.0。
- Hadoop 版本：3.3.5。

三、实验内容和要求

1. 安装 Hadoop 和 Spark

进入 Linux 操作系统，完成 Hadoop 伪分布式模式的安装。完成 Hadoop 的安装以后，安装 Spark（采用 Local 模式）。对于具体安装过程，可以参考本书官网的 "教材配套大数据软件安装和编程实践指南" 栏目的相关内容。

2. Spark 读取文件系统的数据

（1）在 Spark Shell 中读取 Linux 操作系统本地文件 "/home/hadoop/test.txt"，然后统计出文件的行数。

（2）在 Spark Shell 中读取 HDFS 文件 "/user/hadoop/test.txt"（如果该文件不存在，请先创建），然后统计出文件的行数。

（3）编写独立应用程序（推荐使用 Scala），读取 HDFS 文件 "/user/hadoop/test.txt"（如果该文件不存在，请先创建），然后统计出文件的行数；通过 sbt 将整个应用程序编译、打包成 JAR 包，并将生成的 JAR 包通过 spark-submit 提交到 Spark 中运行。

3. 编写独立应用程序实现数据去重

对于两个输入文件 A 和 B，编写 Spark 独立应用程序（推荐使用 Scala），将两个文件合并，并剔除其中重复的内容，得到一个新文件 C。下面是输入文件和输出文件的样例，可供参考。

输入文件 A 的样例如下：

```
20170101    x
20170102    y
20170103    x
20170104    y
20170105    z
20170106    z
```

输入文件 B 的样例如下：

```
20170101    y
20170102    y
20170103    x
20170104    z
20170105    y
```

将输入的文件 A 和 B 合并得到的输出文件 C 的样例如下：

```
20170101    x
20170101    y
20170102    y
20170103    x
20170104    y
20170104    z
20170105    y
20170105    z
20170106    z
```

4. 编写独立应用程序实现求平均值

每个输入文件表示班级学生某门课程的成绩，每行内容由两个字段组成，第一个字段是学生的名字，第二个字段是学生的成绩。编写 Spark 独立应用程序求出所有学生的平均成绩，并将结果输出到一个新文件中。下面是输入文件和输出文件的样例，可供参考。

算法课程成绩：

```
小明 92
小红 87
小新 82
小丽 90
```

数据库课程成绩：

```
小明 95
小红 81
小新 89
小丽 85
```

Python 课程成绩：

```
小明 82
小红 83
```

小新 94

小丽 91

平均成绩如下：

(小红,83.67)

(小新,88.33)

(小明,89.67)

(小丽,88.67)

四、实验报告

"大数据技术原理与应用"课程实验报告

题目：	姓名：	日期：
实验环境：		
实验内容与完成情况：		
出现的问题：		
解决方案（列出遇到并解决的问题和解决方案，以及没有解决的问题）：		

第11章
流计算

大数据包括静态数据和动态数据（流数据），相应地，大数据计算包括批量计算和实时计算。随着人们对大数据处理实时性的要求越来越高，如何对海量流数据进行实时计算成为大数据领域的一大挑战。传统的 MapReduce 框架采用离线处理计算的方式，主要用于对静态数据的批量计算，并不适用于处理流数据，因此，业界提出了流计算的概念。流计算即针对流数据的实时计算，但以往只有大型的金融机构和政府机构才能通过昂贵的定制系统来实现流计算。随着 Storm 等流计算框架的开源，开发针对流数据的实时应用开始变得可行。

本章首先对流计算进行概述，主要介绍流计算的基本概念和框架，分析 MapReduce 框架为何不适合处理流数据；然后阐述流计算的处理流程和应用场景；最后介绍流计算框架 Storm、Spark Streaming、Structured Streaming 和 Flink。

11.1　流计算概述

本节首先介绍数据的两种类型，即静态数据和流数据；然后介绍与两种类型数据对应的两种计算类型，即批量计算和实时计算；接着阐述流计算的概念以及流计算与 Hadoop 的关系；最后汇总介绍市场上现有的流计算框架与平台。

11.1.1　静态数据和流数据

数据总体上可以分为静态数据和流数据。

1. 静态数据

静态数据是指不会随时间发生变化的数据。很多企业为了支持决策分析而构建了数据仓库系统，其中存放的大量历史数据就是静态数据。这些静态数据来自不同的数据源，利用 ETL 工具加载到数据仓库中，并且不会发生更新。技术人员可以利用数据挖掘和 OLAP 工具从这些静态数据中找到对企业有价值的信息。

2. 流数据

近年来，在 Web 应用、网络监控、传感器监测、电子商务、生产制造等领域，兴起了流数据——数据以大量、快速、时变的流形式持续到达。以传感器监测为例，在大气中放置 PM2.5 传感器实时监测大气中 PM2.5 的浓度，监测数据会源源不断地实时传输回数据中心。数据中心对回传数据进行实时分析，预判空气质量变化趋势。如果空气质量在未来一段时间内会达到影响人体健康的程度，就启动应急响应机制。在电子商务中，淘宝等网站可以从用户点击流、浏览历史和行为（如放入购物车）中实时发现用户的即时购买意图和兴趣，为用户实时推荐相关商品，从而有效提高商品销量，同时增加用户的购物满意度，可谓"一举两得"。

从概念上而言，流数据（或数据流）是指在时间分布和数量上无限的一系列动态数据集合体；数据记录是流数据的最小组成单元。流数据具有如下特征。

（1）数据快速、持续到达，潜在数据量也许是无穷无尽的。

（2）数据来源众多，格式复杂。

（3）数据量大，但是不十分关注存储，流数据中的某个数据一旦经过处理，要么被丢弃，要么被归档存储。

（4）注重数据的整体价值，不过分关注个别数据。

（5）数据顺序颠倒，或者不完整，系统无法控制将要处理的新到达的数据元素的顺序。

11.1.2 批量计算和实时计算

对静态数据和流数据的处理，对应着两种截然不同的计算模式，即批量计算和实时计算，如图 11-1 所示。批量计算以"静态数据"为对象，可以在很充裕的时间内对海量数据进行批处理，计算并得到有价值的信息。Hadoop 就是典型的批处理模型，由 HDFS 和 HBase 负责存放大量的静态数据，由 MapReduce 负责对海量数据执行批量计算。

流数据则不适合采用批量计算，因为流数据不适合用传统的关系数据模型建模，不能把源源不断的流数据保存到数据库中。流数据被处理后，一部分进入数据库成为静态数据，其他部分则直接被丢弃。传统的关系数据库通常用于满足信息实时交互处理需求，比如对于零售系统和银行系统，每次有一笔业务发生，用户通过和关系数据库系统进行交互，就可以把相应记录写入磁盘，并可以对记录进行随机读写操作。但是，关系数据库并不是为存储快速、连续到达的流数据而设计的，不支持连续处理，把这类数据库用于流数据处理，不仅成本高，而且效率低。

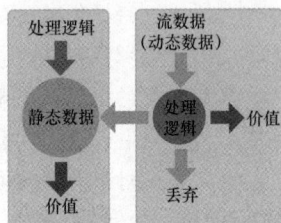

（a）批量计算 （b）实时计算

图 11-1 数据的两种计算模式

流数据必须采用实时计算。实时计算最重要的一个需求是能够实时得到计算结果，一般要求响应时间为秒级。当只需要处理少量数据时，实时计算并不是问题；但是，大数据时代中的数据，不仅数据格式复杂、来源众多，而且数据量巨大，这就给实时计算带来了很大的挑战。因此，针对流数据的实时计算——流计算应运而生。

11.1.3 流计算的概念

流计算示意如图 11-2 所示。流计算平台实时采集来自不同数据源的海量数据，这些海量数据经过实时分析处理后，形成有价值的信息。

总的来说，流计算秉承一个基本理念，即数据的价值随着时间的流逝而降低。因此，当事件出现时就应该立即对与事件相关的数据进行处理，而不是将数据缓存起来进行批量处理。为了及时处理流数据，需要一个低延迟、可扩展、高可靠的处理引擎。对一个流计算系统来说，它应满足如下需求。

（1）高性能：处理大数据的基本要求，如每秒处理几十万条数据。

（2）支持海量数据：支持 TB 级别甚至是 PB 级别的数据。

（3）实时：必须保证一个较低的时延，这个时延需要达到秒级，甚至是毫秒级。

（4）支持分布式：支持大数据的基本架构，必须能够平滑扩展。

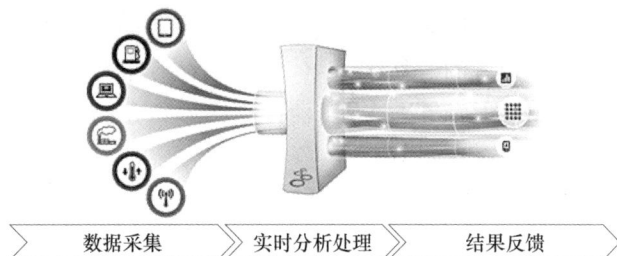

数据采集　　实时分析处理　　结果反馈

图 11-2　流计算示意

（5）易用：能够快速进行开发和部署。

（6）高可靠：能可靠地处理流数据。

针对不同的应用场景，相应的流计算系统会有不同的需求，但是针对海量数据的流计算，无论是数据采集还是数据处理，都应达到秒级别响应的要求。

11.1.4　流计算与 Hadoop

Hadoop 已经成为大数据技术的事实标准，其两大核心 MapReduce 和 HDFS 搭建起了大规模分布式存储和分布式处理的框架。因此，我们很容易就会想到，是否可以使用 MapReduce 来满足流计算系统的需求呢？很遗憾，答案是"不行"。

Hadoop 设计的初衷是面向大规模数据的批量处理，在使用 MapReduce 处理大规模文件时，一个大文件会被分解成许多个块并分发到不同的机器上，每台机器并行运行 MapReduce 任务，最后对结果进行汇总输出。有时候，完成一个任务甚至要经过多轮的迭代。很显然，这种批量任务处理方式在时延方面是无法满足流计算的实时响应需求的。这时，我们可能会很自然地想到一种"变通"的方案来降低批处理的时延——将基于 MapReduce 的批量处理转换为小批量处理，将输入数据切分成小的片段，每隔一个周期就启动一次 MapReduce 作业。但是这种方案会存在以下问题。

（1）将输入数据切分成小的片段，虽然可以降低延迟，但是也增加了任务处理的附加开销，还要处理片段之间的依赖关系，因为一个片段可能需要用到前一个片段的计算结果。

（2）需要对 MapReduce 进行改造以支持流式处理，Reduce 阶段的结果不能直接输出，而是需要保存在内存中。这种做法会大大增加 MapReduce 框架的复杂度，导致系统难以维护和扩展。

（3）降低了用户程序的可伸缩性，因为使用这种方案时，用户必须使用 MapReduce 接口来定义流式作业。

总之，流数据处理和批量数据处理是两种截然不同的数据处理模式，MapReduce 专门面向静态数据的批量处理，其内部的各种实现机制都为批处理进行了高度优化，不适用于处理持续到达的流数据。正所谓"鱼和熊掌不可兼得"，想设计一个既适用于进行流计算又适用于进行批处理的通用平台，虽然想法很好，但实际上是很难实现的。因此，当前业内涌现出许多专门的流数据实时计算系统以满足相应需求。

11.1.5　流计算框架与平台

目前已被成功开发的流计算框架与平台可大体分为 3 类。

第一类是商业级的流计算平台，举例如下。

（1）IBM InfoSphere Streams：商业级高级流计算平台，可以帮助用户开发应用程序来快速摄取、分析和关联来自数千个实时源的信息。

（2）IBM StreamBase：IBM 开发的一款商业流计算系统，在金融部门和政府部门中使用。

第二类是开源流计算框架，举例如下。

（1）Twitter Storm：免费、开源的分布式实时计算系统，可简单、高效、可靠地处理大量的流数据。阿里巴巴的 JStorm 是参考 Twitter Storm 开发的实时流式计算框架，可以看成 Storm 的 Java 增强版本，在网络 I/O、线程模型、资源调度、可用性及稳定性上进行了持续改进，已被越来越多的企业使用。

（2）Yahoo! S4：开源流计算平台，是通用的、分布式的、可扩展的、分区容错的、可插拔的流式系统。

第三类是公司为支持自身业务开发的流计算框架，虽然未开源，但有不少的学习资料可供读者了解、学习，举例如下。

（1）DStream：百度开发的通用实时流数据计算系统。

（2）银河流数据处理平台：淘宝开发的通用实时流数据计算系统。

（3）Super Mario：基于 Erlang 语言和 ZooKeeper 模块开发的高性能流数据处理框架。

此外，业界也涌现出了像 SQLstream 这种致力于提供实时大数据流处理服务的公司。

11.2 流计算的处理流程

流计算的处理流程包括数据实时采集、数据实时计算和实时查询服务。下面首先介绍传统的数据处理流程，然后详细介绍流计算的处理流程的各个阶段。

11.2.1 概述

传统的数据处理流程是：首先需要采集数据并将数据存储在数据库中，然后用户通过查询操作和数据库管理系统进行交互，最终得到查询结果（见图 11-3）。但是，这个流程隐含了如下两个前提。

（1）存储的数据是旧的。当查询数据的时候，存储的静态数据已经是过去某一时刻的快照，这些数据在查询时可能已不具备时效性了。

（2）需要用户主动发出查询，也就是说，用户是主动发出查询来获取结果的。

流计算的处理流程如图 11-4 所示，一般包含 3 个阶段：数据实时采集、数据实时计算、实时查询服务。

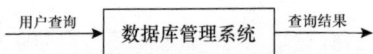

图 11-3 用户通过查询操作获得查询结果

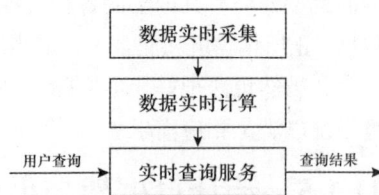

图 11-4 流计算的处理流程

11.2.2 数据实时采集

数据实时采集阶段通常采集多个数据源的海量数据，此阶段需要保证实时性、低延迟与稳定可靠。以日志数据为例，由于分布式集群的广泛应用，数据分散存储在不同的机器上，因此需要实时汇总来自不同机器的日志数据。

目前有许多互联网公司发布的开源分布式日志采集系统均可满足每秒数百 MB 的数据采集和传输需求，如 LinkedIn 的 Kafka、淘宝的 TimeTunnel，以及基于 Hadoop 的 Chukwa 和 Flume 等。

数据采集系统的基本架构（见图 11-5）一般由 3 个部分组成。

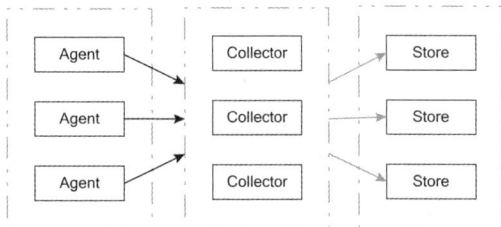

图 11-5　数据采集系统的基本架构

（1）Agent：主动采集数据，并把数据推送到 Collector 部分。

（2）Collector：接收多个 Agent 的数据，并实现有序、可靠、高性能地转发。

（3）Store：存储 Collector 转发过来的数据。

但对于流计算，一般不在 Store 部分进行数据的存储，而是将采集的数据直接发送给流计算平台进行实时计算。

11.2.3 数据实时计算

数据实时计算阶段对采集的数据进行实时的分析和计算。数据实时计算的流程如图 11-6 所示，流处理系统接收数据采集系统不断发来的实时数据，实时地进行分析和计算，并反馈实时结果。经流处理系统处理后的数据，可视情况进行存储，以便之后进行分析和计算。在时效性要求较高的场景中，处理之后的数据也可以直接丢弃。

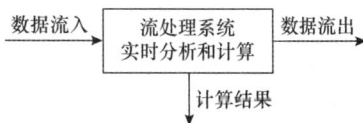

图 11-6　数据实时计算的流程

11.2.4 实时查询服务

流计算的第 3 个阶段是实时查询服务阶段，经由流计算框架得出的结果可供用户进行实时查询、展示或存储。在传统的数据处理流程中，用户需要主动发出查询才能获得想要的结果。而在流处理流程中，实时查询服务可以不断更新结果，并将用户所需的结果实时推送给用户。虽然通过对传统的数据处理系统进行定时查询也可以实现不断更新结果和结果推送的目的，但通过这样的方式获取的结果仍然是根据过去某一时刻的数据得到的结果，与实时结果有本质上的区别。

由此可见，流处理系统与传统的数据处理系统有以下不同之处。

（1）流处理系统处理的是实时的数据，而传统的数据处理系统处理的是预先存储好的静态数据。

（2）用户通过流处理系统获取的是实时结果，而通过传统的数据处理系统获取的是过去某一时刻的结果。并且，流处理系统无须用户主动发出查询，实时查询服务可以主动将实时结果推送给用户。

11.3 流计算的应用场景

流计算是针对流数据的实时计算，可以应用在多种场景中，如 Web 服务、机器翻译、广告投放、自然语言处理、气候模拟预测等。在众多应用场景中，与我们日常网络生活息息相关的，当属流计算在 Web 服务中的应用。百度、淘宝等大型网站每天都会产生大量流数据，包括用户的搜索内容、用户的浏览记录等。采用流计算实现实时数据分析，可以了解每个时刻的流量变化情况，甚至可以分析用户的实时浏览轨迹，从而实现实时个性化内容推荐。

但是，我们也注意到，并不是每个应用场景都需要用到流计算。流计算适用于需要处理持续到达的流数据、对数据处理有较高实时性要求的场景。下面介绍两个典型的流计算应用场景，并分别简单介绍两个应用场景中使用的流计算系统。

11.3.1 应用场景 1：实时分析

流计算的一大应用领域是业务分析。传统的业务分析一般采用分布式离线计算的方式，即将数据全部保存起来，然后每隔一定的时间进行离线分析来得到结果。但这样必然会导致一定的延时，延时长短取决于离线分析任务的间隔时间和任务执行时长。若无法在短时间内计算出结果，或者离线分析任务的间隔时间较长，将不能保证结果的实时性。

随着分析业务对实时性要求的提升，离线分析模式已不适用于流数据的分析，也不适用于要求实时响应的互联网应用场景。通过流计算，能在秒级内得到实时的分析结果，有利于根据当前得到的分析结果及时地做出决策。例如，购物网站的广告推荐、社交网站的个性化推荐等，都是基于对用户行为的分析来实现的。基于实时分析，推荐的效果将得到有效提升。

以淘宝的促销活动为例，商家会在淘宝上或者在店铺内投放相应的广告来吸引用户，同时商家也可能会准备多个广告样式、文案，根据广告效果来做出调整，这就需要对广告的点击情况、用户的访问情况进行分析。但是，以往这类分析采用分布式离线分析，分析结果有几小时甚至一天的延时，这使商家不能及时地根据广告效果来调整广告样式、文案。更重要的是，有些促销活动通常只持续一天，因此隔几小时或一天才能得到的分析结果便失去了价值。

可见，虽然具有小时级的分析延时的分布式离线分析可以满足大部分商家的需求，但是随着实时性越来越重要，商家越来越希望能获得实时的网店访问分析结果。如何实现秒级的实时分析响应成为业务分析的一大挑战。

针对流数据，量子恒道开发了海量数据实时流计算框架 SM（Super Mario）。量子恒道是一个专业电子商务数据服务商，为超过百万的淘宝商家提供数据统计分析服务。流计算框架 SM 具有低延迟、高可靠的特点。与前面介绍的流计算的 3 个阶段相对应，SM 框架的处理流程可以用以下 3 个阶段来表示（见图 11-7）。

（1）Log 数据由日记采集系统 Time Tunnel 在毫秒级内实时送达。

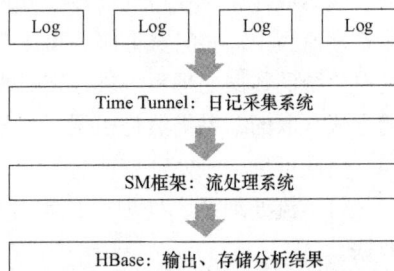

图 11-7　SM 框架的处理流程

（2）实时数据经由 SM 框架进行处理。

（3）HBase 输出、存储分析结果。

通过 SM 框架，量子恒道可处理每天 TB 级别的实时流数据，并且可将从用户发出请求到数据展示的整个延时控制在 2～3s，满足了实时性的要求。

11.3.2　应用场景 2：实时交通

流计算不仅能为互联网带来改变，也能为我们的生活带来改变。以提供导航路线为例，传统的导航路线并没有考虑实时的交通状况，即便在计算路线时有考虑交通状况，通常也只是使用了以往的交通状况数据。要达到根据实时交通状态进行导航的效果，就需要获取海量的实时交通数据并进行实时分析，这对传统的导航系统来说是一个巨大的挑战。而借助于流计算的实时特性，不仅可以根据交通情况制订路线，而且在用户行驶过程中可以根据交通情况的变化实时更新路线，始终为用户提供最佳的行驶路线。

IBM 的流计算平台 InfoSphere Streams 能够广泛应用于制造、零售、交通运输、金融证券以及监管等领域，使实时、快速做出决策的理念得以实现。以上述的实时交通为例，InfoSphere Streams 应用于斯德哥尔摩的交通信息管理，通过结合来自不同源的实时数据，可以生成动态的、多方位的观察交通流量的方式，为城市规划者和乘客提供实时交通状况查询服务。

11.4　流计算框架 Storm

随着数据规模的日益增长，对流数据进行实时计算分析的需求逐渐增加。因为流数据一般出现在金融行业或互联网流量监控的业务场景中，而这些场景中的数据库应用占据主导地位，因而造成了早期对于流计算的研究多数是基于对传统数据库处理的流式化，即工业界对实时数据库的研究更多，对流式框架的研究则偏少。

2011 年推特开发的流计算框架 Storm 的开源，改变了上述情况。Storm 框架和 MapReduce 框架相比，在流数据处理上更具优势。MapReduce 框架主要解决的是静态数据的批量处理，即 MapReduce 框架处理的是已存储到位的数据；但是，在流计算系统启动时，一般数据并没有完全到位，而是源源不断地流入。批处理系统一般重视数据处理的总吞吐量，流处理系统则更加关注数据处理的延时，即能够让流入的数据得到越快的处理越好。

Storm 框架的开源也改变了开发人员开发实时应用的方式。以往开发人员在开发一个实时应用的时候，除了要关注处理逻辑，还要为实时数据的获取、传输、存储大伤脑筋，但是，有了 Storm 以后，开发人员可以基于 Storm，快速地搭建一套健壮、易用的实时流处理系统，配合 Hadoop 等平台，就可以低成本地做出很多以前很难想象的实时产品。

Storm 是流计算引擎的先驱，它对于实时计算的意义类似于 Hadoop 对于批处理的意义。Storm 可以简单、高效、可靠地处理流数据，并支持多种编程语言，也可以方便地与数据库系统进行整合，从而开发出强大的实时计算系统。

但是，Storm 有一些明显的缺陷，比如它不支持有状态计算和"精确一次"（Exactly-once）的语义，并且吞吐量有限。因此，自从流计算框架 Flink 横空出世并大规模推广开来以后，Storm 这个项目的活跃度就明显下降了。目前，在和 Flink 的市场竞争中，Storm 逐渐败下阵来，预计在不远的将来会彻底退出历史舞台。

11.5　流计算框架 Spark Streaming

Spark Streaming 是构建在 Spark 上的实时计算框架，它扩展了 Spark 处理大规模流式数据的能力。Spark Streaming 可结合批处理和交互查询，适用于一些需要对历史数据和实时数据进行结合分析的应用场景。

Spark Streaming 是 Spark 的核心组件之一，为 Spark 提供了可扩展、高吞吐、容错的流计算能力。Spark Streaming 可整合多种输入数据源，如 Kafka、Flume、HDFS 等，甚至是普通的 TCP 套接字，如图 11-8 所示。经处理后的数据可存储至 HDFS、数据库，或显示在仪表盘里。

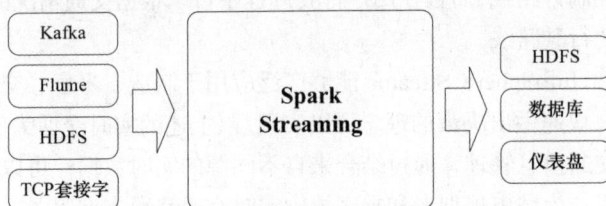

图 11-8　Spark Streaming 支持的输入、输出数据源

Spark Streaming 的基本原理是将实时输入数据流以时间片（秒级）为单位进行拆分，然后经 Spark 引擎以类似批处理的方式处理每个时间片数据，其执行流程如图 11-9 所示。

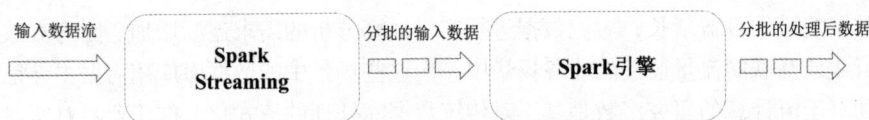

图 11-9　Spark Streaming 执行流程

Spark Streaming 最主要的抽象是离散化数据流（Discretized Stream，DStream）。在内部实现上，Spark Streaming 的输入数据按照时间片（如 1s）分成一段一段的 DStream，每一段数据转换为 Spark 中的 RDD，并且对 DStream 的操作最终都转变为对相应的 RDD 的操作。例如，图 11-10 展示了进行词频统计时，每个时间片的数据（存储句子的 RDD）经 flatMap 操作，生成了存储单词的 RDD。整个流式计算可根据业务的需求对这些中间结果进行进一步的处理，或者将中间结果存储到外部设备中。

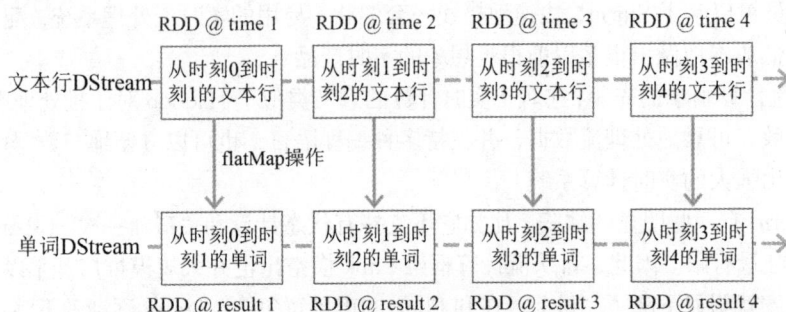

图 11-10　DStream 操作示意

11.6　流处理框架 Structured Streaming

由于 Spark Streaming 组件的延迟较高，最快响应时间为秒级，无法满足一些需要更快响应时间的企业应用的需求，所以，Spark 社区推出了新的流计算组件 Structured Streaming。

11.6.1　Structured Streaming 简介

Structured Streaming 是一种基于 Spark SQL 引擎构建的、可扩展且容错的流计算框架。通过一致的 API，Structured Streaming 让使用者可以像编写批处理程序一样编写流处理程序，降低了使用难度。提供端到端的完全一致性是 Structured Streaming 设计背后的关键目标之一。为了实现这一点，Spark 中设计了输入源、执行引擎和接收器，以便对处理的进度进行更可靠的跟踪，使 Spark 可以通过重启或重新处理，来处理任何类型的故障。如果所使用的源采用了偏移量来跟踪流的读取位置，那么，引擎可以使用检查点和预写日志，来记录每个触发时期正在处理的数据的偏移范围。此外，如果使用的接收器是"幂等"的，那么通过使用重放、对"幂等"接收数据进行覆盖等操作，Structured Streaming 可以确保在任何故障下实现端到端的完全一致性。

Spark 一直在不停更新中，从 Spark 2.3.0 开始引入了持续流式处理模型，可以将原先流处理的延迟降低到毫秒级。

11.6.2　Structured Streaming 的关键思想

Structured Streaming 的关键思想是将实时数据流视为一个正在不断添加数据的表，这种新的流处理模型与批处理模型非常类似。可以认为流计算就是在一个静态表上的批处理查询，Spark 会在不断添加数据的无界输入表上进行计算，并进行增量查询。如图 11-11 所示，输入流输入的每一个数据项按原样添加到无界表，最终形成了一个新的无界表。

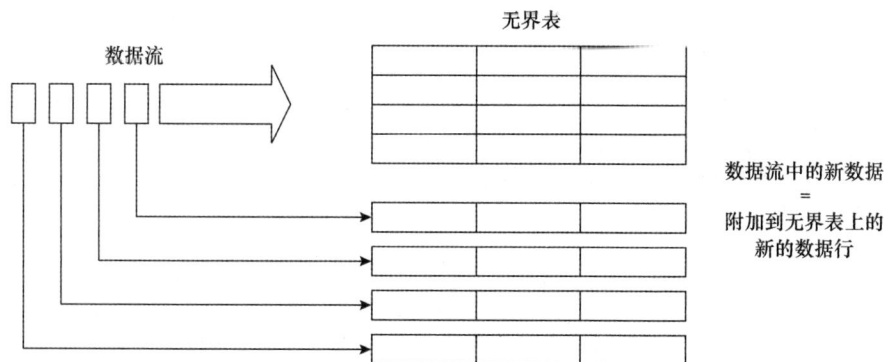

图 11-11　无界表

在无界表上针对输入的查询生成结果表，系统每隔一定的周期会触发对无界表的计算并更新结果表。Structured Streaming 编程模型如图 11-12 所示，在时间线上，每秒为一个触发周期，在 $t=1$ 时刻，数据量较少，查询到结果后，将结果输出到接收器。在 $t=2$ 时刻，数据量增加，查询到结果后，将结果输出到接收器。在 $t=3$ 时刻，数据量再次增加，如同前面两个时刻一样查询并输出。

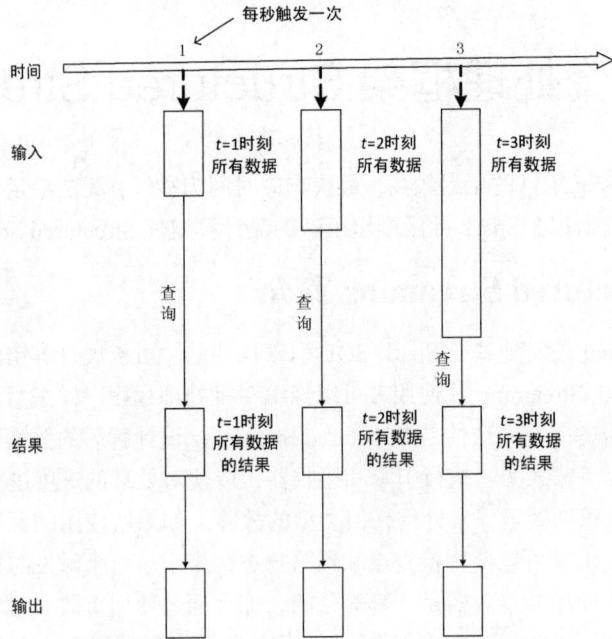

图 11-12　Structured Streaming 编程模型

11.6.3　Structured Streaming 的两种处理模型

Structured Streaming 包括微批处理和持续处理两种处理模型，默认使用微批处理模型。

1. 微批处理

Structured Streaming 默认使用微批处理模型，这意味着 Spark 流计算引擎会定期检查流数据源，并对上一批次结束后到达的新数据执行批量查询。Structured Streaming 的微批处理模型如图 11-13 所示。

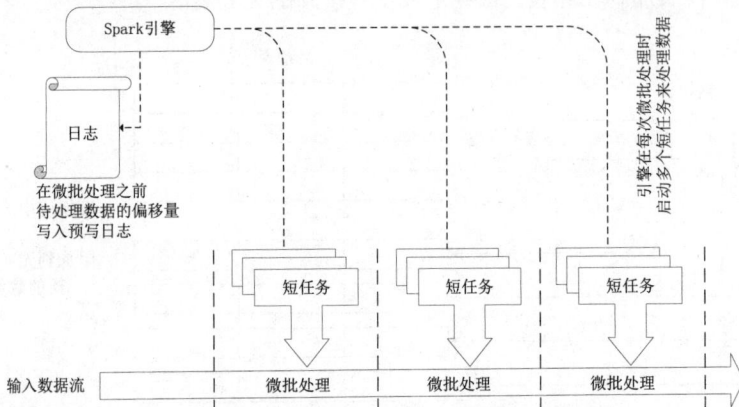

图 11-13　Structured Streaming 的微批处理模型

在微批处理模型的体系结构中，Driver 驱动程序通过将当前待处理数据的偏移量写入预写日志，来对数据处理进度设置检查点，以便今后可以使用它来重启或恢复查询。为了获得确定性的重新执行（Deterministic Re-executions）和端到端语义，在下一个微批处理之前，要将该微批处理所要处理的数据的偏移量范围写入日志中。所以，当前到达的数据需要等待先前的微批处理作业处理完成，且它的偏移量范围被写入日志后，才能在下一个微批处理作业中得到处理，这会导致数据到达和得到处理以及输出结果之间的延时超过 100ms。

2. 持续处理

微批处理的数据延迟对大多数实际的流式工作负载（如 ETL 和监控）而言是可接受的。然而，一些场景确实需要更低的延迟，比如在金融行业的信用卡欺诈交易识别中，需要在犯罪嫌疑人盗刷信用卡后立刻识别并阻止，但是又不能让合法交易的用户感觉到延迟，以防影响其使用体验，这就需要在 10～20ms 的时间内对每笔交易进行欺诈识别，这时就不能使用微批处理模型，而需要使用持续处理模型。Structured Streaming 的持续处理模型如图 11-14 所示。

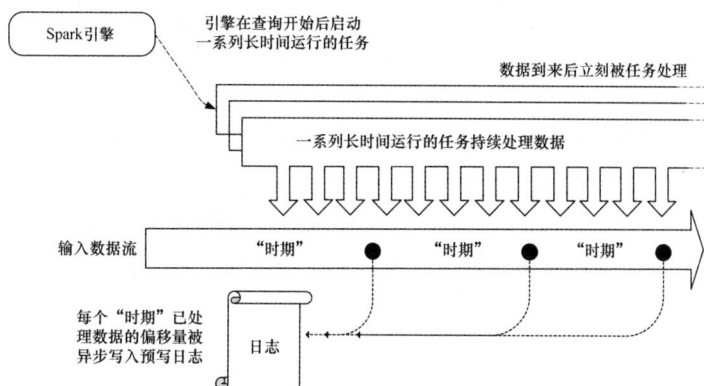

图 11-14　Structured Streaming 的持续处理模型

Spark 从 2.3.0 版本开始引入了持续处理的试验性功能，通过该功能可以实现流计算的毫秒级别延迟。在持续处理模型下，Spark 不再根据触发器来周期性启动任务，而是采用一系列连续读取、处理和写入结果的任务长时间运行来持续处理数据。为了缩短延迟，Spark 引入新的算法对查询设置检查点，在每个任务的输入数据流中，一个特殊标记的记录被注入，任务在遇到标记时会把处理后的最后偏移量异步地报告给引擎，引擎接收到所有写入接收器的任务的偏移量后，将偏移量异步写入预写日志。由于检查点的写入是完全异步的，任务可以持续处理，因此，延迟可以缩短到毫秒级。也正是由于写入是异步的，会导致数据流在故障后可能被处理一次以上，持续处理只能做到"至少一次"的一致性。因此，需要注意到，虽然持续处理模型能获得的实时响应性能比微批处理模型能获得的更好，但是，这是以牺牲一致性为代价的。微批处理可以保证"端到端"的完全一致性，而持续处理只能做到"至少一次"的一致性。

11.7　流计算框架 Flink

Flink 是 Apache 软件基金会的一个顶级项目，是为分布式、高性能、随时可用和准确的流处理应用程序打造的开源流处理架构，并且可以同时支持实时计算和批量计算。Flink 的出现，使市场上的其他流计算框架（如 Storm、Spark Streaming、Structured Streaming 等）黯然失色，实际上，Spark 社区正是因为面临和 Flink 的激烈竞争才在 Spark Streaming 之后又推出了 Structured Streaming。但是，由于 Flink 是天然的流计算框架，Spark 是天然的批处理框架，在流计算性能方面，Flink 天生具有 Spark 无法比拟的优势，因此，Flink 在和 Spark Streaming、Structured Streaming 的竞争中，占据上风。而 Flink 作为流计算框架的后来者，更是把流计算框架的先驱 Storm 逼入生存"绝境"。本书第 12 章将会详细介绍 Flink 技术。

11.8 本章小结

本章介绍了流计算的基本概念、框架与平台。流数据是持续到达的大量数据，对流数据的处理强调实时性，一般要求为秒级响应。MapReduce 框架虽然广泛应用于大数据处理，但其面向的是海量数据的离线处理，并不适用于处理持续到达的流数据。

本章阐述了流计算的处理流程（一般包括数据实时采集、数据实时计算和实时查询服务 3 个阶段），并比较其与传统的数据处理流程的区别。流计算处理的是实时数据，而传统的批处理处理的是预先存储好的静态数据。

流计算可应用在多个场景中，如实时业务分析，流计算带来的实时性特点可以大大增加实时数据的价值，为业务分析带来质的提升。

本章还介绍了流计算框架 Storm、Spark Streaming、Structured Streaming 和 Flink，这些都是目前市场上存在激烈竞争关系的技术，在经过市场洗礼以后，有些技术会退出市场，就目前而言，Flink 是最具发展前景的流计算框架。

11.9 习题

1. 试述流数据的概念。
2. 试述流数据的特点。
3. 在流计算的理念中，数据的价值与时间具备怎样的关系？
4. 试述流计算的需求。
5. 试述 MapReduce 框架为何不适用于处理流数据。
6. 将基于 MapReduce 的批量处理转换为小批量处理，每隔一个周期就启动一次 MapReduce 作业，通过这样的方式来处理流数据是否可行？为什么？
7. 列举几个常见的流计算框架。
8. 试述流计算的一般处理流程。
9. 试述流计算处理流程与传统的数据处理流程的主要区别。
10. 试述数据实时采集系统的一般组成部分。
11. 试述流计算系统与传统的数据处理系统有什么不同。
12. 试列举几个流计算的应用领域。
13. 流计算适用于具备怎样特点的场景？
14. 试述流计算为业务分析带来了怎样的改变。
15. 除了实时分析和实时交通，请再列举一个适合采用流计算的应用场景，并描述流计算可带来怎样的改变。
16. 试述 Storm 框架如何改变开发人员开发实时应用的方式。
17. 试述 Spark Streaming 的基本原理。
18. 试述 Structured Streaming 的关键思想。
19. 试述 Structured Streaming 的两种处理模型的具体实现方法。

第12章
Flink

近年来，流处理这种应用在企业中出现得越来越多，带动了企业数据架构由传统数据处理架构、大数据 Lambda 架构向流处理架构演变。Flink 就是一种具有代表性的开源流计算框架，它实现了 Google Dataflow 流计算模型。Flink 的主要特性包括批流一体化、精密的状态管理、事件时间支持以及精确一次的状态一致性保障等。Flink 不仅可以运行在包括 YARN、Mesos、Kubernetes 等在内的多种资源调度管理框架上，还支持在裸机集群上独立部署。Flink 目前已经在全球范围内得到广泛应用，大量企业已经开始大规模使用 Flink 作为企业的分布式大数据处理引擎。

本章首先给出 Flink 简介，并探讨为什么选择 Flink，以及 Flink 的典型应用场景；然后介绍 Flink 的核心组件栈、体系架构和编程模型；最后介绍 Flink 编程实践。

12.1　Flink 简介

Flink 源于 Stratosphere 项目，该项目是在 2010 年到 2014 年间由德国柏林工业大学、柏林洪堡大学和哈索·普拉特纳研究学院联合开发的。2014 年 4 月，Stratosphere 代码被贡献给 Apache 软件基金会，成为 Apache 软件基金会孵化器项目。在项目孵化期间，为了避免与另外一个项目重名，Stratosphere 被重命名为 Flink。在德语中，Flink 是"快速和灵巧"的意思，使用这个词作为项目名称，可以彰显流计算框架的速度快和灵活性强的特点。项目使用一只棕红色的松鼠图案作为标识（见图 12-1），因为松鼠具有行动快速、灵活的特点。

2014 年 12 月，Flink 项目成为 Apache 软件基金会的顶级项目。目前，Flink 是 Apache 软件基金会 5 个最大的大数据项目之一，在全球范围内拥有 350 多位开发人员，并在越来越多的企业中得到了应用，在国内，包括阿里巴巴、美团等在内的大型互联网企业，都已经开始大规模使用 Flink 作为企业的分布式大数据处理引擎。

图 12-1　Flink 的标识

12.2　为什么选择 Flink

目前，数据架构设计领域正在发生一场变革，数据架构开始由传统数据处理架构、大数据 Lambda 架构向流处理架构演变，在这种全新的架构中，基于流的数据处理流程被视为整个架构设计的核心。这种演变把 Flink 推向了分布式计算框架舞台的中心，使其在现代数据处理中扮演重要的角色。

12.2.1 传统数据处理架构

传统数据处理架构的一个显著特点就是采用一个中心化的数据库系统来存储事务性数据。比如，在一个企业内部，会存在 ERP 系统、订单系统、CRM 系统等，这些系统的数据一般被存放在关系数据库中，如图 12-2 所示。这些数据反映了当前的业务状态，如系统当前的登录用户数、网站当前的活跃用户数、每个用户的账户余额等。应用程序在需要较新的数据时，都会访问这个关系数据库。

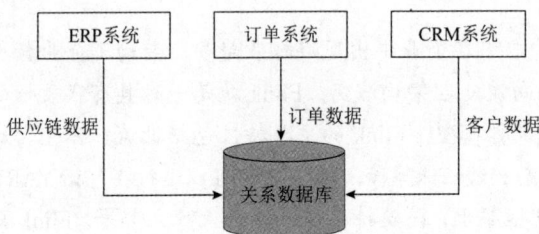

图 12-2 传统数据处理架构

在应用的初期，这种传统数据处理架构的效率很高，在各大企业应用中成功提供了几十年的服务。但是，随着企业业务量的不断增大，数据库的负载开始不断增加，传统架构最终不堪重负，而一旦数据库系统发生问题，整个业务系统就会受到严重影响。此外，采用传统架构的系统，一般拥有非常复杂的异常问题处理方法，当出现异常问题时，很难保证系统还能很好地运行。

12.2.2 大数据 Lambda 架构

随着信息技术的普及和企业信息化建设步伐的加快，企业逐渐认识到建立企业范围内的数据仓库的重要性，越来越多的企业建立了企业数据仓库。企业数据仓库有效集成了来自不同部门、不同地理位置，具有不同格式的数据，为企业管理决策者提供了企业范围内的单一数据视图，从而为综合分析和科学决策奠定了坚实的基础。

起初数据仓库主要借助于 Oracle、SQL Server、MySQL 等关系数据库进行数据的存储，但是，随着企业数据量的不断增长，关系数据库已经无法满足海量数据的存储需求。因此，越来越多的企业开始构建基于 Hadoop 的数据仓库，并借助 MapReduce、Spark 等分布式计算框架对数据仓库中的数据进行处理与分析。但是，数据仓库中的数据一般是周期性加载的，比如每天一次、每周一次或每月一次，但这样无法满足一些对实时性要求较高的应用的需求。为此，业界提出了一套 Lambda 架构方案来处理不同类型的数据，从而满足企业不同应用的需求。大数据 Lambda 架构主要包含两层——批处理层和实时处理层，如图 12-3 所示。在批处理层中，采用 MapReduce、Spark 等技术进行批量数据处理；在实时处理层中，则采用 Storm、Spark Streaming 等技术进行实时数据处理。

分开处理连续的实时数据和有限批次的批量数据，可以使系统构建工作变得简单。这种做法在一定程度上解决了不同计算类型的问题，但是，这种做法将管理两套系统的复杂性留给了系统用户。由于存在太多的框架，且在一套资源管理平台中管理不同类型的计算框架是一件比较困难的事情，导致平台复杂度过高、运维成本高。

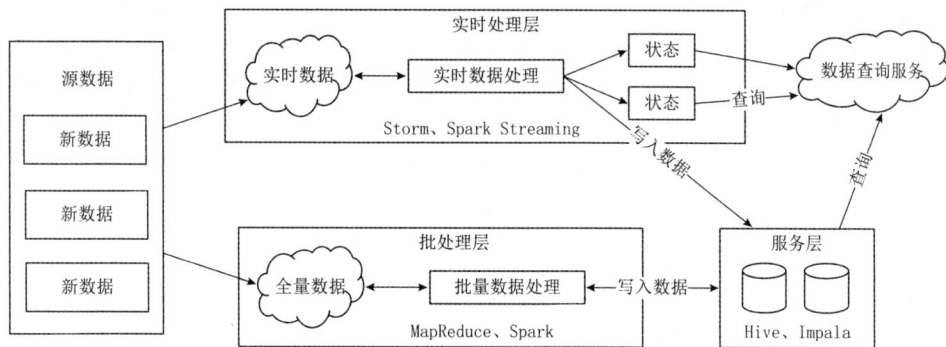

图 12-3　大数据 Lambda 架构

12.2.3　流处理架构

作为一种新的选择，流处理架构解决了企业在大规模系统中遇到的诸多问题。流处理架构采用以流为基础的架构设计，让数据记录持续地从数据源流向应用程序，并在各个应用程序间持续流动。流处理架构不需要设置一个数据库来集中存储全局状态数据，该架构使用的是共享且永不停止的流数据，流数据是唯一正确的数据源，记录了业务数据的历史。

为了高效地实现流处理架构，一般需要设置消息传输层和流处理层，流处理架构如图 12-4 所示。消息传输层从各种数据源采集连续事件产生的数据，并传输给订阅了这些数据的应用程序；流处理层会持续地将数据在应用程序和系统间移动，聚合并处理事件，并在本地维持应用程序的状态。这里所谓的"状态"就是计算过程中产生的中间计算结果，

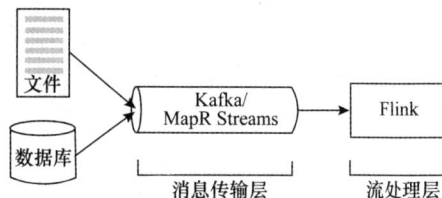

图 12-4　流处理架构

在每次计算中，新的数据进入流系统，都在中间计算结果的基础上进行计算，最终产生正确的计算结果。

流处理架构的核心是使各种应用程序互连在一起的消息队列（见图 12-5）。消息队列连接应用程序，并作为新的共享数据源，取代了从前的大型集中式数据库。流处理器从消息队列中订阅数据并加以处理，处理后的数据可以流向另一个消息队列，这样，其他应用程序都可以共享流数据。在某些情况下，处理后的数据会被存放到本地数据库。

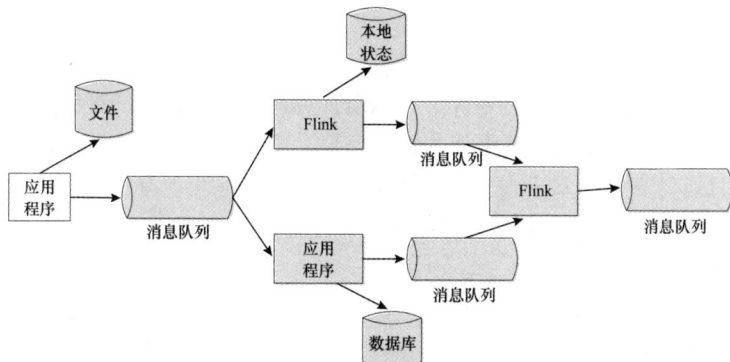

图 12-5　流处理架构中的消息队列

流处理架构正在逐步取代传统数据处理架构和 Lambda 架构，成为大数据处理架构的一种新趋势。这有两方面原因。一方面，流处理架构中不存在一个大型集中式数据库，因此避免了传统数据处理架构中存在的"数据库不堪重负"的问题。另一方面，在流处理架构中，批处理被看成流处理的一个子集，因此可以用面向流处理的框架进行批处理，即可以用一个流处理架构来统一处理流计算和批量计算，避免了 Lambda 架构中存在的"多个架构难管理"的问题。

12.2.4　Flink 是理想的流计算框架

流处理架构需要具备低延迟、高吞吐和高性能的特性，而从目前市场上已有的产品来看，只有 Flink 可以满足要求。Storm 虽然可以做到低延迟，但是无法实现高吞吐，也不能在故障发生时准确地处理计算状态。Spark Streaming 通过采用微批处理方法实现了高吞吐和容错性，但是牺牲了低延迟和实时处理能力。Flink 支持高度容错的状态管理，可以防止状态在计算过程中因为系统异常而出现丢失，是能够满足流处理架构要求的理想的流计算框架。

12.2.5　Flink 的优势

与其他的流计算框架相比，Flink 具有突出的特点，并且具备一些高级特性，比如提供有状态的计算，支持状态管理，支持强一致性的语义，以及支持对消息乱序的处理。

总体而言，Flink 具有以下优势。

（1）同时具备高吞吐、低延迟、高性能的特性

对流计算框架而言，同时具备高吞吐、低延迟和高性能的特性非常重要。但是，目前在开源社区中，能够同时满足这 3 个方面要求的流计算框架只有 Flink。Storm 可以做到低延迟，但是无法实现高吞吐。Spark Streaming 可以实现高吞吐和容错性，但是不具备低延迟和实时处理能力。

（2）同时支持流处理和批处理

Flink 不仅支持且擅长流处理，也能够很好地支持批处理。对 Flink 而言，批量数据是流数据的一个子集，批处理被视作一种特殊的流处理，因此，可以通过一套引擎来处理流数据和批量数据。

（3）高度灵活的流式窗口

在流计算中，数据流是无限的，无法直接进行计算，因此，Flink 提出了窗口的概念。一个窗口是若干元素的集合，流计算以窗口为基本单元进行数据处理。窗口可以是时间驱动的（Time Window，如每 30s），也可以是数据驱动的（Count Window，如每 100 个元素）。窗口可以分为翻滚窗口（Tumbling Window，无重叠）、滚动窗口（Sliding Window，有重叠）和会话窗口（Session Window）。

（4）支持有状态计算

流计算分为无状态和有状态两种情况。无状态计算观察每个独立的事件，并根据最后一个事件输出结果，Storm 就是无状态计算框架，每一条消息来了以后，彼此都是独立的，和前后消息都没有关系。有状态计算则会基于多个事件输出结果。正确地实现有状态计算，比实现无状态计算难得多。Flink 就是可以支持有状态计算的新一代流处理框架。

（5）具有良好的容错性

当分布式系统引入状态时，就会产生"一致性"问题。一致性实际上是"正确性级别"的另一种说法，也就是说，在成功处理故障并恢复之后得到的结果，与没有发生故障时得到的结果相比有多正确。Storm 只能实现"至少一次"（At-least-once）的容错性，Spark Streaming 虽然可以支

持"精确一次"的容错性，但是无法做到毫秒级的实时处理。Flink 提供了容错机制，可以恢复数据流应用到一致状态。该机制确保在发生故障时，程序的状态最终将只反映数据流中的每个记录一次，也就是实现"精确一次"的容错性。容错机制不断地创建分布式数据流的快照，而对于小状态的流式程序，快照非常轻量，可以高频率创建而对性能影响很小。

（6）具有独立的内存管理

Java 本身提供了垃圾回收机制来实现内存管理，但是，在大数据面前，JVM 的内存结构和垃圾回收机制往往会成为掣肘。所以，目前包括 Flink 在内的越来越多的大数据项目开始自己管理 JVM 内存，目的是获得像 C 一样的性能以及避免内存溢出的发生。Flink 通过序列化/反序列化方法，将所有的数据对象转换成二进制在内存中存储，这样做一方面降低了数据存储的空间，另一方面能够更加有效地对内存空间进行利用，降低垃圾回收机制带来的性能下降或任务异常风险。

（7）支持迭代和增量迭代

对某些迭代而言，并不是单次迭代产生的下一次工作集中的每个元素都需要重新参与下一轮迭代，有时只需要重新计算部分数据同时选择性地更新解集，这种形式的迭代被称为增量迭代。增量迭代能够使一些算法执行得更高效，它可以让算法专注于工作集中的"热点"数据部分，这使工作集中的绝大部分数据冷却得非常快，因此，随后的迭代面对的数据规模将会大幅缩小。Flink 的设计思想主要源于 Hadoop、MPP 数据库和流计算系统等的设计，支持增量迭代计算，具有对迭代进行自动优化的功能。

12.3　Flink 典型应用场景

Flink 的典型应用场景包括事件驱动型应用、数据分析应用和数据流水线应用。

12.3.1　事件驱动型应用

1. 事件驱动型应用简介

事件驱动型应用是一类具有状态的应用，它从一个或多个事件数据流中读取事件，并根据到来的事件做出反应，包括触发计算、状态更新或其他外部动作等。事件驱动型应用是在传统应用设计基础上进化而来的。传统应用架构通常具有独立的计算和数据存储层，应用会从一个远程的事务数据库中读写数据。而事务驱动型应用是建立在有状态流处理应用的基础之上的。在这种设计中，数据存储和计算不是相互独立的层，而是放在一起的，应用只需访问本地（内存或磁盘）即可获取数据。系统容错性是通过定期向远程持久化存储写入检查点来实现的。图 12-6 描述了传统应用架构和事件驱动型应用架构的区别。

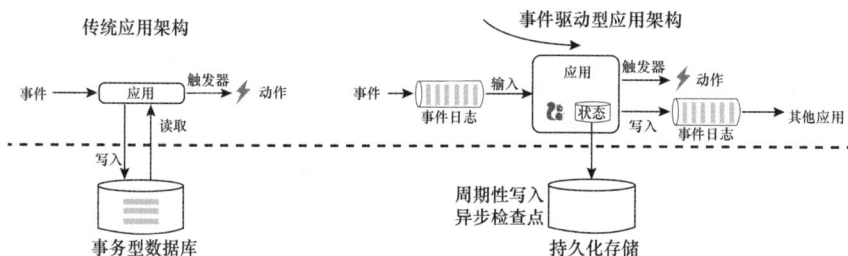

图 12-6　传统应用架构和事件驱动型应用架构的区别

典型的事件驱动型应用包括反欺诈、异常检测、基于规则的报警、业务流程监控、Web 应用（社交网络）等。

2. 事件驱动型应用的优势

事件驱动型应用访问本地数据，无须查询远程的数据库，这样，这种应用无论是在吞吐量方面，还是在延迟方面，都拥有更好的性能。向一个远程的持久化存储周期性地写入检查点，可以采用异步和增量的方式来实现。因此，检查点对于常规的事件处理的影响是很小的。事件驱动型应用的优势不仅限于本地数据访问。在传统的分层架构中，多个应用共享相同的数据库是很常见的现象。因此，数据库的任何变化，比如由于一个应用的更新或服务的升级而导致的数据布局的变化，都需要谨慎协调。由于每个事件驱动型应用都只需要考虑自身的数据，因此对于数据表示方式的改变或者应用的升级，都只需要进行很少的协调工作。

3. Flink 支持事件驱动型应用的方式

一个流处理器如何很好地处理时间和状态，决定了事件驱动型应用的局限性的高低。Flink 许多优秀的特性都是围绕这些方面进行设计的。Flink 提供了丰富的状态操作原语，它可以管理大量的数据（数据量级可以达到 TB 级别），并且可以确保"精确一次"的一致性。而且，Flink 还支持事件时间、高度可定制的窗口逻辑和细粒度的时间控制，这些都可以帮助实现高级的商业逻辑。Flink 还拥有一个复杂事件处理（Complex Event Processing，CEP）库，可以用来检测数据流中的模式。

Flink 中针对事件驱动型应用的突出特性当属"保存点"（Savepoint）。保存点是一个具有一致性的状态镜像，它可以作为许多相互兼容的应用的一个初始化点。给定一个保存点以后，就可以放心地对应用进行升级或扩容，还可以启动多个版本的应用来完成 A/B 测试。

12.3.2 数据分析应用

1. 数据分析应用简介

分析作业会从原始数据中提取信息，并得到洞察结果。传统的数据分析通常先对事件进行记录，然后在这个有界的数据集上执行批量查询。为了把最新的数据融入查询结果中，必须把这些最新的数据添加到被分析的数据集中，然后重新执行查询。查询的结果会被写入一个存储系统中，或者形成报表。

一个高级的流处理引擎，可以支持实时的数据分析。这些流处理引擎并不会读取有限的数据集，而是获取实时事件流，并连续产生和更新查询结果。这些结果或者被保存到一个外部数据库中，或者作为内部状态被维护。仪表盘应用可以从这个外部的数据库中读取最新的结果，或者直接查询应用的内部状态。

如图 12-7 所示，Flink 同时支持批量分析和流式分析应用。

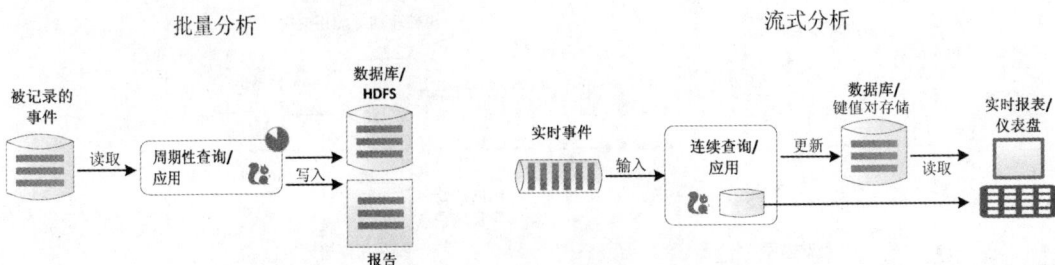

图 12-7　Flink 同时支持批量分析和流式分析应用

典型的数据分析应用包括电信网络质量监控、移动应用中的产品更新及实验评估分析、消费者技术中的实时数据即席分析、大规模图分析等。

2. 流式分析应用的优势

与批量分析应用相比，流式分析应用的优势是，由于它消除了周期性的导入和查询，因此从事件中获取洞察结果的延迟更低。此外，流式分析不需要处理输入数据中人为产生的边界。

而且，流式分析应用具有更加简单的应用架构。一个批量分析应用会包含一些独立的组件来周期性地调度数据抽取和查询执行。如此复杂的应用，操作起来并非易事，一个组件的失败会直接影响应用中的其他组件。相反，运行在一个高级流处理器（如 Flink）之上的流式分析应用，会把从数据抽取到连续结果计算的所有步骤都整合起来，因此，它可以依赖底层引擎提供的故障恢复机制执行恢复。

3. Flink 支持数据分析应用的方式

Flink 可以同时支持批处理和流处理。Flink 提供了一个符合 ANSI（American National Standards Institute，美国国家标准学会）规范的 SQL 接口，它可以为批处理和流处理提供一致的语义。不管是运行在一个静态的数据集上，还是运行在一个实时的数据流上，SQL 查询都可以得到相同的结果。Flink 还提供了丰富的用户自定义函数，使用户可以在 SQL 查询中执行自定义代码。如果需要进一步定制处理逻辑，Flink 的 DataStream API 提供了更加底层的控制。此外，Flink 的 Gelly 库为基于批量数据集的大规模、高性能的图分析提供了算法和构建模块支持。

12.3.3　数据流水线应用

1. 数据流水线简介

ETL 是在存储系统之间转换和移动数据的常用方法。通常 ETL 作业会被周期性地触发，从而把事务型数据库系统中的数据复制到一个分析型数据库或数据仓库中。

数据流水线可以实现和 ETL 类似的功能，它可以转换、清洗数据，或者把数据从一个存储系统转移到另一个存储系统中。但是，它是以一种连续的流模式来执行的，而不是周期性地触发的。因此，当数据源中源源不断地生成数据时，数据流水线就可以把数据读取过来，并以较低的延迟转移到目的地。比如一个数据流水线可以对一个文件系统目录进行监控，一旦发现有新的文件生成，就读取文件内容并将其写入事件日志；或者可以将事件流物化到数据库或增量构建和优化查询索引等。

图 12-8 描述了周期性 ETL 作业和持续数据流水线的差异。

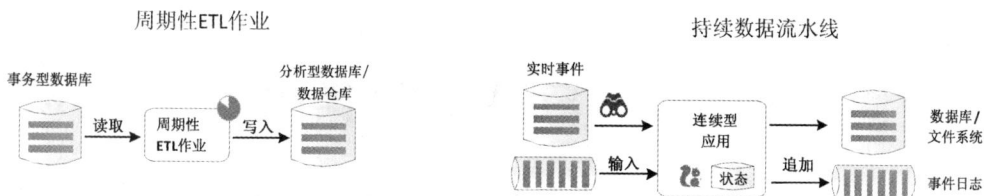

图 12-8　周期性 ETL 作业和持续数据流水线的差异

典型的数据流水线应用包括电子商务中的实时查询索引构建、电子商务中的持续 ETL 等。

2. 数据流水线的优势

相对周期性的 ETL 作业，持续的数据流水线的优势是减少了数据转移过程的延迟。此外，由于它能够持续消费和发送数据，因此它的用途更广，支持用例更多。

3．Flink 支持数据流水线应用的方式

Flink 的 SQL 接口（或者 Table API）以及丰富的用户自定义函数，可以解决许多常见的数据转换问题。通过使用更具通用性的 DataStream API，还可以实现具有更加强大的功能的数据流水线。Flink 提供了大量的连接器，可以连接到各种不同类型的数据存储系统，如 Kafka、Kinesis、Elasticsearch 和 JDBC 数据库系统。同时，Flink 提供了面向文件系统的连续型数据源，可用来监控目录变化，并提供了数据槽，支持以时间分区的方式写入文件。

12.4　Flink 核心组件栈

Flink 发展得越来越成熟，已经拥有了自己丰富的核心组件栈。Flink 核心组件栈分为三层（见图 12-9）：API&Libraries 层、Runtime 核心层和物理部署层。

（1）物理部署层。Flink 的底层是物理部署层。Flink 可以采用 Local 模式运行（启动单个 JVM），也可以采用 Standalone 集群模式、YARN 集群模式或 Kubernetes 集群模式运行，还可以运行在 GCE（谷歌云服务）和 EC2（亚马逊云服务）上。

（2）Runtime 核心层。该层主要负责对上层不同接口提供基础服务，是 Flink 分布式计算框架的核心实现层。该层提供了 DataStream API，可以同时支持批处理和流处理。

（3）API&Libraries 层。作为分布式数据处理框架，Flink 在 DataStream API 的基础上抽象出不同的应用类型的组件库，如 CEP 库、SQL&Table 库（关系型）、FlinkML 库（机器学习）等。

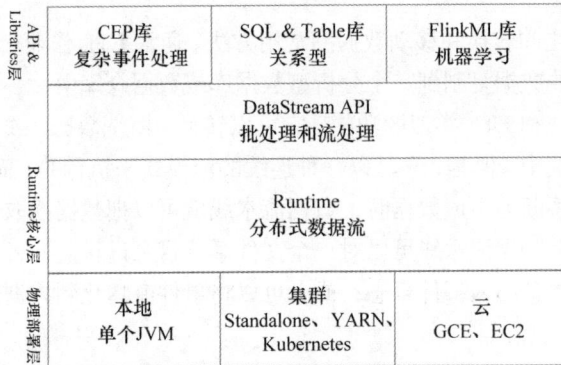

图 12-9　Flink 核心组件栈

12.5　Flink 体系架构

Flink 的体系架构及其工作原理如图 12-10 所示。Flink 系统主要由两个组件组成，分别为 JobManager 和 TaskManager。Flink 架构也遵循主从架构设计原则，JobManager 为主节点，TaskManager 为从节点。具体而言，Flink 系统各个组件的功能如下。

（1）JobClient：负责接收程序，解析和优化程序的执行计划，然后提交执行计划到 JobManager。这里执行的程序优化是将相邻的算子融合，形成"算子链"，以减少任务的数量，提高 TaskManager 的资源利用率。

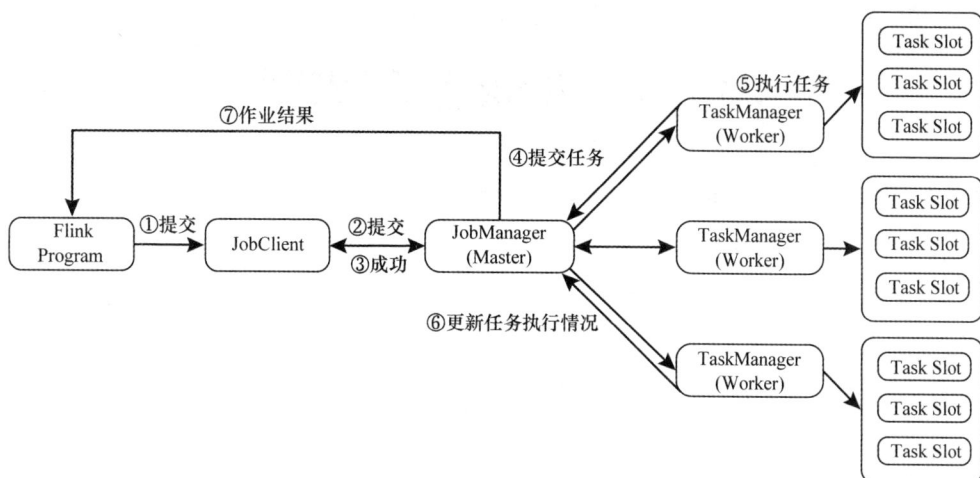

图 12-10　Flink 的体系架构及其工作原理

（2）JobManager：负责整个 Flink 集群任务的调度以及资源的管理，它从客户端获取提交的应用，然后根据集群中 TaskManager 上 Task Slot 的使用情况，为提交的应用分配相应的 Task Slot 资源，并命令 TaskManager 启动从客户端获取的应用。为了保证高可用，一般会有多个 JobManager 进程同时存在，它们之间采用主从模式，即一个进程被选举为 Leader，其他进程为 Follower，在作业运行期间，只有 Leader 在工作，Follower 是闲置的，一旦 Leader "挂掉"，就会引发一次选举，产生新的 Leader 继续处理作业。JobManager 除了需要负责完成调度任务，还需要负责的主要工作是容错（主要依靠检查点机制进行）。

（3）TaskManager：相当于整个集群的从节点，负责具体的任务执行和对应任务在每个节点上的资源申请与管理。客户端将编写好的 Flink 应用编译、打包并提交到 JobManager，JobManager 会根据已经注册在 JobManager 中 TaskManager 的资源情况，将任务分配给有资源的 TaskManager 节点，然后启动并运行任务。TaskManager 从 JobManager 接收需要部署的任务，然后使用槽资源启动任务，建立数据接入的网络连接，接收数据并开始数据处理。同时 TaskManager 之间的数据交互都是通过数据流的方式进行的。

（4）槽：是 TaskManager 资源粒度的划分，每个 TaskManager 就像一个容器，包含一个或多个槽，每个槽都有自己独立的内存，所有槽平均分配 TaskManager 的内存。需要注意的是，槽仅划分内存，不涉及 CPU 的划分，即 CPU 是共享使用的。每个槽可以运行多个任务，而且一个任务会以单独的线程来运行。采用槽设计主要有 3 个好处：第一，可以起到隔离内存的作用，防止多个不同作业的任务竞争内存；第二，槽的个数就代表了一个 Flink 程序的最高并行度，简化了性能调优的过程；第三，允许多个任务共享槽，提高了资源利用率。

（5）任务：是在算子的子任务进行链化之后形成的，一个作业中有多少任务和算子的并行度及链化的策略有关。

Flink 系统的工作原理：在执行 Flink 程序时，Flink 程序需要首先提交给 JobClient，然后，JobClient 将作业提交给 JobManager。JobManager 负责协调资源分配和作业执行，它首先要做的是分配所需的资源。资源分配完成，任务将提交给相应的 TaskManager。在接收任务时，TaskManager 启动一个线程以开始执行。执行到位时，TaskManager 会继续向 JobManager 报告状态更改（可以有各种状态，如开始执行、正在进行或已完成）。作业执行完成，执行的结果将发送回客户端（Job Client）。

12.6　Flink 编程模型

Flink 提供了不同级别的抽象（Flink 编程模型如图 12-11 所示），以开发流或批处理作业。

图 12-11　Flink 编程模型

在 Flink 编程模型中，最低级的抽象接口是有状态数据流接口。这个接口通过过程函数（Process Function）被集成到 DataStream API 中。该接口允许用户自由地处理来自一个或多个流中的事件，并使用一致的容错状态。另外，用户可以通过注册事件时间并处理回调函数的方法来实现复杂的计算。

实际上，大多数应用并不需要上述的底层抽象，而只需针对核心 API（DataStream API）进行编程。DataStream API 为数据处理提供了大量的通用模块，比如各种各样的转换（Transformation）、连接（Join）、聚合（Aggregation）、窗口（Window）等。DataStream API 集成了底层的处理函数，以对一些特定的操作提供更低层次的抽象。

Table API 以表为中心，能够动态地修改表（在表达流数据时）。Table API 是一种扩展的关系数据模型：表有二维数据结构（类似于关系数据库中的表），同时 API 提供可比较的操作，如 select、project、join、aggregate 等。Table API 程序定义应该执行什么样的逻辑操作，而不是直接准确地指定程序代码运行的具体步骤。尽管 Table API 可以通过各种各样的用户自定义函数（User-Defined Function，UDF）进行扩展，但是它在表达能力上仍然比不上核心 API。不过，它使用起来会更加简洁（代码量更少）。除此之外，Table API 程序在执行之前会通过内置优化器进行优化。用户可以在表与 DataStream 之间无缝切换，以允许程序将 Table API 与 DataStream API 混合使用。

Flink 提供的最高级接口是 SQL。这一层抽象在语法与表达能力上与 Table API 类似。SQL 抽象与 Table API 交互密切，同时 SQL 查询可以直接在 Table API 定义的表上执行。

12.7　Flink 编程实践

本节首先介绍如何安装 Flink，然后以 WordCount 程序为实例来介绍 Flink 编程方法。更多细节可以参考本书官网的"教材配套大数据软件安装和编程实践指南"栏目的相关内容。

12.7.1　安装 Flink

Flink 的运行需要 Java 环境的支持，因此，在安装 Flink 之前，请先参照相关资料安装 Java

环境（如 Java8）。然后，到 Flink 官网下载 Flink 安装文件。也可以访问本书官网，进入"下载专区"，在"软件"目录下找到文件 flink-1.16.2-bin-scala_2.12.tgz 并下载到本地。假设下载后的安装文件被保存在 Linux 系统的"~/Downloads"目录下，执行以下命令对安装文件进行解压缩：

```
$ cd ~/Downloads
$ sudo tar -zxvf flink-1.16.2-bin-scala_2.12.tgz -C /usr/local
```

修改目录名称，并设置权限，命令如下：

```
$ cd /usr/local
$ sudo mv ./flink-1.16.2 ./flink
$ sudo chown -R hadoop:hadoop ./flink
```

Flink 对于本地模式是"开箱即用"的，如果要修改 Java 运行环境，可以修改"/usr/local/flink/conf/flink-conf.yaml"文件中的 env.java.home 参数，将其设置为本地 Java 的绝对路径。

执行以下命令添加环境变量：

```
$ vim ~/.bashrc
```

在.bashrc 文件中添加以下内容：

```
export FLNK_HOME=/usr/local/flink
export PATH=$FLINK_HOME/bin:$PATH
```

保存并关闭.bashrc 文件，执行以下命令让配置文件生效：

```
$ source ~/.bashrc
```

执行以下命令启动 Flink：

```
$ cd /usr/local/flink
$ ./bin/start-cluster.sh
```

执行 jps 命令查看进程：

```
$ jps
8660 TaskManagerRunner
9333 Jps
8383 StandaloneSessionClusterEntrypoint
```

如果能够看到 TaskManagerRunner 和 StandaloneSessionClusterEntrypoint 这两个进程，就说明 Flink 启动成功。

Flink 的 JobManager 同时会在 8081 端口上启动一个 Web 前端，可以在浏览器的地址栏中输入"http://localhost:8081"并按"Enter"键来访问 Flink 的 Web 管理页面（见图 12-12）。

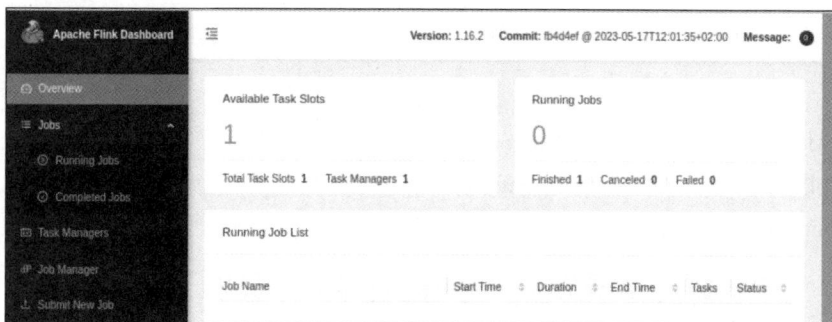

图 12-12　Flink 的 Web 管理页面

Flink 安装文件中自带了测试样例，这里可以运行 WordCount 测试样例程序来测试 Flink 的运行情况，具体命令如下：

```
$ cd /usr/local/flink/bin
$ ./flink run /usr/local/flink/examples/batch/WordCount.jar
```

如果上述命令执行成功，则可以看到屏幕上出现类似以下的信息：

```
Starting execution of program
Executing WordCount example with default input data set.
Use --input to specify file input.
Printing result to stdout. Use --output to specify output path.
(a,5)
(action,1)
(after,1)
(against,1)
(all,2)
……
```

12.7.2 编程实现 WordCount 程序

编写 WordCount 程序主要包括以下几个步骤。

（1）安装 Maven。

（2）编写代码。

（3）使用 Maven 打包 Java 程序。

（4）通过 flink run 命令运行程序。

1. 安装 Maven

Ubuntu 没有自带 Maven 安装文件，需要手动下载并安装 Maven。我们可以访问 Maven 官网下载安装文件。

下载 Maven 安装文件以后，将其保存到"~/Downloads"目录下。然后，我们可以选择将其安装在"/usr/local/maven"目录中，命令如下：

```
$ sudo unzip ~/Downloads/apache-maven-3.9.2-bin.zip -d /usr/local
$ cd /usr/local
$ sudo mv apache-maven-3.9.2/ ./maven
$ sudo chown -R hadoop ./maven
```

2. 编写代码

在 Linux 终端窗口中执行以下命令，在用户主文件夹下创建一个文件夹 flinkapp 作为应用程序根目录：

```
$ cd ~ #进入用户主文件夹

$ mkdir -p ./flinkapp/src/main/java
```

然后，使用 Vim 编辑器在"./flinkapp/src/main/java"目录下建立代码文件 WordCountData.java、WordCountTokenizer.java 和 WordCount.java。

WordCountData.java 用于提供原始数据，其内容如下：

```
package cn.edu.xmu;
import org.apache.flink.streaming.api.datastream.DataStream;
import org.apache.flink.streaming.api.environment.StreamExecutionEnvironment;
```

```java
public class WordCountData {
    public static final String[] WORDS = new String[]{"To be, or not to be, --that is
the question:--", "Whether \'tis nobler in the mind to suffer", "The slings and arrows of
outrageous fortune", "Or to take arms against a sea of troubles, ", "And by opposing end
them?--To die, --to sleep, --", "No more; and by a sleep to say we end", "The heartache,
and the thousand natural shocks", "That flesh is heir to, --\'tis a consummation", "Devoutly
to be wish\'d. To die, --to sleep; --", "To sleep! perchance to dream:--ay, there\'s the
rub; ", "For in that sleep of death what dreams may come, ", "When we have shuffled off
this mortal coil, ", "Must give us pause: there\'s the respect", "That makes calamity of
so long life; ", "For who would bear the whips and scorns of time, ", "The oppressor\'s
wrong, the proud man\'s contumely, ", "The pangs of despis\'d love, the law\'s delay, ",
"The insolence of office, and the spurns", "That patient merit of the unworthy takes, ",
"When he himself might his quietus make", "With a bare bodkin? who would these fardels bear,
", "To grunt and sweat under a weary life, ", "But that the dread of something after death,
--", "The undiscover\'d country, from whose bourn", "No traveller returns, --puzzles the will,
", "And makes us rather bear those ills we have", "Than fly to others that we know not of?",
"Thus conscience does make cowards of us all; ", "And thus the native hue of resolution",
"Is sicklied o\'er with the pale cast of thought; ", "And enterprises of great pith and moment,
", "With this regard, their currents turn awry, ", "And lose the name of action.--Soft you
now!", "The fair Ophelia!--Nymph, in thy orisons", "Be all my sins remember\'d."};
    public WordCountData() {
    }
    public static DataStream<String> getDefaultTextLineDataStream(StreamExecutionEnvironment
senv){
        return senv.fromElements(WORDS);
    }
}
```

WordCountTokenizer.java 用于切分句子，其内容如下：

```java
package cn.edu.xmu;
import org.apache.flink.api.common.functions.FlatMapFunction;
import org.apache.flink.api.java.tuple.Tuple2;
import org.apache.flink.util.Collector;

public class WordCountTokenizer implements FlatMapFunction<String, Tuple2<String,
Integer>>{
    public WordCountTokenizer(){}
    public void flatMap(String value, Collector<Tuple2<String, Integer>> out) throws
Exception {
        String[] tokens = value.toLowerCase().split("\\W+");
        int len = tokens.length;
        for(int i = 0; i<len; i++){
            String tmp = tokens[i];
            if(tmp.length()>0){
                out.collect(new Tuple2<String, Integer>(tmp, Integer.valueOf(1)));
            }
        }
    }
}
```

WordCount.java 用于提供主函数，其内容如下：

```java
package cn.edu.xmu;
import org.apache.flink.api.common.RuntimeExecutionMode;
import org.apache.flink.api.java.tuple.Tuple2;
import org.apache.flink.streaming.api.datastream.DataStream;
import org.apache.flink.streaming.api.environment.StreamExecutionEnvironment;

public class WordCount {
```

```
        public WordCount(){}
        public static void main(String[] args) throws Exception {
            StreamExecutionEnvironment senv = StreamExecutionEnvironment.
getExecutionEnvironment();
            senv.setRuntimeMode(RuntimeExecutionMode.BATCH);
            Object text;
            text = WordCountData.getDefaultTextLineDataStream(senv);
            DataStream<Tuple2<String, Integer>> counts = ((DataStream<String>)text).
flatMap(new WordCountTokenizer())
                    .keyBy(0)
                    .sum(1);
            counts.print();
            senv.execute();
        }
    }
```

WordCount 程序依赖 Flink Java API，因此，我们需要通过 Maven 进行编译、打包。我们使用 Vim 编辑器在 "~/flinkapp" 目录中新建文件 pom.xml，命令如下：

```
$ cd ~/flinkapp
$ vim pom.xml
```

在 pom.xml 文件中添加以下内容，以声明该独立应用程序的信息以及该程序与 Flink 的依赖关系：

```xml
<project>
  <groupId>cn.edu.xmu.dblab</groupId>
  <artifactId>wordcount</artifactId>
  <modelVersion>4.0.0</modelVersion>
  <name>WordCount</name>
  <packaging>jar</packaging>
  <version>1.0</version>
  <repositories>
    <repository>
      <id>alimaven</id>
      <name>aliyun maven</name>
      <url>https://maven.******.com/nexus/content/groups/public/</url>
    </repository>
  </repositories>
  <dependencies>
    <dependency>
      <groupId>org.apache.flink</groupId>
      <artifactId>flink-streaming-java</artifactId>
      <version>1.16.2</version>
    </dependency>
    <dependency>
      <groupId>org.apache.flink</groupId>
      <artifactId>flink-clients</artifactId>
      <version>1.16.2</version>
    </dependency>
    <dependency>
      <groupId>org.apache.flink</groupId>
      <artifactId>flink-java</artifactId>
      <version>1.16.2</version>
    </dependency>
  </dependencies>
</project>
```

3. 使用 Maven 打包 Java 程序

为了保证 Maven 能够正常运行，首先执行以下命令检查整个应用程序的文件结构：

```
$ cd ~/flinkapp

$ find .
```

文件结构应该与以下内容类似：

```
.
./src
./src/main
./src/main/java
./src/main/java/WordCountData.java
./src/main/java/WordCount.java
./src/main/java/WordCountTokenizer.java
./pom.xml
```

接下来，我们可以通过以下代码将整个应用程序打包成 JAR 包（注意，计算机需要保持连接网络的状态，而且首次执行打包命令时，Maven 会自动下载依赖包，需要消耗几分钟的时间）：

```
$ cd ~/flinkapp      #一定要把这个目录设置为当前目录

$ /usr/local/maven/bin/mvn package
```

如果屏幕上出现的返回信息中包含 "BUILD SUCCESS"，则说明 JAR 包成功生成。

4. 通过 flink run 命令运行程序

最后，可以将生成的 JAR 包通过 flink run 命令提交到 Flink 中运行（请确认已经启动 Flink），命令如下：

```
$ cd ~/flinkapp      #一定要把这个目录设置为当前目录
$ /usr/local/flink/bin/flink run --class cn.edu.xmu.WordCount ./target/wordcount-1.0.jar
```

如果上述命令执行成功，可以在屏幕上看到图 12-13 所示的结果。

图 12-13　程序运行结果

这时可以到浏览器中查看词频统计结果。在 Linux 系统中打开一个浏览器，在其地址栏中输入 "http://localhost:8081" 并按 "Enter" 键，进入 Flink 的 Web 管理页面，然后，单击左侧的 "Task Managers"，右边会弹出新页面，在页面中单击 "Path,ID" 下面的链接，如图 12-14 所示。

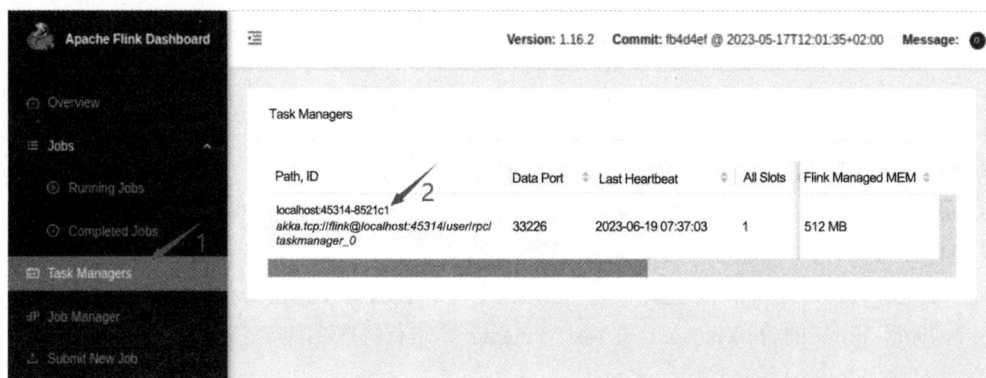

图 12-14　Flink 的 Web 管理页面

我们会看到图 12-15 所示的新页面，在这个页面中，单击"Stdout"，就可以看到词频统计结果了。

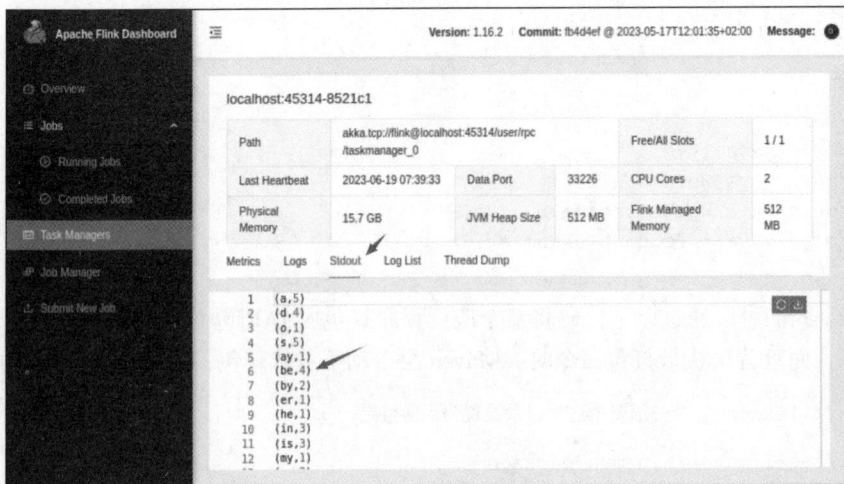

图 12-15　词频统计结果

12.8　本章小结

Flink 是一个分布式大数据处理引擎，用于对无界和有界数据流进行有状态计算。Flink 以数据并行和流水线方式执行任意流数据程序，Flink 的流水线 Runtime 系统可以执行批处理和流处理程序。此外，Flink 的 Runtime 核心层本身也支持迭代算法的执行。

近年来，数据架构设计开始由传统数据处理架构、大数据 Lambda 架构向流处理架构演变，这种演变使 Flink 可以在大数据应用场景中"大显身手"。目前，Flink 支持的典型的应用场景包括事件驱动型应用、数据分析应用和数据流水线应用。

经过多年的发展，Flink 已经形成了完备的生态系统，它的技术栈可以满足企业多种应用场景的开发需求，减轻了企业的大数据应用系统的开发和维护负担。在未来，随着企业实时应用场景的不断增多，Flink 在大数据市场上的地位和作用将会更加明显，Flink 的发展前景会更加值得期待。

12.9　习题

1. 请阐述传统数据处理架构的局限性。
2. 请阐述大数据 Lambda 架构的优点和局限性。
3. 请阐述与传统数据处理架构和大数据 Lambda 架构相比，流处理架构具有什么优点。
4. 请举例说明 Flink 在企业中的应用场景。
5. 请阐述 Flink 核心组件栈包含哪些层次以及每个层次具体包含哪些内容。
6. 请阐述 Flink 的 JobManager 和 TaskManager 具体有哪些功能。
7. 请阐述 Flink 编程模式的层次结构。
8. 请对 Spark、Flink 和 Storm 进行对比分析。

实验 8　Flink 初级编程实践

一、实验目的

（1）通过实验掌握基本的 Flink 编程方法。

（2）掌握用 IntelliJ IDEA 工具编写 Flink 程序的方法。

二、实验平台

- Ubuntu 16.04。
- IntelliJ IDEA 2023.1。
- Flink 1.16.2。

三、实验内容和要求

1. 使用 IntelliJ IDEA 工具编写 WordCount 程序

首先在 Linux 操作系统中安装 IntelliJ IDEA，然后使用 IntelliJ IDEA 工具编写 WordCount 程序，并将该程序打包成 JAR 包，最后将 JAR 包提交到 Flink 中运行。

2. 数据流词频统计

使用 Linux 操作系统自带的 NC 程序模拟生成数据流，不断产生单词并将单词发送出去。编写 Flink 程序对 NC 程序发来的单词进行实时处理，计算词频，并输出词频统计结果。要求首先在 IntelliJ IDEA 中开发和调试程序，然后将该程序打包成 JAR 包部署到 Flink 中运行。

四、实验报告

"大数据技术原理与应用"课程实验报告		
题目：	姓名：	日期：
实验环境：		
解决问题的思路：		
实验内容与完成情况：		
出现的问题：		
解决方案（列出遇到并解决的问题和解决方案，以及没有解决的问题）：		

第 **13** 章
图计算

在大数据时代，许多大数据都以大规模图或网络的形式呈现，如社交网络、传染病传播途径、交通事故对路网的影响等。此外，许多非图结构的大数据，也常会被转换为图模型后进行处理与分析。随着数据增多，图的规模越来越大，有的图甚至有数十亿个顶点和数千亿条边，这就给高效地处理图数据带来了挑战。一台机器已经无法存储所有需要计算的数据，需要使用分布式的计算环境来对这些数据进行处理。已有的图计算框架和图算法库不能很好地满足大规模图的计算需求，MapReduce 的出现一度被寄予厚望，但它并不适合用来解决大规模图计算问题。因此，新的图计算框架应运而生，Pregel 就是其中一种具有代表性的产品。

Pregel 是一种基于 BSP 模型实现的并行图处理系统。为了解决大型图的分布式计算问题，Pregel 搭建了一套可扩展的、有容错机制的平台，该平台提供了一套非常灵活的 API，可以描述各种各样的图计算。

本章首先对图计算和 Pregel 进行简单介绍，然后详细介绍 Pregel 图计算模型、Pregel 的 C++ API、Pregel 的体系结构和应用实例，最后对 PageRank 算法在 Pregel 和 MapReduce 中的实现方式进行比较，从而说明 Pregel 在处理图计算问题方面的优势。

13.1　图计算简介

在实际应用中，存在许多图计算问题，如最短路径、集群、网页排名、最小切割、连通分支等。图计算算法的性能直接关系到应用问题解决的高效性，对大型图（如社交网络和网络图）而言更是如此。下面首先指出传统图计算解决方案的不足之处，然后介绍两大类通用图计算软件。

13.1.1　传统图计算解决方案的不足之处

在很长一段时间内，我们都缺少一个可扩展的通用系统来解决大型图的计算问题。很多传统的图计算算法都存在以下几个典型问题：常表现出比较差的内存访问局部性；针对单个顶点的处理工作过少；计算过程中伴随着并行度的改变等。

针对大型图（如社交网络和网络图）的计算问题，可能的解决方案及其不足之处具体如下。

（1）为特定的图应用定制相应的分布式实现。这个方案的不足之处是通用性不好，在面对新的图算法或图表示方式时，需要进行大量的重复开发。

（2）基于现有的分布式计算平台进行图计算。比如 MapReduce 作为一个优秀的大规模数据处理框架，有时也能够用来对大规模图对象进行挖掘，不过在性能和易用性方面往往无法达到最优。

（3）使用单机的图算法库，比如 BGL、LEAD、NetworkX、JDSL、Standford GraphBase 和 FGL 等。但是，这种方案在可以解决的问题的规模方面具有很大的局限性。

（4）使用已有的并行图计算系统。Parallel BGL 和 CGM Graph 等库实现了很多并行图算法，但是它们对大规模分布式系统非常重要的一些特性（如容错），无法提供较好的支持。

13.1.2　通用图计算软件

正是因为传统图计算解决方案无法解决大型图的计算问题，所以需要设计能够用来解决这些问题的通用图计算软件。针对大型图的计算，目前通用的图计算软件主要包括两种：第一种主要是基于遍历算法的、实时的图数据库，如 Neo4j、OrientDB、DEX 和 InfiniteGraph；第二种是以图顶点为中心的、基于消息传递批处理的并行引擎，如 Hama、Golden Orb、Giraph 和 Pregel。

第二种图计算软件主要是基于 BSP 模型实现的。BSP 模型是由美国哈佛大学的维利安特（Viliant）和英国牛津大学的比尔·麦科尔（Bill McColl）提出的并行计算模型，全称为"整体同步并行计算模型"（Bulk Synchronous Parallel Computing Model，BSP 模型），又名"大同步模型"。创始人希望 BSP 模型像冯·诺依曼体系结构那样，架起计算机程序语言和体系结构间的桥梁，故又称 BSP 模型为"桥接模型"。一个 BSP 模型由大量通过网络相互连接的处理器组成，每个处理器都有快速的本地内存和不同的计算线程。一次 BSP 模型计算过程包括一系列全局超步（超步是指计算中的一次迭代），每个超步主要包括以下 3 个组件。

（1）局部计算。每个参与的处理器都有自身的计算任务，它们只读取存储在本地内存中的值，不同处理器的计算任务都是异步且独立的。

（2）通信。处理器群相互交换数据，交换的形式是，由一方发起推送（Put）和获取（Get）操作。

（3）栅栏同步（Barrier Synchronization）。一个处理器在遇到"路障"（或栅栏）时，会等其他所有处理器完成它们的计算步骤；每一次栅栏同步是一个超步的完成和下一个超步的开始。一个超步的垂直结构示意如图 13-1 所示。

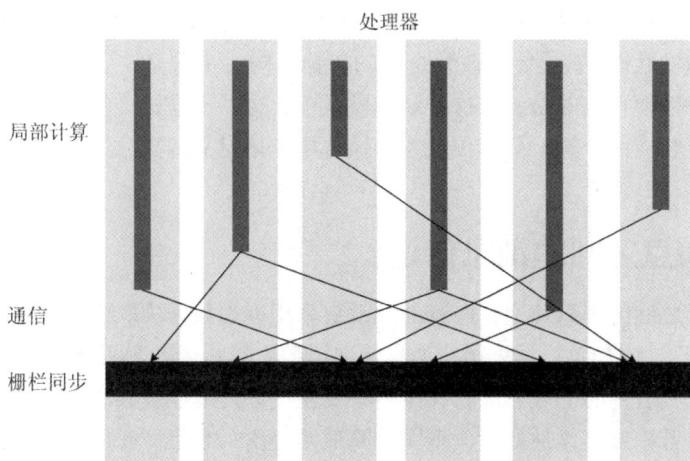

图 13-1　一个超步的垂直结构示意

13.2　Pregel 简介

谷歌在 2003—2004 年间发表了关于 GFS、MapReduce 和 BigTable 的 3 篇技术论文，这些论文成为后来云计算和 Hadoop 的重要基石。如今，谷歌在后 Hadoop 时代的新"三驾马车"——Caffeine、Dremel 和 Pregel，再一次影响全球大数据技术的发展潮流。

Caffeine 主要为谷歌网络搜索引擎提供支持，使谷歌能够更迅速地添加新的链接（包括新闻报道及博客文章等）到自身大规模的网站索引系统中。

Dremel 是谷歌开发的交互式数据分析系统，它将数据处理时间缩短到秒级，是 MapReduce 的有力补充。

Pregel 是一个用于处理大规模图数据的计算模型，它遵循 BSP 模式。Pregel 具有很好的可扩展性和容错性，能够处理顶点规模达到数十亿的图数据，并且在集群规模和资源配置较一般的情况下，其性能依然相当出色。

13.3　Pregel 图计算模型

本节介绍 Pregel 图计算模型，包括有向图和顶点、顶点之间的消息传递，以及 Pregel 计算过程等内容，最后给出一个简单的 Pregel 计算过程的实例。

13.3.1　有向图和顶点

Pregel 图计算模型以有向图（见图 13-2）为输入，有向图的每个顶点都有一个 String 类型的顶点 ID，每个顶点都有一个可修改的用户自定义值与之关联，每条有向边都和其源顶点关联，并记录了其目标顶点 ID，边上有一个可修改的用户自定义值与之关联。

在每个超步 S 中，有向图中的所有顶点都会并行执行相同的用户自定义函数。每个顶点可以接收上一个超步 $S-1$ 发送给它的消息，修改自身及出射边的状态（甚至是修改整个图的拓扑结构），并发送消息给其他顶点。需要指出的是，在这种计算模式中，边并不是核心对象，不会运行相应的计算，只有顶点才会执行用户自定义函数并进行相应计算。

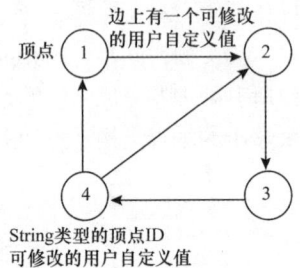

图 13-2　Pregel 图计算模型中的有向图

13.3.2　顶点之间的消息传递

对于不同顶点之间的消息传递，Pregel 并没有采用远程数据读取或共享内存的方式，而是采用纯消息传递模型（见图 13-3）。采用纯消息传递模型主要基于以下两个原因。

（1）消息传递具有足够的表达能力，没有必要使用远程读取或共享内存的方式。

（2）有助于提升系统整体性能。大型图计算通常是由一个集群完成的，集群环境中执行远程数据读取会有较高的时间延迟；Pregel 的消息模式采用异步和批量的方式传递消息，因此可以缓解远程读取数据的延迟。

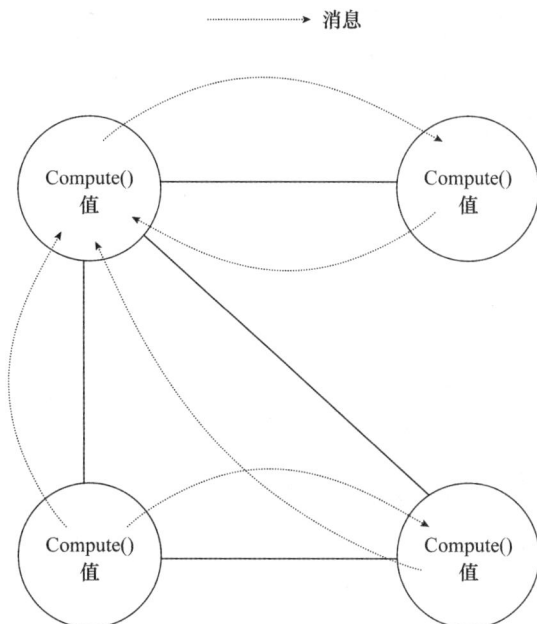

图 13-3 纯消息传递模型

13.3.3 Pregel 计算过程

Pregel 计算过程是由一系列被称为"超步"的迭代组成的（见图 13-4）。在每个超步中，每个顶点都会并行执行用户自定义的函数，该函数描述了一个顶点 V 在一个超步 S 中需要执行的操作。该函数可以读取上一个超步 $S-1$ 中其他顶点发送给顶点 V 的消息，执行相应计算后，修改顶点 V 及其出射边的状态，然后沿着顶点 V 的出射边发送消息给其他顶点，而且一个消息可能在经过多条边的传递后被发送到任意已知 ID 的目标顶点上去。这些消息将会在下一个超步 $S+1$ 中被目标顶点接收，然后像上述过程一样开始下一个超步 $S+1$ 的迭代过程。

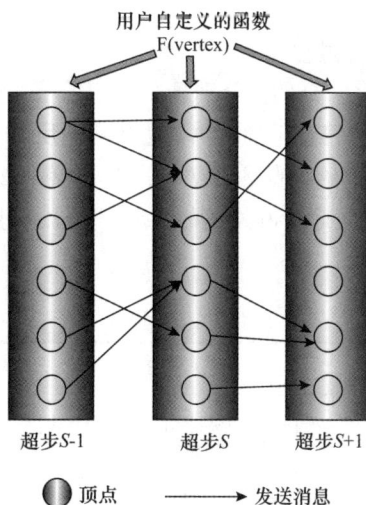

图 13-4 Pregel 计算过程由一系列"超步"组成

在 Pregel 计算过程中，一个算法什么时候可以结束，是由所有顶点的状态决定的。当图中所有的顶点都已经标识其自身达到"非活跃"（Inactive）状态时，算法就可以停止运行了。在超步 0 中，图中所有顶点都处于"活跃"（Active）状态，这些活跃顶点都会参与对应超步的计算过程。当一个顶点不需要继续执行进一步的计算时，就会调用 VoteToHalt() 把自己的状态设置成"停机"，从而表示自己不再是活跃顶点。一旦一个顶点进入"非活跃"状态，Pregel 计算过程在后续的超步中就不会再在该顶点上执行计算，除非其他顶点给该顶点发送消息把它激活。当一个已经处于"非活跃"状态的顶点再次接收到来自其他顶点的消息时，Pregel 计算过程必须根据条件判断来决定是否将其显式"唤醒"使其进入"活跃"状态。当所有顶点都达到"非活跃"状态，并且没有消息在传送的时候，整个 Pregel 计算过程就宣告结束。这种 Pregel 计算过程可以用图 13-5 所示的简单状态机来描述。

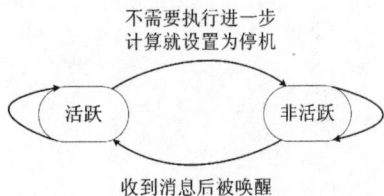

图 13-5　一个简单状态机

13.3.4　Pregel 计算过程的实例

下面给出一个简单的实例来介绍 Pregel 计算过程及其各个顶点的状态变化和消息传递情况。假设有一个强连通图（见图 13-6 中的超步 0），图中每个顶点都包含一个值，Pregel 计算过程会把最大值传播到每个顶点。在每个超步 S 中，顶点会从上一个超步 $S-1$ 接收的消息中选出一个最大值 m，并将这个值 m 与自身值进行比较。如果 m 大于自身值，就把自身值更新成 m，然后通过出射边传送给所有与其相邻的顶点；如果 m 小于等于自身值，就不对顶点值进行更新，而是把顶点状态设置为"非活跃"。当某个超步中所有顶点都不再发生更新值的情形时，Pregel 计算过程就停止了，所有顶点的值都变成最大值。

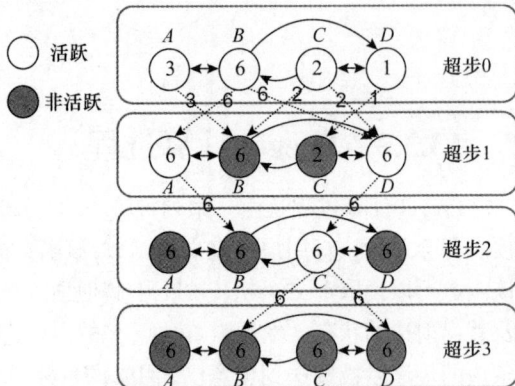

图 13-6　一个求最大值的 Pregel 计算过程

求解图中最大值的 Pregel 计算过程如下。

（1）在超步 0，顶点 A、B、C、D 的值分别是 3、6、2、1。由于这是算法起始的超步，不存在上一个超步，因此每个顶点把自己的值通过出射边传送给所有与其相邻的顶点。顶点 A 会把 3 传递给顶点 B，顶点 B 会把 6 传递给顶点 A 和 D，顶点 C 会把 2 传递给顶点 B 和 D，顶点 D 会把 1 传递给顶点 C。表 13-1 显示了超步 0 发送的消息，表 13-2 显示了超步 0 中各个顶点的值和状态信息。

表 13-1　　　　　　　　　　　　　　　超步 0 发送的消息

项目	发送方 A	发送方 B	发送方 C	发送方 D
接收方 A	无	6	无	无
接收方 B	3	无	2	无
接收方 C	无	无	无	1
接收方 D	无	6	2	无

表 13-2   超步 0 中各个顶点的值和状态信息

项目	A	B	C	D
超步 0 开始时	3（活跃）	6（活跃）	2（活跃）	1（活跃）
超步 0 结束时	3（活跃）	6（活跃）	2（活跃）	1（活跃）

（2）在超步 1，所有顶点开始接收超步 0 中发送给自己的消息。由表 13-1 可知，顶点 A 接收到的消息是 6，自身值是 3，因此，顶点 A 把自身值更新成 6，然后把 6 通过出射边传递给顶点 B。顶点 B 接收到的消息是 3 和 2，自身值是 6，因此，顶点 B 的值不会发生变化，同时顶点 B 把自己的状态设置为"非活跃"状态（图 13-6 中用灰色底色表示"非活跃"状态，白色底色表示"活跃"状态）。顶点 C 接收到的消息是 1，自身值是 2，因此，顶点 C 的值不会发生变化，同时顶点 C 把自己的状态设置为"非活跃"。顶点 D 接收到的消息是 6 和 2，自身值是 1，于是顶点 D 把自身值更新成 6，然后把 6 通过出射边传递给顶点 C。在超步 1 结束后，顶点 B 和 C 变成"非活跃"状态，顶点 A 和 D 还处于"活跃"状态。表 13-3 显示了超步 1 发送的消息，表 13-4 显示了超步 1 中各个顶点的值和状态信息。

表 13-3   超步 1 发送的消息

	发送方 A	发送方 B	发送方 C	发送方 D
接收方 A	无	无	无	无
接收方 B	6	无	无	无
接收方 C	无	无	无	6
接收方 D	无	无	无	无

表 13-4   超步 1 中各个顶点的值和状态信息

	A	B	C	D
超步 1 开始时	3（活跃）	6（活跃）	2（活跃）	1（活跃）
超步 1 结束时	6（活跃）	6（非活跃）	2（非活跃）	6（活跃）

（3）在超步 2，所有顶点开始接收超步 1 中发送给自己的消息。由表 13-3 可知，顶点 A 没有接收到任何消息，自身值是 6，本次没有发生值的更新，于是顶点 A 把自己的状态设置为"非活跃"。顶点 B 当前是"非活跃"状态，它接收到的消息是 6，自身值是 6，没有发生值的更新，因此，Pregel 计算框架不会把顶点 B 唤醒，它将依然处于"非活跃"状态。顶点 C 当前是"非活跃"状态，它接收到的消息是 6，自身值是 2，于是 Pregel 计算框架把顶点 C 的值更新为 6，并显式地唤醒该顶点，于是顶点 C 进入"活跃"状态，同时把 6 通过出射边发送给顶点 B 和 D。顶点 D 没有收到消息，自身值是 6，没有发生值的更新，因此，顶点 D 进入"非活跃"状态。在超步 2 结束后，顶点 A、B 和 D 变成"非活跃"状态，只有顶点 C 还处于"活跃"状态。表 13-5 显示了超步 2 发送的消息，表 13-6 显示了超步 2 中各个顶点的值和状态信息。

表 13-5   超步 2 发送的消息

项目	发送方 A	发送方 B	发送方 C	发送方 D
接收方 A	无	无	无	无
接收方 B	无	无	6	无
接收方 C	无	无	无	无
接收方 D	无	无	6	无

表 13-6 超步 2 中各个顶点的值和状态信息

项目	A	B	C	D
超步 2 开始时	6（活跃）	6（非活跃）	2（非活跃）	6（活跃）
超步 2 结束时	6（非活跃）	6（非活跃）	6（活跃）	6（非活跃）

（4）在超步 3 中，所有顶点开始接收超步 2 中发送给自己的消息。由表 13-5 可知，顶点 A 不会接收到任何消息，因此，顶点 A 没有变化，依然处于"非活跃"状态。顶点 B 接收到的消息是 6，自身值是 6，不会被激活。顶点 C 当前处于"活跃"状态，没有接收到任何消息，值没有发生更新，于是顶点 C 进入"非活跃"状态。顶点 D 接收到的消息是 6，自身值是 6，没有变化，依然处于"非活跃"状态，不会被激活。在该超步中，没有发送任何消息。表 13-7 显示了超步 3 中各个顶点的值和状态信息。在超步 3 结束后，4 个顶点 A、B、C 和 D 都变成"非活跃"状态，Pregel 计算过程停止。

表 13-7 超步 3 中各个顶点的值和状态信息

项目	A	B	C	D
超步 3 开始时	6（非活跃）	6（非活跃）	6（活跃）	6（非活跃）
超步 3 结束时	6（非活跃）	6（非活跃）	6（非活跃）	6（非活跃）

13.4 Pregel 的 C++ API

Pregel 已经预先定义好一个基类——Vertex 类：

```
template <typename VertexValue, typename EdgeValue, typename MessageValue>
class Vertex {
 public:
    virtual void Compute(MessageIterator* msgs) = 0;
    const string& vertex_id() const;
    int64 superstep() const;
    const VertexValue& GetValue();
    VertexValue* MutableValue();
    OutEdgeIterator GetOutEdgeIterator();
    void SendMessageTo(const string& dest_vertex, const MessageValue& message);
    void VoteToHalt();
};
```

在 Vertex 类中，定义了 3 个值类型参数，它们分别表示顶点、边和消息。每一个顶点都有一个给定类型的值与之对应。

编写 Pregel 程序时，需要继承 Vertex 类，并且覆写 Vertex 类的虚方法 Compute()。在 Pregel 计算过程时，在每个超步中都会并行调用每个顶点上定义的 Compute()方法。预定义的 Vertex 类方法允许 Compute()方法查询当前顶点及其边的信息，以及发送消息到其他顶点，比如 Compute()方法可以调用 GetValue()方法来获取当前顶点的值，或者调用 MutableValue()方法来修改当前顶点的值，还可以通过由出射边的迭代器提供的方法来查看、修改出射边对应的值。对状态的修改，对被修改的顶点而言立即可见，但是对其他顶点而言不可见。因此，不同顶点并发进行的数据访问是不存在竞争关系的。

整个过程中，唯一需要在超步之间持久化的顶点级状态，是顶点和其对应的边所关联的值，因而 Pregel 计算框架所需要管理的图状态就只包括顶点和边所关联的值。这种做法大大简化了 Pregel 计算流程，同时有利于图的分布和故障恢复。

13.4.1 消息传递机制

顶点之间的通信借助于消息传递机制来实现，每条消息都包含消息值和需要到达的目标顶点 ID。用户可以通过 Vertex 类的模板参数来设定消息值的数据类型。

在一个超步 S 中，一个顶点可以发送任意数量的消息，这些消息将在下一个超步 $S+1$ 中被其他顶点接收，也就是说，在超步 $S+1$ 中，当 Pregel 计算框架在顶点 V 上执行用户自定义的 Compute() 方法时，所有在上一个超步 S 中发送给顶点 V 的消息都可以通过一个迭代器来访问到。需要指出的是，迭代器并不能保证消息传送的顺序，但它可以保证消息一定会被传送并且不会被重复传送。

一个顶点 V 通过与之关联的出射边向外发送消息，并且消息要到达的目标顶点并不一定是与顶点 V 相邻的顶点，一个消息可以连续经过多条连通的边到达某个与顶点 V 不相邻的顶点 U，顶点 U 可以从接收的消息中获取与其不相邻的顶点 V 的 ID。

13.4.2 Combiner

在执行大规模图计算时，一个大型图会被分区成多个较小的子图，子图会分布到多台机器上，当消息的发送者和接收者并不在同一台机器上时，会产生一些开销。要想降低这种开销，有时需要借助于 Combiner 功能。假设一个顶点会收到许多整型值消息，它需要计算以得到这些整型值的和，而不是关注其中某一个整型值。在 Pregel 计算框架将消息发出去之前，Combiner 可以对发往同一个顶点的多个整型值进行求和得到一个结果，只需向外发送这个"求和结果"，即可将多个消息合并成一个消息，大大减少传输和缓存的开销。

在默认情况下，Pregel 计算框架并不会开启 Combiner 功能，因为通常很难找到一种对所有顶点的 Compute() 方法都合适的 Combiner。当用户打算开启 Combiner 功能时，可以继承 Combiner 类并覆写虚方法 Combine()。此外，通常只有对那些满足交换律和结合律的操作才可以开启 Combiner 功能，因为 Pregel 计算框架无法保证哪些消息会被合并，也无法保证消息传递给 Combine() 的顺序和合并操作执行的顺序。

下面是有关 Combiner 应用的一个例子。在图 13-6 所示的求最大值的例子中，采用一个 Max Combiner 就可以达到减少通信负荷的目的，如图 13-7 所示。假设顶点 A 和 C 在机器 M 上，顶点 B 和 D 在另一台机器 N 上，A 向 B 传递的值是 3，C 向 B 传递的值是 2，A 和 C 都需要把消息传递到目标顶点 B，因此可以在机器 M 上采用一个 Max Combiner 把这两个消息合并后发送给 B，即只需要把两个值中较大的值 3 发送给 B，这样就减少了网络通信的开销。

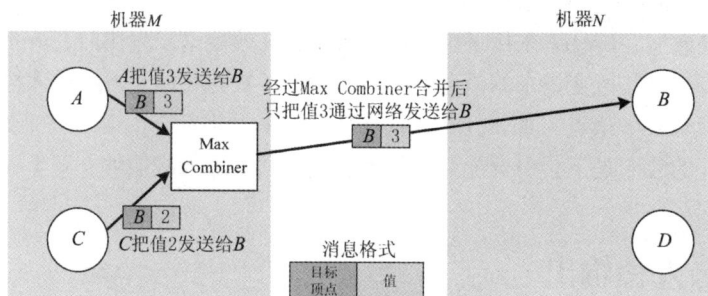

图 13-7　有关 Combiner 应用的例子

13.4.3　Aggregator

Aggregator 提供了一种全局通信、监控和数据查看的机制。在一个超步 S 中，每一个顶点都可以向一个 Aggregator 提供一个数据，Pregel 计算框架会对这些值进行聚合操作以产生一个值，在下一个超步 $S+1$ 中，图中的所有顶点都可以看见这个值。

Aggregator 的聚合功能，允许在整型和字符串类型的数据上执行求最大值、求最小值、求和操作，比如可以定义一个"Sum" Aggregator 来统计每个顶点的出射边数量，将该数量相加可以得到整个图的边的数量。Aggregator 还可以实现全局协同的功能，比如可以设计 "and" Aggregator 来决定在某个超步中 Compute()方法是否执行某些逻辑分支，只有当 "and" Aggregator 显示所有顶点都满足了某条件时，才去执行这些逻辑分支。

Pregel 计算框架预定义了一个 Aggregator 类，编写程序时需要继承这个类，并定义在第一次接收到输入值后如何将输入值初始化，以及如何将接收到的多个值聚合成一个值。当然，为了保证得到正确的结果，Aggregator 操作也应该满足交换律和结合律。在默认情况下，一个 Aggregator 只会对来自同一个超步的输入进行聚合，但是当我们需要维护全局数据时，就需要定义一个能够从所有超步中接收数据的 Aggregator。

13.4.4　拓扑改变

在图计算中，经常需要修改拓扑的全局结构，比如在聚类算法中，可能会把每个聚类替换成单个顶点；在最小生成树算法中，可能会删除多余的边。Pregel 计算框架允许用户在自定义的 Compute()方法中定义操作，修改图的拓扑结构，比如在图中增加（或删除）边或顶点。

在同一个超步中，多个顶点的操作请求可能会存在冲突，比如两个请求都要求在图中增加同一个顶点，但是它们给出的初始值不一样。Pregel 采用两种机制来解决这类冲突：局部有序和 Handler。

（1）局部有序。拓扑改变的请求是通过消息发送的，在执行一个超步时，所有的拓扑改变会在调用 Compute()方法之前完成。在处理拓扑改变时，会首先执行删除操作，先删除边，后删除顶点（因为删除顶点就意味着删除了所有与之关联的出射边）；然后执行增加操作，先增加顶点，后增加边（因为出射边必须与一个顶点相关联）。通过这种局部有序性，可以保证大多数冲突结果的确定性。

（2）Handler。对于"局部有序"机制无法解决的那些操作冲突，就需要借助于用户自定义的 Handler 来解决，包括解决由于多个顶点删除请求或多条边增加请求（或删除请求）而造成的冲突。用户可以通过在 Vertex 类中自定义的 Hander 来实现一个更好的冲突处理方式，如果用户没有定义，那么系统就会随机挑选一个请求进行处理。在 Pregel 计算框架中，有了 Hander 这种冲突处理机制，可以使 Compute()方法的设计变得更加简单。

对于全局拓扑改变，Pregel 采用了惰性协调机制，在改变请求发出时，Pregel 不会对这些操作进行协调，只有当这些改变请求的消息到达目标顶点并被执行时，Pregel 才会对这些操作进行协调，这样所有针对某个顶点 V 的拓扑修改操作所引发的冲突都会由 V 自己来处理。

本地局部拓扑的改变是不会引发冲突的，顶点或边的本地增减能够立即生效，在很大程度上简化了分布式编程。

13.4.5　输入和输出

在 Pregel 计算框架中，图的保存格式多种多样，包括文本文件、关系数据库或键值数据库等。

在 Pregel 中，"从输入文件生成图结构""执行图计算"这两个过程是分离的，从而不会限制输入文件的格式。对于输出，Pregel 也采用了灵活的方式，可以以多种方式进行输出。

13.5　Pregel 的体系结构

Pregel 为执行大规模图计算而设计，通常运行在由多台服务器构成的集群上。一个图计算任务会被分解到多台机器上同时执行，Pregel 中的名称服务系统可以为每个任务赋予一个与物理位置无关的逻辑名称，从而对每个任务进行有效标识。任务执行过程中的临时文件会保存到本地磁盘，持久化的数据则会被保存到分布式文件系统或数据库中。

13.5.1　Pregel 的执行过程

在 Pregel 计算框架中，一个大型图会被划分成许多个分区，如图 13-8 所示，每个分区都包含一部分顶点，以及以其为起点的边。一个顶点应该被分配到哪个分区上，是由一个函数决定的，系统默认的函数为 hash(ID) mod N，其中 N 为所有分区总数，ID 是这个顶点的标识符。当然，用户也可以自定义这个函数。这样，无论在哪台机器上，都可以简单根据顶点 ID 判断出该顶点属于哪个分区，即使该顶点可能已经不存在了。

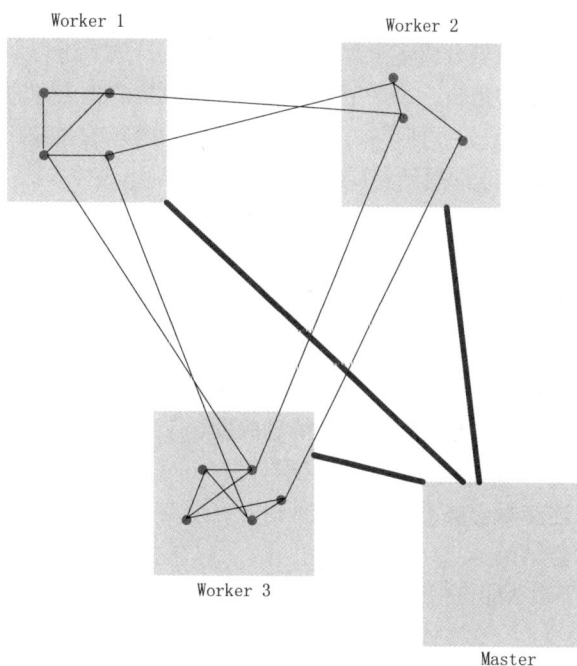

图 13-8　图的划分

在理想的情况下（不发生任何错误），一个 Pregel 用户程序的执行过程如下（见图 13-9）。

（1）选择集群中的多台机器执行图计算任务，每台机器上运行用户程序的一个副本，其中有一台机器会被选为 Master，其他机器作为 Worker。Master 只负责协调多个 Worker 执行任务，系统不会把图的任何分区分配给它。Worker 借助名称服务系统可以定位到 Master 的位置，并向Master 发送自己的注册信息。

（2）Master 把一个图分成多个分区，并把分区分配到多个 Worker，一个 Worker 会分配到一个或多个分区，每个 Worker 知道所有其他 Worker 所分配到的分区情况。每个 Worker 负责维护分配给自己的那些分区的状态（是否发生顶点及边的增删），对分配给自己的分区中的顶点执行Compute()方法，向外发送消息，并管理接收到的消息。

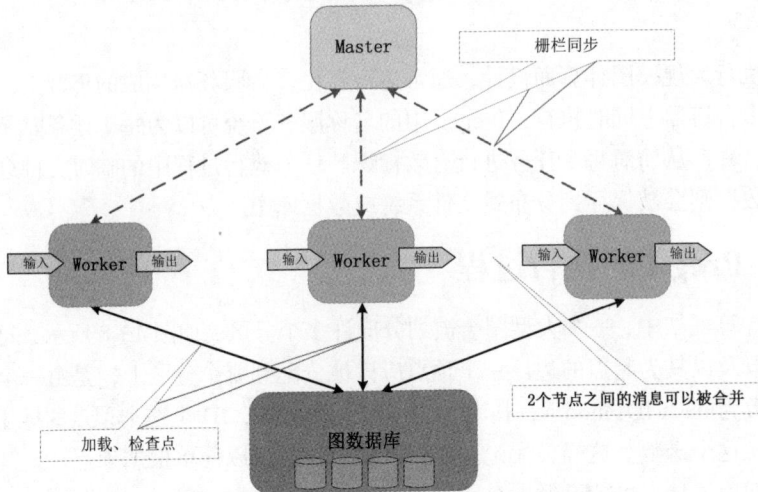

图 13-9 一个 Pregel 用户程序的执行过程

（3）Master 会把用户输入划分成多个部分，通常基于文件边界进行划分。用户输入被划分后的每个部分都是一系列记录的集合，每条记录都包含一定数量的顶点和边。然后，Master 会为每个 Worker 分配用户输入的一部分。如果一个 Worker 从输入内容中加载到的顶点，刚好是自己所分配到的分区中的顶点，就会立即更新相应的数据结构；否则，该 Worker 会根据加载到的顶点的ID，把它发送到其所属的分区所在的 Worker 上。当所有的输入都被加载后，图中的所有顶点都会被标记为"活跃"状态。

（4）Master 向每个 Worker 发送指令，Worker 收到指令后，开始运行一个超步。Worker 会为自己管辖的每个分区分配一个线程，对于分区中的每个顶点，Worker 会把来自上一个超步的、发送给该顶点的消息传递给它，并调用处于"活跃"状态的顶点上的 Compute()方法。在 Pregel 计算过程中，顶点可以对外发送消息，但是所有消息的发送工作必须在本超步结束之前完成。当所有工作都完成以后，Worker 会通知 Master，并把自己在下一个超步还处于"活跃"状态的顶点的数量报告给 Master。上述步骤会被不断重复，直到所有顶点都不再活跃并且系统中不会有任何消息在传输，执行过程才会结束。

（5）计算过程结束后，Master 会给所有的 Worker 发送指令，通知每个 Worker 对自己的计算结果进行持久化存储。

13.5.2　容错性

Pregel 采用检查点机制来实现容错。在每个超步的开始，Master 会通知所有的 Worker 把自己管辖的分区的状态（包括顶点值、边值以及接收到的消息）写入持久化存储设备。

Master 会周期性地向每个 Worker 发送 ping 消息，Worker 收到 ping 消息后会向 Master 发送反馈消息。如果 Master 在指定时间间隔内没有收到某个 Worker 的反馈消息，Master 就会把该Worker 标记为"失效"。同样，如果一个 Worker 在指定的时间间隔内没有收到来自 Master 的 ping

消息，该 Worker 也会停止工作。

每个 Worker 上都保存了一个或多个分区的状态信息，当一个 Worker 发生故障时，它所负责维护的分区的当前状态信息就会丢失。Master 监测到一个 Worker 发生故障"失效"后，会把失效 Worker 所分配到的分区重新分配到其他处于正常工作状态的 Worker 集合上，然后所有这些分区会从最近的某超步 S 开始时写出的检查点中，重新加载状态信息。很显然，这个超步 S 可能会比失效 Worker 上最后运行的超步 S_1 要早好几个阶段，因此为了恢复到最新的正确状态，需要重新执行从超步 S 到超步 S_1 的所有操作。

13.5.3　Worker

在一个 Worker 中，它所管辖的分区的状态信息保存在内存中。分区中的顶点的状态信息包括以下内容。

（1）顶点的当前值。

（2）以该顶点为起点的出射边列表（每条出射边包含目标顶点 ID 和边的值）。

（3）消息队列（包含所有接收到的、发送给该顶点的消息）。

（4）标志位（用来标记顶点是否处于活跃状态）。

在每个超步中，Worker 会对自己所管辖的分区中的每个顶点进行遍历，并调用顶点上的 Compute() 方法，在调用时会把以下 3 个参数传递进去：该顶点的当前值、一个接收到的消息的迭代器、一个出射边的迭代器。

需要注意的是，这里并没有对入射边进行访问，因为所有入射边都是其起始顶点的出射边，会和它的起始顶点一起被访问。

在 Pregel 中，为了获得更好的性能，标志位和输入消息队列是分开保存的。对每个顶点而言，Pregel 只保存一份顶点值和边值，但是会保存两份标志位和输入消息队列，它们分别用于当前超步和下一个超步。在超步 S 中，当一个 Worker 在进行顶点处理时，用于当前超步的消息会被处理，同时它在处理过程中还会接收到来自其他 Worker 的消息，这些消息会在下一个超步 $S+1$ 中被处理，因此需要两个消息队列用于存放作用于当前超步 S 的消息和作用于下一个超步 $S+1$ 的消息。如果一个顶点 V 在超步 S 接收到消息，那么该顶点将会在下一个超步 $S+1$ 中（而不是当前超步 S 中）处于"活跃"状态。

当一个 Worker 上的一个顶点 V 需要发送消息到其他顶点 U 时，该 Worker 会首先判断目标顶点 U 是否位于自己的机器上。如果目标顶点 U 在该 Worker 自己的机器上，就直接把消息放入与目标顶点 U 对应的输入消息队列中；如果发现目标顶点 U 在远程机器上，这个消息就会被暂时缓存到本地，当缓存中的消息数目达到一个事先设定的阈值时，这些缓存消息会被批量、异步发送出去，传输到目标顶点所在的 Worker 上。

如果存在用户自定义的 Combiner 操作，那么当消息被加入输出队列或者到达输入队列时，就可以对消息执行合并操作，这样可以节省存储空间和网络传输开销。

13.5.4　Master

Master 主要负责协调各个 Worker 执行任务，每个 Worker 会借助于名称服务系统定位到 Master 的位置，并向 Master 发送自己的注册信息，Master 会为每个 Worker 分配一个唯一的 ID。Master 维护当前处于"有效"状态的所有 Worker 的各种信息，包括每个 Worker 的 ID 和地址信息，以及每个 Worker 被分配到的分区信息。虽然在集群中只有一个 Master，但是它仍然能够承担起一个大规模图计算的协调任务，这是因为 Master 中保存这些信息的数据结构的大小只与分区的数量有关，而与顶点和边的数量无关。

一个大规模图计算任务会被 Master 分解到多个 Worker 中去执行。在每个超步开始时，Master 都会向所有处于"有效"状态的 Worker 发送相同的指令，然后等待这些 Worker 的反馈消息。如果在指定时间内收不到某个 Worker 的反馈消息，Master 就认为这个 Worker 失效。如果参与任务执行的多个 Worker 中的任意一个因发生故障而失效，Master 就会进入恢复模式。在每个超步中，图计算的各种工作，如输入、输出、计算、保存和从检查点中恢复，都会在"路障"之前结束。如果路障同步成功，说明一个超步顺利结束，Master 就会进入下一个处理阶段，图计算进入下一个超步的执行。

Master 在内部运行了一个 HTTP 服务器来显示图计算过程的各种信息，用户可以通过网页随时监控图计算执行过程的各个细节，如图的大小、关于出度分布的柱状图、处于活跃状态的顶点数量、在当前超步的时间信息和消息流量，以及所有用户自定义的 Aggregator 的值等。

13.5.5 Aggregator

每个用户自定义的 Aggregator 都会采用聚合函数对一个值集合进行聚合计算，从而得到一个全局值。每个 Worker 都保存了一个 Aggregator 的实例集，其中的每个实例都是由类型名称和实例名称来标识的。在执行图计算过程的某个超步 S 中，每个 Worker 会利用一个 Aggregator 对当前本地分区中包含的所有顶点的值进行归约，得到一个本地的局部归约值。在超步 S 结束时，所有 Worker 会将所有包含局部归约值的 Aggregator 的值进行最后的汇总，得到全局值，然后提交给 Master。在下一个超步 S+1 开始时，Master 就会将 Aggregator 的全局值发送给每个 Worker。

13.6 Pregel 的应用实例

下面给出两个 Pregel 的应用实例，分别为使用 Pregel 来解决单源最短路径问题和二分匹配问题。

13.6.1 单源最短路径问题

给定一个带权有向图 $G = (V, E)$，其中每条边的权是一个实数。另外给定 V 中的一个顶点（称为源顶点）。现在要计算从源顶点到其他所有各顶点的最短路径长度（即路径上各边权之和）。这个问题就是通常所说的"单源最短路径问题"。

Pregel 非常适用于解决单源最短路径问题，实现代码如下：

```
class ShortestPathVertex
    : public Vertex<int, int, int> {
  void Compute(MessageIterator* msgs) {
    int mindist = IsSource(vertex_id()) ? 0 : INF;
    for (; !msgs->Done(); msgs->Next())
      mindist = min(mindist, msgs->Value());
    if (mindist < GetValue()) {
      *MutableValue() = mindist;
      OutEdgeIterator iter = GetOutEdgeIterator();
      for (; !iter.Done(); iter.Next())
```

```
SendMessageTo(iter.Target(),
              mindist + iter.GetValue());
    }
    VoteToHalt();
  }
};
```

在程序开始执行时，所有顶点的值都被初始化为无穷大。在每个超步 S 中，每个顶点会首先接收上一个超步 S-1 中邻居顶点给它发送的消息，消息中包含到上一个超步 S-1 结束时，已经更新过的、从源顶点到该顶点的潜在的最短距离（这是很容易做到的）。比如在顶点 V 已知自身到源顶点潜在最短距离是 d 的情况下，可以选择顶点 V 的一条出射边 u（边 u 以顶点 V 为起点，以顶点 U 为终点），将 d 与边 u 的权 w 相加得到一个新值 d+w，并将新值作为消息发送给顶点 U，顶点 U 接收到消息后，就可以得知从源顶点到自身潜在的最短距离是 d+w。

在每个超步 S 中，对于图中的任意一个顶点 V，它在接收到上一个超步 S-1 中邻居顶点给它发送的消息以后，如果所有消息里包含的最小值小于该顶点当前关联值，那么顶点 V 就会更新自己的关联值，然后沿着出射边把消息发送给与自己相邻的其他顶点。

上述过程会一直循环，直到图中不会再发生任何顶点值的更新，程序才会终止。这时图中所有顶点的关联值就是从源顶点到自身的最短距离。

13.6.2　二分匹配问题

二分图又称为"二部图"，是图论中的一种特殊模型。设 G =(V, E) 是一个无向图，如果顶点集 V 可分割为两个互不相交的子集（A、B），并且图中的每条边(i, j)所关联的两个顶点 i 和 j 分别属于这两个不同的子集，则称图 G 为一个二分图。给定一个二分图 G，M 为 G 边集的一个子集，如果 M 满足当中的任意两条边都不依附于同一个顶点，则称 M 是一个匹配。极大匹配是指在当前已完成的匹配下，无法再通过增加未完成匹配的边的方式来增加匹配的边数。

下面是采用 Pregel 实现随机化的极大匹配算法的代码：

```
Class BipartiteMatchingVertex
    : public Vertex<tuple<position, int>, void, boolean> {
  public:
    virtual void Compute(MessageIterator* msgs) {
      switch (superstep() % 4) {
        case 0: if (GetValue().first == 'L') {
            SendMessageToAllNeighbors(1);
            VoteToHalt();
          }
        case 1: if (GetValue().first == 'R') {
          Rand myRand = new Rand(Time());
          for ( ; !msgs->Done(); msgs->Next()) {
            if (myRand.nextBoolean()) {
              SendMessageTo(msgs->Source, 1);
              break;
            }
          }
          VoteToHalt(); }
        case 2:
          if (GetValue().first == 'L') {
          Rand myRand = new Rand(Time());
          for ( ; !msgs->Done(); msgs->Next) {
            if (myRand.nextBoolean()) {
```

```
        *MutableValue().second = msgs->Source();
        SendMessageTo(msgs->Source(), 1);
        break;
      }
    }
    VoteToHalt(); }
case 3:
  if (GetValue().first == 'R') {
    msgs->Next();
    *MutableValue().second = msgs->Source();
  }
  VoteToHalt();
}}};
```

在上面的 Pregel 程序中，任意一个顶点 V 的关联值是一个二元组<position,int>，position 用于标识该顶点所处集合（L 表示属于左集合，R 表示属于右集合），int 表示跟顶点 V 匹配的顶点的名称。边不需要关联值，因此关联值类型为 void。消息的类型为 boolean。该 Pregel 程序的执行过程是由 4 个阶段组成的多个循环组成的，当程序执行到超步 S 时，通过 S mod 4 就可以得到当前超步处于循环的哪个阶段。每个循环的 4 个阶段如下。

（1）阶段 0。对于左集合中的任意顶点 V，如果它还没有被匹配，就发送消息给它的每个邻居顶点请求匹配，然后顶点 V 会调用 VoteToHalt()进入"非活跃"状态。如果顶点 V 已经找到了匹配，或者顶点 V 没有找到匹配但是没有出射边，那么顶点 V 就不会发送消息。当顶点 V 没有发送消息，或者顶点 V 发送了消息但是所有的消息接收者都已经被匹配，那么该顶点不会再变为"活跃"状态。

（2）阶段 1。对于右集合中的任意顶点 U，如果它还没有被匹配，则会随机选择它接收到的消息中的其中一个，并向左集合中的消息发送者发送消息表示接受该匹配请求，随后给左集合中的其他请求者发送拒绝消息。然后，顶点 U 会调用 VoteToHalt()进入"非活跃"状态。

（3）阶段 2。左集合中那些还未被匹配的顶点，会从它所收到的、右集合发送过来的接受请求中选择一个给予确认，并发送一个确认消息。对左集合中已经匹配的顶点而言，由于它们在阶段 0 不会向右集合发送任何匹配请求消息，也不会接收到任何来自右集合的匹配接受消息，因此不会执行阶段 2。

（4）阶段 3。右集合中还未被匹配的任意顶点 U 会收到来自左集合的匹配确认消息，并且每个未匹配的顶点 U 最多会收到一个确认消息。然后，顶点 U 会调用 VoteToHalt()进入"非活跃"状态，完成它自身的匹配工作。

13.7 Pregel 和 MapReduce 实现 PageRank 算法的对比

为了说明 Pregel 解决图计算问题的优势，下面给出一个实例，该实例描述了 PageRank 算法分别在 Pregel 和 MapReduce 中的不同实现方式，从中可以看出在处理图计算方面 Pregel 相对于 MapReduce 的明显优势。

13.7.1　PageRank 算法

利用 PageRank 算法可以为网络中每个网页赋一个权值，通过该权值可以判断网页的重要性。分配该权值的方法并不是固定的，对 PageRank 算法的一些简单变形都会改变网页的相对 PageRank 值（或称 PR 值）。PageRank 作为谷歌的网页链接排名算法，其基本公式如下。

$$PR = \beta \sum_{i=1}^{n} \frac{PR_i}{N_i} + (1-\beta)\frac{1}{N} \tag{13-1}$$

其中，N 表示该网络中所有网页的数量，N_i 为第 i 个源链接的链出度，PR_i 表示第 i 个源链接的 PR 值，也就是说，对于任意一个网页链接，其 PR 值为链入该链接的源链接的 PR 值对该链接的贡献和。

网页之间的链接关系可以用一个连通图来表示。图 13-10 是 4 个网页（A、B、C、D）互相链入链出形成的连通图，从图 13-10 中可以看出，网页 A 中包含指向网页 B、C 和 D 的外链，网页 B 和 D 是网页 A 的源链接。

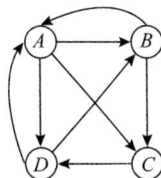

图 13-10　一个反映网页之间的链接关系的连通图

13.7.2　PageRank 算法在 Pregel 中的实现

在 Pregel 计算模型中，图中的每个顶点会对应一个计算单元，每个计算单元包含以下 3 个成员变量。

（1）顶点值（Vertex Value）：顶点对应的 PR 值。

（2）出射边（Out Edge）：它只需要表示一条边，可以不取值。

（3）消息（Message）：传递的消息，用于将本顶点对其他顶点的 PR 贡献值传递给目标顶点。

每个计算单元包含一个成员方法 Compute()，该方法定义了顶点上的运算，包括该顶点的 PR 值计算，以及从该顶点发送消息到其链出顶点。

PageRank 算法在 Pregel 中的实现代码如下：

```
class PageRankVertex
    : public Vertex<double, void, double> {
public:
    virtual void Compute(MessageIterator* msgs) {
        if (superstep() >= 1) {
            double sum = 0;
            for (; !msgs->Done(); msgs->Next())
            sum += msgs->Value();
            *MutableValue() =
                0.15 / NumVertices() + 0.85 * sum;
        }
        if (superstep() < 30) {
            const int64 n = GetOutEdgeIterator().size();
            SendMessageToAllNeighbors(GetValue() / n);
        } else {
            VoteToHalt();
        }
    }
};
```

PageRankVertex 继承自 Vertex 类，顶点的值类型是 double，用来保存 PageRank 中间值；消

息的类型也是 double，用来传输 PR 值；边的值类型是 void，因为不需要存储任何信息。这里假设在第 0 个超步时，图中各顶点值被初始化为 1/NumVertices()，其中 NumVertices() 表示顶点数目。在前 30 个超步中（一般认为执行 30 个超步后 PR 值基本稳定不变），每个顶点都会沿着它的出射边发送它的 PR 值除以出射边数目以后的结果值。从第 1 个超步开始，每个顶点会将到达的消息中的值加到 sum 值，同时将它的 PR 值设为"0.15/ NumVertices()+0.85*sum"。到第 30 个超步后，就没有需要发送的消息了，同时所有的顶点停止计算，得到最终结果。

13.7.3　PageRank 算法在 MapReduce 中的实现

MapReduce 也是谷歌提出的一种计算模型，它是为全量计算而设计的。采用 MapReduce 实现 PageRank 的计算过程包括 3 个阶段：解析网页、PageRank 分配和收敛。

1. 阶段 1：解析网页

阶段 1 的任务是分析一个页面的链接数并赋初值。

一个网页可以表示为由网址和内容构成的键值对 < URL,page content>，以该键值对作为 Map 任务的输入。阶段 1 的 Map 任务把 <URL,page content> 映射为 <URL,<PR_{init},url_list>> 后进行输出，其中 PR_{init} 是该 URL 页面对应的 PR 初始值，url_list 包含该 URL 页面中的外链所指向的所有 URL。Reduce 任务相当于恒等函数，其输入和输出相同。

以图 13-10 所示的由 4 个网页组成的网络为例，在该网络中，每个网页的初始 PR 值为 1/4。它在阶段 1 中 Map 任务的输入如下：

  <A_{URL}, $A_{content}$>
  <B_{URL}, $B_{content}$>
  <C_{URL}, $C_{content}$>
  <D_{URL}, $D_{content}$>

Map 任务的输出如下：

  <A_{URL}, <1/4,<B_{URL}, C_{URL}, D_{URL}>>>
  <B_{URL}, <1/4,<A_{URL}, C_{URL}>>>
  <C_{URL}, <1/4, D_{URL}>>
  <D_{URL}, <1/4,<A_{URL}, B_{URL} >>>

其中，A_{URL}、B_{URL}、C_{URL}、D_{URL} 分别指的是网页 A、B、C、D 的 URL 地址，$A_{content}$、$B_{content}$、$C_{content}$、$D_{content}$ 分别指的是网页 A、B、C、D 所包含的内容。

2. 阶段 2：PageRank 分配

阶段 2 的任务是多次迭代计算页面的 PR 值。

在阶段 2 中，Map 任务的输入是 <URL,<cur_rank,url_list>>，其中 cur_rank 是该 URL 页面对应的 PR 当前值，url_list 包含该 URL 页面中的外链所指向的所有 URL。对于每一个 url_list 中的元素 u，Map 任务会输出 <u,<URL, cur_rank/|url_list|>>（其中|url_list|表示外链的个数），并输出链接关系 <URL,url_list>（用于迭代）。可以看出，每个页面的 PR 当前值被平均分配给了它们的每个外链。Map 任务的输出会作为下面的 Reduce 任务的输入。

还是以图 13-10 为例，阶段 2 中第一次迭代 Map 任务的输入如下：

  <A_{URL}, <1/4,<B_{URL}, C_{URL}, D_{URL}>>>
  <B_{URL}, <1/4,<A_{URL}, C_{URL}>>>
  <C_{URL}, <1/4, D_{URL}>>
  <D_{URL}, <1/4,<A_{URL}, B_{URL}>>>

Map 任务的输出如下：

```
<B_URL,<A_URL,1/12>>
<C_URL,<A_URL,1/12>>
<D_URL,<A_URL,1/12>>
<A_URL,<B_URL,C_URL,D_URL>>
<A_URL,<B_URL,1/8>>
<C_URL,<B_URL,1/8>>
<B_URL,<A_URL,C_URL>>
<D_URL,<C_URL,1/4>>
<C_URL,D_URL>
<A_URL,<D_URL,1/8>>
<B_URL,<D_URL,1/8>>
<D_URL,<A_URL,B_URL>>
```

在阶段 2 的 Reduce 阶段，Reduce 任务会获得<URL,url_list>和<u,<URL,cur_rank/ |url_list|>>，Reduce 任务对具有相同键的值进行汇总（也就是说，对某个网页而言，把所有分配给该网页的 PR 值都加起来），并把汇总结果乘 d（这里是 0.85）得到每个网页的新的 PR 值 new_rank，然后输出<URL,<new_rank,url_list>>，将它作为下一次迭代过程的输入。

继续以图 13-10 为例，Reduce 任务把第一次迭代后 Map 任务的输出作为自己的输入，经过处理后，阶段 2 的 Reduce 输出如下：

```
<A_URL,<0.2500,<B_URL,C_URL,D_URL>>>
<B_URL,<0.2147,<A_URL,C_URL>>>
<C_URL,<0.2147,D_URL>>
<D_URL,<0.3206,<A_URL,B_URL>>>
```

经过本轮迭代，每个网页都得到了新的 PR 值。下次迭代阶段 2 的 Reduce 输出如下：

```
<A_URL,<0.2200,<B_URL,C_URL,D_URL>>>
<B_URL,<0.1996,<A_URL,C_URL>>>
<C_URL,<0.1996,D_URL>>
<D_URL,<0.3808,<A_URL,B_URL>>>
```

阶段 2 是一个多次迭代过程，迭代多次后，当 PR 值趋于稳定时，就得出了较为精确的 PR 值。下面给出阶段 2 的伪代码实现。

Mapper 函数的伪代码：

```
input <PageN,RankN> -> PageA,PageB,PageC … //PageN 外链指向 PageA、PageB、PageC…
begin
    Nn:=the number of outlinks for PageN;
    for each outlink PageK
        output PageK -><PageN,RankN/Nn>
output PageN -> PageA,PageB,PageC … //同时输出链接关系，用于迭代
end
/***************************
Mapper 输出如下（已经排序，所以 PageK 的数据排在一起，最后一行是链接关系对）:
PageK -><PageN1,RankN1/Nn1>
PageK -><PageN2,RankN2/Nn2>
…
PageK -><PageAk,PageBk,PageCk>
***************************/
```

Reducer 函数的伪代码：

```
input mapper's output
begin
    RankK:=(1-beta)/N;     //N 为整个网络的网页总数
    for each inlink PageNi
        RankK+=RankNi/Nni*beta
    //输出 PageK 及其新的 PR 值用于下次迭代
    output <PageK,RankK> -><PageAk,PageBk,PageCk …>
end
```

上述伪代码只是一次迭代的代码，多次迭代需要重复运行上述伪代码。需要说明的是，这段代码可以优化的地方有很多，如可以把 Mapper 的<PageN,<PageA,PageB,PageC …>>内容缓存起来，这样就不用再把输出作为 Reducer 的输入，同时 Reducer 在输出的时候也不用传递同样的<PageK,<PageO,PageP,PageQ…>>，减少了大量的 I/O（因为在 PageRank 计算时，类似这样的数据是主要数据）。

3. 阶段 3：收敛

阶段 3 的任务由一个非并行组件决定是否达到收敛，如果达到收敛，就写出 PageRank 生成的列表；否则，回退到第 2 阶段，将第 2 阶段的输出作为新一轮迭代的输入，开始新一轮第 2 阶段的迭代。一般判断收敛的条件是所有网页的 PR 值不再变化，或者在运行 30 次以后我们就认为已经收敛。

13.7.4　PageRank 算法在 Pregel 和 MapReduce 中实现方式的比较

总体而言，PageRank 算法在 Pregel 和 MapReduce 中实现方式的区别主要表现在以下 3 个方面。

（1）Pregel 将 PageRank 处理对象看成连通图，MapReduce 则将其看成键值对。

（2）Pregel 将计算细化到顶点，同时在顶点内控制循环迭代次数；MapReduce 则将计算批量化处理，按任务进行循环迭代控制。

（3）图算法如果用 MapReduce 实现，需要进行一系列的 MapReduce 调用。从一个阶段到下一个阶段，它需要传递整个图的状态，会产生大量不必要的序列化和反序列化开销。而 Pregel 使用超步简化了这个过程。

13.8　本章小结

本章介绍了图计算框架 Pregel 的相关知识。传统图计算解决方案无法解决大规模图计算问题，包括 Pregel 在内的各种图计算框架应运而生。

Pregel 并没有采用远程数据读取或共享内存的方式，而是采用纯消息传递模型来实现不同顶点之间的消息传递。Pregel 计算过程是由一系列被称为"超步"的迭代组成的，每次迭代对应了 BSP 模型中的一个超步。

Pregel 已经预先定义好一个基类——Vertex 类，编写 Pregel 程序时，需要继承 Vertex 类，并且覆写 Vertex 类的虚方法 Compute()。在 Pregel 计算过程时，在每个超步中都会并行调用每个顶点上定义的 Compute()方法。

Pregel 是为执行大规模图计算而设计的，通常运行在由多台服务器构成的集群上。一个图计算任务会被分解到多台机器上同时执行，Pregel 采用检查点机制来实现容错。

Pregel 作为分布式图计算的计算框架，主要用于 PageRank 计算、最短路径求解、二分匹配等。

本章最后通过对 PageRank 算法在 MapReduce 和 Pregel 上实现方式的比较，说明了 Pregel 解决图计算问题的优势。

13.9 习题

1. 试述 BSP 模型中超步的 3 个组件及其具体含义。

2. Pregel 为什么选择一种纯消息传递模型？

3. 请简述 Aggregator 的作用，并用具体 Aggregator 的例子进行说明。

4. 假设在同一个超步中，两个请求同时要求在图中增加同一个顶点，但是它们给出的初始值不一样，Pregel 中可以采用什么机制解决该冲突？

5. 简述 Pregel 的执行过程。

6. Master 如何检测 Worker 是否失效？什么情况下确定 Worker 已失效？当 Worker 失效后，那些被分配到这些 Worker 的分区的当前状态信息就丢失了，这些分区丢失的信息可以恢复吗？如果可以，如何对这些信息进行恢复？

7. 试述 Worker 和 Master 的作用。

8. 与其他串行算法（如 Dijkstra 或 Bellman-Ford）相比，本章中给出的 Pregel 系统的计算最短路径的算法有什么优势？

9. 最短路径问题是图论中有名的问题之一，其中 *s-t* 最短路径在现实生活中应用最广泛，比如寻找驾驶路线等。请在 Pregel 模型下编程实现 *s-t* 最短路径问题。

10. 图 13-11 所示的是一个简单的社交网络。图中的顶点表示人，边表示人与人之间的关系。

我们知道半群是一种特殊的代数系统，它常被用在形式语言和自动机等领域。现在，半群也可被用在社交网络上。社交网络中的半群指的是相互交往密切，但和别人很少交流的一组人。例如，在图 13-11 中，*ABCD* 可以看成半群。为了区分半群、普通群以及半群之间的区别，我们可以为每个半群计算一个得分，得分越高的半群关系越强。

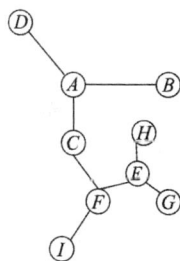

图 13-11 社交网络

试用 Pregel 系统设计一个算法，使利用该算法可以得到得分最高的半群。其中，半群的得分公式如下所示。

$$S_C = \frac{I_C - f_B B_C}{V_C(V_C - 1)/2} \tag{13-2}$$

式中，I_C 为半群中所有内部边的权重之和；B_C 为所有外部边的权重之和；V_C 为半群中顶点的数量；f_B 为外部边所占的权重因子（该因子是用户自定义参数，取值范围为 0～1）。如果 S_C 大于 0，则这组人是半群，且 S_C 越大，半群关系越强。

11. 试述采用 MapReduce 和 Pregel 执行图计算的差异。

第4篇
大数据应用

本篇内容

大数据已经在社会生产和日常生活中得到了广泛的应用，对人类社会的发展与进步起着重要的推动作用。本篇介绍大数据在互联网、生物医学、物流、城市管理、金融、汽车、零售、餐饮、电信、能源、体育和娱乐、安全等领域及日常生活中的应用，从中我们可以深刻地感受到大数据对社会的影响以及大数据的重要价值。

本篇包括1章，即第14章，详细介绍大数据在各个领域及日常生活中的应用。

知识地图

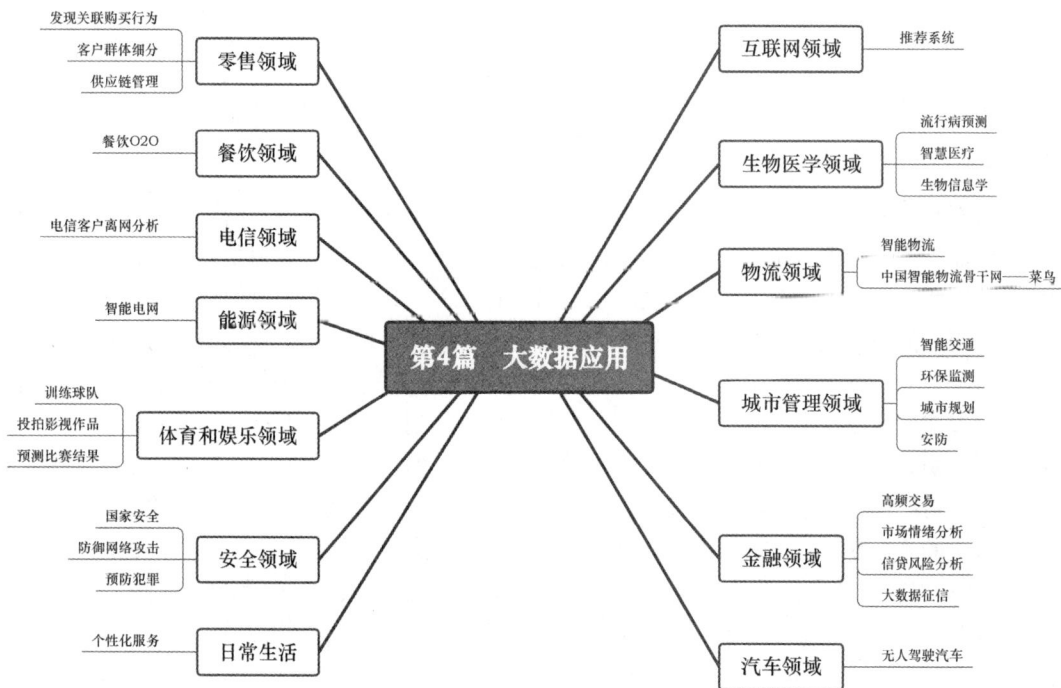

重点与难点

本篇的重点为了解大数据在互联网领域的应用——推荐系统，掌握推荐系统所采用的典型的推荐方法；难点为根据现有的大数据应用场景去思考大数据未来可能的应用场景。

第14章
大数据应用

《大数据时代：生活、工作与思维的大变革》的作者维克托·迈尔-舍恩伯格曾经说过："大数据是未来，是新的油田、金矿。"随着大数据向各个行业渗透，未来的大数据将会随时随地为人类服务。大数据宛如一座神奇的钻石矿，其价值潜力无穷。它与其他物质产品不同，并不会随着使用而有所消耗，相反，它取之不尽，用之不竭，可不断被使用并重新释放它的能量。我们第一眼所看到的大数据的价值仅是冰山一角，绝大部分价值隐藏在表面之下。大数据宛如一股"洪流"注入世界经济，成为全球各个经济领域的重要组成部分。大数据已经无处不在，它已经在社会各行各业中留下了印迹。

本章介绍大数据在各大领域的典型应用，包括互联网、生物医学、物流、城市管理、金融、汽车、零售、餐饮、电信、能源、体育和娱乐、安全等领域，并介绍大数据在日常生活中的应用。

14.1 大数据在互联网领域的应用

随着互联网的飞速发展，网络信息的快速膨胀让人们逐渐从信息匮乏的时代步入信息过载的时代。借助于搜索引擎，用户可以从海量信息中查找自己所需的信息。但是，通过搜索引擎查找内容，是以用户有明确的需求为前提的，用户需要将其需求转化为相关的搜索关键词进行搜索。因此，当用户的需求很明确时，搜索引擎的结果通常能够较好地满足用户的需求。比如，用户打算从网络上下载一首名为《小苹果》的歌曲时，只要在百度音乐搜索栏中输入"小苹果"并按"Enter"键，就可以在搜索结果中找到该歌曲的下载地址。然而，当用户没有明确的需求时，就无法向搜索引擎提交明确的搜索关键词。这时，看似"神通广大"的搜索引擎，也会变得无用武之地，难以帮助用户对海量信息进行筛选。比如，用户突然想听一首自己从未听过的最新的流行歌曲，面对当前众多的流行歌曲，用户可能会茫然无措，不知道哪首歌曲合自己的"口味"，因此，他无法"告诉"搜索引擎要搜索什么名字的歌曲，搜索引擎自然无法为其找到爱听的歌曲。

推荐系统是可以解决上述问题的一个非常有潜力的办法，它通过分析用户的历史数据来了解用户的需求和兴趣，从而将用户感兴趣的信息、物品等主动推荐给用户。现在让我们设想一个生活中可能遇到的场景：假设你今天想看电影，但不明确想看哪部电影，这时，你打开在线电影网站，面对近百年来所拍摄的成千上万部电影，要从中挑选一部自己感兴趣的电影并不是一件容易的事情。我们经常会打开一部看起来不错的电影，看几分钟后就因无法提起兴趣而结束观看，然后继续寻找下一部电影，等终于找到一部自己感兴趣的电影时，可能已经有点"筋疲力尽"了，渴望放松的心情也会荡然无存。为解决挑选电影的问题，你可以向朋友、电影爱好者请教，让他们为你推荐电影。但是，这需要一定的时间成本，而且，由于每个人的喜好不同，他人推荐的电影不一定会令你满意。此时，你可能期望有一个针对你自己的自动化工具，它可以分析你的观影记录，了解你对电影的喜好，并从庞大的电影库中找到符合你的兴趣的电影供你选择。这个你所期望的工具就是"推荐系统"。

推荐系统是自动联系用户和物品的一种工具。和搜索引擎相比，推荐系统通过研究用户的兴趣偏好，进行个性化计算，发现用户的兴趣点，帮助用户从海量信息中发掘自己潜在的需求。

推荐系统的本质是建立用户与商品的联系，根据推荐算法的不同，推荐方法包括以下几类。

（1）专家推荐。专家推荐是传统的推荐方法，本质上是一种人工推荐方法，由资深的专业人士来进行商品的筛选和推荐，这需要较多的人力成本。现在专家推荐结果主要作为其他推荐算法结果的补充。

（2）基于统计信息的推荐。基于统计信息的推荐（如热门推荐），概念直观，易于实现，但是，对用户个性化偏好的描述能力较弱。

（3）基于内容的推荐。基于内容的推荐是信息过滤技术的延续与发展，其更多是通过机器学习的方法去描述内容的特征，并基于内容的特征来发现与之相似的内容。

（4）协同过滤推荐。协同过滤推荐是推荐系统中应用最早和最为成功的技术。它一般首先采用最近邻技术，利用用户的历史信息计算用户之间的距离，然后利用目标用户的最近邻用户对商品的评价信息，来预测目标用户对特定商品的喜好程度，最后根据这一喜好程度来对目标用户进行推荐。

（5）混合推荐。在实际应用中，单一的推荐算法往往无法取得良好的推荐效果，因此，多数推荐系统会对多种推荐算法进行有机组合，即采用混合推荐方法，如在协同过滤推荐之上加入基于内容的推荐。

14.2　大数据在生物医学领域的应用

大数据在生物医学领域得到了广泛的应用。本节介绍大数据在流行病预测、智慧医疗和生物信息学等生物医学领域的应用。

14.2.1　流行病预测

在公共卫生领域，流行病管理是一项关乎民众身体健康甚至生命安全的重要工作。一种疾病，一旦在公众中爆发，就已经错过了最佳防控期，往往会造成大量的生命丧失和严重的经济损失。在传统的公共卫生管理中，一般要求医生在发现新型病例时上报给疾控中心，疾控中心对各级医疗机构上报的数据进行汇总分析，发布疾病流行趋势报告。但是，这种从下至上的处理方式存在一个致命的缺陷：感染流行病的人往往会在发病多日后，进入严重状态才会到医院就诊，医生见到患者再上报给疾控中心，疾控中心再汇总进行专家分析并发布报告，然后由相关部门采取应对措施，整个过程会经历一个相对较长的周期，一般要滞后一到两周，而在这个时间段内，流行病可能已经开始快速传播，疾控中心发布预警时，可能已经错过了最佳的防控期。

今天，大数据彻底颠覆了传统的流行病预测方式，使人类在公共卫生管理领域迈上了一个全新的台阶。以搜索数据和地理位置信息数据为基础，分析不同时空尺度人口流动性、移动模式和参数，进一步结合病原学、人口统计学等学科，以及地理、气象、人群移动迁徙和地域等因素与信息，可以建立流行病时空传播模型，确定流感等流行病在各流行区域间传播的时空路线和规律，得到更加准确的态势评估和预测。大数据时代被广为流传的一个经典案例是谷歌预测流感趋势。谷歌开发了一个可以预测流感趋势的工具——Google 流感趋势，它采用大数据分析技术，利用网民在谷歌搜索引擎输入的搜索关键词来判断全美地区的流感情况。谷歌把 5000 万个美国人最频繁检索的词条和美国疾控中心在 2003 年至 2008 年间季节性流感传播时期的数据进行了比较，并构建数学模型实现流感预测。在 2009 年，谷歌首次发布了冬季流感预测结果，与官方数据的相关性高达 97%。此后，谷歌多次把测试结果与美国疾病控制与预防中心（Centers for Disease Control and Prevention, CDC）发布的报告进行比对，发现两者结论存在很大的相关性（从图 14-1 可以看出，两条曲线高度吻合），证实了 Google 流感趋势预测结果的正确性和有效性。

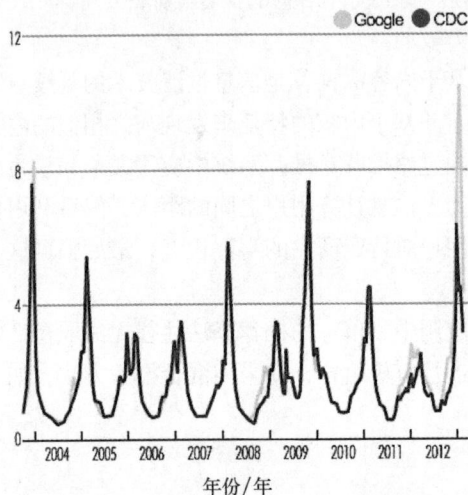

图 14-1　谷歌发布的冬季流感预测结果与 CDC 发布的报告的比对

　　其实，Google 流感趋势预测的背后原理并不难理解。对普通民众而言，小病小痛是日常生活中经常碰到的事情，有时候不闻不问，靠人类自身免疫力就可以痊愈；有时候简单服用一些药物或采用相关简单疗法就可以快速痊愈，很少有人会选择及时就医。而在网络发达的今天，遇到小病小痛，人们首先会想到求助于网络，希望在网络中迅速搜索到相关病症的治疗方法以及有助于痊愈的生活方式等信息。作为占据市场主导地位的搜索引擎服务商，谷歌自然可以收集到大量网民对相关病症的搜索信息，通过分析某一地区民众在特定时期对流感的搜索大数据，就可以得到关于流感的传播动态和未来 7 天流行趋势的预测结果。

　　虽然 CDC 会不定期发布流感趋势报告，但是，很显然，谷歌的流感趋势报告更加及时、迅速。CDC 发布流感趋势报告是根据下级各医疗机构上报的患者数据进行分析得到的，在时间上会存在一定的滞后性。谷歌则是在第一时间收集网民关于流感的相关搜索信息后进行分析并得到结果。另外，CDC 获得的患者样本数也明显少于谷歌获得的，因为在所有流感患者中，只有一小部分重症患者最终会去医院就医而进入官方的管控范围。

14.2.2　智慧医疗

　　随着医疗信息化的快速发展，智慧医疗逐渐走入人们的生活。IBM 开发了沃森技术——医疗保健内容分析预测，该技术允许企业找到大量患者相关的临床医疗信息，通过大数据处理，更好地分析患者的信息。加拿大多伦多的一家医院利用数据分析有效避免早产儿夭折：医院用先进的医疗传感器对早产婴儿的心跳等生命体征进行实时监测，每秒有超过 3000 次的数据读取，系统对这些数据进行实时分析并给出预警报告，从而使医院能够提前知道哪些早产儿可能出现健康问题，并且有针对性地采取措施。我国厦门、苏州等城市建立了先进的智慧医疗在线系统，可以实现在线预约、健康档案管理、社区服务、家庭医疗、支付清算等功能，大大方便了市民就医，也提升了医疗服务的质量和患者满意度。可以说，智慧医疗正在深刻地改变着我们的生活。

智慧医疗的核心就是"以患者为中心"，给予患者全面、专业、个性化的医疗体验。

智慧医疗通过整合各类医疗信息资源，构建药品目录数据库、居民健康档案数据库、影像数据库、检验数据库、医疗人员数据库、医疗设备数据库等卫生领域的 6 大基础数据库，可以让医生随时查阅患者的病历、治疗措施和保险细则，随时随地快速制订诊疗方案，也可以让患者自主选择更换医生或医院，患者的转诊信息及病历可以在任意一家医院通过医疗联网方式调阅。智慧医疗具有 3 个优点：一是促进优质医疗资源的共享；二是避免患者重复检查；三是促进医疗智能化。

14.2.3　生物信息学

生物信息学（Bioinformatics）是研究生物信息的采集、处理、存储、传播、分析和解释等方面的学科，也是随着生命科学和计算机科学的迅猛发展、生命科学和计算机科学相结合而形成的一门新学科，它通过综合利用生物学、计算机科学和信息技术，揭示大量而复杂的生物数据所蕴含的生物学奥秘。

和互联网数据相比，生物信息学领域的数据更是典型的大数据。首先，细胞、组织等结构都是具有活性的，其功能、表达水平甚至分子结构在时间上是连续变化的，而且很多背景噪声会导致数据不准确；其次，生物信息学数据具有很多维度，在不同维度组合方面，生物信息学数据的组合性要明显大于互联网数据的，前者往往表现出"维度组合爆炸"。

生物数据主要是基因组学数据。在全球范围内，各种基因组计划被启动，有越来越多的生物体的全基因组测序工作已经完成或正在开展，随着一个人类基因组测序的成本从 2000 年的 1 亿美元（约 8 亿元）左右降至今天的 1000 美元左右，将会有更多的基因组大数据产生；除此以外，蛋白组学、代谢组学、转录组学、免疫组学等也是生物大数据的重要应用场景。每年全球都会新增 EB 级别的生物数据，生命科学领域已经迈入大数据时代，生命科学正面临从实验驱动向大数据驱动转型的现状。

生物大数据使我们可以利用先进的数据科学知识，更加深入地了解生物学过程、作物表型、疾病致病基因等。将来我们每个人都可能拥有一份自己的健康档案，该档案中包含日常健康数据（各种生理指标，饮食、起居、运动习惯等）、基因序列和医学影像（CT、B 超检查结果）。用大数据分析技术，可以从个人健康档案中有效预测个人健康变化趋势，并为其提供疾病预防建议，达到"治未病"的目的。基因蕴藏生老病死的规律，破解基因大数据可实现精准医疗。因此，生物大数据将会产生巨大的影响力，使生物学研究迈向一个全新的阶段，甚至会形成以生物学为基础的新一代产业革命。

14.3　大数据在物流领域的应用

智能物流是大数据在物流领域的典型应用。智能物流融合了大数据、物联网和云计算等新兴

IT，使物流系统能模仿人的智慧，实现物流资源优化调度和有效配置，以及物流系统效率的提升。大数据技术是智能物流发挥其重要作用的基础和核心，物流行业在货物流转、车辆追踪、仓储等各个环节中都会产生海量的数据，分析这些物流大数据，将有助于我们深刻认识物流活动背后隐藏的规律，优化物流过程，提升物流效率。

14.3.1　智能物流的概念

智能物流，又称智慧物流，是利用智能化技术，使物流系统能模仿人的智慧，具有思维、感知、学习、推理判断和自行解决物流中某些问题的能力，从而实现物流资源优化调度和有效配置、物流系统效率提升的现代化物流管理模式。

智能物流概念源自 IBM 发布的研究报告《智慧的未来供应链》，该报告通过对全球首席供应链官的调研，归纳出成本控制、供应链可视性、风险管理、用户需求增加、全球化五大供应链挑战。为应对这些挑战，IBM 首次提出了"智慧供应链"的概念。

智慧供应链具有先进、互连、智能 3 个关键特性。先进是指数据多由感应设备、识别设备、定位设备产生，替代人为获取。这使供应链可实现动态可视化自动管理，包括自动库存检查、自动报告存货位置错误。互连是指整体供应链联网，不仅包括客户、供应商、IT 系统的联网，也包括零件、产品以及智能设备的联网。联网赋予供应链整体计划决策能力。智能是指通过仿真模拟和分析，帮助管理者评估多种可能性选择的风险和约束条件。这意味着供应链具有学习、预测和自动决策的能力，无须人为介入。

14.3.2　大数据是智能物流的关键

在物流领域有两个著名的理论——"黑大陆说""物流冰山说"。管理学家 P. E. 德鲁克提出了"黑大陆说"，他认为在流通领域中物流活动的模糊性尤其突出，是流通领域中最具潜力的领域。提出"物流冰山说"的日本早稻田大学教授西泽修认为，物流就像一座冰山，其中沉在水面以下的是我们看不到的黑色区域，这部分就是"黑大陆"，而这正是物流尚待开发的领域，也是物流的潜力所在。这两个理论都旨在说明物流活动的模糊性和巨大潜力。对于如此模糊而又具有巨大潜力的领域，我们该如何去了解、掌控和开发呢？答案就是借助于大数据技术。

发现隐藏在海量数据背后的有价值的信息，是大数据的重要商业价值。大数据是打开物流领域这块神秘的"黑大陆"的一把金钥匙。物流行业的货物流转、车辆追踪、仓储等各个环节中都会产生海量的数据，有了这些物流大数据，所谓的物流"黑大陆"将不复存在，我们可以通过数据充分了解物流背后的规律。借助于大数据技术，我们可以对各个物流环节的数据进行归纳、分类、整合、分析和提炼，为企业战略规划、运营管理和日常运作提供重要支持和指导，从而有效提升物流行业的整体服务水平。

大数据将推动物流行业从粗放式服务到个性化服务的转变，甚至颠覆整个物流行业的商业模式。通过对企业内部和外部相关信息进行收集、整理和分析，物流企业可以为每个客户量身定制个性化的产品，提供个性化的服务。

14.3.3　中国智能物流骨干网——菜鸟

1. 菜鸟简介

2013 年 5 月 28 日，阿里巴巴、银泰联合复星、富春、顺丰、"三通一达"（申通、圆通、中通、韵达）、宅急送、汇通以及相关金融机构共同宣布，联手共建"中国智能物流骨干网"（China

Smart Logistic Network，CSN）（又名"菜鸟"）。菜鸟可以提供充分满足个性化需求的物流服务，例如，用户在网购下单时，可以选择"时效最快""成本最低""最安全""服务最好"等多个快递服务组合类型。

菜鸟网络由物流仓储平台和物流信息系统构成。物流仓储平台由若干个大仓储节点、重要节点和诸多城市节点组成。大仓储节点针对东北、华北、华东、华南、华中、西南和西北七大区域，选择其中心位置进行仓储投资。物流信息系统整合了所有服务商的信息系统，实现了骨干网内部的信息统一，同时，该系统将向所有的制造商、网商、快递公司、第三方物流公司完全开放，有利于物流生态系统内各参与方利用信息系统开展各种业务。

2．大数据是支撑菜鸟的基础

菜鸟是阿里巴巴整合各方力量实施的"天网+地网"计划的重要组成部分。所谓"地网"，是指中国智能物流骨干网，它的目标是建设成为一个全国性的超级物流网。所谓"天网"，是指以阿里巴巴旗下多个电商平台（淘宝、天猫等）为核心的大数据平台，由于阿里巴巴的电商业务量大，在这个大数据平台上聚集了众多的商家、用户、物流企业，每天都会产生大量的在线交易，因此，这个大数据平台掌握了网络购物物流需求数据、电商货源数据、货流量与分布数据以及消费者长期购买习惯数据等，物流公司可以对这些数据进行大数据分析，优化仓储选址、干线物流基础设施建设以及物流体系建设，并根据商品需求分析结果提前把货物配送到需求较为集中的区域，做到"买家没有下单货就已经在路上"，最终实现"以天网数据优化地网效率"的目标。有了天网数据的支撑，阿里巴巴可以充分利用大数据技术，为用户提供个性化的电子商务和物流服务。用户从"时效最快""成本最低""最安全""服务最好"等选项中选择快递服务组合类型后，阿里巴巴会根据以往的快递公司的服务情况、各个分段的报价情况、即时运力资源情况、即时件量等信息，甚至可以融合天气预测、交通预测等数据，进行相关的大数据分析，从而得到满足用户需求的最优方案供用户选择，并最终把相关数据分发给各个物流公司使其完成物流配送。

可以说，菜鸟计划的关键在于信息的整合，而不是资金和技术的整合。阿里巴巴的"天网""地网"，必须把供应商、电商企业、物流公司、金融企业、消费者的各种数据全方位、透明化地加以整合、分析、判断，并将其转化为电子商务和物流系统的行动方案。

14.4　大数据在城市管理领域的应用

大数据在城市管理中发挥日益重要的作用，这些作用主要体现在智能交通、环保监测、城市规划和安防、疫情防控等领域。

14.4.1　智能交通

随着汽车数量的急剧增加，交通拥堵已经成为亟待解决的城市管理难题。许多城市纷纷将目光转向智能交通，期望通过实时获得关于道路和车辆的各种信息，分析道路交通状况，发布交通诱导信息，优化交通流量，提高道路通行能力，有效缓解交通拥堵问题。某发达国家数据显示，智能交通管理技术可以使交通工具的使用效率提升 50%以上，交通事故中的死亡人数减少30%以上。

智能交通将先进的信息技术、数据通信传输技术、电子传感技术、控制技术以及计算机技术等，有效集成并运用于整个地面交通管理，同时可以利用城市实时交通信息、社交网络和天气数据来优化最新的交通情况。

在智能交通应用中，遍布城市各个角落的智能交通基础设施（如摄像机、感应线圈、视频监控等），每时每刻都在生成大量数据，这些数据构成了智能交通大数据。利用事先构建的模型对交通大数据进行实时分析和计算，就可以实现交通实时监控、交通智能诱导、公共车辆管理、旅行信息服务、车辆辅助控制等。以公共车辆管理为例，目前，包括北京、上海、广州、深圳、厦门等在内的各大城市，都已经建立了公共车辆管理系统，道路上正在行驶的所有公交车和出租车都被纳入实时监控，通过车辆上安装的 GPS 设备，管理中心可以实时获得各个车辆的当前位置信息，并根据实时道路情况计算得到车辆调度计划，发布车辆调度信息，指导车辆并控制车辆到达和发车时间，实现运力的合理分配，提高运输效率。作为乘客，只要在智能手机上安装了"掌上公交"等软件，就可以通过手机随时随地查询各条公交线路以及公交车的当前到达位置信息。

14.4.2 环保监测

1. 森林监视

森林是地球的"肺"，具有调节气候、净化空气、防止风沙、减轻洪灾、涵养水源，以及保持水土等功能。但是，在全球范围内，每年都有大面积的森林遭受自然或人为因素的破坏，比如，森林火灾会给森林带来最有害甚至毁灭性的后果，是最可怕的林业灾害；再如，人为的滥砍乱伐导致部分地区森林资源快速减少，这些都给人类生存环境造成了严重的威胁。

为了有效保护人类赖以生存的宝贵森林资源，各个国家和地区都建立了森林监视体系，比如地面巡护、瞭望台监测、航空巡护、视频监控、卫星遥感等。随着数据科学的不断发展，近年来，人们开始把大数据应用于森林监视，谷歌森林监视就是一项具有代表性的研究成果。谷歌森林监视系统通过谷歌搜索引擎提供时间分辨率，通过美国国家航空航天局（National Aeronautics and Space Administration，NASA）和美国地质勘探局的地球资源卫星提供空间分辨率。系统利用卫星的可见光和红外数据画出某个地点的森林卫星图像。在森林卫星图像中，每个像素都包含颜色和红外信号特征等信息，如果某个区域的森林被破坏，该区域对应的卫星图像像素信息就会发生变化，因此，通过跟踪监测森林卫星图像上像素信息的变化，就可以有效监测到森林变化情况。当大片森林被砍伐、破坏时，系统就会自动发出警报。

2. 环境保护

大数据已经被广泛应用于污染监测领域，借助大数据技术，采集各项环境质量指标信息，将信息集成、整合到数据中心进行数据分析，并利用分析结果来指导、制订下一步环境治理方案，可以有效提升环境整治的效果。把大数据技术应用于环境保护具有明显的优势：一方面，可以实现 7×24h 的连续环境监测；另一方面，借助于大数据可视化技术，可以立体化呈现环境数据分析结果和治理模型，利用数据虚拟出真实的环境，辅助人类制订相关环保措施。

在一些城市，大数据也被应用到汽车尾气污染治理中。汽车尾气已经成为城市空气重要污染源之一，为了有效防治机动车污染，我国地方各级政府都十分重视对汽车尾气污染数据的收集和分析，并为有效控制污染提供服务。比如，山东省借助现代智能化精确检测设备、大数据云平台管理和物联网技术，准确收集机动车的原始排污数据，智能统计机动车排放污染量，溯源机动车检测状况和数据，确保为政府相关部门减轻空气污染提供可信的数据。

14.4.3 城市规划

大数据正深刻改变着城市规划的方式。对城市规划人员而言，规划工作高度依赖测绘数据、统计资料以及各种行业数据。目前，城市规划人员可以从多种渠道获得这些基础数据，开展各种规划研究工作。随着我国政府信息公开化进程的加快，各种政府层面的数据开始逐步对公众开放。与此同时，国内外一些数据开放组织也致力于数据开放和共享工作。

城市规划人员利用开放的政府数据、行业数据、社交网络数据、地理数据、车辆轨迹数据等开展了各种层面的规划研究。利用地理数据，可以研究全国城市扩张模拟、城市建成区识别、我国城市间交通网络分析与模拟模型、我国城镇格局时空演化分析模型，分析全国各城市人口数据和居民生活质量、空气污染情况等。利用公交 IC（Integrated Circuit，集成电路）卡数据，可以开展城市居民通勤分析、职住分析、人的行为分析、人的识别、重大事件影响分析、规划项目实施评估分析等。利用手机通话数据，可以研究城市联系、居民属性、活动关系及其对城市交通的影响等。利用社交网络数据，可以研究城市功能分区、城市网络活动与等级、城市社会网络体系等。利用出租车定位数据，可以开展城市交通等研究。利用住房销售和出租数据，同时结合居民住房地理位置和周边设施条件数据，可以评价一个城区的住房分布和质量情况，从而有针对性地优化城市的居住空间布局。

14.4.4　安防

近年来，随着网络技术在安防领域的发展，高清摄像头在安防领域应用的不断升级，以及安防项目建设规模的不断扩大，安防领域积累了海量的视频监控数据，并且每天都在以惊人的速度生成大量新的数据。例如，我国的很多城市都在开展平安城市建设，在城市的各个角落布置摄像头，7×24h 不间断采集各个位置的视频监控数据，采集到的数据量之大，超乎想象。

除了视频监控数据，安防领域还包含大量其他类型的数据，包括结构化、半结构化和非结构化数据。结构化数据包括报警记录、系统日志记录、运维数据记录、摘要分析结构化描述记录，以及各种相关的数据库信息，如人口信息、地理数据信息、车驾管信息等；半结构化数据包括人脸建模数据、指纹记录等；非结构化数据主要指视频录像和图片记录，如监控视频录像、报警录像、摘要录像、车辆卡口图片、人脸抓拍图片、报警抓拍图片等。所有这些数据一起构成了安防大数据的基础。

之前这些数据的价值并没有被充分发挥出来，跨部门、跨领域、跨区域的联网共享较少，检索视频数据仍然以人工手段为主，不仅效率低下，而且效果并不理想。基于大数据的安防要实现的目标是通过跨区域、跨领域安防系统联网，实现数据共享、信息公开以及智能化的信息分析、预测和报警。以视频监控分析为例，大数据技术可以支持在海量视频数据中实现视频图像统一转码、摘要处理、视频剪辑、视频特征提取、图像清晰化处理、视频图像模糊查询、快速检索和精准定位等功能，同时深入挖掘海量视频监控数据背后有价值的信息，快速反馈信息，以辅助决策判断，从而让安保人员从繁重的人工视频回溯工作中解脱出来，不需要投入大量精力从大量视频中低效查看相关事件线索，可在很大程度上提高视频分析效率，缩短视频分析时间。

14.5　大数据在金融领域的应用

金融领域是典型的数据驱动领域，是数据的重要来源，在该领域中每天都会生成交易、报价、业绩报告、消费者研究报告、官方统计数据公报、调查报告、新闻报道等各种信息。金融领域高度依赖大数据，大数据已经在高频交易、市场情绪分析、信贷风险分析和大数据征信四大金融创新领域发挥了重要作用。

14.5.1　高频交易

高频交易（High-Frequency Trading，HFT）是指从那些人们无法利用的极为短暂的市场变化中寻求获利机会的计算机化交易，比如，某种证券买入和卖出的差价的微小变化。相关调查显示，无论是美国的证券市场，还是期货市场、外汇市场，高频交易所占份额已达 40%～80%。随着采取高频交易策略的情形不断增多，其所能带来的利润开始大幅下降。为了从高频交易中获得更高的利润，一些金融机构开始引入大数据技术来进行交易。

14.5.2　市场情绪分析

市场情绪是整体市场中所有市场参与者观点的综合体现，这种所有市场参与者共同表现出来的认知，即我们所说的市场情绪，比如，市场参与者对经济的看法是否是悲观的，新发布的经济指标是否会让交易者明显感觉到未来市场交易价格将会上涨或下跌等。市场情绪对金融市场有重要的影响，换句话说，市场上大多数参与者的主流观点决定了当前市场的总体方向。

市场情绪分析是市场参与者在日常交易工作中不可或缺的一环，而大数据技术在市场情绪分析中大有用武之地。今天，几乎每个市场参与者都生活在移动互联网世界里，每个人都可以借助智能移动终端（手机、平板电脑等）实时获得各种外部世界信息，同时，每个人又都扮演对外信息发布主体的角色，通过微博、微信、QQ 等各种社交媒体发布个人的市场观点。英国布里斯托大学的团队研究了由超过 980 万英国人创造的约 4.84 亿条推特消息，发现公众的负面情绪变化与财政紧缩及社会压力高度相关。可见，海量的社交媒体数据形成了一座可用于市场情绪分析的宝贵"金矿"，利用大数据分析技术，可以从中抽取市场情绪信息，开发交易算法，确定市场交易策略，获得更大利润空间。

14.5.3　信贷风险分析

信贷风险是指信贷放出后本金和利息可能出现损失的风险，它一直是金融机构需要努力化解的一个重要问题，直接关系到机构自身的生存和发展。我国为数众多的中小企业是金融机构不可忽视的目标客户群体，它们的潜力巨大。但是，与大型企业相比，中小企业先天的不足之处主要表现在以下 3 个方面：贷款偿还能力差；财务制度普遍不健全，难以有效评估其真实经营状况；信用度低，银行维权难度较大。因此，对金融机构而言，放贷给中小企业的潜在信贷风险明显高于放贷给大型企业的。对金融机构而言，成本、收益和风险不对称，导致其更愿意贷款给大型企业。据测算，金融机构对中小企业贷款的管理成本，平均是对大型企业贷款的 5 倍左右，且风险高得多。可以看出，风险与收益不成比例，使金融机构始终不愿意向中小企业全面敞开大门，这不仅限制了自身的成长，也限制了中小企业的成长，不利于经济社会的发展。如果能够有效加强风险的可审性和管理力度，支持精细化管理，那么，毫无疑问，金融机构和中小企业都将迎来新一轮的发展。

今天，大数据分析技术已经能够助企业信贷风险分析"一臂之力"。通过收集和分析大量中小企业用户日常交易行为的数据，金融机构可以判断其业务范畴、经营状况、信用状况、用户定位、资金需求和行业发展趋势，解决由于其财务制度的不健全而无法有效评估其真实经营状况的难题，从而对放贷有信心、对管理有保障。对个人贷款申请者而言，金融机构可以充分利用申请者的社交网络数据分析出个人信用评分。例如，美国 Movenbank 移动银行、德国 Kreditech 贷款评分公司等，都在积极尝试利用社交网络数据构建个人信用分析平台，将社交网络资料转化成个人互联网信用；它们试图说服 LinkedIn 和其他社交网络对金融机构开放用户相关资料和用户在各网站的活动记录，然后，借助于大数据分析技术，分析用户在社交网络中的好友的信用状况，以此作为生成客户信用评分的重要依据。

14.5.4　大数据征信

"征信"出于《左传》"君子之言，信而有征，故怨远于其身"。而现代所谓的征信，指的是依法设立的征信机构对个体信用信息进行采集和加工，并根据用户要求提供信用信息查询和评估服务的活动。简单来说，信用就是一个信息集合，征信的本质在于利用信用信息对金融主体进行数据刻画。

信用作为一国经济领域特别是金融市场的基础要素，对经济和金融的发展起到了至关重要的作用。准确的信用信息可以有效降低金融系统的风险和交易成本；健全的征信体系能够显著提高信用风险管理能力，培育和发展征信市场对经济金融系统持续、稳定发展具有重要价值。所以征信是现代金融体系的重要基础设施。

在征信方式方面，传统的征信机构主要使用的是金融机构产生的信贷数据，这些数据一般是从数据库中直接提取的结构化数据，来源单一，采集频率较低。而对于没有产生信贷行为的个体，金融机构并没有此类对象的信贷数据，那么采用传统的方式就无法对这类个体给出合理的评价。对于产生了信贷行为的个体，主要根据过去的信用记录给出评分，并作为对该个体未来信用水平的判断依据。这种征信方式的应用场景普遍局限于金融信贷领域的贷款审批、信用卡审批环节。

大数据等新兴技术的发展，使我们具备了实时处理海量数据的能力，搜索和数据挖掘的能力也得到了长足进步。征信行业本就严重依赖数据，信息技术的进步则为征信行业注入了新的活力，带来了新的发展机遇，例如，大数据可以解决海量征信数据的采集和存储问题，机器学习和人工智能方法可对征信数据进行深入挖掘和风险分析，借助云计算和移动互联网等手段可提高征信服务的便捷性和实时性等。

大数据征信就是利用信息技术优势，将不同信贷机构、消费场景、支离破碎的海量数据整合起来，经过数据清洗、模型分析、校验等一系列流程后，加工融合成真正有用的信息。征信大数据的来源十分广泛，包括社交（人脉、兴趣爱好等）、司法行政、日常生活（公共交通、燃油费、水电气费、物业取暖费等）、社会行为（旅游住宿、互联网金融、电子商务等）、政务办理（护照签证、办税、登记注册等）、社会贡献（爱心捐献、志愿服务等）、经济行为等。大数据征信中的数据不只有传统征信的信贷历史数据，所有的"足迹"数据都被记录，这其中既有结构化数据，也有大量非结构化数据，能够多维度地刻画一个人的信用状况。同时，大数据挖掘获得的数据具有实时性、动态性，能够实时监测信用主体的信用变化，让企业可以及时拿出解决方案，避免不必要的风险。

大数据征信主要通过迭代模型，从海量数据中寻找关联，并由此推断个人身份特质、性格偏好、经济能力等相对稳定的指标，进而对个人的信用水平进行评价，给出综合的信用评分。其中采用的数据挖掘方法包括机器学习、神经网络、PageRank 算法等。

大数据征信的应用场景很多，在金融领域，个人征信产品主要用于消费信贷、信用卡、网络购物平台等。在生活领域，个人征信产品主要用于签证审核和发放、个人职业升迁评判、法院判决、个人参与社会活动（如找工作、相亲等）等。

总而言之，未来的征信不会局限于金融领域，在当今互联网大发展的时代，通过共享经济等新经济形式，征信会逐渐渗透到人们的衣食住行等方方面面，在大数据的助力下帮助社会形成"守信者处处受益、失信者寸步难行"的局面。

14.6　大数据在汽车领域的应用

无人驾驶汽车经常被描绘成一个可以解放驾驶员的技术奇迹，谷歌和百度是这个领域的技术领跑者。无人驾驶汽车系统，可以同时对数百个目标保持监测，包括行人、公共汽车、一个做出左转手势的自行车骑行者以及一个保护学生过马路的人举起的停车指示牌等。谷歌无人驾驶汽车的基本工作原理是：汽车顶部的扫描器发射64束激光射线，激光射线在碰到车辆周围的物体时，会反射回来，由此可以计算出车辆和物体的距离；同时，在汽车底部还配有一套测量系统，可以测量出车辆在3个方向上的加速度、角速度等数据，并结合GPS数据计算得到车辆的位置；所有这些数据与车载摄像机捕获的图像一起输入计算机，大数据分析系统以极高的速度处理这些数据；这样，系统就可以实时探测周围出现的物体，不同汽车之间甚至能够相互交流，了解附近其他车辆的行进速度、方向以及车型、驾驶员驾驶水平等，并根据行为预测模型对附近汽车的突然转向或刹车行为及时做出反应，非常迅速地做出各种车辆控制动作，引导车辆在道路上安全行驶。

为了实现无人驾驶的功能，谷歌无人驾驶汽车上配备了大量传感器，这些传感器每秒约产生1GB数据，每年产生的数据量将达到约2PB。可以预见的是，随着无人驾驶汽车技术的不断发展，未来汽车将配置更多的红外传感器、摄像头和激光雷达，这意味着将会生成更多的数据。大数据分析技术将帮助无人驾驶汽车系统做出更加智能的驾驶动作决策，无人驾驶汽车将比人类驾驶汽车更加安全、舒适、节能、环保。

14.7　大数据在零售领域的应用

大数据在零售领域中的应用主要包括发现关联购买行为、客户群体细分和供应链管理等。

14.7.1　发现关联购买行为

谈到大数据在零售领域的应用，不得不提到一个经典的营销案例——尿布和啤酒的故事。在一家超市里有一个有趣的现象——尿布和啤酒赫然摆在一起出售，但是，这个"奇怪的举措"却使尿布和啤酒的销量双双增加了。这不是奇谈，而是发生在美国沃尔玛连锁超市的真实案例，并一直为商家津津乐道。

其实，只要分析一下人们在日常生活中的行为，上面的现象就不难理解了。在美国，妇女一般在家照顾孩子，她们经常会嘱咐丈夫在下班回家的路上，顺便去超市买些孩子用的尿布。而男人进入超市后，购买尿布的同时通常会顺手买几瓶自己爱喝的啤酒。因此，商家把啤酒和尿布放在一起销售，男人在购买尿布的时候看到啤酒，就会产生购买的冲动，从而增加了商家的啤酒销量。

现象不难理解，问题的关键在于商家是如何发现这种关联购买行为的呢？不得不说，大数据技术在这个过程中发挥了至关重要的作用。沃尔玛拥有世界上极大的数据仓库系统，其中积累了大量原始交易数据，利用这些海量数据对顾客的购物行为进行"购物篮分析"，就可以准确了解顾客在其门店的购买习惯。沃尔玛通过数据分析和实地调查发现，在美国，一些年轻父亲下班后经常要到超市去买婴儿尿布，而他们中有 30%～40%的人同时为自己买一些啤酒。由于发现尿布与啤酒一起被购买的机会较多，于是沃尔玛的各个门店都将尿布与啤酒摆放在一起，结果，尿布与啤酒的销售量双双增长。啤酒与尿布，乍一看，可谓"风马牛不相及"，然而，借助大数据技术，沃尔玛从顾客历史交易记录中挖掘数据得到啤酒与尿布二者之间存在的关联性，并用来指导商品的组合摆放，获得了意想不到的好效果。

14.7.2　客户群体细分

《纽约时报》曾经发布过一则引起轰动的关于美国第二大零售超市 Target 百货公司成功推销孕妇用品的报道，这则报道让人们再次感受到大数据的威力。众所周知，对零售业而言，孕妇是一个非常重要的消费群体，具有很大的消费潜力。孕妇在从怀孕到生产的全过程中，需要购买保健品、无香味护手霜、婴儿尿布、爽身粉、婴儿服装等各种商品，表现出非常稳定的刚性需求。因此，孕妇产品零售商如果能够提前获得孕妇信息，在孕妇怀孕初期就对其进行有针对性的产品宣传和引导，无疑会为自身带来巨大的收益。如果等到婴儿出生，新生儿母亲就会被铺天盖地的产品优惠广告包围（由于美国人口的出生记录是公开的，全国的商家都会知道孩子已经出生），那么，商家此时再行动就为时已晚，因为此时会面对很多的市场竞争者。因此，如何有效识别出哪些顾客属于孕妇群体就成为最核心的问题。但是，在传统方式下，要从茫茫人海里识别出哪些是怀孕的顾客，需要投入惊人的人力、物力、财力，这将使这种细分行为毫无商业意义。

面对这个棘手难题，Target 另辟蹊径，把焦点从传统方式移开，转向大数据技术。Target 的大数据系统会为每一个顾客分配一个唯一的 ID 号，顾客的刷信用卡、使用优惠券、填写调查问卷、邮寄退货单、打客服电话、开启广告邮件、访问官网等所有操作，都会与自己的 ID 号关联起来并存入大数据系统。仅有这些数据，还不足以全面分析顾客的群体属性特征，还必须借助于公司外部的各种数据来辅助分析。为此，Target 公司通过相关机构收集到了关于顾客的其他必要信息，包括年龄、是否已婚、是否有子女、所住市区、住址到 Target 的车程、薪水情况、最近是否搬过家、钱包里的信用卡情况、常访问的网址、就业史、破产记录、婚姻史、购房记录、求学记录、阅读习惯等。以这些关于顾客的海量数据为基础，借助大数据分析技术，Target 公司可以得到客户的深层需求，从而实现更加精准的营销。

Target 通过分析发现，有一些明显的购买行为可以用来判断顾客是否已经怀孕。比如，第 2 个妊娠期开始时，许多孕妇会购买许多大包装的无香味护手霜；在怀孕的最初 20 周内，孕妇往往会大量购买用于补充钙、镁、锌之类的保健品。在大量数据分析的基础上，Target 选出 25 种典型商品的消费数据构建得到"怀孕预测指数"，通过这个指数，Target 能够在很小的误差范围内预测到顾客的怀孕情况。因此，当其他商家还在茫然无措地满大街发广告单寻找目标群体的时候，Target 早已锁定了目标顾客，并把孕妇用品优惠广告单寄发给顾客。而且，Target 注意到，有些孕妇在怀孕初期可能并不想让别人知道自己已经怀孕，如果贸然给顾客邮寄孕妇用品优惠广告单，很可能会适得其反，暴露了顾客隐私，惹怒顾客。为此，Target 选择了一种比较隐秘的做法，把孕妇用品的优惠广告单夹杂在其他一大堆与怀孕不相关的商品优惠广告单当中，这样顾客就不知道 Target 知道她怀孕了。Target 这种润物细无声式的商业营销，使许多孕妇在浑然不觉的情况下成了 Target 的忠实拥趸，与此同时，许多孕妇产品专卖店也在浑然不觉的情况下失去了很多潜在的客户，甚至最终走向破产。

Target 通过这种方式，悄然获得了巨大的市场收益。终于有一天，一个父亲通过 Target 邮寄来的广告单意外发现自己正在读高中的女儿怀孕了，此事很快被《纽约时报》报道，从而让 Target 这种隐秘的营销模式引起轰动，广为人知。

14.7.3 供应链管理

亚马逊、联合包裹运送服务公司（United Parcel Service，UPS）、沃尔玛等先行者已经开始享受大数据带来的成果，大数据可以帮助它们更好地掌控供应链，更清晰地把握库存量、订单完成率、物料及产品配送情况，更有效地调节供求关系。同时，它们利用基于大数据分析得到的营销计划，优化销售渠道，完善供应链战略，争夺竞争优先权。

美国最大的医药贸易商麦克森（McKesson）公司，对大数据的应用已经远远领先于大多数企业。该公司运用先进的运营系统，可以对每天 200 万个订单进行全程跟踪分析，并且监督超过 80 亿美元（约 560 亿元）的存货。同时，该公司还开发了一种供应链模型用于在途存货的管理，它可以根据产品线、运输费用甚至碳排放量，提供极为准确的维护成本视图，使公司能够更加真实地了解任意时间点的运营情况。

14.8 大数据在餐饮领域的应用

大数据在餐饮领域得到了广泛的应用，包括大数据驱动的团购模式，以及利用大数据为用户推荐消费内容、调整线下门店布局和控制店内人流量等。

14.8.1 餐饮领域拥抱大数据

餐饮领域不仅竞争激烈，而且利润微薄，领域内企业的经营和发展比较艰难。在全球范围内，不少餐饮企业开始进行大数据分析，以更好地了解消费者的喜好，从而改善他们的食物和服务，获得竞争优势，这在一定程度上帮助企业实现了收入的增长。

Food Genius 是一家总部位于美国芝加哥的公司，该公司聚合了来自美国各地餐馆的菜单数据，对超过 350000 家餐馆的菜单项目进行跟踪，以帮助餐馆更好地确定价格、食品和营销策略。这些数据可以帮助餐馆获得商机，并判断哪些菜可能获得更高的利益，从而减少菜单变化所带来的不确定性。Avero 餐饮软件公司则通过对餐饮企业内部运营数据进行分析，帮助企业提高运营效率，如制订什么样的战略可以提高销量、在哪个时间段开展促销活动效果最好等。

14.8.2 餐饮 O2O

餐饮 O2O 模式是指无缝整合线上与线下的资源，形成以数据驱动的 O2O 闭环运营模式，如图 14-2 所示。为此，需要建立线上 O2O 平台，提供在线订餐、点菜、支付、评价等服务，并能根据消费者的消费行为进行有针对性的推广和促销。整个 O2O 闭环运营模式包括两个方面的内容：一方面，实现从线上到线下的引流，即把线上用户引导到线下实体店进行消费；另一方面，把用户从线下再引到线上，对用餐体验进行评价，并和其他用户进行互动与交流，共同提出指导餐饮店改进餐饮服务和菜品的意见。两个方面的内容都顺利实现后，就形成了 O2O 闭环运营。

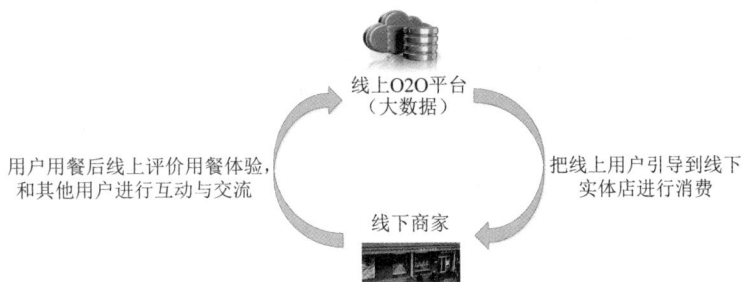

图 14-2　O2O 闭环运营模式

在 O2O 闭环运营模式中，大数据可以扮演重要的角色，为餐饮企业带来实际收益。首先，可以利用大数据驱动的团购模式，在线上聚集大批团购用户；其次，可以利用大数据为用户推荐消费内容；最后，可以利用大数据调整线下门店布局和控制店内人流量。

1. 利用大数据为用户推荐消费内容

腾讯、百度、阿里是社交、搜索和网购三大领域的国内"顶尖"企业，普通网民的日常生活几乎已经与这三大企业提供的产品和服务融为一体。我们每天需要通过微信或 QQ 和别人沟通与交流，通过百度搜索各种网络资料，通过淘宝在线购买各种商品。我们的日常工作和生活已经逐渐网络化、数字化，网络中处处留下我们活动的痕迹。凭借海量的用户数据资源，三大企业都致力于打造智能的数据平台，并把数据转化为商业价值。通过对海量用户数据的分析，三大企业很容易获得用户的消费喜好数据，为用户推荐相关餐饮店，所以，当用户没有明确的消费想法的时候，这些互联网公司可能已经为用户准备好了一切，它们会告诉用户今晚应该吃什么、去哪里吃。

2. 利用大数据调整线下门店布局

对许多餐饮连锁企业而言，门店的选址是一个需要科学决策、合理安排的重要问题，既要考虑门店租金成本和人流量，也要考虑门店的服务辐射区域。棒约翰等快餐企业已经能够根据送外卖产生的数据调整门店布局，使门店的服务效率最大化。

棒约翰通过"3 个统一"实现了线上与线下资源的有效融合，即将订单统一到服务中心、对供应链进行统一整合、对用户体验进行统一，由此形成 O2O 闭环，使企业可以及时、有效地获得关于企业运营和用户的各种信息。长期累积的数据资源，构成了大数据分析的基础，通过进行大数据分析可以得到最优的门店布局策略，最终实现以消费者为导向的门店布局。

3. 利用大数据控制店内人流量

以麦当劳为代表的一些公司，通过视频分析等候队列的长度，自动变化电子菜单显示的内容。如果队列较长，则显示可以快速供给的食物，以减少顾客等待时间；如果队列较短，则显示那些利润较高，但准备时间相对较长的食物。这种利用大数据控制店内人流量的做法，不仅可以有效提升用户体验，而且可以实现服务效率和企业利润的完美结合。

14.9　大数据在电信领域的应用

我国的电信市场已经步入一个平稳期，在这期间，发展新客户的成本比留住老客户的成本要高许多，前者通常是后者的 5 倍，因此，电信运营商十分关注客户是否有"离网"的倾向（如从中国联通公司客户转换为中国电信公司客户），一旦预测到客户"离网"可能发生，就可以制订有针对性的措施挽留客户，让客户继续使用自己的电信业务。

电信客户"离网"分析通常包括以下几个步骤：问题定义、数据准备、建模、应用检验、特征分析与对策。问题定义即定义客户"离网"的具体原因是什么，数据准备是要获取客户的资料和通话记录等信息，建模是指根据相关算法产生评估客户"离网"概率模型，应用检验是指对得到的模型进行应用和检验，特征分析与对策是指针对用户的"离网"特性制订目标客户群体的挽留策略。

在国内，中国移动、中国电信、中国联通三大电信运营商为争取客户，各自开发了客户关系管理系统，以期有效应对客户的频繁"离网"。中国移动建立了经营分析系统，并利用大数据分析技术，对公司范围内的各种业务进行实时监控、预警和跟踪，自动实时捕捉市场变化，并以 E-mail 和手机短信等方式将相关信息第一时间推送给相关业务负责人，使其在最短时间内获知市场行情并及时做出响应。在国外，美国的 XO 通信公司通过使用 IBM SPSS 预测分析软件，预测客户行为，发现其行为趋势，并找出公司服务过程中存在缺陷的环节，从而帮助公司及时采取措施挽留客户，可使客户流失率下降约 50%。

14.10　大数据在能源领域的应用

各种数据显示，人类正面临能源危机。以我国为例，根据目前能源使用情况，我国可利用的煤炭资源仅能维持约 30 年，由于天然铀资源的短缺，核能的利用仅能维持约 50 座标准核电站连续运转约 40 年，而石油的开采也仅能维持约 20 年。

在能源危机面前，人类开始积极寻求可以用来替代传统的化石能源的新能源，风能、太阳能和生物能等可再生能源逐渐成为电能转换的供应源。但是，新能源与传统的化石能源相比，具有一些明显的缺陷。传统的化石能源产出稳定，布局相对集中。新能源则产出不稳定，所处的地理位置比较分散，比如，风力发电机一般分布在比较分散的沿海或荒漠地区，风量大时发电量就多，风量小时发电量就少，设备故障检修期间就不发电，难以产生稳定、可靠的电能。而传统电网主要是为能稳定产出的能源而设计的，无法有效消纳产出不稳定的新能源。

之所以提出智能电网就是因为人们认识到传统电网的结构模式无法大规模适应新能源的消纳需求，必须将传统电网在使用中进行升级，既要完成传统电源模式的供用电，又要逐渐适应未来分布式能源的消纳需求。概括地说，智能电网就是电网的智能化，它建立在集成的、高速双向通信网络的基础上，通过先进的传感和测量技术、先进的设备技术、先进的控制方法以及先进的决策支持系统技术的应用，实现电网的可靠、安全、经济、高效、环境友好等目标，其主要特征包括自愈、抵御攻击、提供满足 21 世纪用户需求的电能质量、容许各种不同发电形式的接入、启动电力市场以及资产优化的高效运行等。

智能电网的发展，离不开大数据技术的发展和应用。大数据技术是组成整个智能电网的技术基石，将全面影响电网规划、技术变革、设备升级、电网改造以及设计规范、技术标准、运行规程乃至市场营销政策的统一等方方面面。电网全景实时数据采集、传输和存储，以及累积的海量多源数据快速分析等大数据技术，都是支撑智能电网安全、自愈、绿色、稳定及可靠运行的基础技术。随着智能电网中大量智能电表及智能终端的安装与部署，电力公司可以每隔一段时间获取用户的用电信息，收集比以往粒度更细的海量电力消费数据，构成智能电网中用户侧大数据，比如，如果把智能电表采集数据的时间间隔从 15min 减少到 1s，1 万台智能电表采集的用电信息的数据就大概会从 32.61GB 增加到 114.6TB；以海量用户用电信息为基础进行大数据分析，就可以更好地理解电力客户的用电行为，优化并提升短期用电负荷预测系统，提前预知未来 2～3 个月的电网需求电量、用电高峰期和低谷期，合理地设计电力需求响应系统。

此外，大数据在风力发电机安装选址方面也发挥重要的作用。IBM 公司利用多达 4PB 的气候、环境历史数据，设计风力发电机选址模型，确定安装风力涡轮机和整个风电场的最佳地点，从而提高风力发电机的生产效率和延长其使用寿命。以往完成这项分析工作需要数周的时间，现在利用大数据技术仅需要不到 1h 便可完成。

14.11　大数据在体育和娱乐领域的应用

大数据在体育和娱乐领域也得到了广泛的应用，包括训练球队、投拍影视作品、预测比赛结果等。

14.11.1　训练球队

大数据正在影响着绿茵场上的较量。以前，一支球队的实力和水平，一般只依赖于球员的天赋和教练的经验，然而，在 2014 年的巴西世界杯上，德国队在首轮比赛中就以 4：0 大胜葡萄牙队，有力证明了大数据可以有效帮助一支球队进一步提升整体实力和水平。

德国队在巴西世界杯开始前，就与 SAP 公司签订合作协议，SAP 公司提供了一套基于大数据的足球解决方案 SAP Match Insights，帮助德国队提高足球运动水平。德国队球员的鞋、护胫以及训练场地的各个角落，都被放置了传感器，这些传感器可以捕捉包括跑动、传球在内的各种细节动作和位置变化，并实时回传到 SAP 平台上进行处理分析。教练只需要使用平板电脑就可以查看所有球员的各种训练数据和影像，了解每个球员的运动轨迹、进球率、攻击范围等数据，从而深入发掘每个球员的优势和劣势，为有效提出针对每个球员的改进建议和方案提供重要的参考信息。

整个训练系统产生的数据量非常巨大，假设 10 个球员用 3 个球进行训练，10min 就能产生约 700 万个可供分析的数据点。如此海量的数据，单纯依靠人力是无法在第一时间内得到有效的分析结果的，SAP Match Insights 采用内存计算技术实现实时报告生成。在正式比赛期间，运动员和场地上都没有传感器，这时，SAP Match Insights 可以对现场视频进行分析，通过图像识别技术自动识别每一个球员，并且记录他们跑动、传球等数据。

正是基于海量数据和科学的分析结果，德国队制定了有针对性的球队训练计划，为出征巴西世界杯做了充足的准备。在巴西世界杯期间，德国队也用这套系统进行赛后分析，及时改进战略和战术，最终顺利获得 2014 年巴西世界杯冠军。

14.11.2　投拍影视作品

在市场经济下，投拍影视作品之前必须深刻了解观众的观影需求，才有可能获得成功，否则，就算邀请了金牌导演、明星演员和实力编剧，拍出的作品可能依然无人问津。因此，投资方在投拍一部影视作品之前，需要通过各种有效渠道，了解观众当前关注什么题材，从而决定投拍什么样的影视作品。

以前，分析什么样的影视作品容易受到观众认可，通常由专业人士凭借多年市场经验做出判断，或简单采用"跟风策略"，观察已经播放的哪些影视作品比较受欢迎，就投拍类似题材的作品。

现在，大数据可以帮助投资方做出明智的选择，电视剧《纸牌屋》的巨大成功就是典型例证。电视剧《纸牌屋》的成功得益于 Netflix 对海量用户数据的积累和分析。Netflix 是世界上最大的在线影片租赁服务商，在美国有约 2700 万订阅用户，在全世界则有约 3300 万订阅用户。每天，这些订阅用户会在 Netflix 上产生约 3000 多万个行为，如用户暂停、回放或快进时都会产生一个行为，他们每天还会给出约 400 万个评分和约 300 万次搜索请求（用于询问剧集播放时间和设备）。可以看出，Netflix 几乎比所有人都清楚大家喜欢看什么。

Netflix 通过对公司积累的海量用户数据进行分析后发现，演员凯文·史派西、导演大卫·芬奇和英国小说《纸牌屋》具有非常高的用户关注度，于是，Netflix 决定投拍一个融合三者的连续剧，并对它的成功寄予了很大希望。事后证明，这是一次非常正确的投资决定，电视剧《纸牌屋》播出后一炮打响，大数据再一次证明了自己的威力和价值。

14.11.3　预测比赛结果

大数据可以预测比赛结果是具有一定的科学依据的，它用数据"说话"，通过对海量相关数据进行综合分析，得出预测判断。从本质来说，大数据预测就是基于大数据和预测模型去预测未来某件事情发生的概率。2014 年巴西世界杯期间，大数据预测比赛结果开始成为球迷们关注的焦点。百度、谷歌、微软和高盛等"巨头"都竞相利用大数据技术预测比赛结果，百度预测结果最为亮眼，预测全程 64 场比赛，准确率为 67%，进入淘汰赛后准确率为 94%。百度的做法是，检索过去 5 年内全世界 987 支球队（含国家队和俱乐部队）的 3.7 万场比赛数据，同时与我国彩票网站乐彩网、欧洲必发指数数据供应商 SPdex 进行数据合作，导入博彩市场的预测数据，建立了一个囊括 199972 个球员和 1.12 亿条数据的预测模型，并在此基础上进行结果预测。

14.12　大数据在安全领域的应用

大数据对于有效保障国家安全发挥越来越重要的作用，比如，应用大数据技术防御网络攻击、应用大数据工具预防犯罪等。

14.12.1　"棱镜门"事件

2013 年，"棱镜门"事件震惊全球，美国中央情报局工作人员斯诺登揭露了一项美国国家安全局（National Security Agency，NSA）于 2007 年开始实施的绝密电子监听计划——"棱镜"计划。该计划能够直接进入美国网际网络公司的中心服务器挖掘数据、收集情报，对即时通信和既存资料进行深度的监听。许可的监听对象包括任何在美国以外地区使用参与该计划的公司所提供的服务的客户，或任何与国外人士通信的美国公民。美国国家安全局在棱镜计划中可以获得电子邮件、视频和语音交谈、影片、照片、VoIP 交谈内容、档案传输、登录通知以及社交网络细节等方面的内容，全面监控特定目标及其联系人的一举一动。

为了支持这一计划，美国国家安全局在盐湖县与图埃勒县交界处，修建了美国最大、最昂贵的数据中心，耗资 17 亿美元（约 119 亿元），占地 48 万 m²，采用运行速度超过每秒 100 亿亿次的超级计算机，每年的运转费用达 4000 万美元（约 28200 万元），能够存储约 1000000000000000GB

的数据。该数据中心主要用来收集、存储及分析信息，为情报部门服务，并且保护美国的电子信息安全，数据中心每 6h 可以收集 74TB 的数据。

当时任美国总统的奥巴马强调，这一项目不针对美国公民或在美国的人，其目的在于反恐和保障美国人安全，而且经过国会授权，将其置于美国外国情报监视法庭的监管之下。需要特别指出的是，虽然棱镜计划符合美国的国家安全利益，但是，从其他国家的利益角度出发，美国这种做法，不仅严重侵害了他国公民基本的隐私权和数据安全，也对他国的国家安全构成了严重威胁。

14.12.2　应用大数据技术防御网络攻击

网络攻击利用网络存在的漏洞和安全缺陷，对网络系统的硬件、软件及其系统中的数据进行攻击。早期的网络攻击，并没有明显的目的性，只是一些网络技术爱好者的个人行为，攻击目标具有随意性，只为验证和测试各种漏洞的存在，不会给相关企业带来明显的经济损失。但是，随着 IT 深度融入企业运营的各个环节，绝大多数企业的日常运营已经高度依赖各种 IT 系统。一些有组织的"黑客"开始利用网络攻击获取经济利益；或者受雇于某企业去攻击该企业的竞争对手的服务器，使其瘫痪而无法开展各项业务；或者通过网络攻击某企业的服务器向对方勒索"保护费"；或者通过网络攻击获取企业内部商业机密文件。发送垃圾邮件、伪造杀毒软件，是渗透到企业网络系统的主要攻击手段，这些网络攻击会给企业造成巨大的经济损失，直接危及企业生存。企业损失位居前 3 位的是知识产权泄密、财务信息失窃以及客户个人信息被盗，一些公司甚至因知识产权泄密而破产。

在过去，企业为了保护计算机安全，通常购买瑞星、江民、金山、卡巴斯基、赛门铁克等公司的杀毒软件，将杀毒软件安装到本地运行，执行杀毒操作时，软件会对本地文件进行扫描，并和安装在本地的病毒库文件进行匹配。如果某个文件与病毒库中的某个病毒特征匹配，就说明该文件感染了这种病毒，软件则会发出警告，如果没有匹配，即使这个文件是一个病毒文件，软件也不会发出警告。因此，病毒库是否保持及时更新，直接影响到杀毒软件对一个文件是否感染病毒的判断。网络上不断有新的病毒产生，网络安全公司会及时发布最新的病毒库供用户下载或及时升级用户本地病毒库，这就会导致用户本地病毒库越来越大，本地杀毒软件需要耗费越来越多的硬件资源和时间来进行病毒特征匹配，严重影响计算机系统对其他应用程序的响应速度，给用户带来的一个直观感受就是，一运行杀毒软件，计算机响应速度就明显变慢。因此，随着网络攻击日益增多，采用特征库判别法显然已经过时。

云计算和大数据的出现，使网络安全产品发生了深刻的变革。今天，基于云计算和大数据技术的云杀毒软件，已经广泛应用于企业信息安全保护。在云杀毒软件中，识别和查杀病毒不再仅依靠用户本地病毒库，而是依托庞大的网络服务，进行实时采集、分析和处理，让整个互联网成为一个巨大的"杀毒软件"。云杀毒通过网状的大量客户端对网络中异常的软件行为进行监测，获取互联网中木马、恶意程序的最新信息，传送到云端，利用先进的云计算基础设施和大数据技术进行自动分析和处理，能及时发现未知病毒代码、未知威胁、0day 漏洞等恶意攻击，并把病毒和木马的解决方案分发到每一个客户端。

14.12.3　应用大数据工具预防犯罪

谈到警察破案，我们脑海中会迅速闪过各种英雄神探的画面，从外国侦探小说中的福尔摩斯和动画作品中的柯南，到国内影视剧作品中的神探狄仁杰，他们无一不是思维缜密、机智善谋，能够通过罪犯留下的蛛丝马迹获得案情的重大突破。但是，这些毕竟只是文艺作品，大都不是生活中的真实故事，现实警察队伍中，很少有这样的神探。

可是，有了大数据的帮助，神探将不再是一个遥不可及的名词，也许以后每个普通警察都能够熟练运用大数据工具把自己"武装"成一个神探。大数据工具可以帮助警察分析历史案件，发现犯罪趋势和犯罪模式，甚至能够通过分析电子邮件、电话记录、金融交易记录、犯罪统计数据、社交网络数据等来预测犯罪。据国外媒体报道，美国纽约警方已经在日常办案过程中引入了数据分析工具。通过采用计算机化的地图以及对历史逮捕模式、发薪日、体育项目、降雨天气和假日等变量进行分析，警察更加准确地了解犯罪模式，预测出最可能发生案件的"热点"地区，并预先在这些地区部署警力，提前预防犯罪发生，从而减少当地的犯罪率。还有一些大数据公司为警方提供整合了指纹、掌纹、人脸图像、签名等一系列信息的生物信息识别系统，从而帮助警察快速地搜索所有相关的图像记录以及案件卷宗，大大提高办案效率。洛杉矶警察局已经利用大数据分析软件成功地把辖区里的盗窃犯罪案件降低了约 33%，暴力犯罪案件降低了约 21%，财产类犯罪案件降低了约 12%。洛杉矶警察局把过去 80 年内的 130 万个犯罪记录输入一个数学模型，这个模型原本用于地震余震的预测，由于地震余震模式和犯罪再发生的模式类似——在地震（犯罪）发生地的附近地区发生余震（犯罪）的概率很大，于是被巧妙地"嫁接"到犯罪预测，获得了很好的效果。在伦敦，当地警方和美国麻省理工学院研究人员合作，利用电信运营商提供的手机通信记录绘制了伦敦犯罪事件预测地图，这份地图帮助警方大大提高了出警效率，降低了警力部署成本。

14.13　大数据在日常生活中的应用

大数据正在影响我们每个人的日常生活。在信息化社会，我们每个人的一言一行都会以数据形式留下痕迹，这些分散在各个角落的数据，记录了我们的通话、聊天、邮件、购物、出行、住宿以及生理指标等各种信息，构成了与每个人相关联的"个人大数据"。个人大数据是存在于"数据自然界"的虚拟数字人，与现实生活中的自然人一一对应、息息相关。自然人在现实生活中的各种行为所产生的数据，都会不断累加到数据自然界，丰富和充实与之对应的虚拟数字人。因此，分析个人大数据可以深刻了解与之关联的自然人，了解他的各种生活行为习惯，比如每年的出差时间、喜欢入住的酒店、每天的上下班路线、最爱去的购物场所、网购的商品、个人的网络关注话题、个人的性格等。

了解了用户的生活行为模式，一些公司就可以为用户提供更加周到的服务，比如，开发一款个人生活助理工具，可以根据用户的热量消耗以及睡眠模式来规划用户的健康作息时间，根据用户的兴趣爱好为用户选择与其志趣相投的恋爱对象，根据用户的心跳、血压等各项生理指标为用户选择合适的健身运动，根据用户的交友记录为其安排朋友聚会维护人际关系网络，以及根据用户的阅读习惯为用户推荐最新的相关图书等，所有服务都以数据为基础，以用户为中心。

下面是网络上流传的一个虚构故事，该故事畅想了我们在大数据时代可能的未来生活图景。当然，由于国家对个人隐私的保护，普通企业实际上无法获得那么全面的个人信息，因此，部分场景并不会真实发生，不过我们从中可以深刻感受到大数据对生活的巨大影响。

未来畅想：大数据时代的个性化客户服务

某必胜客门店的电话铃响了，客服人员拿起电话……

客服："您好，这里是必胜客，请问有什么需要我为您服务？"

顾客："你好，我想要一份……"

客服："先生，烦请先把您的会员卡号告诉我。"

顾客："1896579××××。"

客服："陈先生，您好！您住在××路一号 12 楼 1205 室，您家的电话号码是 2646××××，您公司的电话号码是 4666××××，您的手机号码是 1391234××××。请问您想用哪一个号码付费？"

顾客："你为什么会知道我所有的电话号码和手机号码？"

客服："陈先生，因为我们联机到客户关系管理系统。"

顾客："我想要一个海鲜比萨……"

客服："陈先生，海鲜比萨不适合您。"

顾客："为什么？"

客服："根据您的医疗记录，您的血压和胆固醇都偏高。"

顾客："那你们有什么可以推荐的？"

客服："您可以试试我们的低脂健康比萨。"

顾客："你怎么知道我会喜欢吃这种？"

客服："您上星期一在国家图书馆借了一本《低脂健康食谱》。"

顾客："好。那我要一个家庭特大号比萨，要付多少钱？"

客服："99 元，这个足够您一家六口吃了。但您母亲应该少吃，她上个月刚刚做了心脏搭桥手术，还处在恢复期。"

顾客："那可以刷卡吗？"

客服："陈先生，对不起。请您付现款，因为您的信用卡已经刷爆了，您现在还欠银行 4807 元，而且不包括房贷利息。"

顾客："那我先去附近的提款机取款。"

客服："陈先生，根据您的记录，您已经超过今日取款限额。"

顾客："算了，你们直接把比萨送我家吧，家里有现金。你们多久会送到？"

客服："大约 30 分钟。如果您不想等，可以自己骑车来。"

顾客："为什么？"

客服："根据我们全球定位系统的车辆行驶自动跟踪系统记录，您登记有一辆车号为 XD-548 的摩托车，而目前您正在五缘湾运动馆马卢奇路骑着这辆摩托车。"

顾客："……"

14.14　本章小结

本章介绍了大数据在互联网、生物医学、物流、城市管理、金融、汽车、零售、餐饮、电信、能源、体育和娱乐、安全等领域及日常生活中的应用，从中我们可以深刻地感受到大数据对我们的影响和大数据的重要价值。我们已经身处大数据时代，大数据已经触及社会每个角落，并为我们带来各种欣喜的变化。拥抱大数据，利用好大数据，是每个政府、机构、企业和个人的必然选择。我们每个人每天都在不断生成各种数据，这些数据成为大数据海洋的"点点滴滴"，我们在贡献数据的同时，也从数据中收获价值。未来，人类将进入一个以数据为中心的世界。这是一个怎样精彩的世界呢？时间会告诉我们答案……

14.15 习题

1. 请阐述推荐方法包括哪几类。
2. 请阐述大数据在生物医学领域有哪些典型应用。
3. 请阐述智慧物流的概念和作用。
4. 请阐述大数据在城市管理领域有哪些典型应用。
5. 请阐述大数据在金融领域有哪些典型应用。
6. 请阐述大数据在零售领域有哪些典型应用。
7. 请举例说明大数据在体育和娱乐领域的典型应用。
8. 请阐述大数据在安全领域有哪些典型应用。

参考文献

[1] 林子雨. 大数据导论[M]. 北京：人民邮电出版社，2020.

[2] 林子雨. 大数据导论——数据思维、数据能力和数据伦理（通识课版）[M]. 北京：高等教育出版社，2020.

[3] 林子雨. 大数据基础编程、实验和案例教程[M]. 2 版. 北京：清华大学出版社，2020.

[4] 林子雨，赖永炫，陶继平. Spark 编程基础（Scala 版）[M]. 2 版. 北京：人民邮电出版社，2022.

[5] 林子雨. 数据采集与预处理[M]. 北京：人民邮电出版社，2022.

[6] 龙中华. Flink 实战派[M]. 北京：电子工业出版社，2021.

[7] 冯飞，崔鹏云，陈冠华. Flink 内核原理与实现[M]. 北京：机械工业出版社，2020.

[8] 朱春旭. Hadoop+Spark+Python 大数据处理从算法到实战[M]. 北京：北京大学出版社，2021.

[9] 赵渝强. NoSQL 数据库实战派——Redis+MongoDB+HBase[M]. 北京：电子工业出版社，2022.

[10] 张文亮. HBase 应用实战与性能调优[M]. 北京：机械工业出版社，2022.

[11] 林徐，陈恒，孙帅，等. HBase 分布式存储系统应用[M]. 2 版. 北京：水利水电出版社，2022.

[12] 陆嘉恒. Hadoop 实战[M]. 2 版. 北京：机械工业出版社，2012.

[13] 汤姆·怀特. Hadoop 权威指南（中文版）[M]. 曾大聃，周傲英，译. 北京：清华大学出版社，2010.

[14] 维克托·迈尔-舍恩伯格，肯尼思·库克耶. 大数据时代：生活、工作与思维的大变革[M]. 盛杨燕，周涛，译. 杭州：浙江人民出版社，2013.

[15] 屯鹏. 云计算的关键技术与应用实例[M]. 北京：人民邮电出版社，2009.

[16] 黄宜华. 深入理解大数据——大数据处理与编程实践[M]. 北京：机械工业出版社，2020.

[17] 蔡斌，陈湘萍. Hadoop 技术内幕——深入解析 Hadoop Common 和 HDFS 架构设计与实现原理[M]. 北京：机械工业出版社，2013.

[18] 尼克·迪米杜克，阿曼迪普·库拉纳. HBase 实战[M]. 谢磊，译. 北京：人民邮电出版社，2013.

[19] 刘鹏，黄宜华，陈卫卫. 实战 Hadoop——开启通向云计算的捷径[M]. 北京：电子工业出版社，2011.

[20] 罗燕新. 基于 HBase 的列存储压缩算法的研究与实现[D]. 广州：华南理工大学出版社，2011.

[21] 周春梅. 大数据在智能交通中的应用与发展[J]. 中国安防，2014（6）：33-36.

[22] 秦萧，甄峰. 大数据时代智慧城市空间规划方法探讨[J]. 现代城市研究，2014（10）：18-24.

[23] 车志宇，段云峰. 电信客户离网分析方法[J]. 电信技术，2004（10）：17-18.

[24] 项亮. 推荐系统实践[M]. 北京：人民邮电出版社，2012.

[25] 阿南德·拉贾拉曼，杰弗里·大卫·厄尔曼. 大数据——互联网大规模数据挖掘与分布式处理[M]. 王斌，译. 北京：人民邮电出版社，2013.

[26] 吴甘沙，尹绪森. GraphLab：大数据时代的图计算之道[J]. 程序员，2013（8）：90-94.

[27] 林子雨，赖永炫，林琛，等. 云数据库研究[J]. 软件学报，2012，23（5）：1148-1166.

[28] 孟小峰，慈祥. 大数据管理：概念、技术与挑战[J]. 计算机研究与发展，2013，50（1）.

[29] 姚宏宇，田溯宁. 云计算——大数据时代的系统工程[M]. 北京：电子工业出版社，2013.

[30] 胡铮. 物联网[M]. 北京：科学出版社，2010.

[31] 昆顿·安德森. Storm 实时数据处理[M]. 卢誉声，译. 北京：机械工业出版社，2014.

[32] 阿里巴巴集团数据平台事业部商家数据业务部. Storm 实战——构建大数据实时计算[M]. 北京：电子工业出版社，2014.

[33] 曹伟. MySQL 云数据库服务的架构探索[J]. 程序员，2012（10）：90-93.

[34] 埃里克·雷德蒙德，吉姆·R. 威尔逊. 七周七数据库[M]. 王海鹏，田思源，王晨，译. 北京：人民邮电出版社，2013.

[35] 陆嘉恒. 大数据挑战与 NoSQL 数据库技术[M]. 北京：电子工业出版社，2013.

[36] 范凯. NoSQL 数据库综述[J]. 程序员，2010（6）：76-78.

[37] 于俊，向海，代其锋，等. Spark 核心技术与高级应用[M]. 北京：机械工业出版社，2016.

[38] 霍尔登·卡劳，安迪·康温斯基，帕特里克·温德尔，等. Spark 快速大数据分析[M]. 王道远，译. 北京：人民邮电出版社，2015.

[39] 埃伦·弗里德曼，科斯塔斯·宙马斯. Flink 基础教程[M]. 王绍翾，译. 北京：人民邮电出版社，2018.

[40] 张利兵. Flink 原理、实战与性能优化[M]. 北京：机械工业出版社，2019.